电子与嵌入式系统
设计译丛

Sensors, Actuators, and Their Interfaces
A multidisciplinary introduction, Second Edition

传感器、执行器及接口原理与应用

（原书第2版）

下册

[美] 内森·艾达（Nathan Ida） 著
刘雯 韩可 姚燕 秦畅言 译

机械工业出版社
CHINA MACHINE PRESS

Nathan Ida: Sensors, Actuators, and Their Interfaces: A multidisciplinary introduction, Second Edition (ISBN 978-1-78561-835-2).

Original English Language Edition published by The IET, © The Institution of Engineering and Technology 2020.

Simplified Chinese-language edition copyright © 2025 by China Machine Press, under license by The IET.

No part of this book may be reproduced or transmitted in any form or by any means, electronic or mechanical, including photocopying, recording or any information storage and retrieval system, without permission, in writing, from the publisher.

All rights reserved.

本书中文简体字版由 The IET 授权机械工业出版社在中国大陆地区（不包括香港、澳门特别行政区及台湾地区）独家出版发行。未经出版者书面许可，不得以任何方式抄袭、复制或节录本书中的任何部分。

北京市版权局著作权合同登记　图字：01-2021-3376 号。

图书在版编目（CIP）数据

传感器、执行器及接口原理与应用：原书第 2 版. 下册 /（美）内森·艾达（Nathan Ida）著；刘雯等译. 北京：机械工业出版社，2025.6. --（电子与嵌入式系统设计译丛）. -- ISBN 978-7-111-78338-1

Ⅰ. TP212；TH86

中国国家版本馆 CIP 数据核字第 2025782Q4V 号

机械工业出版社（北京市百万庄大街 22 号　邮政编码 100037）
策划编辑：赵亮宇　　　　　　　　责任编辑：赵亮宇
责任校对：李　霞　马荣华　景　飞　责任印制：任维东
北京科信印刷有限公司印刷
2025 年 7 月第 1 版第 1 次印刷
186mm×240mm・19.75 印张・451 千字
标准书号：ISBN 978-7-111-78338-1
定价：119.00 元

电话服务　　　　　　　　　　　网络服务
客服电话：010-88361066　　　　机 工 官 网：www.cmpbook.com
　　　　　010-88379833　　　　机 工 官 博：weibo.com/cmp1952
　　　　　010-68326294　　　　金 书 网：www.golden-book.com
封底无防伪标均为盗版　　　　机工教育服务网：www.cmpedu.com

译者序

随着信息化和智能化时代的到来，传感器和执行器被广泛应用于科学和工程领域的各个方面——从基础科学到工业生产、资源开发、航空航天、生物工程、智慧医疗、自动驾驶、物联网等，几乎每一个现代化项目都离不开各种各样的传感器和执行器。传感器和执行器技术对科技水平的提升和国家经济的发展有着重要的推动作用，近年来已经成为国内各高校电气、机械、人工智能、生物医学工程等专业本科生和研究生的必修课程。

在接受翻译任务时，实际上我并没有看到完全版[⊖]的全部内容，只是凭借目录和第 1 章等部分内容，我就主动请缨来组织翻译工作。原因有三：其一是完全版出自英国工程技术学会（IET）；其二是完全版的架构很适合从事与传感器应用相关工作的工程师使用，而目前此类中文书籍还很少，合适的教材也很难选到；其三是我多年从事物联网应用方面的教学工作，对此非常感兴趣。

但随着翻译工作的推进，我逐渐被这本书的内容所吸引，经常会拍案称快。完全版着眼于广泛的检测领域，对感知和驱动背后的理论进行了概述和简化，将传感器、执行器及其接口的知识变得不再晦涩难懂，并将其整合到了包括电气、机械、化学和生物医学工程的多个学科中。书中不仅对传感器、执行器及接口进行了详尽的分类讨论，还结合各类传感器、执行器的实际应用给出了大量实例，抽丝剥茧般让读者循序渐进地了解其应用场合、相关概念、工作原理及典型的工程应用，以及同类传感器的差别与特色，并且在每章的结尾都给出了与本章相关的思考题，进一步复述相关传感器的基本概念、原理和使用方法，以便读者加深理解，从而满足不同学科的学生和专业人士轻松学习传感器、执行器方面的基础概念，并将其应用于跨学科领域的需求。完全版涉及的内容既广泛又边界清晰，不仅适合相关专业的工程师使用，更适合用作精密仪器测试、电子信息类和物联网等相关专业，特别是专注于嵌入式系统方向的本科生和研究生的教材。

参与翻译的姚燕老师从事测控技术与仪器专业教学工作超过二十年，她主要负责第 3、4、6 章的翻译工作，并对部分章节进行审阅，韩可老师从事 MEMS 相关技术项目研究十余年，他主要负责第 10~12 章的初稿翻译及审校工作，我负责其他章节的翻译及全书审校工作，秦畅言承担了第 2 章的部分翻译工作及全书统筹工作。研究生任海龙、张胤耕、郏少鹏、蔡威、姜皓月、常家兴、王天姝、孙北辰、姬媛鹏、罗英奇、李道崑、闫玉储等参与协助了相关资

⊖ 完全版，即英文原版书。此次出版的中文版本将完全版分为上、下两册，上册对应完全版第 1~7 章，下册对应完全版第 8~12 章，当前这本为下册。——编辑注

料查找、文献翻译以及校对排版工作。此外，还要感谢我的同事们在一些专业内容用词方面提出的宝贵意见。

我们努力在翻译过程中做到准确表达，同时也修正了原书中的一些笔误，但限于时间和译者水平，书中难免有翻译不当之处，恳请读者批评指正。

刘 雯

于北京邮电大学

前　　言

完全版的主题是感知和驱动。乍一看，似乎没有什么比这更简单了——我们可能认为自己知道什么是传感器，也理所当然地知道什么是执行器。但我们是否会自认为对它们了如指掌，以至于实际生活中忽视了它的存在？实际上，我们周围有成千上万的设备属于这两大类。

在第1章中，仅在汽车一个例子中就列出了许多传感器和执行器，大约有200个，并且这仅仅是部分列表！此处采用的方法是将所有设备分为三类：传感器、执行器和处理器（接口）。传感器是为系统提供输入的设备，执行器是作为输出的设备。在它们之间，处理器起到连接、接口、处理和驱动的作用。换句话说，完全版主张的观点是一种普遍的感知和驱动。从这个意义上讲，墙上的开关是一个传感器（力传感器），而由其打开的灯泡是一个执行器（它进行了操作）。在两者之间，有一个"处理器"——导线束，或者，如果使用调光器，那么"处理器"就会作为一个实际的电子电路——它解释输入数据并对其进行处理。在这种情况下，处理器可能仅仅是导线束，而在其他情况下，它可能是微处理器或整个计算机系统。

挑战

感知和驱动过程贯穿了整个科学和工程领域。感知和驱动的原理来源于人类知识所涉及的各个方面，有时除了最专业的专家外，其他人对此都不了解，并且感知与驱动的原理是相融合的。一个传感器跨越两个或更多学科的情况并不少见。以红外传感器为例，它的制造方法可能多种多样，其中一种方法是测量红外辐射产生的温升。因此，生产红外传感器需要制造多个半导体热电偶，并测量它们相对于参考温度的温升。这不是一个特别复杂的传感器，但如果要完全理解它，人们至少需要借助传热学、光学和半导体的理论。此外，还必须考虑使其工作所需的电子设备与控制器（例如微处理器）的接口。因此，想要详尽地涵盖所有原理和理论是十分困难的。所以我们以一种务实的方法介绍传感器和执行器的应用，并适时地对某些问题给出适当的解释。也就是说，我们常常将设备视为具有输入和输出的黑盒，并对其输入和输出进行操作，而不关注黑盒内部的物理结构和详细操作。然而，完全忽略黑盒也不行，用户必须足够详细地了解其所涉及的原理、所使用的材料以及传感器和执行器的结构。完全版足够详细，可以使读者对原理有适度的了解。

为了弥合传感器和执行器理论与其应用之间的鸿沟，并深入了解感知和驱动的设计，我们注意到大多数传感器都有电输出，而大多数执行器都有电输入。实际上，传感器和执行器中的所有接口问题本质上都是电气问题。这意味着要理解和使用这些设备，尤其是要将它们连接起来并集成到一个系统中，需要电气工程方面的知识。相反，感知量涉及工程的各个方面，电气工程师会发现机械、生物和化学工程问题必须与电气工程问题一起考虑。完全版是为所有工程师和所有对感知和驱动感兴趣的人编写的。每个学科领域的读者都会在其中找到熟悉的内容和其他需要学习的内容。实际上，当今的工程师必须吸收各种学科知识或进行团队合作以完成跨学科的任务。然而，并不是所有的传感器或执行器都是"电动的"，有些是与电无关的。测定肉内层温度的温度计能够感测温度（传感器）并显示温度（执行器），但不涉及任何电信号。双金属片的膨胀使表盘抵住弹簧，因此整个过程是机械式的。类似地，汽车中的真空电动机能够以完全机械的方式打开空调通风口。

多学科方法

在每一章中，都会给出一些不同领域的示例，以强调所讨论的问题。许多示例是基于实际实验的，有些是基于仿真的，有些是处理理论问题的。在每一章的结尾都有一系列习题，进一步扩展该章的内容，并探讨与主题相关的细节和应用。我已尽力使示例和习题真实、适用且相关，同时仍然保持每个习题的重点和独立。由于该学科的独特性，即涉及多学科内容，学生将可能使用自己不熟悉的单位。为了缓解这种困难，我在第1章中用一节的篇幅来介绍单位。一些包含陌生单位的章节也会对这些单位及其之间的转换进行定义。通常的规则是使用国际单位制，但有时也会定义和使用常用单位（如PSI或电子伏特），因为它们也被广泛使用着。

内容结构

完全版首先揭示了感知和驱动的一般特性和问题。然后，将七大类传感器按检测领域进行分组。例如，将那些基于声波的传感器和执行器——从音频麦克风到声表面波（SAW），包括超声波设备——组合在一起。同样，将基于温度和热量的传感器和执行器组合在一起，这种分组方案不代表任何排他性。虽然光学传感器可以很好地使用热电偶进行感知，但是它被归类为光学传感器，并与光学传感器一起讨论。类似地，辐射传感器可以使用半导体进行感知，但其功能是检测辐射，因此将它按这种方式进行分类和讨论。之后介绍微机电系统（MEMS）和智能传感器的内容。最后则专门讨论接口和接口所需的电路，重点介绍作为通用控制器的微处理器。下面是各章的详细内容介绍。

完全版共12章。第1章是绪论。在简短地回顾历史之后，定义各种术语，包括传感器、换能器和执行器。然后，介绍传感器的分类问题，并简要讨论感知和驱动策略以及接口的一般要求。

第2章讨论传感器和执行器的性能特征。我们将讨论传递函数、量程、灵敏度和灵敏度分析、误差、非线性以及频率响应、精度和其他特性，包括可靠性、响应、动态范围和迟滞问题。在这一点上，讨论是具有一般性的，尽管给出的示例依赖于实际的传感器和执行器。

第 3~9 章介绍各种设备，从第 3 章中的温度传感器和热执行器开始讨论。首先介绍热阻式传感器，包括金属电阻温度检测器、硅电阻传感器和热敏电阻。接下来是热电式传感器和执行器。我们将讨论金属结、半导体热电偶以及佩尔捷电池，它们既是传感器又是执行器。然后介绍 PN 结温度传感器和热机械器件，以及热执行器。温度传感器的一个有趣的方面是，在许多常见的应用中，传感器和执行器是同一个，尽管这种二元性并不局限于热设备。所有的双金属传感器都是这种类型的，其应用在恒温器、温度计和 MEMS 中，这一主题将在第 10 章中进行扩展。

第 4 章的主题是光学传感中的重要问题。首先通过光导效应以及硅基传感器（包括光电二极管、晶体管和光伏传感器）对热传感器和基于量子的传感器进行讨论。光电池、光电倍增管和电荷耦合器件（CCD）传感器是第二个重要的类别，其次是基于热量的光学传感器，包括热电堆、红外传感器、热释电传感器和辐射热计。虽然人们很少想到光学执行器，但它们确实存在，在本章的最后将介绍光学执行器。

在第 5 章中，我们将介绍电磁传感器和执行器。很多设备都属于这一类，因此，本章涉及的内容相当广泛。首先介绍电和电容设备，然后介绍磁性设备。我们将在这里讨论各种传感器和执行器，包括位置、接近度和位移传感器，以及磁力计、速度和流量传感器。所涉及的原理包括霍尔效应和磁致伸缩效应，并将其与更常见的效应一起讨论。本章对电动机和螺线管的讨论相当广泛，涵盖许多磁驱动原理，同时也讨论了电容执行器。

第 6 章专门介绍机械传感器和执行器。经典应变计是一种通用设备，用于检测力以及应变和应力的相关量，但它也用于加速度计、称重单元和压力传感器。加速度计、力传感器、压力传感器和惯性传感器占据了本章的大部分篇幅。机械执行器的例子有波登管、波纹管和真空电动机等。

第 7 章讨论声学传感器和执行器。我们所说的声学传感器和执行器是指基于弹性的类声波的传感器和执行器，其中包括基于磁性、电容及压电原理的麦克风和水听器、经典扬声器、超声波传感器和执行器、压电执行器，以及 SAW 器件。因此，虽然声学可能意味着声波，但这里的频率范围是从接近零到几吉赫（GHz）。

化学传感器和执行器是最常见、最普遍的，遗憾的是，它们也是大多数工程师最不了解的设备。因此，第 8 章将详细讨论这些内容，重点对生物传感器进行介绍。本章对现有的化学传感器进行了详细介绍，包括电化学传感器、电位传感器、热化学传感器、光化学传感器和质量传感器。化学驱动比通常人们所想象的要普遍得多，因此不容忽视。执行器包括催化转化、电镀、阴极保护等。

第 9 章介绍辐射传感器。除了经典的电离传感器，我们还将进行更加广泛的讨论，包括非电离和微波辐射。本章我们将讨论反射传感器、透射传感器和谐振传感器。因为任何天线都可以辐射能量，所以它可以作为执行器来影响特定的任务，如手术期间的烧灼、癌症或低体温症的低频治疗，以及微波烹饪和加热。

第 10 章的主题是 MEMS 传感器和执行器以及智能传感器和执行器。与前几章有所不同，本章除了讨论传感器类别以外，还将讨论传感器的生产方法。本章将首先给出一些传感器的生产方法，然后是一些常见类别的传感器和执行器，包括惯性与静电传感器和执行器、光学开关、阀门等。在智能传感器的背景下，本章强调与无线传输、调制、编码、传感器网络以及射频识别（RFID）方法相关的问题。本章还将介绍一些纳米传感器的基础知识，并对此类传感器的未来和预期发展进行展望。

第11章和第12章主要介绍接口的相关内容。第11章介绍许多适用于接口的常见电路。首先是运算放大器及其广泛的应用，然后是与执行器配合使用的功率放大器和脉宽调制电路，接着是关于数字电路的介绍，包括基本原理和一些有用的电路。在讨论电桥电路和数据传输方法之前，A/D和D/A转换的各种形式，包括电压/频率和频率/电压的转换器，都遵循这些原理。11.8节将讨论线性电源、开关电源、电流源、参考电压和振荡器。11.9节将介绍能量收集的思想和需求，能量收集是某些感知和驱动应用的核心。本章最后将讨论噪声和干扰。

第12章介绍微处理器及其在连接传感器和执行器中的作用。虽然重点放在8位微处理器上，但所讨论的问题具有一般性，适用于所有微处理器。在这最后一章中，我们将讨论微处理器的架构、存储器和外围设备、接口的一般要求，以及信号、分辨率和误差的特性。

局限性

我们并没有过多地讨论系统，而是将传感器、执行器作为独立组件进行重点讨论，这些设备对于工程师来说是有用的基本构建模块。例如，磁共振成像是一种非常有用的系统，用于医疗诊断和化学分析，这类诊断和化学分析依赖于感知体内或溶液中分子（通常是氢）的进动。但是，该系统非常复杂，并且它的操作与这种复杂性有着十分内在的联系，以至于进动原理不能真正在低水平上使用。研究这种类型的系统需要讨论辅助问题，包括超导性、均匀强磁场的产生、DC和脉冲、高频磁场之间的相互作用，以及原子级的激发和进动问题。所有这些都很有趣也很重要，但它们超出了本书的范围。另一个例子是雷达，一个无处不在的系统，但它又需要许多额外的部件才能运行和使用，尽管在较低的层次上它与手电筒以及我们的眼睛没有什么不同，手电筒发出光束（执行器），眼睛接收反射（传感器）。我们将根据类似雷达的电磁波反射原理来讨论传感器，而无须讨论雷达如何工作。

总结

完全版已经出版多年，我收到了来自电气、机械、土木、化学和生物医学工程专业本科生和研究生的大量反馈。第1版的大部分文字是在2009年秋季、2010年夏季和2011年夏季期间每天往返于法国巴黎和里尔的火车（行程230km，速度超过300km/h）上完成的。第2版在第1版的基础上进行了扩展，例如，补充了仿真、RFID及其与感知的关系、生物传感器、适合于感知和驱动的能量收集、关于纳米传感器及其未来发展前景的讨论，以及许多其他内容。此外，增加了更多的示例和章末习题，并进行了大量修订以更好地反映各章的主题以及自第1版出版以来发生的变化。

我利用了各种各样的资源，但大部分材料，包括所有的示例、习题、电路和图片，都来自我自己和我的学生在传感器和执行器方面所做的工作。书中提及实验数据处，均已进行了实验，数据是专门为给定的示例或非常接近的问题而收集的。仿真是工程各个方面的重要课题，基于这个原因，一些示例和习题依赖于或假设了仿真配置，特别是在第11章中。在示例和习题中，我尽可能地从实际出发，而不是不必要地使问题复杂化，在某些情况下，还不得不采取简化措施。然而，许多示例和习题可以作为更复杂的开发的起点，甚至也可以作为在实验室或扩展项目中实施的起点。

Nathan Ida

出版商致谢

作者花费大量的时间和精力才完成了这本教科书,而最好的教科书是通过不断地修改来完善的。在反复修改的过程中,给作者提供最大助益的是那些同行评审者,他们希望自己和学生能受惠于一本好的、条理清晰的教科书。原书出版商非常感谢以下无私的评审者对完全版初稿提出的宝贵意见:

Fred Lacy 教授（洛杉矶南方大学）
Randy J. Jost 博士（科罗拉多矿业学院鲍尔航空航天与技术系统兼职教师）
Todd J. Kaiser 教授（蒙大拿州立大学）
Yinchao Chen 教授（南卡罗来纳大学）
Ronald A. Coutu, Jr. 教授（俄亥俄州空军技术学院）
Shawn Addington 教授（弗吉尼亚军事学院）
Craig G. Rieger 先生（ICIS 负责人）
Kostas S. Tsakalis 教授（亚利桑那州立大学）
Jianjian Song 教授（印第安纳州罗斯-霍曼理工学院）

目　　录

译者序
前言
出版商致谢

第8章　化学与生物传感器和执行器 / 1

8.1　引言——化学和生物化学 / 2
8.2　化学单位 / 3
8.3　电化学传感器 / 4
　　8.3.1　金属氧化物传感器 / 5
　　8.3.2　固体电解质传感器 / 7
　　8.3.3　金属氧化物半导体化学传感器 / 9
8.4　电位传感器 / 9
　　8.4.1　玻璃膜传感器 / 10
　　8.4.2　可溶性无机盐膜传感器 / 12
　　8.4.3　聚合物固定化离子载体膜 / 13
　　8.4.4　凝胶固定化酶膜 / 13
　　8.4.5　离子敏感场效应晶体管 / 14
8.5　热化学传感器 / 15
　　8.5.1　热敏电阻化学传感器 / 15
　　8.5.2　催化传感器 / 16
　　8.5.3　热导率传感器 / 18
8.6　光化学传感器 / 19
8.7　质量传感器 / 22
　　8.7.1　质量湿度和气体传感器 / 23
　　8.7.2　SAW 质量传感器 / 24

8.8　湿度和水分传感器 / 24
　　8.8.1　电容式水分传感器 / 25
　　8.8.2　电阻式湿度传感器 / 27
　　8.8.3　热传导式水分传感器 / 28
　　8.8.4　光学湿度传感器 / 28
8.9　化学驱动 / 31
　　8.9.1　催化转化器 / 31
　　8.9.2　安全气囊 / 33
　　8.9.3　电镀 / 34
　　8.9.4　阴极保护 / 35
8.10　习题 / 36

第9章　辐射传感器和执行器 / 46

9.1　引言 / 46
9.2　辐射单位 / 48
9.3　辐射传感器 / 49
　　9.3.1　电离传感器（探测器）/ 49
　　9.3.2　闪烁传感器 / 53
　　9.3.3　半导体辐射探测器 / 54
9.4　微波辐射 / 59
9.5　天线作为传感器和执行器 / 71
　　9.5.1　一般关系 / 71
　　9.5.2　天线作为传感元件 / 72
　　9.5.3　天线作为执行器 / 78
9.6　习题 / 79

第10章　MEMS、智能传感器和执行器 / 89

10.1　引言 / 89

10.2 MEMS 的生产 / 91
10.3 MEMS 传感器和执行器 / 96
  10.3.1 MEMS 传感器 / 96
  10.3.2 MEMS 执行器 / 103
  10.3.3 一些实际应用 / 107
10.4 纳米传感器和执行器 / 111
10.5 智能传感器和执行器 / 112
  10.5.1 无线传感器和执行器及其使用的相关问题 / 115
  10.5.2 调制解调 / 119
  10.5.3 解调 / 124
  10.5.4 编码和解码 / 125
10.6 RFID 和嵌入式传感器 / 127
10.7 传感器网络 / 129
10.8 习题 / 133

第 11 章 接口方法和电路 / 142

11.1 引言 / 142
11.2 放大器 / 144
  11.2.1 运算放大器 / 145
  11.2.2 反相和同相放大器 / 147
  11.2.3 电压跟随器 / 150
  11.2.4 仪表放大器 / 151
  11.2.5 电荷放大器 / 152
  11.2.6 积分器与微分器 / 153
  11.2.7 电流放大器 / 154
  11.2.8 比较器 / 154
11.3 功率放大器 / 156
  11.3.1 线性功率放大器 / 157
  11.3.2 PWM 和 PWM 放大器 / 158
11.4 数字电路 / 160
11.5 A/D 和 D/A 转换器 / 166
  11.5.1 A/D 转换 / 166
  11.5.2 D/A 转换 / 173
11.6 电桥电路 / 177
  11.6.1 灵敏度 / 178
  11.6.2 电桥输出 / 181
11.7 数据传输 / 183
  11.7.1 四线传输 / 184
  11.7.2 无源传感器的双线传输 / 185
  11.7.3 有源传感器的双线传输 / 185
  11.7.4 数字数据传输协议和总线 / 187
11.8 激励方法和电路 / 188
  11.8.1 线性电源 / 188
  11.8.2 开关电源 / 190
  11.8.3 电流源 / 192
  11.8.4 参考电压 / 193
  11.8.5 振荡器 / 194
11.9 能量收集 / 201
  11.9.1 太阳能收集 / 202
  11.9.2 热梯度能量收集 / 202
  11.9.3 磁感应和射频能量收集 / 203
  11.9.4 振动能量收集 / 203
11.10 噪声与干扰 / 204
  11.10.1 固有噪声 / 204
  11.10.2 干扰 / 205
11.11 习题 / 207

第 12 章 微处理器接口 / 220

12.1 引言 / 220
12.2 作为通用控制器的微处理器 / 221
  12.2.1 架构 / 222
  12.2.2 寻址 / 223
  12.2.3 执行速度 / 223
  12.2.4 指令集和编程 / 223
  12.2.5 输入和输出 / 226

12.2.6 时钟和定时器 / 228
12.2.7 寄存器 / 230
12.2.8 存储器 / 231
12.2.9 电源 / 232
12.2.10 其他外围设备和
功能 / 235
12.2.11 程序和可编程性 / 236
12.3 传感器和执行器接口的
通用要求 / 236
12.3.1 信号电平 / 237
12.3.2 阻抗 / 237
12.3.3 频率和频率响应 / 240
12.3.4 输入信号调节 / 242
12.3.5 输出信号 / 248

12.4 误差 / 250
12.4.1 分辨率误差 / 250
12.4.2 计算误差 / 252
12.4.3 采样和量化误差 / 256
12.4.4 转换误差 / 257
12.5 习题 / 258

附录 / 268

附录 A 最小二乘多项式与
数据拟合 / 268
附录 B 热电参考表 / 271
附录 C 微处理器上的计算 / 286

参考答案 / 294

元素周期表 / 302

第 8 章
化学与生物传感器和执行器

舌头和鼻子

舌头和鼻子是人类最重要的两个化学传感器，它们不仅共享一个紧密相连的空间，还共同决定着味觉，二者也可被称为生物传感器。舌头是一块多功能的肌肉，可能也是身体上最灵活的肌肉。味觉，源自舌头对接触到的物质进行的化学分析，由味蕾或其他传感器进行处理，可以检测出五种不同的味道：咸、酸、苦、甜和辣。味蕾主要分布在舌头上，但也有一些分布在软腭、食道上部和会厌（舌头和喉头之间的口腔后部区域）。大多数味蕾位于舌头表面的突起部分，并朝向舌头的上表面张开，食物通过这个开口与之接触（味孔）。人类舌头上的味蕾数量的多少取决于个体差异和年龄。味觉通过神经传递到大脑管理味觉的部分。

舌头也有其他功能。对人类来说，它是进行食物加工和口腔清洁的重要部分之一，更重要的是，它还是实现语言功能不可或缺的一部分。就其本身而言，它起着机械器官的作用。在一些动物身上，它是热调节机制的一部分（比如狗）。在很多动物中，它在清洁皮毛或饮水（比如猫）以及清洁软组织器官（比如清洁某些爬行动物的眼睛或牛的口鼻）方面具有重要作用。一些舌头还具有特殊的功能，比如变色龙的舌头能抓握东西，蛇的舌头可以分叉，长颈鹿细长如钩的舌头是为了方便喂养后代。

第二个化学器官是鼻子，它由一个相对简单的结构组成，该结构在外部有可见的突起和两个鼻孔，在内部具有许多功能。紧接在鼻孔后面的三块骨面叫作鼻甲，能够推动并调节气流向下流向肺部。它们还能加热空气，并且与表面的黏液和绒毛一起过滤空气中的碎片和灰尘。它们两侧的软组织也可以通过缩小或扩大开口来控制空气的进入量和速度。在鼻腔的上部、主气流的外面，有一个独立的腔体包含着嗅觉器官，也就是负责嗅觉的细胞。这个腔体是向气流开放的，用于对空气进行取样，但是由于空气在腔体中不是流通的，因此这些分子会在其中停留足够长的时间来完成嗅觉功能。正是基于这个原因，气味有时似乎会在其成因消失后还存在一段时间。嗅觉细胞连接到大脑的嗅觉部分。嗅觉通常不被认为像视觉或听觉那样重要，但它在某种程度上与长期记忆有关。当某个场景下的景象或声音消失很久之后，与这个场景相关的一个地方或一种情况的气味仍在脑海中萦绕。鼻子也有一定的适应性，大多数哺乳动物的鼻子有一个称为犁鼻器的次级嗅球，它能感知与社交和性状况有关的某些化学信息。这些器官绕过大脑皮层，与大脑中负责生殖和生育的部分相连，还会影响雄性的进攻性。一些爬行动物（蛇、蜥蜴）的另一种适应性表现是利用分叉的舌头对空气进行采样，并将分子沉积到口腔顶部的一个器官（称为雅各布森器官）中，以化学方式来感知环境。

8.1 引言——化学和生物化学

对于大多数人来说，化学传感器可能是最鲜为人知的传感器，尽管它们在家庭、交通和工作场所很常见，更不用说生命系统中的生物传感了。这类传感器所涉及的原理往往与应用于其他传感器的原理大不相同，传感方法也可能不同。许多化学传感器基于物质取样，然后让样品以某种方式与传感器元件相互作用，通常这种反应会产生一个电输出。一些传感器对物质进行完整的分析，而另一些则直接从物质中获得输出。有时，除了精通化学或化学工程的人之外，其他人甚至连所涉及的单位也不清楚。

由于化学传感和驱动依赖于化学作用，因此值得回顾的是，化学涉及有机和无机材料、化合物及其反应。无机化学研究材料及其化合物的性质、鉴定和反应，包括元素、酸、碱、盐和氧化物，但不包括那些含有碳氢键的碳化合物。有机化学是对那些包含无数种碳氢键组合形式的碳化合物的研究。尽管由于有机金属化合物的存在，有机化学和无机化学之间有一些重叠，但这对传感和驱动没有特别的影响。然而，在有机化学的一般主题中，有一个特别重要的生命系统的化学——生物化学，因此，生物传感器有着广泛的应用领域。

这些传感器（以及执行器）专门用于生命系统的工作，比如医学，但也用于影响地球生命的更广泛的领域。例如，对血液成分进行分析显然是生物传感器的应用范畴。对水中氧气的检测可能被视为对离子的检测，这并不是针对生命的，但因为水对所有形式的生命都是如此关键，所以它同样可以被视为生物传感器。类似地，作为保护环境工作的一部分，在对基本无机物进行监测时，人们经常借助于生物传感器。

化学传感和其他领域的传感没有什么不同，它涉及刺激，也使用物理传感器，并且利用输出来影响适当的动作。不同之处可能在于它们的传感机制和换能器。在检测有机物和无机物时，可以使用上册讨论过的常见检测方法，也可以使用新的方法，包括分析离子浓度、催化作用、特定盐对气体和流体的敏感性等。在生物传感器中，通常必须使用生物活性物质，如酶、细菌、抗原，甚至植物或动物组织来影响反应。换能类似于其他类型的传感器，在大多数情况下，电输出是通过使用中间传感器或传感元件获得的。例如，在催化传感器（catalytic sensor）中，人们可以检测电阻元件（如热敏电阻）的温度变化。当然在检测过程中也有特定的要求，如在高温下操作或者需要更长的检测时间来完成反应。

化学和生物传感器的一个重要作用是在环境中监测并跟踪有害物质，以及使用化学传感器跟踪自然和人为事件，包括污染、水道污染、物种迁徙，当然还有天气预报和追踪。在科技和医学领域，对氧气、血液和酒精等物质进行取样是众所周知的。食品工业严重依赖化学和生物传感器来监控食品加工和食品安全，军方至少从第一次世界大战以来就一直在使用化学传感器来跟踪化学战争中使用的化学制剂。汽车污染控制是大规模进行的，实际上使用了数十亿个化学传感器。同样重要的还有一些居家传感器的使用：一氧化碳（CO）探测器、烟雾报警器、pH 值计等。化学和生物化学传感在安全和防卫领域，用于保证人们的安全，在生物安全领域，传感器则用于保持区域内没有虫害或疾病。

化学执行器也是存在的。我们倾向于从机械驱动的角度来考虑执行器，但现在应该清楚的是，一个系统所采取的任何动作都可以被视为该系统的输出，因此也可以算作驱动。从这个意义上说，化学执行器是那些执行化学反应或过程以影响特定结果的设备和过程。例如，化学洗涤器（chemical scrubber）是化学执行器的重要类别，其作用是去除一种或多种物质（通常以控制污染为目的）。催化转化器（catalytic converter）同样用于控制污染，其最广为人知的用途是在汽车中使用。如果机械驱动的概念更容易理解，那么内燃机或在事故中安全气囊的展开可能是化学执行器的很好的例子［尽管它们同样也可以被称为机械执行器（mechanical actuator）］。

过多的应用程序和设备带来了另一个问题——如何对化学传感器和执行器进行分类，以及如何用适当的方法来介绍它们。化学刺激之间的第一级区别似乎是直接输出和间接输出之间的区别。在直接式传感器中，化学反应或化学物质的存在会产生可测量的电输出。一个简单的例子是电容式湿度传感器（capacitive moisture sensor），它的工作原理是电容与极板间的水（或其他流体）量成正比。间接式（也称为复合式）传感器依赖于对所感知刺激的二次间接读数。例如，在光学烟雾探测器中，像光敏电阻这样的光学传感器被光源照亮并建立背景读数。烟雾的"采样"是通过允许它在光源和传感器之间流动，并改变光的强度、速度、相位或其他一些可测量的特性实现的。有些传感器要比这复杂得多，可能涉及更多的换能步骤。事实上，有些传感器可以被视为完整的仪器或处理过程。

另一个区别是基于刺激本身进行划分。例如，在感知诸如酸度、电导率和氧化还原电位等刺激时，可以形成分类的基础。前面提到的化学传感器和生物传感器之间的区别也可以使用，尽管这种区别不是很明显。甚至有人将生物传感器和生物医学传感器区分开来。

我们将避免严格的分类，并将重点放在那些从实际角度来看最重要的化学传感器上，同时试图涵盖化学和生物化学传感所涉及的原理。在这样的过程中，我们将试图避开大多数化学反应和与之相关的公式，用物理解释代替它们的传达过程并解释结果，这样可以尽量避免进行化学分析。我们将从电化学传感器这一类别开始，包括那些将化学量直接转换为电读数的传感器，并且遵循上述直接式传感器的定义。第二组是产生热量的传感器，其中热量是感知量。这些传感器与第 4 章中的热光学传感器一样，是间接式传感器，光学化学传感器也是。下面是一些常见的传感器，如使用玻璃膜测 pH 值的 pH 值传感器和气体传感器。然后讨论了将玻璃膜、固定化离子载体和酶用作生物传感的一般方法。这里包括水分和湿度传感器，虽然它们的检测不涉及真正的化学范畴，但其检测方法和材料与化学传感器有关。

8.2 化学单位

大多数用于化学传感器和执行器的单位和其他学科的单位相同，但也有少数是独特的。在使用它们之前，我们在这里先给出它们的定义。

摩尔（mol）：国际单位制中唯一的化学基本单位，定义的物质的量大约等于 $6.022\,14\times10^{23}$（阿伏伽德罗常数）个分子的量。有时也使用毫摩尔（mmol）、千摩尔（kmol）等单位。

摩尔质量（g/mol）：1mol 物质的质量，单位是克（g）。

克当量（g-eq）：1 当量的质量，即某种物质要么能够在酸/碱溶液中提供或与 1mol 氢离子（H^+）反应的质量，要么能在氧化还原（redox）反应中提供或与 1mol 电子反应的质量。克当量比摩尔质量更通用，通常使用时，它等于摩尔质量（质量/摩尔）除以所考虑的原子或分子的价态。

百万分之一（ppm）和十亿分之一（ppb）：最常用的无量纲量，表示一个量的一个分数，如质量分数（1mg/kg=1ppm 或 10μg/kg=10ppb）。但是，它可以表示任何其他分数，这些符号的使用方式与百分比（%）相同，用于表示一个种类在整个种类中所占的比例。虽然这不是严格正确的，但有时用它来表示变量的变化。例如，我们可以说变化是 1ppm/℃，或者可以说一种材料的体积变化是 100ppm/℃，表示体积变化量为 $100\mu m^3/(m^3\cdot℃)$。虽然单位 ppm 和 ppb 不是 SI 体系的一部分，但被普遍接受并广泛应用于化学和医学。使用任何 ppb 时要谨慎，因为十亿有两种不同的含义。在美国，十亿被用作短尺度：10 亿 = 10^9。10 亿的传统大小是长尺度：10 亿 = 10^{12}。ppb 指的是短尺度（1ppb = $1/10^9$）。

摩尔浓度（mol/L）：摩尔浓度是溶液的浓度，以每升溶液中溶质的摩尔数来表示，1mol/L 即 1molar。molar 的常用符号是 M。

例 8.1：摩尔与质量的转换

摩尔不是一个固定的量，也就是说，1mol 的一种物质与 1mol 的另一种物质代表不同的质量。比如氧、氢和水，每摩尔都有相同数量的分子或原子，但质量不同。我们使用物质的原子单位，将摩尔转换为质量（或将质量转换为摩尔）。

氧（O）的相对原子质量等于 16amu（相对原子质量单位），因此 1mol 代表 16g 的质量。氢（H）的相对原子质量是 1.008amu，因此 1mol 氢的质量为 1.008g。水（H_2O）的相对原子质量是 $2\times1.008+16=18.016$amu，所以 1mol 水的质量是 18.016g。摩尔质量是通过将 1mol 物质中所有组成原子的原子质量相加计算得出的。

8.3 电化学传感器

电化学传感器（electrochemical sensor）应显示出由于物质或反应而引起的电阻（电导率）或电容（介电常数）的变化，可能具有不同的名称。例如，电位传感器（potentiometric sensor）不涉及电流，只测量电容和电压。电流传感器（amperimetric sensor）依靠测量电流，而电导传感器依靠测量电导率（电阻）。由于电压、电流和电阻是由欧姆定律联系起来的，因此它们是相同性质的不同名称。

电化学传感器包括大量的传感方法，这些方法都基于广泛的电化学领域。许多常见的设备，包括燃料电池（执行器）、表面电导率传感器、酶电极、氧化传感器和湿度传感器，都属于这一类。我们将从一些最简单、最有用的传感器开始，即金属氧化物传感器（metal oxide sensor）。

8.3.1 金属氧化物传感器

金属氧化物传感器依靠金属氧化物在高温下一个众所周知的特性来改变其表面电位,从而改变其在存在各种可还原气体(如乙醇、甲烷等)的环境下的导电性,有时是选择性的,有时不是。可使用的金属氧化物有 SnO_2、ZnO、Fe_2O_3、ZrO_2、TiO_2、WO_3。这些是半导体材料,可以是 P 型或 N 型,优先选择 N 型材料,其制造相对简单,可以基于硅工艺或者其他薄膜或厚膜技术。基本原理是,当氧化物处于较高温度下时,周围的气体与氧化物中的氧发生反应,导致材料电阻率发生变化。基本要素是高温、氧化物和氧化物中的反应。

作为一个具有代表性的传感器,考虑图 8.1a 所示的 CO 传感器结构。它由一个加热器和上面一层薄薄的二氧化锡(SnO_2)组成。在结构方面,首先创造一个硅层作为结构的临时支撑,在其上面,热生长一层二氧化硅(SiO_2)。这一层必须能经受高温。在硅层上溅射一层金,然后蚀刻成一条蜿蜒的长线,通过足够高的电流驱动它作为加热元件。第二层 SiO_2 沉积在上面,将金加热元件夹在中间,然后将 SnO_2 层溅射到顶部,并在上面画上凹槽以增加其活性表面。原始的硅材料最终被蚀刻掉,以降低传感器的热容量。检测区域可以非常小:1~1.5mm^2。设备要加热到 300℃ 才能运行,但由于体积非常小,热容也很小,所以所需的功率通常很小,约为 100mW。氧化物的电导率可以写成

$$\sigma = \sigma_0 + kP^m \ [S/m] \tag{8.1}$$

式中,σ_0 是 SnO_2 在 300℃ 且无 CO 时的导电率,P 是 CO 气体的浓度(ppm),k 是一个敏感系数(由各种氧化物通过实验测定),指数 m 也是一个实验值,对于 SnO_2 来说,m 约为 0.5。因此,电导率随浓度的增加而增加,如图 8.1b 所示。电阻与电导率成反比,因此可以写成

$$R = aP^{-\alpha} \ [\Omega] \tag{8.2}$$

式中,a 是由材料和结构定义的常数,α 是气体的实验量,P 是其浓度(ppm)。这个简单的关系定义了传感器对各种气体的响应,但仅限于一定的浓度范围内,因为它不能定义零浓度的电阻。该响应是指数级的(在对数刻度上是线性的),必须为每种气体和每种氧化物定义图 8.1b 所示类型的传递函数。基于 SiO_2 的传感器以及 ZnO 传感器还可以用于感知二氧化碳(CO_2)、甲苯(C_7H_8)、苯(C_6H_6)、乙醚[$(C_2H_5)_2O$]、乙醇(C_2H_5OH)和丙烷(C_3H_8),具有优异的灵敏度(1~50ppm)。

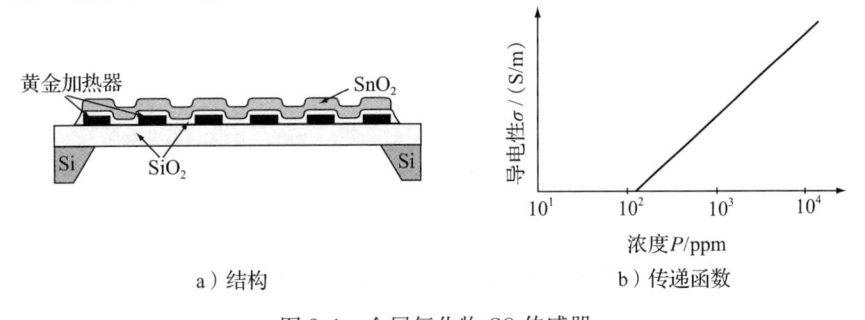

a)结构 b)传递函数

图 8.1 金属氧化物 CO 传感器

图 8.2 显示了上述结构的一种变体，由铁素体（也称"铁氧体"）衬底上的 SnO_2 层组成。加热器由一层厚厚的铷二氧化物（RuO_2）构成，通过两个金触点馈电（C 和 D）。在顶部的两个金触点（A 和 B）之间测量非常薄的 SnO_2 层（厚度小于 $0.5\mu m$）的电阻。上述传感器主要对乙醇和一氧化碳敏感。

例 8.2：酒精传感器

酒精传感器是通过在衬底上沉积一层薄薄的三氧化钨（WO_3）纳米颗粒制成的。为了评估其性能，这里测量了两种浓度下传感器的电阻。在 100ppm 时，电阻为 $161k\Omega$，而在 1 000ppm 时，电阻为 $112k\Omega$。在没有酒精的情况下，传感器在空气中的电阻为 $320k\Omega$。计算传感器的灵敏度，单位为 Ω/ppm。

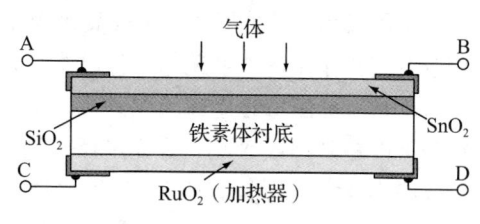

图 8.2 乙醇和 CO 传感器

解 我们可以利用式（8.2）计算常数 a 和 α，然后可以根据定义计算灵敏度。

当浓度为 100ppm 时：

$$R_1 = 161\,000 = a100^{-\alpha}\,[\Omega]$$

当浓度为 1 000ppm 时：

$$R_2 = 112\,000 = a1\,000^{-\alpha}\,[\Omega]$$

为了计算常数，我们对两个关系式的两边取自然对数：

$$\ln 161\,000 = \ln a - \alpha \ln(100)$$
$$\ln 112\,000 = \ln a - \alpha \ln(1\,000)$$

第一个关系式减去第二个关系式得：

$$\ln 161\,100 - \ln 112\,000 = \alpha\ln(1\,000) - \alpha\ln(100)$$

或者

$$\alpha = \frac{\ln 161\,000 - \ln 112\,000}{\ln 1\,000 - \ln 100} = \frac{\ln\left(\frac{161}{112}\right)}{\ln 10} = 0.157\,6$$

把它代回我们得到的任意一个关系式，得

$$\ln a = \ln 112\,000 + \alpha\ln(1\,000) = \ln 112\,000 + 0.157\,6\ln(1\,000)$$
$$= 12.714\,9$$

因此，

$$a = e^{12.714\,9} = 332\,667$$

此时电阻的关系式变为

$$R = 332\,667 P^{-0.157\,6}\,[\Omega]$$

灵敏度可以写成

$$S = \frac{dR}{dP} = -0.157\,6 \times 332\,667 P^{-1.157\,6} = -52\,428 P^{-1.157\,6}\,[\Omega/ppm]$$

灵敏度如预期的那样沿曲线变化，例如，在 500ppm 时灵敏度为 $39.37\Omega/ppm$，而在

200ppm 时灵敏度为 113.73Ω/ppm。

如上所述，反应是与氧进行的，因此任何可还原气体（与氧反应的气体）都将被检测到。这种缺乏选择性的现象在金属氧化物传感器中很常见。为了解决这个问题，人们可以选择所需气体的反应温度，而不是其他气体的反应温度，或者可以过滤特定的气体。这些传感器被广泛应用，从 CO 和 CO_2 探测器到汽车中的氧气传感器。例如，后者使用如上所述构造的 TiO_2 传感器，其电阻随氧气浓度的增加而增加。这种传感器也普遍用于其他应用，如探测水中的氧气（用于污染控制目的）。这个过程也可以用来确定水中可用有机物质的数量，方法是先将水蒸发，然后对残留物进行氧化，以确定耗氧量，反应中的耗氧量就表示样品中有机物质的量。

8.3.2 固体电解质传感器

另一种有重要商业应用的传感器是固体电解质传感器（solid electrolyte sensor），通常用于氧气传感器，包括汽车传感器。在这些传感器中，构建了一个固体原电池（电池），在恒定温度和压强下根据两个电极上的氧浓度产生电动势。电极和固体电解质的选择以及传感器的工作温度决定了传感器的灵敏度和选择性。传感器可选择性地检测氧气、CO、CO_2、氢气、甲烷（CH_4）、丙烷（C_3H_6）等气体，具有各种灵敏度和多种应用。在氧气传感器中，通常使用一种由二氧化锆（ZrO_2）和氧化钙（CaO）组成的固体电解质，其比例约为 9:1，因为其在高温（500℃以上）下具有较高的氧离子电导率。固体电解质由烧结的 ZrO_2 粉末（烧结使粉末变成陶瓷）制成。内外电极均由铂制成，可充当催化剂并吸收氧气。汽车排气氧传感器的结构如图 8.3 所示。电极之间的电动势为

$$\text{emf} = \frac{RT}{4F}\ln\left(\frac{P_{O_2}^1}{P_{O_2}^2}\right) \text{ [V]} \quad (8.3)$$

其中，R 为通用气体常数 [8.314 472J/(K·mol)]，T 为温度（K），F 为法拉第常数（96 487C/mol）。$P_{O_2}^1$ 是大气中的氧浓度，$P_{O_2}^2$ 是废气中的氧浓度，两者加热到相同的温度。在式（8.3）中还添加了一个小的常数，表示两个浓度相同时的电动势。理想情况下，这个常数应该是零，但实际上并不是。然而，我们将其省略，因为它很小，并且取决于传感器（构造、材料等），因

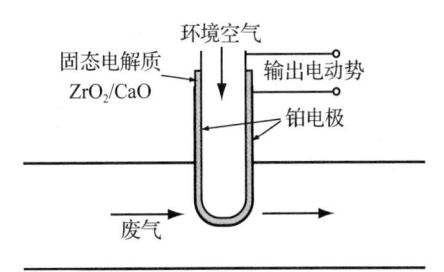

图 8.3 用于汽车发动机的固态电解质氧传感器作为有源传感器（active sensor）

此在传感器的校准中需要注意。氧传感器用于以最有效的比率调整燃料比，使污染物 NO 和 NO_2（合称为 NO_x 和 CO）转化为 N_2、CO_2 和 H_2O，这些都是大气中的天然成分，因此被认为是非污染物。在加热的氧传感器中，废气中氧浓度产生的电动势在 2mV（大气氧浓度约 20.6%）和 60mV（氧浓度约 1%）之间。

检查式（8.3），如果传感器两端的浓度差很小，则传感器的灵敏度较低。例如，发动机运行在精简模式以提高效率。在这种情况下，使用相同的基本传感器，即在两个铂电极之间使用固

体电解质，如图 8.4 所示，但在电池上施加了电势。这种配置迫使（泵）氧穿过电解质，并在给定的环境浓度下，产生与废气中的氧气浓度成正比的电流。这种传感器被称为扩散氧传感器或扩散控制极限电流型氧传感器（diffusion-controlled limiting current oxygen sensor）。此时其电动势为

$$\text{emf} = IR_i + \frac{RT}{4F}\ln\left(\frac{P_{O_2}^1}{P_{O_2}^2}\right) \quad [V] \qquad (8.4)$$

式中，I 是极限电流，R_i 是电解质的离子电阻。图 8.4 中外加电压 V 产生的极限电流取决于电解质的尺寸（电极的厚度和面积）、扩散常数和气体的环境浓度。测量的电动势在传感器两端（在阳极和阴极之间）。

固体电解质传感器的另一个重要应用是在钢和其他熔融材料生产中的氧传感，因为最终产品的质量是过程中氧含量的直接结果。该传感器如图 8.5 所示，钼针用于防止装置在插入钢水时熔化。固体电解质由两层组成，一层是氧化锆/氧化镁，另一层是铬/氧化铬，电池两端（钼和外层之间）产生电势差。通过将铁电极浸入钢液中，测量内电极和外层之间的电压，产生的电压与钢液中的氧浓度成正比。请注意，根据图 8.4 和图 8.5 所示的应用情况，可以使用不同类型的电解质。

图 8.4 采用无源传感器（passive sensor）的扩散控制极限电流型氧传感器 固体电解质由 ZrO_2 和 Y_2O_3 组成

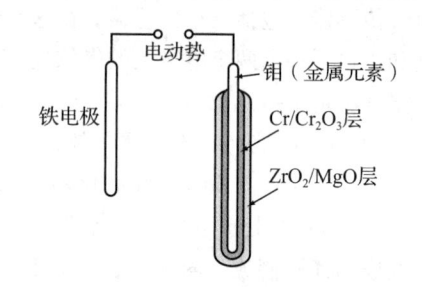

图 8.5 用于熔化金属的氧传感器

例 8.3：汽车中的氧传感器——催化转换器的效率

为了监测催化转换器的效率，可以在催化转换器前后各使用一个氧传感器。取两个传感器之间的电势之差就构成了一个差压传感器，并给出了转换器的转换效率指示。差值越大，转换器使用的氧气越多，转换效率也就越高。假设进入转换器的氧含量为 10%，排气所需的最低氧浓度为 1%。假设两个传感器的温度都是 750℃，计算差压传感器的传递函数。

解 用式 (8.3) 计算每个传感器的输出。我们用 P_o 表示空气中的氧浓度；P_{in} 表示进入转化器前的排气浓度；P_{out} 表示转化器的输出浓度。

对于转换器前面的传感器，其电动势为

$$\text{emf}_1 = \frac{RT}{4F}\ln\left(\frac{P_o}{P_{in}}\right) \quad [V]$$

出口传感器的电动势为

$$\text{emf}_2 = \frac{RT}{4F}\ln\left(\frac{P_o}{P_{out}}\right) \quad [V]$$

由于 emf_2 必然大于 emf_1，计算其差值为

$$\text{emf}_2 - \text{emf}_1 = \frac{RT}{4F}\ln\left(\frac{P_o}{P_{out}}\right) - \frac{RT}{4F}\ln\left(\frac{P_o}{P_{in}}\right) = \frac{RT}{4F}\ln\left(\frac{P_{in}}{P_{out}}\right) \quad [V]$$

对于给定的输入和排放浓度，我们得到

$$\Delta\text{emf} = \text{emf}_2 - \text{emf}_1 = \frac{RT}{4F}\ln\left(\frac{P_\text{in}}{P_\text{out}}\right) = \frac{8.314472\times1023.15}{4\times96487}(\ln P_\text{in} - \ln P_\text{out})$$

$$= 0.02204(\ln 0.1 - \ln P_\text{out}) = -0.02204\ln P_\text{out} - 0.05075\,[\text{V}]$$

也就是说，

$$\Delta\text{emf} = -0.02204\ln P_\text{out} - 0.05075\,[\text{V}]$$

图 8.6 显示了浓度在 0.1（10%）~0.01（1%）之间的传递函数。在排气过程中（转换器之后）氧气为 1% 时的电势约为 50mV。

输出电压随着浓度的增加而降低，直到氧浓度为 10% 时降为零（两个传感器处于相同的电势，因为氧浓度是相同的）。输出越高，转换器的效率就越高（即所排气体中的氧浓度越低）。

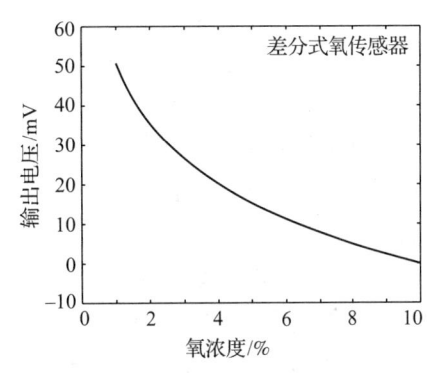

图 8.6 差分式氧传感器传递函数

8.3.3 金属氧化物半导体化学传感器

传感器的一个独特发展是使用基本金属氧化物半导体场效应晶体管（Metal Oxide Semiconductor Field-Effect Transistor，MOSFET）结构作为化学传感器，通常用于电子器件。其基本思想是在使用典型的 MOSFET 结构的化学传感器中，将栅极作为传感表面。这样做的优点是可以获得一个非常简单且敏感的器件来控制通过 MOSFET 的电流。这种器件的接口简单，而且需要克服的问题较少（比如加热、温度传感和补偿等）。因此，基本金属氧化物半导体（MOS）结构已经发展成为一系列用于不同应用的传感器。

例如，简单地用钯代替图 8.7 中的金属栅极，MOSFET 就变成了一个氢传感器，因为钯栅极吸收了氢，其电势也随之改变，灵敏度大约为 1ppm。其他类似的结构可以检测硫化氢（H_2S）和氨（NH_3）等气体。钯 MOSFET 半导体也可以用于检测水中的氧气，这依赖于氧气的吸收效率与氧气的含量成比例下降这一事实。

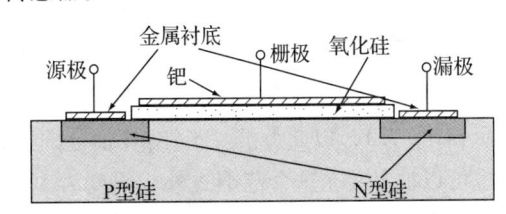

图 8.7 用一种敏感材料代替栅极作为化学传感器的 MOSFET 结构

由于 MOSFET 在 pH 值检测方面非常成功，因此我们将在 8.4.1 节中更详细地介绍 MOSFET 传感器。

8.4 电位传感器

电化学传感器中有一大类被称为电位传感器，其原理是当固体材料浸入含有与其可交换的离子的溶液时，材料表面会产生电势。这一电势与溶液中离子的数量或密度成正比。固体和溶液表面之间的电势差是由表面的电荷分离产生的。这种类似于用来建立原电池（有时称为伏打电池）的接触电势无法被直接测量。然而，如果提供了第二个参比电极，就可以建立一个电化学电池，并直接测量两个电极上的电势。为了确保能够准确地测量电势，从而可以正确地用电势表示离子浓度，测量仪器产生的电流必须尽可能小（任何电流都是电池上的负载，因此会降低测量电势）。

要使此类传感器实用，其产生的电势必须对特定离子具有选择性，即电极必须能够区分不同溶液。这类电极被称为离子选择性电极或膜。膜可分为四种类型：

玻璃膜：对 H^+、Na^+、NH_4^+ 以及类似的离子具有选择性。

可溶性无机盐膜：使用压制成固体的结晶盐或粉状盐。典型的盐是氟化镧（LaF_3）或硫化银（Ag_2S）和氯化银（AgCl）等盐的混合物。这些电极对氟离子（F^-）、硫离子（S^{2-}）、氯离子（Cl^-）以及类似的离子具有选择性。

聚合物固定化膜：在这种类型的膜中，离子选择剂被固定（捕获）在聚合物基质中，典型的聚合物是聚氯乙烯（PVC）。

凝胶固定化酶膜：表面反应是离子特定性酶与溶液之间的反应，该酶依次结合到固体表面或固定到基质中。

8.4.1 玻璃膜传感器

玻璃膜是迄今为止最古老的离子选择性电极，自20世纪30年代中期以来就被用于 pH 值的检测，直到今天仍然很常见。电极是在玻璃中加入氧化钠（Na_2O）和氧化铝（Al_2O_3）制成的非常薄的管状膜。这就产生了一个高阻膜，尽管如此，它仍然允许离子通过其进行转移。pH 传感器测量 H^+ 离子浓度的一种方法如下：

$$pH = -\log_{10} | \gamma_H H^+ | \tag{8.5}$$

其中 H^+ 是氢原子的浓度，单位为克当量/升（g-eq/L），γ_H 是溶液的活度因子。对于弱溶液（弱酸和弱碱），活性因子为 1。浓度为 1g-eq/L（$\gamma_H = 1$）表示 pH 值为 0，浓度为 10^{-1}g-eq/L 表示 pH 值为 1，以此类推。正常 pH 值范围是 0~14，对应浓度为 10^0~10^{-14}g-eq/L。然而，pH 值也可以被定义在这个范围之外。浓度为 10g-eq/L 时，pH 值为 -1，浓度为 10^{-18}g-eq/L 时，pH 值为 18。浓度越高，溶液越显酸性；浓度越低，溶液越显碱性。pH 值为 7 被认为是中性的，因为这是水的正常 pH 值。

pH 检测的基本方法如图 8.8a 所示。原则上，所需要做的就是测量溶液中的离子浓度。然而，这很难直接做到，因此使用两个半电池对 pH 值进行检测，一个已知其 pH 值，称为参比半电池/电极（reference half-cell/electrode），另一个称为传感半电池/电极（sensing half-cell/electrode）。在图 8.8a 中，传感玻璃膜电极显示在左边，参比电极显示在右边。参比电极通常是在氯化钾（KCl）水溶液中的银/氯化银（Ag/AgCl）电极或饱和甘汞电极（KCl 溶液中的 Hg/Hg_2Cl_2）。参比电极通常会被合并到测试电极中，这样用户只需要处理一个探头，如图 8.8b 所示。由于实际测量的是电极电势和参考电势之间的差值，因此图 8.8c 中等效电路的测量更容易理解。仪器测量的电势为

$$V = V_{ref} + V_{膜} \; [V] \tag{8.6}$$

其中 V_{ref} 是一个常数值,且 $V_{膜}$ 取决于溶液中的离子浓度。后者由能斯特方程(Nernst equation,可给出任何半电池的电势)给出:

$$V_{膜} = \frac{RT}{nF}\ln(a) = \frac{2.303RT}{nF}\lg(a) = \frac{2.303RT}{nF}\text{pH}[\text{V}] \tag{8.7}$$

其中 R 是通用气体常数[等于 8.314 462J/(mol·K)], F 是法拉第常数(等于 96 485.309C/mol), n 是反应中负电荷转移的净数目, a 是参与反应的离子的活度, T 是溶液的温度(K)。2.303 一项来源于 $\ln a = \lg a/\lg e$,即 $2.303 = 1/\lg e$。对于 H^+, $n=1$(一个电子被转移), $\lg a$ 是 pH 值,通过将式(8.7)代入式(8.6)得到以下 pH 值的关系式:

$$\text{pH} = \frac{(V-V_{ref})F}{2.303RT} \tag{8.8}$$

注意,活度 a 是一个有效浓度,即考虑到所有离子间相互作用的等效浓度。如上所述,在弱酸或弱碱中, a 代表实际浓度。当活度小于 1 时,它以小数(例如,0.9)形式给出。

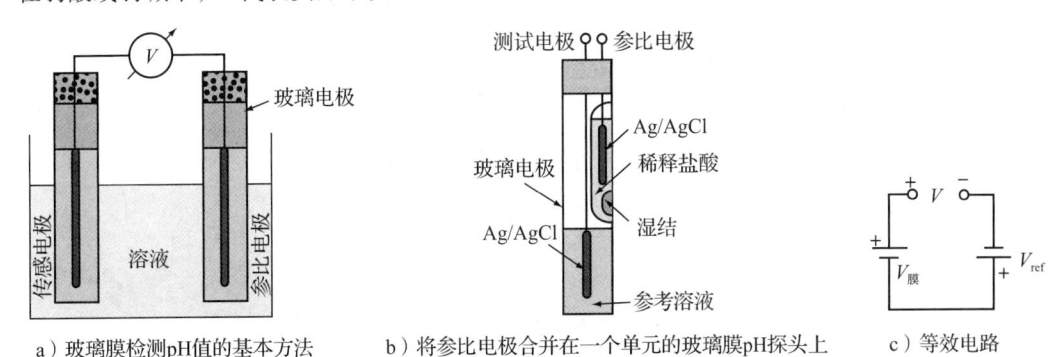

a) 玻璃膜检测 pH 值的基本方法　　b) 将参比电极合并在一个单元的玻璃膜 pH 探头上　　c) 等效电路

图 8.8　基本 pH 检测方法、玻璃膜 pH 探头结构及等效电路

在测量中, V 是实际测量的量——其余的数量在内部考虑。因此,保持电压恒定和稳定以及在电路本身中考虑温度或对其进行参比补偿非常重要。参比电极的电压通常已知或可以由式(8.7)计算。例如,上面提到的饱和甘汞参比电极(Hg/Hg_2Cl_2)(见图 8.8 和图 8.9)的电势为 +0.244V, Ag/AgCl 电极的电势为 +0.197V,铜/硫酸铜($Cu/CuSO_4$)电极的电势为 +0.314V。当然,还有其他参比电极可以使用。图 8.9 显示了饱和甘汞参比电极和 pH 值电极。

使用 pH 探头时,先将电极浸入 0.1mol/L 的盐酸(HCl)调节溶液中,然后再将其浸入待测溶液中。电(电压)输出直接在 pH 值中被校准。

改变参比电极(填充物)或玻璃膜成分方面的基本配置,会使传感器具有对其他类型离子的敏感性以及检测溶液溶解气体浓度的能力,特别是对氨、二氧化碳(CO_2)、二氧化硫(SO_2)、氟化氢(HF)、硫化氢(H_2S)和

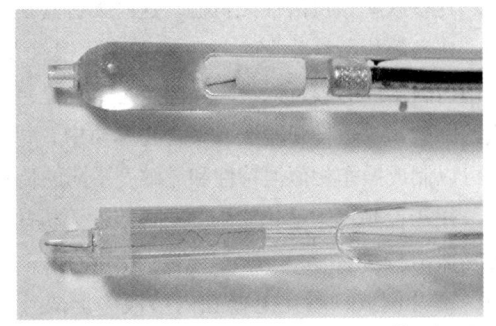

图 8.9　饱和甘汞参比电极(上)和 pH 值电极(下)

氢氰化物（HCN）。本质上，对目标离子敏感的类 pH 电极用于检测溶液中各离子的浓度。这些传感器是工业过程、污染控制和环境检测中的重要设备。

例 8.4：基本 pH 测量

使用一个无补偿的 pH 探头检测鱼缸中的 pH 值。

（a）如果水是中性的（pH=7），并且传感器已在 20℃ 下校准，则计算饱和甘汞参比电极测量的电压。

（b）计算温度升高 15℃ 时传感器电压读数的误差。35℃ 时的 pH 值读数是多少？

解 （a）饱和甘汞电极的参考电压为 0.244V，校准的 pH 值为 7，我们可以直接用式（8.8）计算 V：

$$7 = \frac{(V-0.244)F}{2.303RT} \rightarrow V = \frac{7 \times 2.303 \times 8.314\,462 \times 293.15}{9.64 \times 10^4} + 0.244$$

$$= 0.651\,6V$$

（b）由（a）的结果可得：

$$V = \frac{7 \times 2.303 \times 8.314\,462 \times T}{9.64 \times 10^4} + 0.244 = 13.904\,3 \times 10^{-4}T + 0.244$$

$$= 13.904\,3 \times 10^{-4} \times 308.15 + 0.214\,4 = 0.672\,5V$$

误差是

$$0.672\,5 - 0.651\,6 = 0.020\,9V$$

或者

$$e = \frac{0.672\,5 - 0.651\,6}{0.651\,6} \times 100\% = 3.2\%$$

由于我们有给定温度下的电势，因此可以从式（8.8）中计算出预期的 pH 值：

$$pH = \frac{(V - V_{ref})F}{2.303RT} = \frac{(0.672\,5 - 0.244) \times 9.64 \times 10^4}{2.303 \times 8.314\,462 \times 308.15} = 7.000\,64$$

由于 pH 读数的对数性质，误差相当小。

8.4.2 可溶性无机盐膜传感器

这些膜基于可溶性无机盐，这些无机盐在水中进行离子交换作用，并在界面上产生所需的电势。典型的盐是氟化镧（LaF_3）和硫化银（Ag_2S）。由这些材料制成的膜可以是单晶膜，也可以是烧结粉盐制成的圆盘，或是将粉盐嵌入聚合物基质中，每一种材料都可以制成操作相似但特性和灵敏度不同的传感器。

用于检测水中氟化物浓度的可溶性无机盐膜氟化物传感器结构如图 8.10 所示，传感膜使用单晶生长的 LaF_3 薄片制成，参比电极在内溶液中形成［本例中为 0.1mol/L 的氟化钠/氯化钠（NaF/NaCl）溶液］。该传

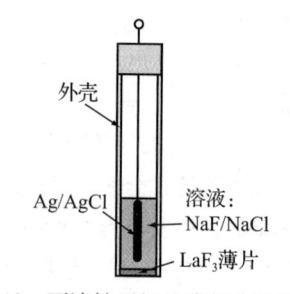

图 8.10 可溶性无机盐膜氟化物传感器

感器可以检测水中 0.1~2 000mg/L 之间的氟化物浓度，通常用于监测饮用水中的氟化物（正常浓度约为 1mg/L）。

膜可以由其他材料制成，例如 Ag_2S，它很容易由粉末材料制成烧结的圆盘薄片，膜可以用来代替单晶。同样，在这种形式下，可以添加其他化合物来影响膜的性质，从而影响其对其他离子的敏感性。因此，传感器可以对氯、镉、铅和铜离子具有敏感性，通常被用于监测水中溶解的重金属。

聚合物膜（polymeric membrane）是使用比例约为 50% 盐和 50% 黏合材料的粉末状盐的聚合物黏合剂制成的。常用的黏结材料有 PVC、聚乙烯、硅橡胶等。就性能而言，这些膜类似于烧结圆盘。

8.4.3 聚合物固定化离子载体膜

无机盐膜的一种发展是使用聚合物固定化膜。其中，离子选择性有机试剂通过将其包含在增塑剂中用于聚合物的生产，特别是聚氯乙烯（PVC）。一种称为离子载体（或离子交换剂）的试剂以大约 1% 的浓度溶解在增塑剂中，产生了一种聚合物薄膜，可以取代晶体或圆盘作为传感器的膜。该传感器的结构简单，如图 8.11 所示。该传感器包括一个 Ag/AgCl 参比电极，具有较高的电阻。构建聚合物固定化离子载体膜的另一种方法如图 8.12 所示。它由一根内铂丝制成，铂丝上涂有聚合物膜，并涂有一层石蜡保护。这被称为涂层电极丝（coated wire electrode）。为了发挥作用，必须添加参考膜。

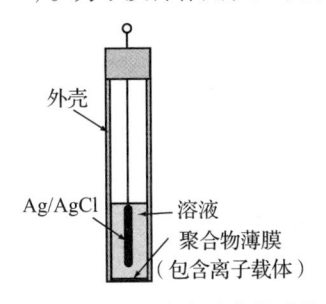

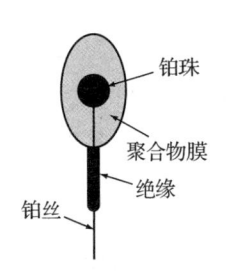

图 8.11 聚合物固定离子载体膜传感器

图 8.12 涂层焊条

通过使用不同的离子载体，这种类型的聚合物膜可以对多种离子具有选择性。可以设计出对钙和钾敏感的传感器，并且这两种类型的传感器通常被用于检测血液中的钙和海水中的钾。硝酸盐选择性膜也可以用于检测土壤和施肥农田径流中的硝酸盐（肥料）。

8.4.4 凝胶固定化酶膜

这些传感器在原理上类似于聚合物固定化离子载体膜，但使用的是凝胶，并且离子载体被一种对特定离子具有选择性的酶所取代。这种酶是一种生物材料，固定在凝胶（聚丙烯酰胺）中，并固定在玻璃膜电极上，如图 8.13 所示。酶的选择和玻璃电极的选择决定了传感器的选择性。

图 8.13 凝胶固定化酶膜传感器

这些传感器用于检测多种重要的分析物,包括尿素、葡萄糖、左旋氨基酸、青霉素等。操作方法很简单:将传感器放在待测溶液中,溶液扩散到凝胶中并与酶反应。然后释放的离子被玻璃电极检测到。尽管由于扩散的需要,这些传感器的响应很慢,但它们在医学分析(包括血液分析和尿液分析)中非常有用。

例 8.5:水中氟化物的检测

氟化物是水的重要添加剂,对儿童的牙齿健康特别有用。除了在饮用水中使用之外,它还经常被添加到牙膏中,以增强牙齿上的釉质。溶液中氟化物浓度的检测通常采用图 8.10 中的配置完成。LaF_3 圆盘作为对 F^- 离子敏感的敏感膜,而参比电极是电势为 0.199V 的 Ag/AgCl 电极。为了测试氟化物的浓度,假设浓度非常低,否则测试显示的是活度而不是实际浓度。

在许多情况下,浓度以 ppm 或 ppb 表示。电极的电势可以用式(8.7)来计算,但是由于氟化物是负离子,因此 $n=-1$。我们在 25℃ 环境下计算它:

$$V_{膜} = \frac{2.303RT}{nF}\lg a = -\frac{2.303 \times 8.314462 \times 298.15}{1 \times 9.64 \times 10^4}\lg a$$
$$= -0.05922\lg a \text{ [V]}$$

如上所述,a 代表电势很小时的浓度,膜电压表示半电池的电压(LaF_3 晶体两端)。所测量的电压由式(8.6)给出:

$$V = V_{ref} + V_{膜} = 0.199 - 0.05922\lg a \text{ [V]}$$

此关系式允许根据测量的电压立即计算浓度:

$$\lg a = -\frac{V - 0.199}{0.05922}$$

如果用 pH 计来测量该电压,那么 pH 计的读数将代表 a 的浓度。

例如,0.35V 的读数代表浓度为

$$\lg a = -\frac{0.35 - 0.199}{0.05922} = -\frac{0.151}{0.05922} = -2.5498 \rightarrow a = 0.002819$$

注意,浓度越高,测得的电压越低。

当然,用于检测氟化物的仪器通常以 ppm 或任何其他方便的表示方法(如百分比)进行校准。

8.4.5 离子敏感场效应晶体管

离子敏感场效应晶体管也称为化学场效应晶体管(chemFET),本质上是一种 MOSFET,其中栅极被离子选择性膜代替。选择性膜可以使用上面讨论的任何一种膜,但玻璃膜和聚合物膜是最常见的。最简单的形式是使用一个单独的参比电极,但如图 8.14a 所示,一个小型化的参比电极可以很容易地结合到栅极结构中。然后让栅极与待测样品接触,测量漏极电流以指示离子浓度。这种装置最重要的用途是测量酸碱度,在这种情况下,离子敏感场效应晶体管(ISFET)取代了玻璃膜。其他应用是通过使用固定化离子载体膜来检测钙(Ca^{++})、锰(Mn^{++})和钾(K^+)等离子。化学场效应晶体管酸碱度传感器是可商业销售的,在许多应用中被认为比玻璃酸碱度传感器更合适，因为它们更加坚固，但是价格也相对昂贵。

图 8.14a 显示了 ISFET 的基本结构。图 8.14b 中的电子电路原理图和图 8.14c 中的等效电路解释了其操作。参比电极根据式（8.7）产生一个电势，该电势是一个取决于参比电极的固定电势，参比电极通常是饱和甘汞电极。膜也基于式（8.7）产生一个电势，但是该电势随溶液中的酸碱度或离子浓度而变化。由膜提供的可变电压决定了 MOSFET 中的电流，从而决定了传感器的输出。栅极的典型灵敏度为每 pH 单位或每离子浓度单位（即 lga）30~60mV。

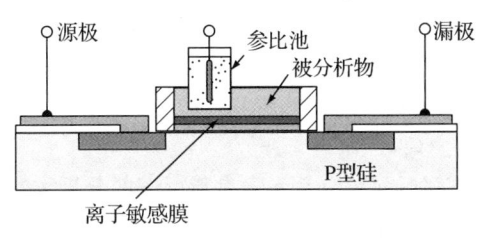

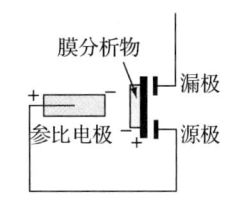

a）ISFET 的基本结构。注意传感器内的参比电极　　b）参比和传感膜电路原理图

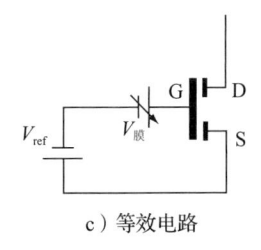

c）等效电路

图 8.14　ISFET 的基本结构、电路原理及等效电路

8.5　热化学传感器

热化学或量热传感器是一类依靠化学反应中产生的热量来检测特定物质（反应物）数量的传感器。有三种基本传感策略，分别用于不同应用的传感器。最常见的是使用热敏电阻或热电偶等温度传感器来检测因反应而引起的温度升高。第二种是催化传感器，用于检测可燃气体。第三种用于测量被检测气体存在时空气中的热导率。

8.5.1　热敏电阻化学传感器

热敏电阻化学传感器的基本原理是感知化学反应引起的微小温度变化。由于温度的升高是反应引起的，所以通常使用参考温度传感器来检测溶液的温度，温度差与被检测物质的浓度有关。

最常见的方法是使用基于酶的反应，因为酶具有高度的选择性（这样就可以确定发生的反应），而且它们会产生大量的热量。一种典型的传感器是将酶直接涂覆在热敏电阻上。热敏电阻本身是一种小珠状热敏电阻，是一种非常紧凑、高灵敏度的传感器，其结构如图 8.15 所示。这种传感器被用来检测尿素和葡萄糖的浓度，它们都有自己对应的酶（分别是脲酶和葡萄糖酶)。反应产生的热量与溶液中检测到的物质的量成正比,处理过的热敏电阻和参考热敏电阻之间的温度差与物质的浓度有关。一般来说,损失或获得的热量取决于反应的焓变。根据环境和环境的热容,只有一部分能量会导致传感器的温度变化。在空气和其他气体中,比热容相当高,所产生的大部分(即使不是全部)热量会导致传感器的温度变化。在溶液中,特别是水溶液中,部分热量被溶液吸收,不会引起温度变化。这也取决于反应的速度,快速反应往往更加准确,因为从传感器传导出去的热量更少。反应产生的热量通过热敏电阻的自热关系使传感器的温度升高。给定焓变 $\Delta H(\mathrm{J})$,传感器(热敏电阻、酶层及其附近)的温度变化与比热容 C_p 的关系如下:

$$\Delta T = \frac{\Delta H}{C_p} n \, [\,^\circ\mathrm{C}\,] \tag{8.9}$$

其中 ΔH 的单位通常是 J/mol,C_p 的单位是 J/(mol·K),n 为参与反应的分析物的摩尔数(无量纲)。在某些情况下,ΔH 的单位可以是 J/g 或 kJ/kg,而此时 C_p 的单位必须是 J/(g·K) 或 kJ/(kg·K)。还应该记住,利用所涉及物质的原子质量可以将质量转化为摩尔,反之亦然。显然,每一种物质都有自己的热容,包括传感器、酶和溶液(或空气)。但传感器的热容很可能占主导地位(即它通常低于周围的环境),或者可以使用一些来自校准测试的平均热容量。给定温度变化 $\Delta T = T - T_0$,热敏电阻的电阻变化由式(3.12)给出:

$$R(T) = R(T_0) e^{\beta(1/T - 1/T_0)} \, [\,\Omega\,] \tag{8.10}$$

其中电阻从 $R(T_0)$ 变为 $R(T) = R(T_0 + \Delta T)$。如果能捕获焓的变化并且已知热容,这些关系就是有效的。否则,必须通过实验确定温度传感器(在这种情况下是热敏电阻)在每个反应和环境(溶液)下的响应。温度 T_0 可以用与图8.15相同的传感器测量,但此时传感器没有酶层,因此不参与反应。

虽然有些热敏电阻可以测量的温度低至 0.001℃,但大部分传感器都没有那么灵敏,传感器的整体灵敏度取决于产生的热量。在上面的例子中,传感器对葡萄糖的反应比对尿素的反应灵敏得多,因为葡萄糖的焓要高得多。

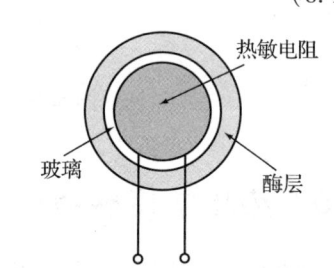

图 8.15 用于检测尿素或葡萄糖(取决于所用的酶)的热化学传感器,使用珠状热敏电阻

8.5.2 催化传感器

催化传感器是真正的热量传感器,即分析物样品被燃烧(氧化),并且过程中产生的热量通过温度传感器测量。这种类型的传感器很常见,是检测甲烷、丁烷、一氧化碳和氢气等可燃气体、汽油等燃料蒸气以及可燃溶剂(乙醚、丙酮等)的主要工具。它的基本原理是将含有可燃气体的空气取样到加热的环境中,使气体燃烧并产生热量,再使用催化剂来加速该过程。所检测的温度随后被表示为空气中可燃气体的百分比。

这种传感器最简单的形式是使用载流铂线圈。铂线圈有两个用途。它由于自身的电阻而发热，并作为碳氢化合物的催化剂（这就是为什么它会用作汽车催化转换器中的活性物质）。其他更好的催化剂是钯和铑，但原理是一样的。气体燃烧并释放热量，提高温度，从而提高铂线圈的电阻。这种电阻的变化直接表明了取样空气中可燃气体的数量。图 8.16 显示了一种称为"催化燃烧传感器"［pellistor，该名称来自小球（pellet）和电阻器（resistor）的组合］的传感器。它们的加热器和温度传感机制（铂线圈）相同，但使用的钯催化剂一个在陶瓷珠外部，一个被嵌入其中。第二种方法更好，因为被不可燃气体污染的可能性更小（一种被称为"中毒"的效应会降低传感器的灵敏度）。这些设备的优点是它们的工作温度较低（大约为 500℃，而铂线圈传感器的约为 1 000℃）。这种类型的传感器将包含两个珠子，一个是惰性珠，一个是传感珠，如图 8.17 所示，前者作为传感头的参考。被测试的空气样本通过金属膜扩散（缓慢地）并激活传感器。这会在几秒内产生反应。操作由式（8.9）决定，也就是说，催化燃烧传感器的温度变化量 ΔT 取决于焓的变化，但此时由于反应发生在空气中，比热容就是传感器自身的比热容，往往比气体的比热容小得多，也就是说，温度的变化主要由反应引起，反应过程中几乎没有热量散失到空气中。温度的变化会改变铂线圈的电阻，如式（3.4）所述：

$$R(T) = R(T_0)(1+\alpha[T-T_0])\,[\Omega] \tag{8.11}$$

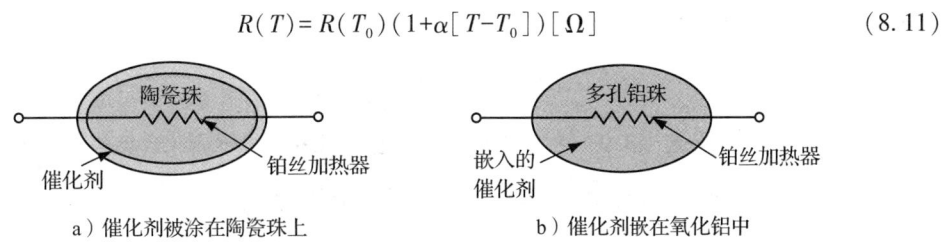

a）催化剂被涂在陶瓷珠上　　　　b）催化剂嵌在氧化铝中

图 8.16　催化传感器（催化燃烧传感器）

由于铂的电阻温度系数（TCR）相对较小（见表 3.1），因此电阻变化较小，取样气体量也较小。

在常见的应用中，这些传感器用于检测矿井中的甲烷，并且在工业中也用于检测空气中的溶剂。在实际应用中，最重要的问题是可燃气体爆炸的浓度，也就是所谓的**爆炸下限**（Lower Explosive Limit，LEL），低于这个下限气体就不会被点燃。例如，对于甲烷，LEL 的极限值是 5%（在空

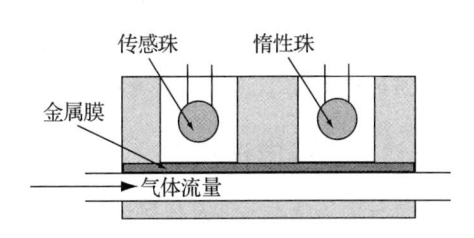

图 8.17　催化传感器的结构，以催化燃烧传感器作为参考传感器

气中按体积计算）。因此，甲烷传感器将以 LEL 的百分比进行校准，其中 100% 的 LEL 对应于空气中 5% 的甲烷。

例 8.6：一氧化碳的检测

使用催化燃烧传感器检测一氧化碳（CO）（假设使用一个特定的 CO 陶瓷珠）。该催化燃烧传感器取样 1mg 含 1%（按质量）CO 的空气，稳态工作温度为 700℃。其加热器是由铂制成的，在该温度下电阻为 1 200Ω。在传感器采用的温度下，铂合金的 TCR 为 0.003 62/℃。一

氧化碳的比热容为 29J/(mol·K)，在氧气中的燃烧焓为 283kJ/mol。催化燃烧传感器自身的比热容是 0.750J/(g·K)（类似玻璃）。由于一氧化碳的燃烧，催化燃烧传感器的电阻会发生什么变化？

解 这个例子说明了这类计算中的一些难点。我们已知一氧化碳和传感器的比热，但是应该使用哪一个？除此之外，也许我们应该利用空气的比热。同样，我们还需要处理混合单位，因为催化燃烧传感器的比热容必须是以每克每开尔文给出的。尽管如此，我们只要稍加注意并进行一些近似，就可以得到有意义的结果。

首先，我们注意到取样的质量分数为 0.01mg 或者 10^{-5}g。只要焓的单位是 J/g，比热容的单位是 J/(g·K)，我们就可以在式（8.9）中使用 $n = 10^{-5}$。一般来说，气体的比热容比大多数其他材料的都大，因此，比热容的适当量值就是催化燃烧传感器的比热容，因为催化燃烧传感器的温度在升高，而空气的温度变化很小。在任何情况下，CO 只占所涉及体积的很小一部分，但是我们需要把比热容转化成 J/(g·K)。为此，我们注意到 CO 原子是由一个碳原子和一个氧原子组成的。CO 的摩尔质量（MM）为

$$MM(CO) = 1 \times 12.01 + 1 \times 16 = 28.01 \text{g}$$

也就是说，1mol CO 的质量是 28.01g。所以焓是

$$\Delta H = 283 \left(\frac{kJ}{mol} \right) = \frac{283}{28.01} \left(\frac{kJ}{g} \right)$$

现在我们可以使用式（8.9）与催化燃烧传感器的比热容来计算 CO 燃烧引起的温度变化：

$$\Delta T = \frac{\Delta H}{C_p} n = \frac{283 \times 10^3 / 28.01}{0.750} \times 10^{-5} = 0.1347 \text{K}$$

因为燃烧的 CO 的量很小，所以变化很小。电阻是

$$R(T) = R(T_0)(1 + \alpha[T - T_0]) = 1200 \times (1 + 0.00362 \times 0.1347)$$
$$= 1200.585 \Omega$$

该电阻的变化为 0.585Ω。这是一个很小的变化（0.05%），但仍然是可以测量的。

8.5.3 热导率传感器

热导率传感器不涉及任何化学反应，而是利用气体的热特性进行传感。这种类型的传感器如图 8.18 所示，由气体路径上一个设定在给定温度（约 250℃）的加热器组成。加热器根据其所接触的气体将热量散失到周围的区域中。随着气体浓度的增加，加热器的热量损失比空气中的热量损失要大，并且加热器的温度及其电阻都会降低，对于具有高热导率的气体，尤其如此。这种电阻的变化是根据气体浓度检测和校准的。与前两种传感器不同的是，这种传感器适用于高浓度的气体，可以用于惰性气体，如氮气、氩气和二氧化碳，也可以用于挥发性气体，当然前提是浓度低于 LEL。该传感器在工业上应用广泛，是实验室气相色谱分析的重要工具。它基于傅里叶定律并结合了传热定律和欧姆

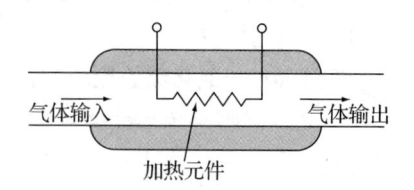

图 8.18 热导率传感器结构示意图

定律，通过加热电阻的变化来感知传感器的热损失（或增益）。与许多其他传感器一样，与未暴露于被检测气体的参考传感器进行比较测量可以提供更好的分辨率。

然而，温度变化和热量损失之间的关系相对复杂。因此，必须对热导率传感器进行校准，但精确计算传感器的响应是困难的，需要传感器的特定信息（尺寸、热特性等）。然而，尽管存在这些困难，热导率传感器仍是商业中评估气体的重要工具。

8.6 光化学传感器

光的传播，更广义地说，任何介质中任何电磁辐射的传播，都是由介质的性质决定的。光在介质中的透射、反射和吸收（衰减）、速度以及波长都取决于这些特性。介质的光学特性可以单独作为传感的基础，也可以与其他换能机制和传感器结合使用。例如，光学烟雾探测器利用光在烟雾中的传输来检测其存在。其他物质也可以通过这种方式被检测，有时是通过在被测物质中加入一些试剂，例如给被测物质着色。然而，可以使用更复杂的机制来获得对各种化学物质和反应的高灵敏度传感器。

在许多光学传感器中，使用了一种电极，其特性会随着被测物质的不同而变化。这种类型的电极称为"光极"，类似于表示电气特性的名称"电极"。光极的一个重要优点是不需要参考，并且非常适合与光纤等光引导系统一起使用。

光化学传感的其他选择是利用一些物质在光辐射下发出荧光或磷光的特性。这些化学发光特性可以被检测并用作特定材料或特性的指示。发光可以是一种高灵敏度的方法，因为发光的频率（波长）通常与出射辐射的频率（波长）不同。发光更常发生在紫外线（UV）辐射下，但它也可以发生在红外线（IR）或可见光范围内，并通常用于检测。

包括发光在内的大多数光学传感机制至少部分依赖于光传播或照射的物质对光的吸收。这种吸收在基于光传输的传感器中很重要，并遵从比尔-朗伯定律（Beer-Lambert law），如下所述：

$$A = \varepsilon b M \tag{8.12}$$

其中 ε 是介质的吸收系数特性（$10^3 \mathrm{cm^2/mol}$），b 是行进的路径长度（cm），M 是浓度（mol/L）。A 为吸光度，有 $A = \log(P_0/P)$，其中 P_0 为入射光强度，P 为透射光强度。这种线性关系只适用于单色辐射。

也许最简单的光化学传感器是所谓的反射传感器，它依靠膜或物质的反射特性来推断与之接触的物质的特性，其原理和基本结构如图 8.19 所示。光源（发光二极管、白光、激光）产生光束，通过光纤传导到光极。光极的光学特性会被与之相互作用的物质改变，而反射光束则是光极中被分析物或其反应产物浓度的函数。也可以通过单独的光导来分离入射光和反射光，但这通常是不必要的。

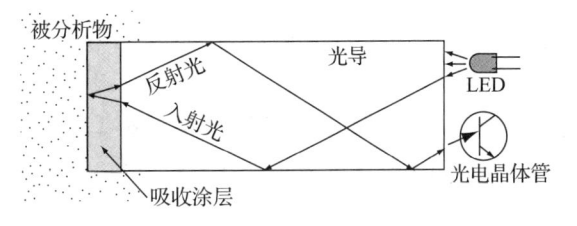

图 8.19 反射传感器的原理和基本结构

另一种传感方法是使用无包层光纤,这样一些光就会穿过光纤壁而丢失,这称为"**瞬时损耗**",损耗程度取决于与光纤壁接触的物质,其原理和结构如图 8.20 所示。在这种类型的传感器中,与被分析物的耦合是通过光纤壁进行的,而不是其末端。这意味着传感器并非通过反射来检测,而是通过光纤中的光传输来实现这一功能,这一传输量受光纤壁的能量损耗影响。

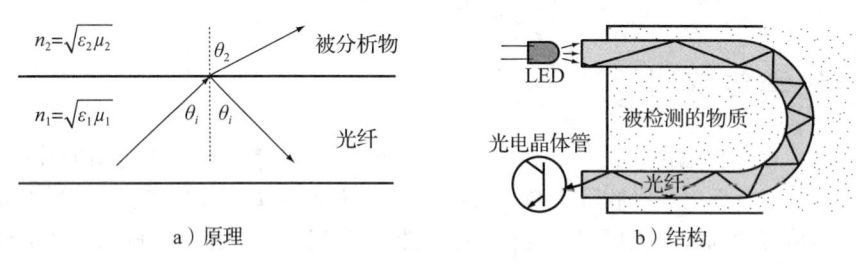

图 8.20 损耗传感器原理和结构

透射波取决于被分析物中吸收的光的量,因此是被分析物在光纤表面的光学特性(主要是折射率)的函数。使用这种方法的传感基于高介电常数电介质和低介电常数电介质之间的传输特性,例如,玻璃(或塑料)和空气之间的传输特性。假设光波在光纤内传播,并从光纤内部入射到光纤与被分析物之间的界面上,光波被反射回光纤,但部分能量通过界面传输到被分析物中,原理如图 8.20a 所示。光束(例如激光束)以角度 θ_i 入射到介质 1(纤维)和介质 2(被分析物)之间的界面上,并以相同的角度($\theta_r = \theta_i$)反射。渗透到介质 2 的透射(折射)波服从斯涅尔折射定律:

$$\frac{\sin\theta_i}{\sin\theta_t} = \frac{n_2}{n_1} \tag{8.13}$$

其中 n_1 是介质 1 中的光学折射率,n_2 是介质 2 中的光学折射率。电介质(如玻璃或空气)的折射率为

$$n = \sqrt{\varepsilon_r \mu_r} \tag{8.14}$$

其中 ε_r 和 μ_r 分别是介质的相对介电常数和相对磁导率。如果折射角 θ_t 等于或大于 90°,则光波不会穿透介质 2,而是完全包含在介质 1 中。临界角是入射角 θ_i,其对应的折射角为 90°,表示为

$$\theta_i = \arcsin\left(\frac{n_1}{n_2}\right) = \arcsin\sqrt{\frac{\varepsilon_{r2}\mu_{r2}}{\varepsilon_{r1}\mu_{r1}}}, \quad \varepsilon_{r2}\mu_{r2} < \varepsilon_{r1}\mu_{r1} \tag{8.15}$$

只要介质 2 具有较小的折射率,就存在临界角。这一点的重要性在于,对于大于或等于临界角的入射角,入射波中的所有能量都被反射回光纤中,不会因传播到介质 2 中而"丢失"。

因此,所有能量都能到达检测器处(忽略光纤自身的任何可能的损耗)。在入射角小于临界角时,由于有能量穿过光纤与被分析物之间的界面传输,因此检测器处获得的能量将会减少。

利用临界角进行传感的方法有两种。第一种方法依赖于反射波能量的增加,因为较少的

能量传播到介质 2 中，而第二种方法正好相反。为了理解这一点，假设介质 2 是空气，介质 1 是玻璃。入射角足够小，使得光波会穿透到介质 2 中，也就是说，波在临界角以下入射到光纤表面上。一部分波被反射，一部分传播到空气中。现在假设空气被水蒸气或其他任何具有更高介电常数但仍满足条件 $\varepsilon_{r2}\mu_{r2}<\varepsilon_{r1}\mu_{r1}$ 的电介质所替代。折射率 n_2 增大，较少的能量（或者没有）传播到介质 2 中。反射能量的比例必然随着介质 2 介电常数的增大而增大。因此，在这种情况下，介质 2 的折射率越大，在反射波中测量到的能量就越大，然后可以校准传感器来检测相对湿度（RH）或物质的浓度等。

第二种方法假设介质 2 的介电常数大于光纤的介电常数，因此式（8.15）不能满足。在这种情况下，介质的折射率越大，反射的能量越小。当在水等溶液中使用传感器或检测流体时，此方法非常有用。实际上，入射角不是一个固定值，而是一个角度范围。有些光线会折射，有些不会，所以检测到的能量和折射率之间的关系并不像上面描述的那么简单。然而，可以校准输出以进行检测，并在一定程度上测量传感器表面介质折射率的变化。

图 8.21 显示了一种能够检测和区分各种燃料（从重油到汽油）的损耗传感器，可以用于检测泵系统的燃油泄漏、水渗透和类似情况。

pH 检测可以通过使用特殊的光极以光学方式实现，这些光极会随着 pH 的变化而改变颜色。然而，在这些系统中，只能检测到光电两端约 1 个 pH 单位（在被分析物相互作用之前）。虽然这是一个很窄的范围，但对于某些应用来说已经足够了。这种类型的传感器的结构和原理如图 8.22 所示。在该传感器中，使用了氢渗透膜，其中苯酚红固定在聚丙烯酰胺微球上。该膜是一个透析管（醋酸纤维素），由此产生的光极连接到光纤的末端。当浸入被分析物中时，它会扩散到光极中。已知苯酚红能吸收波长为 560nm 的光（黄绿色光），吸收的光量取决于 pH，因此反射光会随着 pH 的变化而变化。入射强度和反射强度之差与 pH 有关。

图 8.19 或图 8.22 中的配置都可用于检测荧光。由于荧光与激光辐射的波长不同，入射波和反射波的分离是基于滤波的。

类似于图 8.22 中的 pH 传感器的一种传感器使用 8-羟基芘-1,3,6-三磺酸（HPTS，一种弱酸）的荧光特性。这种物质被 405nm 的紫外光激发时会发出荧光，荧光的强度与 pH 值有关。这种材料特别有用，因为它的正常 pH 值为 7.3，因此可以在中性点周围进行测量，特别是生理测量。

图 8.21 用于检测流体的损耗传感器，在图片中央可以看到光波导管

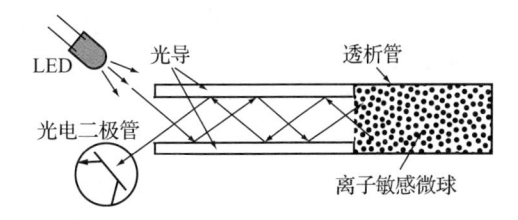

图 8.22 光学 pH 计的结构和原理

光极也可以用来检测离子。金属离子特别易于检测,因为它们可以与各种试剂形成高度着色的络合物。将这些试剂嵌入光极中,光极-被分析物界面的反射特性就与金属离子的浓度相关。荧光在金属离子中也很常见,该方法在分析化学中广泛使用,主要是通过使用可见光范围内具有荧光的紫外光。这些方法被用来检测各种离子,包括水中的氧、血液中的葡萄糖和青霉素。

8.7 质量传感器

另一种化学传感方法是检测传感元件因吸收分析物而引起的质量变化。这个想法是显而易见的,但应该立即意识到,参与吸收的质量是微小的,例如气体或水蒸气的质量,必须找到一种对这些微小的质量变化足够敏感的方法。基于这个原因,质量传感器也称作**微克**或**微天平传感器**。在实际的传感器中,不可能直接检测到这种质量变化,因此必须使用间接方法。通过使用压电晶体(如石英)并设置它们以其谐振频率振荡(见7.7节)来实现检测。这个谐振频率取决于晶体切割的方式和尺寸,但是一旦这些被固定,晶体质量的任何变化都会改变其谐振频率。灵敏度一般都很高,约为 10^{-9} g/Hz,并且极限灵敏度约为 10^{-12} g/Hz。由于晶体的谐振频率可以非常高,由质量变化而引起的频率变化是非常显著的,可以通过数字方式精确测量,因此这些传感器是高度敏感且相对简单的。声表面波(SAW)谐振器是一种压电谐振器,可以采用一种等效的方法,但是因为它们是基于声波在压电材料中的传播来工作的,所以波长更短,并且可以在比晶体谐振器更高的频率下谐振(参见7.9节),因此具有更高的灵敏度。

由质量的变化 Δm 引起的晶体谐振频率的偏移可以写成

$$\Delta f = -S_m \Delta m [\text{Hz}] \tag{8.16}$$

其中 Δf 是谐振频率的变化,S_m 是一个取决于晶体(切割、形状、安装等)的灵敏度因子,Δm 是单位面积质量的变化(通常以 g/cm² 为单位),灵敏度系数以 Hz·cm²/μg 为单位。因为灵敏度随着质量的变化(对于小的质量变化)约是恒定的,所以谐振频率的偏移是线性的。另外,灵敏度因子取决于频率。因此,灵敏度因子是针对在给定频率下谐振的给定晶体而规定的。还要注意,频率的变化是负的,也就是说,频率随着质量的增加而降低。灵敏度因子的典型值为 40~60Hz·cm²/μg。

式(8.16)可以反过来写成

$$\Delta m = C_m \Delta f [\text{g/cm}^2] \tag{8.17}$$

在这种形式中,C_m 是质量因子或质量灵敏度因子,单位为 ng/(cm²·Hz),Δm 单位为 g/cm²,C_m 的典型值为 4~6ng/(cm²·Hz)。该形式给出了测量的频率变化 Δf 的附加质量。

被分析物产生的质量可能会直接吸收到晶体(或任何压电材料)中,也可能被晶体上的涂层吸收。总之,这些都是简单而有效的传感器,其主要问题是选择性差,因为晶体和涂层往往会吸收不止一种物质,混淆了不同物质之间的区别。

此外,一个基本要求是该过程是可逆的,即吸收的物质必须是可移除的(例如,通过加热），没有任何滞后。虽然已经开发出或多或少针对各种气体的传感器，但最常见的是水蒸气传感器。

例 8.7：质量传感器的灵敏度

考虑一个在 10MHz 下振荡的石英晶体，该晶体是一个直径为 20mm 的圆盘。这种传感器是用来检测空气中的花粉浓度的，以便在花粉含量很高时向公众发出警告。为此，在晶体的表面涂上一层黏性物质，可以捕获花粉颗粒。假定可以可靠、准确地测量 100Hz 的频移，晶体的质量灵敏度为 $4.5ng/(cm^2 \cdot Hz)$，平均一粒花粉重 200ng，则可以可靠检测到的最小花粉粒数是多少？

解 可以检测到的单位面积的质量是

$$\Delta m = C_m \Delta f = 4.5 \times 10^{-9} \times 100 = 450 \times 10^{-9} g/cm^2$$

传感器的面积是 $\pi \times 1^2 = \pi cm^2$。可检测的总质量为

$$\Delta M = \Delta m S = 450 \times 10^{-9} \times \pi = 1413.7 \times 10^{-9} g$$

也就是 7 粒花粉（1413.7/200 = 7.07）。

注意：虽然这里使用的值是真实的，但这种类型的传感器还有其他问题需要考虑，包括随温度的频率漂移和晶体振荡器的频率稳定性。这些问题会改变几赫兹的测量结果，典型值约为 5~10Hz/℃，这意味着仅由于温度变化，测量误差可能高达 10%。在灵敏度较低（频率变化较大）时，这可以忽略不计。例如，如果我们假设最小可测频率为 1kHz，误差将仅为 1%，但灵敏度将下降到 70 粒花粉。这种灵敏度的降低可以通过允许更长的采集时间来补偿。温度本身可以控制得相当精确，从而减少测量误差。

8.7.1 质量湿度和气体传感器

质量湿度传感器是通过简单地在谐振晶体上涂上一层吸湿材料制成的，该吸湿材料可以吸收水蒸气。对于吸湿涂层和谐振器，包括 SAW 谐振器，可以使用合适的介质，因为晶体本身并不需要吸收水蒸气。有许多吸湿材料可以使用，包括聚合物、明胶、二氧化硅和氟化物，完成检测后通过加热吸收层去除水分。虽然这种类型的传感器非常灵敏，但其响应时间很慢，可能需要花费 20~30s 来进行检测，而传感器的重建可能需要更多时间（30~50s）。

然而，该方法是有用的，并已被应用于检测各种各样的气体和水蒸气，有些在室温下检测，有些在高温下检测。检测一种气体和另一种气体的主要区别在于涂层，从而使传感器具有选择性。其应用主要是对有毒气体和危险物质（如汞）进行检测。SO_2 的检测（主要是由于煤和燃料的燃烧）是通过胺涂层来完成的，可以检测到低至 10ppb 的浓度。

检测氨时（测试废水和污水的环境影响），涂层是抗坏血酸或盐酸吡哆醇（和其他类似的化合物），具有低至 μg/kg 的灵敏度。

使用醋酸盐涂层（使用醋酸银、铜和醋酸铅等物质）同样可以检测到碳氢化合物硫化物。使用金作为涂层可以检测汞蒸气，因为这两种元素形成的汞合金会提高金涂层的质量。其他

应用包括检测碳氢化合物、硝基甲苯（由炸药释放）、杀虫剂和其他来源释放的气体。

8.7.2 SAW 质量传感器

晶体谐振器的使用已被证明是一种有用且敏感的传感方法，部分原因是谐振频率高。基于延迟线的 SAW 谐振器（参见 7.9 节）在更高的频率下谐振，谐振频率高度依赖于压电材料中的声速。因此，SAW 质量传感器被制成延迟线谐振器，延迟线本身涂有用于待检测气体的特定反应涂层，如图 8.23 所示。对含有气体的空气进行抽样（从膜上方抽取），并测量谐振频率。通过用黏性物质代替膜，同样的方法可以用来检测固体颗粒，如花粉或污染物。当然，问题在于重建——清洁表面以进行下一次取样。

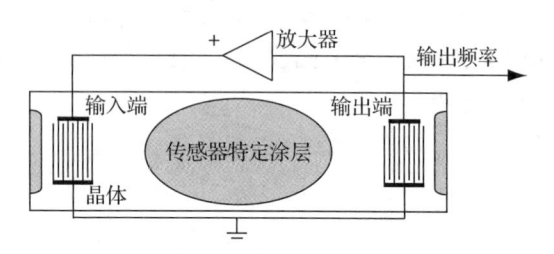

图 8.23 基于延迟线振荡器的 SAW 质量传感器。输出频率与涂层质量有关

因此，一些这种类型的传感器是一次性传感器。如同晶体微天平传感器一样，涂层的选择决定了传感器的选择性。表 8.1 显示了一些感应物质和用于此目的的涂层。

表 8.1　一些感应物质和用于此目的的涂层

化合物	化学涂层	SAW 材料
SO_2	TEA（三羟乙基胺）	铌酸锂
H_2	Pd（钯）	铌酸锂、硅
NH_3	Pt（铂）	石英
H_2S	WO_3（三氧化钨）	铌酸锂
水蒸气	吸湿材料	铌酸锂
NO_2	PC（酞菁染料）	铌酸锂、石英
NO_2、NH_3、SO_2、CH_4	PC（酞菁燃料）	铌酸锂
炸药蒸气、毒品	聚合物	石英
SO_2、甲烷	无	铌酸锂

SAW 谐振器的灵敏度远高于晶体谐振器。SAW 谐振器的极限灵敏度约为 10^{-15} g。预期灵敏度为 $50\mu Hz/Hz$，意味着对于 500MHz 的谐振器，频移灵敏度为 25kHz，这对于精确检测来说已经足够了。

8.8　湿度和水分传感器

使用质量传感器来检测湿度的方法已经在前面介绍过了，该方法在 SAW 传感器中的扩展见表 8.1。还有其他检测湿度的方法，但都涉及某种吸湿介质来吸收水蒸气。它们可以有很多种形式，其中最常见的有电容式、导电式和光学式。

湿度和水分这两个术语是不能互换的。湿度是指气体中的水分含量，如大气中的水分含量。水分是固体或液体中的水含量。其他重要的相关量是露点温度（Dew Point Temperature, DPT）、绝对湿度（absolute humidity）和相对湿度（Relative Humidity, RH）。这些定义如下：

绝对湿度是每单位体积湿气中水蒸气的质量，单位为 g/m^3。

相对湿度是气体（通常是空气）的水蒸气压力与同一气体在相同温度下的最大饱和水蒸气压力之比。饱和是指水滴形成时的水蒸气压力，大气压力是水蒸气压力和干燥空气压力之和。但是，相对湿度不适用于水沸点（100℃）以上温度，因为高于该温度的最大饱和水蒸气压力会随温度而变化。

露点温度是相对湿度为 100% 的温度，是空气能容纳最多水分的温度。低于该温度会冷却产生雾（水滴）、露珠或霜。

8.8.1 电容式水分传感器

最简单的水分传感器是电容式水分传感器，因为它仅仅依赖于水分引起的介电常数的变化。水的介电常数相当大（低频时为 $80\varepsilon_0$）。湿度不同于液态水，因此潮湿空气的介电常数要么以相对湿度的函数形式在表格中给出，要么可以根据以下经验关系式计算：

$$\varepsilon = \left[1 + \frac{1.5826}{T}\left(P_{ma} + \frac{0.36P_{ws}}{T}\text{RH}\right)10^{-6}\right]\varepsilon_0 \left[\frac{F}{m}\right] \quad (8.18)$$

其中 ε_0 是真空介电常数，T 是绝对温度（K），P_{ma} 是潮湿空气的压力（Pa），RH 是相对湿度（%），P_{ws} 是温度为 T 时的饱和水蒸气压力（Pa）。这些量看起来可能有点混乱。潮湿空气的压力是大气中水蒸气施加的分压，与温度有关，并在 100℃ 时达到环境压力（这就是水在 100℃ 时沸腾的原因）。饱和水蒸气压力是 100% 湿度下的水蒸气压力，也与温度有关。这两个量都可以计算，并且可以在表格中找到。饱和水蒸气压力和潮湿空气压力可以由以下实验公式计算：

$$P_{ws} = 133.322 \times 10^{0.66077 + 7.5t/(237.3+t)} \, [\text{Pa}] \quad (8.19)$$

$$P_{ma} = 133.322 e^{20.386 - 5132/(273.15+t)} \, [\text{Pa}] \quad (8.20)$$

其中 t 的单位为℃。

平行板电容器的电容为 $C = \varepsilon A/d (F)$，由此建立了电容和相对湿度之间的关系（A 是电容器的面积，d 是极板之间的距离，ε 是极板之间物质的介电常数）：

$$C = C_0 + C_0 \frac{1.5826 P_{ma}}{T}10^{-6} + C_0 \frac{75.966 P_{ws}}{T}10^{-6}\text{RH}\,[\text{F}] \quad (8.21)$$

其中 C_0 是真空中的电容（$C_0 = \varepsilon_0 A/d$），该关系式在任何给定温度下都是线性的。潮湿空气的压力增加了一个固定的分量，而可变的分量完全是由湿度决定的。然而，对于实际的电容器，电容相当小（基于实际原因，电容器极板不能太大，极板之间的距离必须合理——至少几微米——以允许空气流动）。在实际设计中，使用了增加电容的方法。一种方法是在极板之间使用吸湿材料，既可以在没有湿度的情况下增加电容，又可以吸收水蒸气。这些材料可以是吸湿性聚合物薄膜，金属板可以由黄金制成。在这种类型的器件中，电容可以近似为

$$C = C_0 + C_0 \alpha_h \text{RH} [\text{F}] \tag{8.22}$$

其中 α_h 是水分系数，不一定是恒定的，一般取决于温度和相对湿度本身。该方法假设吸湿聚合物中的水分含量与相对湿度成正比，并且随着湿度变化，水分含量也随之变化（即薄膜不含水）。在这些条件下，检测是连续的，但正如预期的那样，其变化很慢，传感器的输出必然会滞后，特别是在水分变化很快的情况下。这种类型的传感器可以以 2%~3% 的精度检测 5%~90% 的相对湿度。

例 8.8：电容式相对湿度传感器

对于一种使用吸湿聚合物的电容式相对湿度传感器，为了评估其性能，在 20% 相对湿度和 80% 相对湿度下测量电容。结果表明：在 20% 相对湿度下 $C = 448.4 \text{pF}$，在 80% 相对湿度下 $C = 491.6 \text{pF}$。该电容器是一个简单的平行板电容器。

（a）计算传感器的水分系数、输出满量程（OFS）及其灵敏度。

（b）计算（a）中 OFS 对应传感器的相对介电常数范围。

解 利用式（8.22），我们可以确定干电容 C_0（即零相对湿度下的电容）和水分系数。然后利用平行板电容器的公式直接计算介电常数。

（a）在 20% 相对湿度下：

$$448.4 = C_0 + \alpha C_0 \times 20 [\text{pF}]$$

在 80% 相对湿度下：

$$491.6 = C_0 + \alpha C_0 \times 80 [\text{pF}]$$

用第二个关系式减去第一个关系式：

$$491.6 - 448.4 = \alpha C_0 \times (80-20) \rightarrow 43.2$$

$$= \alpha C_0 \times 60 \rightarrow \alpha C_0 = \frac{60}{43.2} = 1.3889$$

将其代入第一个关系式：

$$448.4 = C_0 + 1.3889 \times 20 \rightarrow C_0 = 448.4 - 1.3889 \times 20$$

$$= 420.62 [\text{pF}]$$

水分系数为

$$\alpha C_0 = 1.3889 \rightarrow \alpha = \frac{1.3889}{C_0} = \frac{1.3889}{420.62} = 0.003302$$

OFS 是传感器在输入满量程（IFS）时的电容，而 IFS 必然为 0%~100%。电容的关系式为

$$C = 420.62 + 1.3889 \text{RH} [\text{pF}]$$

在相对湿度为 0% 时，我们已经有 $C = C_0 = 420.62 \text{pF}$。在相对湿度为 100% 时有

$$C = 420.62 + 1.3889 \times 100 = 559.51 \text{pF}$$

即 OFS 的取值范围为 420.62~559.51pF 或 138.89pF。

由于输出是线性的，因此用 OFS 除以 IFS 就可以得到灵敏度。在本例中，为 1.3889pF/%RH。

（b）介电常数由平行板电容器的电容计算而来。我们把它写成

$$C = \varepsilon \frac{A}{d} [\text{F}]$$

由于我们不知道极板的面积或它们之间的距离,因此我们计算空电容与 A/d 的比值:

$$\frac{A}{d} = \frac{C_0}{\varepsilon_0} = \frac{429.88 \times 10^{-12}}{8.854 \times 10^{-12}} = 45.552 \text{m}$$

无论相对湿度是多少,这个比值都保持不变。在100%湿度下,电容为522.47pF,介电常数为

$$\varepsilon = \frac{C}{A/d} = \frac{522.47 \times 10^{-12}}{45.552} = 11.4697 \times 10^{-12} \frac{\text{F}}{\text{m}}$$

相对介电常数为

$$\varepsilon_r = \frac{\varepsilon}{\varepsilon_0} = \frac{11.4697 \times 10^{-12}}{8.854 \times 10^{-12}} = 1.2954$$

相对介电常数变化范围为 1~1.2954。当湿度从 0%~100% 变化时,相对介电常数的变化相当大(接近30%)。

平行板电容湿度传感器的难点之一是吸湿膜必须很薄,水分只能从侧面渗透。因此,它们对水分变化的反应较慢,因为水分渗透到整个薄膜需要一定的时间。图 8.24 显示了一种不同的方法,其中电容器是扁平的,由一系列交叉电极组成以增加电容。吸湿介质可由二氧化硅或磷硅酸盐玻璃制成,该层非常薄,以提高响应速度。因为传感器是基于硅的,所以温度传感器很容易集成,以便进行补偿,振荡器等其他组件也是如此。该器件的电容较低,因此通常用作振荡器的一部分,其频率用于推断相对湿度。然而,电介质的介电常数与频率有关(随频率下降)。这意味着频率不能太高,尤其是在检测到低湿度水平时。

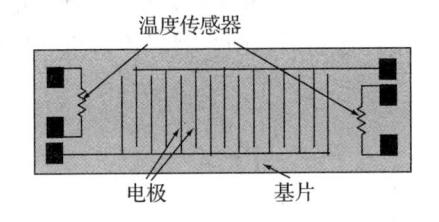

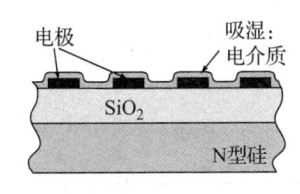

图 8.24 带有交叉电极的电容式传感器

8.8.2 电阻式湿度传感器

众所周知,湿度会改变某些材料的电阻率(电阻率是电导率的倒数),这一特性可用于制造电阻式相对湿度传感器。为此,提供了吸湿导电层和两个电极,电极通常相互交叉以增加接触面积,如图 8.25 所示。吸湿导电层必须具有相对高的电阻,且该电阻随湿度(实际吸收的水分)而降低。一些可以使用的材料包括用硫酸处理的聚苯乙烯和固体聚合电解质,但图 8.26 显示了更好的结构,其按上述原理工作,但基材是硅。在硅上形成铝层(高度掺杂,因此其电阻率低),铝层被氧化形成 Al_2O_3 层,该层是多孔和吸湿的,并且具有随相对湿度增

加而增加的低电导率。

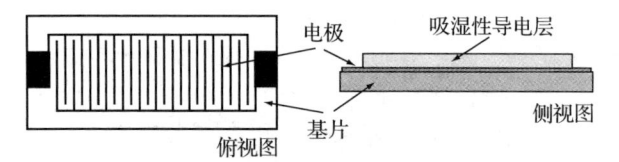

图 8.25 基于吸湿介质电导率的相对湿度传感器

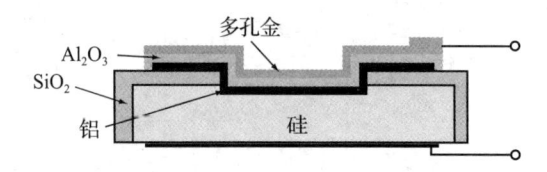

图 8.26 多孔（吸湿）电阻层相对湿度传感器外观

多孔金电极沉积在顶部，以产生二次接触，并允许 Al_2O_3 层吸收水分。上部金电极和基底电极之间的电阻就是相对湿度的度量。

8.8.3 热传导式水分传感器

湿度也可以通过热传导来测量，因为较大的湿度会增加热传导。这种传感器检测的是绝对湿度，而不是相对湿度。该传感器利用两个以差分或桥接方式连接的热敏电阻（桥式连接如图 8.27a 所示），热敏电阻被流经它们的电流加热到相同的温度，因此在干燥空气中差分输出为零。一个热敏电阻放在一个封闭的腔室中作为参考，其电阻是恒定的。另一个暴露在空气中，其温度随湿度而变化。随着湿度的增加，热敏电阻的温度降低，因此其电阻增加（对于 NTC 热敏电阻），饱和时达到峰值电阻，超过该值后，随着热导率降低，输出再次下降（见图 8.27b）。

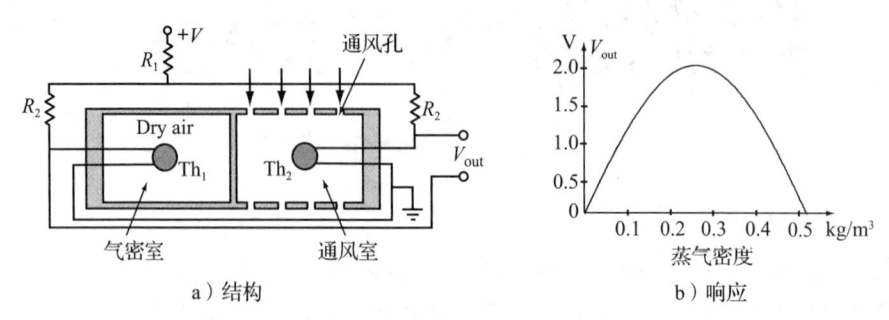

图 8.27 热传导式水分传感器

8.8.4 光学湿度传感器

到目前为止，最精确的湿度传感方法是光学的，通过调节镜子的温度来复制露点。当达到露点时，相对湿度为 100%。相对湿度可通过露点温度（DPT）和饱和水蒸气压力关系得到：

$$\mathrm{DPT} = \frac{237.3\left[0.66077 - \lg\left(\dfrac{P_{ws} \cdot \mathrm{RH}/100}{133.322}\right)\right]}{\lg\left(\dfrac{P_{ws} \cdot \mathrm{RH}/100}{133.322}\right) - 8.16077}[\text{℃}] \quad (8.23)$$

其中 P_{ws}（Pa）是式（8.19）中给出的饱和水蒸气压力。

应该注意的是，在任何温度下，相对湿度越大，DPT 就越高，直到在 100% 相对湿度下，DPT 等于空气温度（见例 8.9）。通过测量环境温度 t 并计算 DPT，根据式（8.23）可以计算相对湿度。因此，基本思想是使用如图 8.28 所示的露点传感器。该传感器用于检测镜子表面的露点。为了做到这一点，光从镜子上反射并监测光强。佩尔捷电池用于将镜子冷却至露点。当达到 DPT 时，控制器通过调节佩尔捷电池中的电流将镜子保持在 DPT。由于镜子上形成了水滴（镜子变得模糊），其反射率降低。测量该温度，即为式（8.23）中的 DPT。虽然这是一个相当复杂的传感器，而且还包括一个用于平衡的参比电极（保持在相同的温度），但它非常精确，能够以小于 0.05℃ 的精度来检测 DPT。

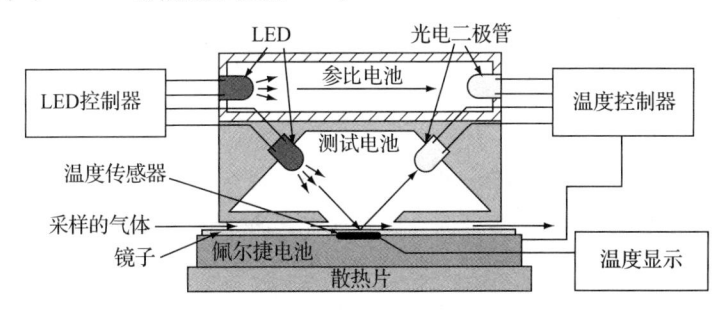

图 8.28 基于露点测量的光学露点传感器

同样的测量也可以用上一节所述的晶体微天平传感器来完成。在这种情况下，使用覆盖有水选择性涂层的晶体的谐振频率，并且在传感器冷却时检测其谐振频率。在露点时，传感器的涂层饱和，频率降至最低值。同样，SAW 质量传感器可以实现更高的精度。如图 8.28 所示，通过使用佩尔捷电池实现加热/冷却。

例 8.9：露点温度的计算

计算在 25℃ 下 60% 相对湿度的空气的露点温度。证明在 100% 的湿度下，DPT 必等于环境温度 25℃。

解 首先根据式（8.19）计算饱和水蒸气：
$$P_{ws} = 133.322 \times 10^{0.66077 + 7.5 \times 25/(237.3+25)} = 3165.94[\text{Pa}]$$

由式（8.23）计算 DPT 为

$$\mathrm{DPT} = \frac{237.3\left[0.66077 - \lg\left(\dfrac{P_{ws} \cdot \mathrm{RH}/100}{133.322}\right)\right]}{\lg\left(\dfrac{P_{ws} \cdot \mathrm{RH}/100}{133.322}\right) - 8.16077}$$

$$=\frac{237.3\left[0.66077-\lg\left(\dfrac{3\,165.94\times 60/100}{133.322}\right)\right]}{\lg\left(\dfrac{3\,165.94\times 60/100}{133.322}\right)-8.16077}=16.69°C$$

也就是说,在16.69℃以下的任何温度,水蒸气都会形成水滴(凝结)。

在100%的湿度下,我们可以得到

$$DPT=\frac{237.3\left[0.66077-\lg\left(\dfrac{3\,165.94\times 100/100}{133.322}\right)\right]}{\lg\left(\dfrac{3\,165.94\times 100/100}{133.322}\right)-8.16077}=25.0°C$$

正如预期的那样。

例8.10:绝对湿度传感器

湿度与温度和压力有着错综复杂的联系,任何试图检测湿度的方法都必须考虑到这些因素。然而,给定压力和温度,湿度的测量就可以相对简单。考虑使用电容式传感器测量空气中的绝对湿度(含水量)。在30℃且1atm的压力下,空气中的含水量是 $0 \sim 30 \text{g/m}^3$ 变化。给定一个平行板电容器,极板面积为 10cm^2,极板间间距为0.01mm,估计传感器的电容范围。

解 随着湿度的增加,空气的相对介电常数增大。在该温度下,水的相对介电常数约为80,而空气的相对介电常数为1。估计混合物介电常数的一种方法是使用体积平均值,如下所示:

$$\varepsilon_r=\frac{\varepsilon_{rw}\times v_w+\varepsilon_{ra}\times v_a}{v_w+v_a}=\frac{80\times 30+1\times 10^6}{10^6}=1.0024$$

其中30g水的体积为30cL⊖,1m^3 空气的体积为 10^6cL。ε_{rw} 是水的相对介电常数,ε_{ra} 是空气的相对介电常数,v_w 是水的体积,v_a 是空气的体积。

当空气饱和时,相对介电常数在1(无水分)和1.0024之间变化,就电容而言[见式(5.2)],

$$C_{\max}=\frac{\varepsilon_0\varepsilon_r S}{d}=\frac{8.854\times 10^{-12}\times 1.0024\times 10^{-4}}{0.01\times 10^{-3}}=8.875\times 10^{-10}\text{F}$$

以及

$$C_{\min}=\frac{\varepsilon_0\varepsilon_r S}{d}=\frac{8.854\times 10^{-12}\times 1\times 10^{-4}}{0.01\times 10^{-3}}=8.854\times 10^{-10}\text{F}$$

其中 S 就是每个极板的面积,d 是它们之间的间距。ε_0 是真空介电常数。电容在885.4和887.5pF之间变化,是一个很小的变化(约0.34%),但它仍然是可测量的,尤其是在电容器是振荡器的一部分,并且测量了频率时(见第11章)。电容的变化可以通过在极板之间添加

⊖ 1cL=0.01L。——编辑注

吸湿材料来增加,但是简单电容器的优点是其响应更快,并且在测量之前不必担心吸湿材料的"干燥"。从这个例子中也可以明显看出为什么这种类型的传感器不是最好的——电容的变化很小,而且由于其取决于压力和温度,检测很可能不准确。

8.9 化学驱动

化学驱动可以采取多种形式,最直观的是化学反应,其目的是影响结果。但即使是化学反应,也有许多形式的反应正在被使用。一种反应是在汽车的催化转化器中发生的转化或氧化过程,其目的当然是为了减少废气中的污染成分。另一种类型是气囊的爆炸性膨胀。虽然有人可能会说这是一个纯粹的机械振动,但实际上是炸药爆炸产生了足够的气体,使得安全气囊系统能够足够快地起效。内燃机的整个概念是建立在化学驱动的基础上的,即通过燃烧将碳氢化合物转化为气体(主要是 CO_2,但也有 CO、NO_x 和 SO_4,其中只有 CO_2 被认为是无污染的)。第三个化学驱动的例子是电镀过程和电池。

还有更多的化学执行器,包括化学洗涤剂、原电池(湿电池、干电池和燃料电池)以及电解电池,但我们在这里只集中讨论四种:催化转化器、安全气囊或爆炸执行器、电镀和阴极防腐保护。

8.9.1 催化转化器

车用催化转化器已成为控制污染的主要工具之一,并广泛应用于以汽油为燃料的汽车上。经过一些改装后,它也适用于柴油车。催化转化器有三种用途:

1)将 CO 氧化为 CO_2 以减少空气中此类污染物的存在:

$$2CO+O_2 \rightarrow 2CO_2 \qquad (8.24)$$

2)将未燃烧的碳氢化合物氧化为 CO_2 和水(H_2O):

$$C_xH_{2x+2}+[(3x+1)/2]O_2 \rightarrow xCO_2+(x+1)H_2O \qquad (8.25)$$

3)将氮氧化物(NO 和 NO_2,合称为 NO_x)还原为游离氮和氧:

$$2NO_x \rightarrow xO_2+N_2 \qquad (8.26)$$

这些污染物是由不完全燃烧或高温反应产生的。催化转化器也产生副产物,包括硫化氢气(H_2S)和氨气(NH_3)。通过降低汽油中的硫以及催化转化器来控制硫化氢的生成,可以消除副产物。

这个转化器实际上很简单,是一个腔室,其中封闭了由 Al_2O_3 制成的蜂窝状结构或网状结构,以增加与废气的表面接触。该结构上覆盖了一层催化剂,通常是铂(但其他催化剂,如钯、铑、铈、锰和镍,也可以用于特定用途)。整个结构被废气加热到 600~800℃。催化剂只刺激化学反应,而不参与化学反应。为此,转化器必须首先达到最低温度(400~600℃)。除此之外,效率会不断增加,直到在正常工作温度下达到 90% 或者更高。催化转化器的基本结构如图 8.29 所示,图中还显示了温度传感器和至少一个氧传感器。氧传感器是控制反应所必需的,因为必须有足够量的氧才能发生转化。这是通过燃烧过程增加或减少混合物中的氧气量来提供的。温度传感器监控转化器的运行。例如，随着CO氧化，温度升高，转化器的排气口就会显示出更高的温度。

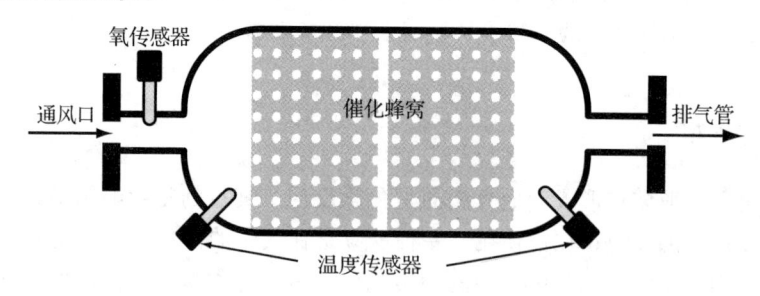

图 8.29 催化转化器的基本结构

例 8.11：催化转化器过热

由于汽车中发生的反应产生了过量热量，汽车中的催化转化器会过热甚至熔化。具体来说，CO的转化会产生额外的热量，从而提升转化器的温度。如果发动机产生大量CO（由于燃料燃烧不完全），催化转化器可能会受到永久性损坏。为了更好地理解这一点，请考虑一台四冲程、六缸、总排量为2 400cc、转速为2 000r/min的内燃机。在经过催化转化器之前，发动机排气中CO的典型浓度约为5 000ppm，而经过催化转化器之后，其浓度降低至100ppm以下。估算每分钟发动机催化转化器中CO转化为CO_2产生的热量。空气密度为1.2kg/m³（20℃时），CO的比热容为29J/(mol·K)，在氧气中的燃烧焓为283kJ/mol。

解 废气中气体的总质量等于空气质量加上燃料质量。由于燃料的质量与空气质量相比相当小，因此在计算中我们将其忽略。首先计算空气的质量，然后估计被转化的CO的摩尔质量。

发动机的排量是其所有气缸的容积，每个气缸的排量容积为400cc。在四冲程发动机中，每半转充满一个气缸，因此所有四个气缸在两转内充满。也就是说，发动机每转吸入1.2L空气或$1.2 \times 2\,000 = 2\,400$L/min，相当于$2\,400/1\,000 = 2.4$m³ 或是$2.4 \times 1.2 = 2.88$kg/min。CO的浓度为5 000ppm，也就是说，废气中的CO质量为

$$\text{Mass}_{CO} = 2.88 \times 5\,000 \times 10^{-6} = 0.014\,14 \text{kg/min}$$

或14.14g/min。CO的摩尔质量（见例8.6）为

$$MM(CO) = 1 \times 12.01 + 1 \times 16 = 28.01\text{g}$$

也就是说，1mol的CO的质量是28.01g。因此每分钟产生的热量为

$$H = 283 \times \frac{14.14}{28.01} = 142.864 \text{kJ}$$

这种转换大约产生143kJ的热量。

这些热量提高了催化转化器的温度。给定转化器的热特性和环境温度，可以计算温度的变化。对于汽车来说，这是一项困难的任务，因为汽车运动的时候空气运动会动态地改变条件。然而，这是一个值得关注的问题，高水平的CO会导致转化器过热并可能出现故障。

8.9.2 安全气囊

车辆中的安全气囊系统被用作在碰撞时保护乘员的安全装置,需要监测多个传感器(加速度计、车轮速度传感器、碰撞传感器等),以确定是否发生碰撞以及安全气囊是否需要展开。一个小的炸药被电引爆,然后引发反应,开始气体生成过程。各种各样的材料已经被使用并且正在被使用,但是大多数释放氮气作为主要气体。例如,在早期的系统中,叠氮化钠(NaN_3)被用作推进剂,点燃后会产生钠和氮:

$$2NaN_3 \rightarrow 2Na+3N_2 \tag{8.27}$$

还有其他毒性较小的推进剂,一些是有机的,一些是无机的,一些气囊系统出于同样的目的使用压缩氮气或氩气。一些替代物是三唑($C_2H_3N_3$)、四唑(CH_2N_2)、硝基胍($CH_4N_4O_2$)、硝化纤维素[$C_6H_7(NO_2)_3O_5$]以及其他物质,通常添加稳定剂和反应改性剂以增加随时间的稳定性并控制反应速率(这些物质中有许多是爆炸物且不稳定,因此需要添加剂)。一个典型的安全气囊包含 50~150g 的推进剂,具体取决于安全气囊的体积。这会产生大量的氮气,使袋子快速膨胀,并有足够的压力缓解对身体的冲击。

例 8.12:安全气囊的充气

假设安全气囊的容积为 50L,估算使用 100g NaN_3 的安全气囊中的压力。同样假设气体温度上升到 50℃ 并且没有气体从安全气囊中逸出。当然,并非所有这些条件在现实中都能得到满足,但可以对该过程进行估计。例如,安全气囊有排气孔来放气,但充气速度非常快,因此这里的近似方法最初是有效的。

解 在式(8.27)的反应中,2mol 的 NaN_3 生成 3mol 的氮气。在标准温度和压力(STP)下,一摩尔气体(任何气体)为 22.4L。因此,我们需要计算生成的摩尔数,为此,我们必须计算 NaN_3 的摩尔质量。根据元素周期表,有

$$MM = 22.9897 + 3 \times 14.0067 = 65.0099 \text{g/mol}$$

因此,100g 的 NaN_3 将产生 n mol 的气体:

$$n = \frac{100}{65.0099} = 1.5382 \text{mol}$$

然而,因为 2mol 的 NaN_3 产生 3mol 的氮气,所以 n 必须乘以 3/2。现在我们可以使用如下理想气体关系:

$$PV = nRT$$

其中 P 为压力(N/m^2),V 为体积(m^3),n 为摩尔数,R 为气体常数,等于 8.3144621 J/(mol·K),T 为温度(K)。因此,气囊内部的压力为

$$P = \frac{nRT}{V} = \frac{1.5382 \times 1.5 \times 8.3144621 \times 323.15}{0.050} = 123988 \text{N/m}^2$$

这个压力有点低。成人安全气囊需要大约 150~200kPa 的压力。

注意:这里使用的温度是一个估计值,由于压力迅速增加,气囊内的温度可能不均匀,可能

会更高。气囊大约在 2s 内通过通风口放气，充气时间通常为 40~50ms。

8.9.3 电镀

电镀是一种电沉积过程，通过这一过程，一种金属被另一种金属的薄层覆盖，以影响所需的性能。在许多情况下，这种沉积是装饰性的，在一些情况下是保护性的，在其他情况下可能是结构性的。实际上，溶液中的金属离子借助于电场通过电解过程从溶液移动到被涂覆的介质。为了维持该过程，通过（但不总是）使用镀层金属牺牲电极来供应离子。该过程最简单的形式如图 8.30 所示。在这种情况下，作为阴极连接的铁片被镀上镍。电解液通常是用于涂层的金属盐的水溶液。在图示情况下，溶液是氯化镍（$NiCl_2$），阳极是镍来提供离子。$NiCl_2$ 在水中电离成镍离子（带有过量质子的离子或正离子；Ni^{2+}）和氯离子（带有过量电子的离子或负离子；Cl^-）。当阳离子到达阴极时，它们通过获得两个电子而还原为金属镍。与此同时，氯离子失去电子并还原为氯，在阳极以气体形式释放。直流电流的作用在这一过程中尤为重要，因为还原所需的额外电子由电流提供，被电镀的金属质量与电流成正比。这通常用法拉第定律表述如下：

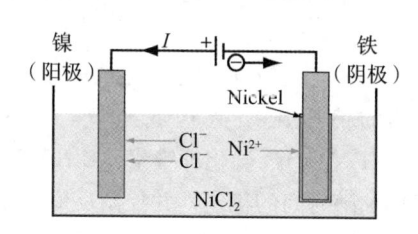

图 8.30 将镍电镀在铁上

1) 金属涂层的质量与通过电池的电量成正比；
2) 释放的材料的质量与其电化学当量成正比，可以表述为

$$W = \frac{Ita}{nF}[g] \tag{8.28}$$

其中 W 是质量（g），I 是电流（A），t 是时间（s），a 是金属的相对原子质量，n 是溶解金属的化合价（g-eq/mol），$F = 96\,485.309\,C/g\text{-eq}$ 为法拉第常数。在这个特殊的例子中 $n = 2$（还原需要两个电子）。法拉第常数意味着沉积 1g 金属需要一个 nF 库伦的电荷（A·s），随着时间的推移，这种电荷是由电流提供的。法拉第常数还表明了电镀的一个具体问题：它需要非常大的电流，否则这将可能是一个非常缓慢的过程。所用的电压通常很低，只有几伏的量级，但所需的能量却很大。

基本过程中有许多变体，使用了许多不同的解决方案，每个方案都有自己的特性并适用于特定的用途，但是这些问题更多的是技术性的，而不是根本性的。例如，在镀金时不使用牺牲金阳极，而是使用碳或铅阳极。所有离子都是由溶液（通常是氰化金溶液）提供的，必须补充该溶液以维持电镀过程。根据所使用的材料，该过程可能会释放气体，其中一些气体需要进行处理，并可能产生危险物质，对这些物质也需要进行适当处理。

自 1800 年亚历山德罗·伏特发现电池以来，电镀一直是一种常用的工艺。1805 年，在伏特的发明之后，人们首次报道了这种方法，但也有一些有趣的猜测，认为这种方法在古代就已经为人所知了。用于电镀的电解过程用于铝、镁、钠的生产、铜的提纯以及氯气（Cl_2）和

氢气（H_2）等气体的生产。每一种应用都有其独特的电极和电解液。

例 8.13：PCB 走线镀金

印制电路板是在玻璃纤维上镀铜制成的，但是某些部分通常是镀金的，以改善接触和防止腐蚀，包括连接器走线和焊盘。为了了解所涉及的问题，可以考虑对一个印制电路板进行电镀，镀金面积总共为 $8cm^2$，厚度为 $25\mu m$。电镀是在金-氰化物溶液 $AuCn_2$ 中进行的，电流密度相对较低，为 $10^4 A/m^2$，以确保镀层光滑。金-氰化物离子分解成为一个金阳离子（Au^+）和两个氰阴离子（$2Cn^-$）。计算电镀所需的时间。

解 在这种情况下，还原需要一个电子，$n=1$，金的相对原子质量是 $a=196.966\,543$。需要镀的总质量是根据需要的体积和原子质量来计算的。体积是

$$V = 面积 \times 厚度 = 8\times 10^{-4} \times 25 \times 10^{-6} = 2\times 10^{-8} [m^3]$$

金的密度为 $19\,320 kg/m^3$，因此质量是

$$M = V \times 密度 = 2\times 10^{-8} \times 19\,320 = 3.864\times 10^{-4}\,[kg]$$

式（8.28）要求质量单位为 g，所需总质量为 $0.386\,4g$。所需的电流是给定的电流密度乘以电镀面积：

$$I = 面积 \times 电流密度 = 8\times 10^{-4} \times 10^4 = 8\,[A]$$

所需的时间可以由式（8.28）计算得出：

$$t = \frac{nFW}{Ia} = \frac{1\times 96\,485.309 \times 0.386\,4}{8\times 197} = 23.66\,[s]$$

电镀所需的时间不到 24s。

8.9.4 阴极保护

当金属在氧存在的情况下传递电子时，就会发生腐蚀，从而引发反应，最终产生腐蚀产物。这些产物中最为人知的是氧化铁（Fe_2O_3），但也有其他产物存在，并且非常常见。水和氧的存在促进了反应，酸加速了反应。因此，人们可以说腐蚀发生在电解池中。下面将给出导致 Fe_2O_3（铁锈）形成的反应过程。

铁在氧存在的情况下将电子转移到氧中而氧化：

$$Fe \rightarrow Fe^{2+} + 2e^- \tag{8.29}$$

如果存在水，过量的电子、氧和水形成氢氧根离子：

$$O_2 + 4e^- + 2H_2O \rightarrow 4OH^- \tag{8.30}$$

铁离子与氧反应：

$$4Fe^{2+} + O_2 \rightarrow 4Fe^{3+} + 2O^{2-} \tag{8.31}$$

导致 Fe_2O_3 形成的反应如下：

$$Fe^{3+} + 3H_2O \rightleftharpoons Fe(OH)_3 + 3H^+ \tag{8.32}$$

$Fe(OH)_3$ 产物脱水并导致 Fe_2O_3 的形成：

$$Fe(OH)_3 \rightleftharpoons FeO(OH) + H_2O \tag{8.33}$$

$$2FeO(OH) \rightleftharpoons Fe_2O_3 + H_2O \tag{8.34}$$

如上所述，有许多铁腐蚀产物，其形成取决于氧气和水的存在以及其他盐和酸。

除了防止与水和氧接触（通过油漆、涂层或电镀）之外，防腐保护必须消除铁的氧化。也就是说，如果能阻止电子从铁到氧的转移，这个过程就会停止，铁就会受到保护而不会被腐蚀。这就是阴极保护的作用，如图 8.31 所示，常用的方法有两种。如图 8.31a 所示，一种方法是建立一个原电池，其中阳极是任何接触电势比受保护金属的接触电势更低的金属。这迫使电子从阳极流向阴极（铁），与上述的氧化过程相反。在这个过程中，阳极被消耗掉（它是牺牲的），最终必须被替换。在铁的阴极保护中，最常见的阳极材料是锌，它的接触电势为 -1.1V，而铁的接触电势根据其成分和处理方式（例如，钢的活性较低，因此其负接触电势比铁小）在 -0.2V 和 -0.8V 之间变化。还有其他可以使用的材料，尤其是镁合金（接触电势为 -1.5V 至 -1.7V）和铝（接触电势是 -0.8V）。第二种方法是图 8.31b 所示的有源方法，由非牺牲阳极和一个产生逆流的电源组成。阳极可以是铁合金，也可以是石墨，在某些情况下也可以是镀铂的导线。通常通过测量接触电势并确保其低于 -1.0 ~ -1.1V 来调节电流以对抗氧化电子流。

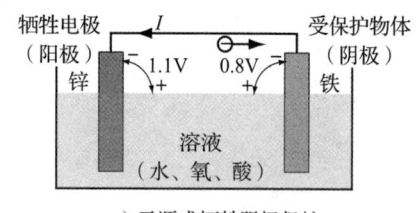

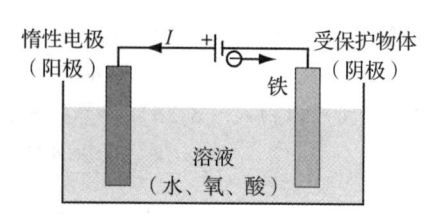

a）无源或牺牲阴极保护　　　　b）有源或外加电流阴极保护

图 8.31　阴极保护

8.10　习题

单位

8.1 **化学反应中单位的使用**。汽油发动机每 100km 要用 8L 汽油。燃烧反应为

$$2(C_8H_{18}) + 25(O_2) \rightarrow 16(CO_2) + 18(H_2O)$$

其中汽油的分子式为 C_8H_{18}，副产物是二氧化碳（CO_2）和水（H_2O）。假设完全燃烧，计算产生的 CO_2 量，单位为 g/km。汽油密度为 $740kg/m^3$。

8.2 **空气成分**。按体积计算的干燥空气在 20℃ 时的大致成分为 N_2 78.09%、O_2 20.95%、Ar 0.93% 和 CO_2 0.03%。

(a) 根据质量计算其成分。假设空气是环境压力为 1atm（101 325Pa）、环境温度为 20℃ 的理想气体。

(b) 计算空气成分（单位为 mol/m^3）。空气密度在 20℃、1atm 环境压力下为 $1.2kg/m^3$。

(c) 计算每立方米空气中每种成分的原子（CO_2 情况下为分子）数。

注意：空气中还有许多其他成分，但就数量而言，这里包括的四种成分是最重要的。

8.3 天然气燃烧。天然气［甲烷（CH_4）］燃烧过程中发生的反应如下：
$$CH_4 + 2(O_2) \rightarrow CO_2 + 2(H_2O)$$
在此过程中，反应以 890kJ/mol 的速率产生热量。假设海平面处环境压力与温度分别为 1atm 和 20℃。同时，假设无论气压和温度如何，空气中含有 21%体积的氧气。
(a) 按体积计算空气和气体的必要比例，以使气体在海平面完全燃烧。
(b) 按质量计算空气和气体的必要比例，以使气体在海平面完全燃烧。
(c) 天然气在 20℃的温度下以高于环境压力 4 600Pa 的压力输送到熔炉。计算每立方米天然气产生的热量。
(d) 海拔在 3 000m 时（a）和（b）的答案是什么？温度递减率为 0.006 5K/m，海拔的压力在式（6.18）中给出。
(e) 如果在海拔 3 000m 处，气体压力保持在高于环境压力 4 600Pa，那么（c）的答案是什么。

8.4 摩尔质量和克当量。
(a) 计算 CO_2 的摩尔质量。
(b) 计算镁（Mg）的摩尔质量。
(c) 计算 CO_2 在水中溶解的克当量。二氧化碳在水中的反应如下：
$$CO_2 + H_2O \rightarrow H^+ + HCO_3^-$$
(d) 计算水中镁离子的克当量。

8.5 单位间的转换。将 0.01mol 的硫酸（H_2SO_4）混合到 1L 蒸馏水（H_2O）中。水的密度为 1g/cm³，硫酸的密度为 1.84g/cm³。按如下方式计算硫酸的浓度（ppm）：
(a) 质量分数。
(b) 体积分数。

电化学传感器

8.6 内燃机中的氧传感器。为了符合污染法规的要求，在内燃机中使用氧传感器来减少有害气体的排放。该传感器用于检测空气中氧浓度与燃烧气流中氧浓度的比例，控制氧气的摄入以减少排放。空气中的氧浓度约为 20.9%（按体积计算）。计算从无燃烧（废气流中氧含量为 20.9%）到氧含量为 4%的情况下废气流中氧传感器的读数范围，排气温度为 600℃。

注意：为了使催化转化器能够运行并去除一些燃烧的副产品，比如一氧化碳，在流中保留一定比例的氧气是可取的。然而，过多的氧气会导致稀薄的燃烧，并可能导致发动机过热。

8.7 一氧化碳传感器。图 8.1 中的 CO 传感器用于检测家中的一氧化碳浓度，并在浓度超过

50ppm（美国工作场所允许的最大长期接触水平）时发出警报。为了校准传感器，在10ppm 和 100ppm 的一氧化碳浓度下测量其电阻。实测值分别为 22kΩ 和 17kΩ。计算触发警报的传感器读数和传感器的灵敏度。

8.8 **金属氧化物传感器和温度变化**。由于金属氧化物的导电性与温度有关，因此除其他因素外，金属氧化物传感器的电阻还取决于温度。电阻的变化作为被分析物浓度的量度，依赖于传感器的温度是恒定的这一事实。考虑一个工作在 300℃ 的薄膜氧化锡传感器，用于检测 CO。浓度为 75ppm 时，校准值为 16.5Ω，浓度为 15ppm 时，校准值为 492Ω。氧化锡的电导率在 20℃ 时为 6.4S/m 并且它的 TCR 是每摄氏度 −0.002 055。

(a) 计算传感器在其整个范围内和两个给定校准点的灵敏度。
(b) 计算在 300℃ 的基础温度附近，由于温度变化，材料的基础导电率的相对误差。
(c) 讨论（b）中结果的含义。

注意：与许多其他金属氧化物材料不同，氧化锡具有相对较高的导电性。

固体电解质传感器

8.9 **检测钢水中的氧气**。类似于图 8.5 所示的氧传感器用于检测钢生产过程中的氧浓度。钢水温度保持在略高于熔点 1 550℃，以确保其流动性。在该温度下，空气中的氧浓度为 18.5%（以体积计算）。加工钢的过程中需要使氧气与碳反应，从而生产低碳钢。在这个过程的最后，必须去除多余的氧气。

(a) 假设空气和钢中氧浓度相等时输出为零，计算钢中氧浓度为 100ppm 时传感器的预期电动势。
(b) 计算传感器对钢中氧浓度的灵敏度。

8.10 **燃木炉的污染控制**。在寒冷的冬天，烧柴的炉子和壁炉是一种令人舒适的热源，但它们污染严重，除非通风良好，否则会很危险。为了控制污染，在烟道中放置一个氧传感器，用于控制风扇，风扇提供必要的额外空气，以适当燃烧木材并减少污染。烟道温度为 470℃，并且烟道中的氧气水平不应低于 8%。房子内部正常的含氧量是 20%。把系统设置为将氧气水平保持在 8%~12%之间。为了确保烟道温度不会上升太多，当氧气水平下降到 8% 时，风扇打开，当氧气水平达到 12% 时，风扇关闭。计算风扇开启和关闭时的传感器输出电压。

8.11 **内燃机的排放控制策略**。控制车辆排气系统污染的基本策略有三种：(a) 氧传感器测量催化转化器入口的氧气水平。(b) 氧传感器测量催化转化器出口的氧气水平。(c) 第一个氧传感器测量催化转化器入口的氧气水平，第二个氧传感器测量出口的氧气水平。在（a）和（b）中，传感器的输出用于控制相应端口的氧气水平。在（c）中，两个传感器的差分输出用于保持出口氧气水平在要求的范围内。假设入口的最佳氧气水平在 6%~8%之间，出口的在 0.1%~1%之间，周围环境的氧气水平为 22%。从以下方面讨论三种方法：
(a) 量程和范围。
(b) 每种方法对催化转化器性能的监测能力。

玻璃膜传感器

8.12 **pH 值测量**。在 pH 计中，设备的读数是在 1~14 的 pH 值范围内校准的。实际的仪表是一个高阻抗电压表，测量是在 24℃ 的环境温度下进行的。
(a) 给定 Ag/AgCl 参比电极，计算电压表在 1~14 的 pH 范围内必须能够显示的电压范围。
(b) 计算 pH 为 1~14 的范围内每摄氏度的误差范围。

8.13 **吸收二氧化碳对水的酸碱度的影响**。水吸收二氧化碳的最大浓度为 1.45g/L。如果中性水（pH=7）长时间暴露在空气中，它将从空气中吸收二氧化碳，并且变得越来越显酸性，尽管吸收的速度很慢。导致水酸度增加的反应如下：

$$CO_2 + H_2O \rightarrow H^+ + HCO_3^-$$

计算初始 1L 中性水吸收 1.45g CO_2 后的酸碱度。

8.14 **pH 值和酸雨**。虽然雨水本身呈微酸性（酸碱度在 5~6 之间），但只要 pH 值小于 5，雨水就被认为是酸性的，对环境有害。形成酸雨的原因主要是燃煤电厂、车辆和其他化学污染物的排放，但也有火山爆发的原因。最令人担忧的物质是二氧化硫（SO_2）。大气中发生的反应如下：

$$2(SO_2) + O_2 \rightarrow 2SO_3$$

然后

$$SO_3 + H_2O \rightarrow H_2SO_4$$

水中的硫酸会产生氢氧离子和 SO_4 阴离子：

$$H_2SO_4 \rightarrow 2H^+ + SO_4^{2-}$$

为了理解酸雨的问题，考虑大气中浓度为 2ppm 的 SO_2（这个浓度很高，除非在火山爆发或污染严重的地方，否则不太可能出现）。假设 0.75ppm 的二氧化硫被降雨吸收，在大气中没有二氧化硫的情况下，大气的 pH 值为 5.8，那么雨水吸收二氧化硫后的 pH 值是多少？

可溶性无机盐膜传感器

8.15 **氯离子传感器**。采用氯化银与硫化银（$Ag_2S/AgCl$）混合膜，通过检测氯离子来检测水中低浓度的氯化物。使用 Ag/AgCl 参比电极，仪器在 32℃ 下检测到 0.275V 的电势。计算水中氯化物的浓度。

8.16 **硝酸传感器**。一个严重的水质问题是施肥后的径流会增加水中硝酸盐（NO_3^-）的浓度。虽然在淡水中可能会发现一些天然存在的硝酸盐，但其浓度通常很低。化肥和其他农业来源的污染可能会使这一浓度增加到 3mg/L。低至 0.5mg/L 的浓度可能导致藻类繁殖和鱼类大量死亡，而高于 10mg/L 的浓度可致婴儿死亡。考虑一种对硝酸盐敏感的凝胶固定化酶膜（这种酶是周质硝酸还原酶——Nap——从细菌泛酸硫杆菌中提取）。将酶涂覆在具有 Ag/AgCl 参比电极的玻璃电极上。计算 20℃ 时传感器在浓度 0.1~20mg/L 之间的输出范围。

8.17 **引线式传感器和误差**。要检测水中的铅，可以使用掺有硫化铅（PbS）的 Ag_2S 膜，该膜能检测 Pb^{2+} 离子。假设测量 100ppm 的浓度，并在正常 pH 计中使用饱和甘汞参比电极（用于检测水中的氢）在 25℃ 下校准。

(a) 计算电极间的预期电势。

(b) 如果温度上升到 30℃，浓度读数的误差是多少？如果没有提供温度补偿，读数又是多少？

热化学传感器

8.18 **血糖传感器**。为了监测糖尿病患者的血糖浓度，可以使用涂有葡萄糖氧化酶的热敏电阻来检测热敏电阻的温度。正常血糖在 3.6~5.8mmol/L。葡萄糖的分子式是 $C_6H_{12}O_6$，它的焓是 1 270kJ/mol。热敏电阻的热容量为 24mJ/K（热敏电阻的热容量通常以 mJ/K 表示，这是一个考虑到其质量的量），在 20℃ 时的标称电阻为 24kΩ。假设酶样本为 0.1mg 血液。假设血液主要是水。在正常血温 36.8℃ 下进行检测。

(a) 计算热敏电阻在正常血糖水平范围内的温升。

(b) 计算给定范围内传感器的灵敏度。

(c) 此外，如果在 30℃ 时测量热敏电阻的阻值为 18.68kΩ，根据测得的电阻计算热敏电阻的电阻范围和量程及其灵敏度。

8.19 **用于生产糖的糖（蔗糖）传感器**。在用甘蔗制糖的过程中，首先要把甘蔗茎切碎并压榨成汁液，然后再从汁液中提炼糖。甘蔗在水中的含糖量一般为 13%。为了检测蔗糖的浓度，磷酸合酶可以用于热敏电阻传感器来催化糖。

蔗糖的分子式为 $C_{12}H_{22}O_{11}$，其焓为 5 644kJ/mol。热敏电阻的热容为 89mJ/°K 并且为此目的采用 0.05℃/mW 的自热。

(a) 如果传感器采样 0.2mg 溶液，在摄氏度下计算传感器对每百分比糖的灵敏度。

(b) 如果热敏电阻需要 1.8mA 的最小电流才能在感应电路中正常工作，那么在 1% 糖的最小浓度下，热敏电阻的最大电阻是多少才能保证自热误差小于 3%？

8.20 **矿井瓦斯探测器**。一种基于颗粒的催化转化器可用于矿井中甲烷浓度的检测，当浓度过高时可向矿工发出警报。传感器以 LEL 的百分比进行校准。甲烷的分子式是 CH_4，焓为 882kJ/mol。催化转化器以氧化铝为基础，热容为 775J/(kg·K)，质量为 0.8g，铂金加热器在 540℃ 工作温度下电阻为 1 250Ω。如果传感器采集 0.75cm^3 的空气，计算传感器的灵敏度，单位为欧姆每单位爆炸下限。采样前的空气和甲烷温度为 30℃，环境压力为 101 325Pa（1atm）。

光化学传感器

8.21 漏水传感器。 衰减损失传感器使用光纤来检测泄漏到船底的水。纤维紧贴着船的内表面，但不会接触到它，所以它检测不到底部的水凝结。为了确保传感器仅检测水，调整激光束的入射角（见图8.32），使得全反射发生在所有介电系数低于水的情况下。光学频率下玻璃的相对介电常数为1.65，水的相对介电常数为1.34。当沿光纤传输的功率通过接口传输到水中而下降时，就会发生检测。

(a) 计算光束的入射角 θ_i，以确保水将被检测到。

(b) 如果想要检测任何与光纤接触的相对介电常数 $\varepsilon_r < 1.65$ 的介质，而不是仅限于水检测，那么所需的入射角 θ_i 是多少？

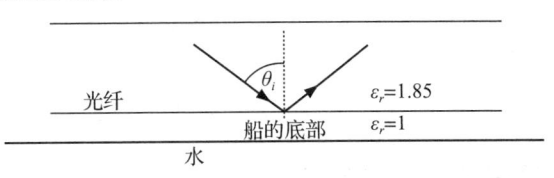

图 8.32　漏水传感器

8.22 石油泄漏传感器。 图8.20中的传感器用于检测输油软管漏油或漏水。这些软管采用双层管壁，如图8.33所示，传感器位于两层管壁之间。传感器的目的是检测从内软管漏出的油或从外软管漏入的水。同时检测油和水的一种简单方法是使用两个传感器，一个用来检测油，另一个用来检测水（单个传感器也可以与适当的检测电子设备一起使用）。海水在光频下的相对介电常数为1.333，油的相对介电常数为1.458，传感器使用的聚碳酸酯纤维的相对介电常数为1.585（在用于检测的红外频率下）。

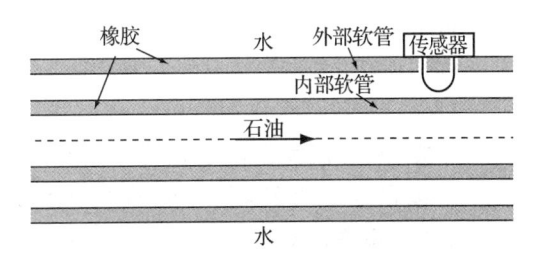

图 8.33　漏水传感器位于橡胶墙间隙位置示意图

(a) 计算传感器1所需的入射角范围，使其能够检测到水。

(b) 计算传感器2所需的入射角，使其能够检测到油。

(c) 传感器1也会检测到油吗？

(d) 传感器2也会检测到水吗？

(e) 如果（c）和（d）的答案是肯定的，那么这两个传感器在各种情况下（无漏油或漏水等泄漏现象）会显示什么？如何保证对水和油的检测是真实的？

质量传感器

8.23 使用晶体微天平测量腐蚀速率。 晶体微天平是一种重要的高灵敏度分析工具，常用于实验室。一个晶盘被相反的电极覆盖是它较常见的一种形式，使用的电极通常是金电极，并且被设计成在给定频率下谐振，通常在6MHz和18MHz之间。圆盘与一个振荡器相连,并以其基频振荡。圆盘质量的任何变化都会改变频率。为了测量铁在潮湿空气中的腐蚀速率,在一个或两个电极上涂上一层铁后,使用晶体微天平。在图 8.34 中,金电极直径为 8mm,晶盘被设计为在 10MHz 振荡。每个金盘上都覆盖了一层 0.5mg 的铁,将其完全覆盖。所用晶体的灵敏度系数为 54Hz·cm²/μg。

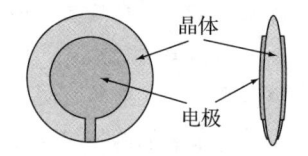

图 8.34 用于质量传感器的镀金晶体

(a) 在腐蚀发生前,计算谐振频率。

(b) 腐蚀速率以 mm/年为单位,即 1 年腐蚀的材料厚度以毫米为单位。假设仪器能够可靠地检测出 10kHz 的频率变化,计算出微天平在本应用中的灵敏度。铁的密度是 7.87g/cm³。被腐蚀的铁转化为氧化铁(Fe_2O_3)。

湿度和水分传感器

8.24 **电容式湿度传感器**。简单的湿度传感器虽然不是最灵敏的,但可以通过测量充气平行板电容器的电容来获得。考虑一个有两个极板的电容器,每个极板的面积为 4cm²,极板间距为 0.2mm。

(a) 计算并绘制环境温度为 25℃ 时 10%~90% 相对湿度范围内传感器的预期电容。

(b) 计算传感器的灵敏度。

8.25 **衣物烘干湿度传感器**。为了控制干衣机中的干燥过程,湿度传感器是该过程的一个重要组成部分。有许多类型的传感器可以使用,考虑在干燥机的排气线上安装电容传感器的可能性。传感器(见图 8.35)由一系列 12cm 长的同心管组成。总共有 13 根管子,外管的直径等于排气管的直径(100mm),间隔 1mm,以允许空气在管子之间流动。内管直径为 76mm。交替地将管连接在一起(即较浅阴影管全部连接在一起,较深阴影管连接在一起形成多导体同轴电容器)。用平行板等效物近似圆柱电容器的电容,其中极板的面积是外极板和内极板面积的平均值。

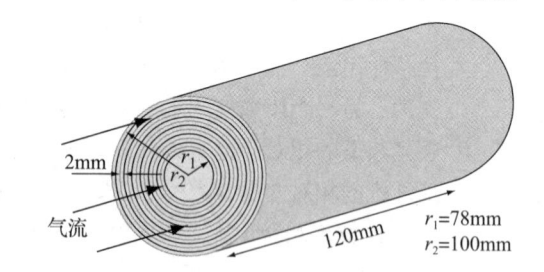

图 8.35 电容式湿度传感器外观

(a) 计算传感器的灵敏度,单位为 pF/% RH。

(b) 如果排气温度在干燥过程中从 50℃ 改变到 58℃(取决于烘干机的设置),预期的灵敏度有什么变化?

(c) 这种类型的传感器可能会被气流中的棉绒堵塞。为了缓解这个问题,将管的数量减少到 7 个,管之间的距离增加到 2mm。用此配置重复(a)和(b),对结果进行评价。

8.26 **相对湿度传感**。在 32℃ 的环境温度下,使用图 8.28 中的设备测量露点温度,其结果为 22.6℃。计算空气中的相对湿度。

8.27 **露点与相对湿度**。在环境温度为 27℃ 的情况下,计算并绘制相对湿度为 0%~100% 的露点温度。使用 10℃ 的增量。

8.28 **电容式湿度传感器**。基于氧化铝吸湿层的电容式湿度传感器在 20℃ 和 60℃ 时收集的数据如下,传感器在 0% 湿度下的电容为 303pF,(干)氧化铝的相对介电常数为 9.8。假设为平行板电容器结构。

相对湿度/%	0	10	20	40	60	80	90
20℃时电容/pF	303	352	432	608	858	1 216	1 617
60℃时电容/pF	303	345	394	508	655	845	963

(a) 计算在 20℃ 环境温度下氧化铝层吸收的水量,假设其体积为 $0.8mm^3$。将吸收的水量(质量)绘制为相对湿度的函数。水的密度为 $1g/cm^3$,相对介电常数为 80。

(b) 在 60℃ 环境温度下水的相对介电常数降低到 72。计算吸收的水量(质量),并与 20℃ 环境温度下的水量进行比较。绘制二者的曲线。

(c) 讨论(a)和(b)中的结果对传感器性能的影响。特别是,解决响应时间(包括去除水分所需的时间)和对温度变化的敏感性问题。

8.29 **露点湿度传感器**。露点湿度传感器是检测相对湿度最精确的方法之一,尽管它不是最方便。在精度很重要的应用中,这种不方便只是次要问题。在测量中,当环境温度为 90℃ 时,露点传感器的温度为 37℃。计算空气的相对湿度。

8.30 **露点湿度传感器**。用两种方式说明露点温度不能高于环境温度:

(a) 理论证明。

(b) 在 25℃ 环境温度下使用 30℃ 的露点温度。

8.31 **露点传感器的灵敏度和分辨率**。

(a) 计算露点传感器作为相对湿度传感器的灵敏度。

(b) 如果图 8.28 中的温度传感器在露点温度为 T_d、环境温度为 T_a 下的分辨率为 ΔT_d(℃),那么基于露点传感器的湿度传感器的分辨率是多少?

8.32 **相对湿度作为露点温度的函数**。当露点温度从 −20℃ 变化到 T_a 时,计算并绘制环境温度 $T_a = 20℃$、25℃ 和 30℃ 时的相对湿度图像。使用 1℃ 的增量。

化学驱动

8.33 **柴油发动机的污染和功率损失**。一台小型柴油发动机用于发电,发动机效率为 87%,额定输出为 10kW。发动机额定效率为 50%,消耗普通柴油,额定能量为 32MJ/L。四缸四冲程发动机以 1 200rpm 的恒定转速运行,排量为 450cc。发动机产生 6 500ppm 的一氧化碳排放。增加催化转化器,将一氧化碳排放量从 6 500ppm 降低至 25ppm。空气密度为 $1.2kg/m^3$。一氧化碳的燃烧焓为 283kJ/mol。

(a) 计算催化转化器中 CO 转化产生的功率(J/s)。假设进气口的环境温度为 20℃。

(b) 假设在转化器中产生的能量在发动机自身中回收,如果发动机不排放一氧化碳,计算发电效率并估算燃料消耗的减少量（百分比）。在估计燃料消耗的减少量时，假设燃料消耗与功率输出线性相关，即如果输出功率减少 $x\%$，燃料消耗减少相同的百分比。

(c) 发动机的燃油消耗量以 L/h 计时是多少？

注意：我们通常从污染对我们和环境的负面影响来看待污染，认为控制污染是一种必要的、有时代价高昂的过程。然而，污染也有其他的成本，正如这个例子所显示的，通过使用清洁燃料和完全燃烧来消除污染有显著的好处。

8.34 **气囊的设计**。75L 的安全气囊必须充气至 180kPa 的峰值压强。设计的标称温度是 20℃。

(a) 计算实现这一目标所需的 NaN_3 推进剂的量（质量）。忽略反应过程中气体温度的升高，假设充气完全是由于反应过程中产生了氮气。

(b) 给定（a）中计算的推进剂的量（质量），气囊在 0℃ 下展开，并且在反应过程中气体的温度没有增加，气囊中的预期压强是多少？

(c) 产生氮气的反应会提高气体的温度，假设温度升到 50℃。现在（a）和（b）的答案是什么？

注意：安全气囊的压强调节是基本的，也是安全的重要组成部分。过高的压强可能会导致人员与气囊碰撞时受伤，而过低的压强则会削弱气囊的作用而导致人员受伤。基于这个原因，大多数安全气囊都有一些控制压强的方法。

8.35 **压缩氮气气囊系统**。原则上，人们可以使用压缩氮气给安全气囊充气，从而避免对炸药和不稳定材料的需求。然而，这并不像听起来那么简单，主要是因为所需的体积和压强。假设使用一个能够承受 2.5MPa 压强的容器，将一个 105L 的安全气囊（一个典型的安全气囊体积）膨胀到压强为 175 000Pa。

(a) 假设环境温度为 30℃，容器的体积应该是多少？即在膨胀过程中温度不升高，气体容器的温度也保持在 30℃。

(b) 膨胀气体在膨胀过程中冷却。假设在膨胀过程中气体温度下降 30℃，在相同的压强下，容器的体积必须是多少？环境温度为 30℃。

(c) 由于车辆设计为在高温下运行，因此（a）或（b）中设计的容器必能够承受因温度变化而产生的额外压力。假设容器必须能够承受 −60℃ 和 +75℃ 之间的温度（以允许合理的安全裕度），容器中预期的最小和最大压力是多少？

(d) 从上面的结果你能得出什么结论？

8.36 **电阻电镀贴片**。在控制电镀厚度的尝试中，我们可以使用电阻式镀板——一种简单的电线或带材制成的电镀基材。黏结剂的电阻随涂层厚度的变化而变化，通过测量这个电阻，可以在正确的时间停止涂层过程。假设在铁上电镀镍，镍的厚度要求是 $10\mu m$。试样是用 4cm 长、1cm 宽、0.5mm 厚的同等级的铁做成很薄的长条。

(a) 计算试样电阻从无电镀到 10μm 镀镍的变化。铁和镍的电导率分别为 1.12×10^7 S/m 和 1.46×10^7 S/m。

(b) 镍的密度为 8 900 kg/m³。如果在 8′35″ 内达到镀层厚度，电镀过程中使用的电流密度是多少？

注意：电阻的测量必须在溶液中进行，否则电阻会受到溶液自身的影响，溶液是导电的。试样可以重复使用，但校准（零涂层电阻）会改变，必须在电镀开始前进行测量。

8.37 **铝的生产**。铝是在电解过程中生产的，除了所用的电极是碳（石墨）之外，基本上与电镀过程相同，而且该过程是在高温下进行的，因此铝处于液态。该过程从熔融冰晶石（Na_3AlF_6）中的氧化铝开始（Al_2O_3）。后者用来导电。该过程称为霍尔过程，如下所示：

$$2Al_2O_3 + 3C \rightarrow 4Al + 3CO_2$$

碳来自石墨电极，二氧化碳作为气体排放。为了工作，使用 4.5V 的典型电压产生 100kA 的电流。计算：

(a) 生产 1t 铝所需的时间。
(b) 生产每吨铝需要的能量。
(c) 生产每吨铝释放的 CO_2 的质量。
(d) 生产每吨铝需要的碳的质量。

8.38 **氢氧燃料电池**。氢氧燃料电池使用如图 8.36 所示的连续的氧（O_2）和氢（H_2）气体流和电解质。气体在压力下通过多孔电极进入电解质。在下列反应中，氧在阴极被还原，而氢在阳极被氧化。

还原反应：
$$O_2 + 2H_2O + 4e^- \rightarrow 4OH^-$$

氧化反应：
$$2H_2 + 4OH^- + 4e^- \rightarrow 4H_2O + 4e^-$$

总体的反应是
$$2H_2 + O_2 \rightarrow 2H_2O$$

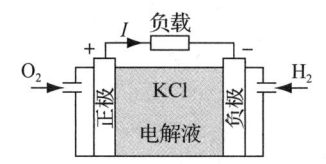

图 8.36 氢氧燃料电池

氢的氧化产生了过量的电子，这些电子在外部电路中流动，同时产生了维持电解质（KCl 溶液）在高温下以确保高效率所需的电流和热量。水是反应的副产物，必须除去。氢氧电池以大约 75% 的效率产生 0.7V 的电势。考虑为一个小型电动汽车供电的燃料电池，使用 18 个串联的电池产生 12.6V 的标称电压。电池每小时消耗 220g 氢气。假设效率为 75%，计算：

(a) 电池产生的最大（理论）功率。
(b) 每小时消耗的氧气量。
(c) 每小时产生的水量。

第 9 章
辐射传感器和执行器

本底辐射

现代世界对核辐射似乎有一种与生俱来的恐惧。这可能是广岛和长崎的遗留问题，也可能只是我们害怕那些未知的看不见的东西，当然有很多让我们关心核辐射的理由。核辐射会对细胞造成损害，高剂量的核辐射会导致癌症甚至死亡。然而，辐射有很多形式而且比较隐蔽，所有的电磁波都在辐射的一般范畴内，只是在频率上（和能量上）存在差别。想象一下，如果一个仪器的表盘可以把频率从零改变到无穷大，然后随着频率上升，它首先会产生低频场，先在音频范围内，然后进入超声波领域，然后在 200kHz 以上就进入俗称的无线电波范围。再往上，仪器将通过甚高频（VHF）、超高频（UHF），然后进入微波区。除此以外还有毫米波，然后是红外线（IR），接着是可见光和紫外线（UV），然后是 X 射线、α 射线、β 线和 γ 射线，再往上是宇宙射线。随着频率的增加，与波相关的能量增加，辐射效应变得更加明显。众所周知，紫外线和 X 射线是有害的辐射，是对我们的生活和健康产生累积影响的一部分辐射。与一生只做过一次 X 光扫描的人相比，从事 X 光工作的人自然会受到更多的辐射。飞行员和经常坐飞机的乘客必然会像太空中的宇航员一样受到宇宙射线的影响。但除此之外，在全球范围内还有一个或多或少恒定的本底辐射水平。它是一种由岩石和土壤中 20~50 贝可勒尔每分（Bq/min）量级的放射性同位素引起的低水平辐射，可以用盖革-米勒计数器检测到。这种辐射对健康没有影响，因为它的辐射水平很低，所以不会造成任何损害，其辐射水平平均约为 2.4 毫西弗每年（mSv/y）。但值得关注的是，在一些地方和条件下，本底辐射可能更高。花岗岩和温泉往往有更高的辐射水平，全球某些地区的自然高辐射水平高达 250mSv/y 或者更高。相反，沉积岩和石灰石的辐射水平较低。地下场所，包括采石场、矿山，甚至是地下室，氡（天然存在的铀及其同位素的分解副产品）的含量可能更高，氡不仅存在于大气中，也存在于水中。然而，除了保持谨慎之外，我们应该记住，这些自然资源自古以来就存在，在任何可以想象的未来都将与我们同在。

9.1 引言

我们在第 4 章讨论光传感器时讨论过辐射，特别强调了红外线（IR）、可见光和紫外线（UV）辐射所占的一般范围。在这里，我们将关注红外线、可见光和紫外线辐射频率以下和以上的范围。具体来说，紫外线以上的范围是以电离为特征的，即根据普朗克方程［见式（9.1）］，如果频率足够高，就可以电离分子。频率如此之高（超过750THz），以至于许多形式的辐射都能穿透材料，因此感应方法必须依赖于不同于低频率时的原理。另外，在红外区域以下，简单的天线可以产生和探测电磁辐射。因此，我们也将讨论天线的概念及其作为传感器和执行器的用途。

所有的辐射都可以看作电磁辐射。因此，许多传感策略，包括第4章中讨论的那些，都可视为辐射传感。然而，我们将遵循传统的命名法，将低频辐射称为"电磁"（电磁波、电磁能量等），而将高频辐射简单地称为"辐射"（如X射线、α射线、β射线、γ射线或者宇宙辐射）。

辐射的一个重要区别基于普朗克方程，并使用光子能量根据各自的能量来区分不同类型的辐射：

$$e = hf [\text{J}] \tag{9.1}$$

$h = 6.6262 \times 10^{-34} \text{J} \cdot \text{s}$ 或 $h = 4.135667 \times 10^{-15} \text{eV} \cdot \text{s}$ 是普朗克常数，f是频率，单位是Hz，e是光子能量，用焦耳（J）或电子伏（eV）表示。在高频率时，我们可以把辐射看成粒子或波。这些波中的能量也由普朗克方程给出。它们的波长由德布罗伊方程给出：

$$\lambda = \frac{h}{p} [\text{m}] \tag{9.2}$$

其中p为粒子的动量（s），由$p = mv$给出（其中m为质量，单位为kg，v为速度）。

频率越高，光子能量就越高。在高频率的情况下，光子的能量足以将电子从原子中剥离出来，这叫作**电离**，这种辐射叫作**电离辐射**。在低频时，电离不会发生，因此这些波段的辐射称为**非电离辐射**。微波区最高频率为300GHz，光子能量为0.02eV，这被认为是非电离的。X射线区域的最低频率约为3×10^{16}Hz，光子能量是2000eV，显然是电离辐射。从安全的角度来看，电离辐射要危险得多，但从传感的角度来看，这种特性揭示了基于辐射的电离特性的新的传感方法。

有一点必须澄清：有些人认为放射性辐射不同于X射线辐射或微波——它通常被视为粒子辐射。事实上，我们可以根据电磁辐射的二象性来采用这种方法，就像我们可以把光看作电磁波或粒子——光子一样。为了一致性，我们将把大部分讨论建立在辐射的光子能量上，而不会强调粒子方面。不过，在某些情况下，用粒子表述是很方便的。例如，在电离传感器，如盖革-米勒计数器中，习惯于谈论"计数"粒子或事件。在这种情况下，讨论粒子会更方便，尽管从波传播的观点也可以做到这一点。因此，"辐射"一词既可以指波的传播，也可以指粒子的传播。

例9.1：辐射和辐射安全

为了了解电离辐射和非电离辐射的含义以及电离辐射与辐射安全的关系，我们考虑两种辐射源：一种是可见蓝光，另一种是X射线。蓝光的频率为714THz(714×10^{12}Hz)。它的光子能量是

$$e = hf = 6.6262 \times 10^{-34} \times 714 \times 10^{12} = 4.731 \times 10^{-19} \text{J}$$

光子能量通常以电子伏特（eV）为单位：$1\text{eV} = 1.602 \times 10^{-19}$J。因此我们可以这样写：

$$e = \frac{4.731 \times 10^{-19}}{1.602 \times 10^{-19}} = 2.953 \text{eV}$$

X射线的范围从 $30 \text{pHz}(30 \times 10^{15} \text{Hz})$ 到 $30 \text{eHz}(30 \times 10^{18} \text{Hz})$。取下限得到：

$$e = hf = 6.626\, 2 \times 10^{-34} \times 30 \times 10^{15} = 1.988 \times 10^{-17} \text{J}$$

或者

$$e = \frac{1.988 \times 10^{-17}}{1.602 \times 10^{-19}} = 124.1 \text{eV}$$

显然，可见光不能被认为是"危险的"，而且我们知道它不是电离的。X射线辐射，特别是在更高频率下，能量要高几个数量级，而且是电离辐射。因此，我们认为X射线辐射与放射性辐射属于同一类别，必须尽可能地对其加以保护。

许多基于电离的辐射传感器是用来感知辐射本身的，即探测和量化来自诸如X射线和核源（α，β，γ和中子辐射）的辐射。但也有例外，如烟雾探测和通过α，β或γ辐射测量材料厚度。另外，在较低的范围内，通过微波来感知各种参数是最实用的方法，而对微波本身的感知则不是（然而，我们在第4章中讨论了使用辐热射计来感知微波功率）。

9.2 辐射单位

辐射单位除低频电磁辐射外，分为三种类型，与放射性和X射线有关。这三组单位是活度、照射量和吸收剂量的单位。此外，还有一套单位是剂量当量单位。

活度的基本单位是贝可勒尔（Bq），它被定义为每秒一次转变（衰变）。它表示放射性核素的衰变速率。一个更古老的活动单位是居里（Ci）。贝可勒尔是一个小单位，因此经常使用兆贝可勒尔（MBq）、千兆贝可勒尔（GBq）和太贝可勒尔（TBq）。

照射量的基本单位是库仑每千克（C/kg），相当于安培秒每千克（A·s/kg）。较老的单位为伦琴（R,）。C/kg是一个非常大的单位，常用的单位有毫库仑每千克（mC/kg）、微库仑每千克（μC/kg）和皮库仑每千克（pC/kg）。

吸收剂量是用灰度（Gy）测量的。灰度为每千克的能量，即 $1\text{Gy} = 1\text{J/kg}$。原来的吸收剂量单位是拉德（$1\text{rad} = 100\text{Gy}$）。给定一个曝光值，不同的材料，特别是活体组织，会吸收或多或少的辐射，这取决于其材料的结构、密度和其他参数。因此，吸收剂量是实际吸收的辐射量。

剂量当量的单位是西弗（Sv），也以焦耳每千克（J/kg）计量。旧的单位是雷姆（rem，$1\text{rem} = 100\text{Sv}$）。注意，西弗和灰度似乎是一样的。这是因为它们在空气中测量的量是相同的。但是，一具身体（如人体）的剂量当量是通过将吸收剂量乘以一个质量因子来获得的。当人们暴露在辐射中时，他们所受的辐射是以西弗来计算的。例如，美国核电站工人的允许辐射剂量是50mSv/y。表9.1

表 9.1 辐射单位汇总

量	当前单位	旧单位
活度	贝可勒尔（Bq）	Ci，1 Ci = 3.7×10^{10}Bq
照射量	库仑每千克（C/kg）	R，1 R = 2.58×10^{-4}C/kg
吸收剂量	灰度（Gy）	rad，1rad = 100Gy
剂量当量	西弗（Sv）	rem，1rem = 100Sv

总结了辐射的单位。

虽然辐射和辐射照射量的 SI 单位有明确的定义，但一些行业和设备中仍存在较老的单位，如居里（Ci）、拉德（rad）甚至伦琴。例如，通常在烟雾探测器中发现放射性同位素以微居里（μCi）而不是贝可勒尔计值。同样，在美国，辐射徽章通常以毫雷姆（mrem）而不是西弗（Sv）特进行评级。还应该注意的是，常用的能量单位，如卡路里（cal）和电子伏特（eV）不是 SI 单位，但它们在实际应用中很常见。

还有其他衍生单位和习惯单位与辐射一起使用。例如质量衰减系数，用平方厘米每克（cm^2/g）表示。将质量衰减系数与介质密度相乘，得到线性衰减系数 [1/m]。因此，质量衰减系数是一种便于比较各种介质的归一化值。另一个常用的推导单位是介质的阻止能力。当高能辐射通过介质传播时，介质中的能量损失是根据其"线性阻止力"来定义的。实际上，它是单位长度的能量损失，通常以 MeV/m 或 MeV/cm 为单位，相对于介质密度进行归一化。单位为 $(MeV/cm)/(g/cm^3) = MeV \cdot cm^2/g$ 或 $(MeV/m)/(kg/m^3) = MeV \cdot m^2/kg$ 这种设计允许在不考虑介质密度的情况下对能量损失进行比较。要得到介质单位长度的能量损失，必须将介质的阻止能力乘以它的密度。

9.3 辐射传感器

我们将从电离传感器（通常称为探测器）开始讨论，然后再讨论基于电磁辐射的低频方法——天线。辐射传感器有三种基本类型：电离传感器、闪烁传感器和半导体辐射传感器。这些传感器中的一些可能是简单的探测器，也就是说，它们只是简单地探测到辐射的存在而没有量化，而另一些则以某种方式量化辐射。

9.3.1 电离传感器（探测器）

在电离传感器中，辐射通过介质（气体或固体）产生电子-质子对，其密度和能量取决于电离辐射的能量。

这些电荷可以被吸引到电极上并测量它们产生的电流，或者可以通过使用电场或磁场来加速以供进一步使用。

1. 电离室

电离室是最简单、最古老的辐射传感器。该室是充气室，通常处于低压状态，对辐射具有可预测的响应。在大多数气体中，外层电子的电离能相当小，只有 10~20eV。然而，它需要更高的能量，因为一些能量可能在不释放带电对的情况下被吸收（通过将电子移动到原子内部更高的能带）。对于传感而言，重要的量是 W 值，它是每产生一个离子对所转移的平均能量。表 9.2 给出了电离室中几种气体的 W 值。显然，离子对也可以重组。因此，在电离室中产生的电流基于离子产生的平均速率。电离室的电路图及 I-V 曲线如图 9.1 所示。当不发生电离时，就没有电流，因为气体的电阻微不足道。电池的电压相对较高，并吸引电荷，减少了负荷。在这些条件下，稳态电流是电离率的良好量度。电离室工作在 I-V 曲线的饱和区域。

电离室中的饱和电流可以由产生电离作用的辐射电离能及其活性计算得出。

表 9.2 电离室中使用的各种气体的 W 值 [eV/离子对]

气体	电子（快）	阿尔法粒子	气体	电子（快）	阿尔法粒子
氩气（Ar）	27.0	25.9	空气	35.0	35.0
氦气（He）	32.5	31.7	甲烷（CH$_4$）	30.2	29.0
氮气（N$_2$）	35.8	36.0	氙气（Xe）	—	23.0

注：快速电子通常意味着 β 辐射。

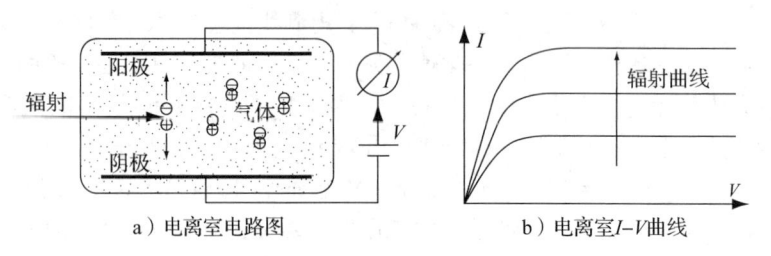

a）电离室电路图　　　b）电离室 I-V 曲线

图 9.1　电离室电路图及 I-V 曲线

给定一个具有能量 E_s 和活度 A 的粒子源，电离室中的电流为

$$I_s = q\left(\frac{E_s}{E_i}\right)A\eta\,[\text{A}] \tag{9.3}$$

其中 E_i 是电子-质子对能量，取决于电离室内气体，A 是电源的活度（每秒分解的次数），η 是考虑电离室内所有掩蔽或重组的效率项。很明显，粒子能量越高，穿过电离室的电流就越大。或者把它看作一种电磁辐射，辐射频率越高，电极上的电压越高，穿过电离室的电流就越高。

电离室最常见的实际用途是用于烟雾探测器。在这些容器中，电离室对空气开放，在空气中发生电离。一个小的放射源（通常是镅-241）以恒定速率电离空气，在电离室的阳极和阴极之间产生一个小而恒定的电离电流。放射源发射出的主要是 α 粒子。这些是重颗粒，很容易造成堵塞。在空气中，它们只传播几厘米，但这足以在电离室中产生电离电流（称为饱和电流）。进入燃烧室的燃烧产物，如烟雾，比空气分子大得多，也重得多，并在周围形成正负电荷重新结合的中心（一些粒子与带电荷的空气分子碰撞，变得带正电，一些带负电）。这会减少电离电流并触发警报。在大多数烟雾探测器中，实际上有两个电离室。一个是如上所述，但由于它可能由湿度、灰尘，甚至是压差或小昆虫触发，所以设置了第二个参考电离室，在这个参考电离室中，用于通空气的开口很小，不允许大的烟雾颗粒通过，但可以允许水蒸气通过。触发器现在是基于这两种电流的差异。图 9.2 显示了住宅烟雾探测器的电离室。黑室是参考室，白室是感应室（可以看到开口）。

图 9.2　住宅烟雾探测器的电离室

另一个例子如图 9.3 所示。这是一个核织物密度传感器。它由两部分组成，中间是织物。其中一部分含有低能放射性同位素（典型的是氪-85），而第二部分是一个电离室。在电离室中建立的电离电流通过织物时会减少。织物的密度越高，电离电流就越低。电离电流是根据密度（即单位面积的重量）进行校准的。类似的设备根据厚度（如橡胶）或其他影响通过的辐射量（如湿度）进行校准。因为辐射必须穿过织物，所以使用较轻的粒子（β 粒子）。在一些同位素中，比如氪-85，辐射主要是 β 粒子。

类似的装置以类似 X 射线的方式用于放射学和材料的无损检测。然而，在这样的应用中，高能 γ 辐射通常是由铱-192 或钴-60 等同位素产生的，因为这些需要穿透较厚的截面或更强的吸收材料，如金属。

虽然图 9.1 所示的电离室足以用于高能辐射、低能 X 射线或较低活度光源，但需要更好的办法，这个办法就是正比室。

2. 正比室

正比室本质上是一个气体电离室，但是电极之间的电位足够高，足以产生超过 10^6V/m 的电场。在这种情况下，电子加速，在这个过程中它们与原子碰撞，释放出额外的电子（和质子），这个过程称为汤森雪崩（Townsend avalanche）。这些电荷在阳极被收集，由于这种倍增效应，它们可以用于检测较低强度的辐射。

该装置也称为比例计数器或乘法器。如果电场进一步增加，由于质子数的增加，输出变得非线性，质子比电子重，不能像电子那样快速移动，导致空间电荷的积累。此时装置的工作状态处于所谓的有限比例地带或区域。图 9.4 显示了各种类型的气体电离室的操作区域。

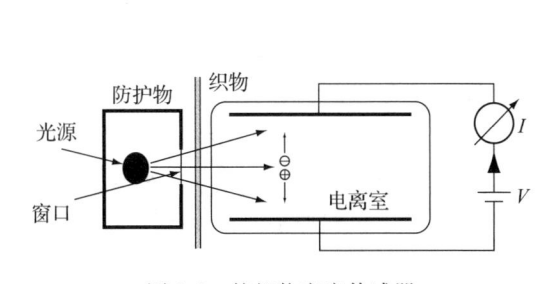

图 9.3　核织物密度传感器

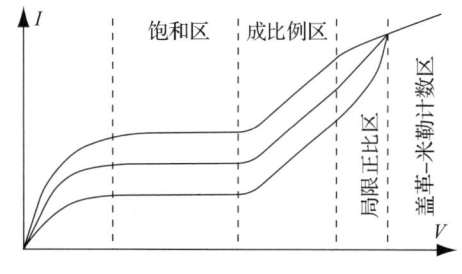

图 9.4　各种类型的气体电离室的操作区域

3. 盖革-米勒计数器

当通过电离室的电压足够高时，输出不依赖于电离能，而是电离室内电场的函数。正因为如此，电离室可以"计数"单个粒子，而这将不足以触发成比例的电离室。这种装置称为盖革-米勒（G-M）计数器。由于电离原子在电离室中，极高的电压也会在有效读数后立即触发错误读数。为了防止这种情况发生，我们会向计数器室的惰性气体中加入淬火气体。G-M 计数器是管状的，长度为 10~15cm，直径约 3cm。它提供一个对辐射透明的窗口，以允许辐射穿透。管中充满氩气或氦气，由 5%~10% 的乙醇淬火触发。该操作严重依赖雪崩效应，在这个过程中会释放紫外线辐射，这增加了雪崩过程。无论输入辐射的电离能是多少（只要它足以产生电离），这些过程都会产生大致相同的输出。由于电压非常高，单个粒子可以释放 $10^9 \sim 10^{10}$ 个钠离子。这意味着一个 G-M 计数器从原理上能保证探测到任何通过它的电离辐射。

电离室（包括 G-M 计数器）的效率取决于辐射的类型。阴极对效率也有很大的影响。一般来说，高原子序数阴极用于高能辐射（γ 射线），低原子序数阴极用于低能辐射。G-M 计数器的结构如图 9.5 所示。

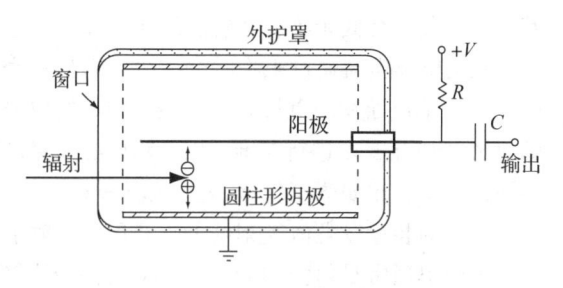

图 9.5　G-M 计数器结构

例 9.2：G-M 计数器和本底辐射

为了评估 G-M 计数器的性能，把它安装在一个采石场的固定支架上，以每分钟的计数来测量本底辐射。选择花岗岩采石场是因为预计它的辐射水平高于正常水平。通过计数器的电压以 50V 的增量从 100~1 000V 变化。由于本底辐射在时间上不是恒定的，对每个电压值取 12 个读数的平均值，得到如图 9.6 所示的结果。每次读取是 1 分钟内的计数（点击）。

这个测试展示了 G-M 计数器的典型电压特性。最初，电压不够高，不足以电离气体，因此计数很低。在 300V 以上时，计数的数据增加。在 400~850V 之间时，计数相当稳定——在这里所示的情况中，它的平均值是 153 次/min。这是电子管的工作范围，也就是说，如果读数代表辐射，它必须在 400~850V 之间的电压下工作。当读数超过 850V 时，计数迅速增加，电子管进入连续放电状态，雪崩效应占主导地位，计数不代表入射辐射。这里显示的结果是特定的电子管并且其他电子管会有所不同。即使是两根相同类型的电子管，其曲线也会有轻微的不同。

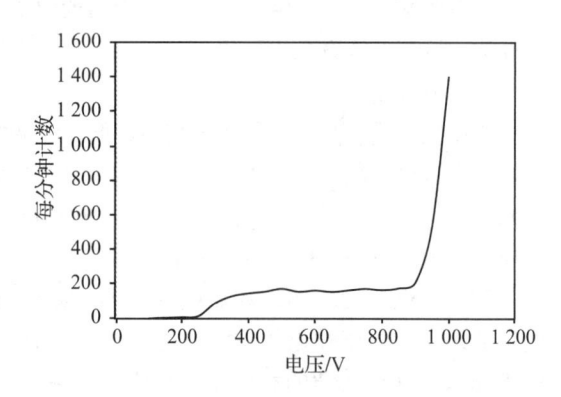

图 9.6　G-M 计数作为跨管电压的函数
辐射源为采石场的本底辐射

注意： 1）地球上大多数地方的本底辐射低于 20 次/min。在矿山和采石场，根据矿山或采石场的石头类型，本底辐射数上升到大约 150 次/min。黏土和花岗岩往往比砂岩有更高的辐射水平。

2）辐射水平以微西弗每小时（μSv/h）或毫西弗每小时（mSv/h）计算。计数次数和西弗之间没有直接关系，虽然可以找到一个近似值，通常等于 100 次/min 或 1μSv/h。根据上述结果，一个每天在采石场工作 8 小时的人每年将吸收约 4 400μSv 的辐射。相比之下，核电站工人每年最多只能吸入 50mSv。任何超过每年 100mSv 的剂量都被认为是致癌的。本底辐射的正常剂量应小于每年 2mSv。

9.3.2 闪烁传感器

闪烁传感是一种用于检测某些材料中发生的辐射到光的转换（闪烁）的相对简单的传感方法。它产生的光强是辐射动能的一种度量。一些闪烁传感器被用作探测器，其中与辐射的精确关系并不重要。在其他情况下，重要的是存在线性关系和有效的光转换。此外，所使用的材料在辐照后应表现出快速的光衰减（光致发光），以允许探测器快速响应。最常用的材料是碘钠（可以使用其他碱金属卤化物晶体，并添加如铊之类的活化材料），但是有的有机材料和塑料也可以用于此目的，它们中的许多材料比无机晶体反应更快。

光的转换是相当弱的，因为它涉及低效的过程。因此，在这些闪烁材料中获得的光是低强度的，需要"放大"才能被检测到。为了增加灵敏度，可以使用光电倍增管或电荷耦合器件（CCD；见4.6.2节和4.7节）形成如图9.7所示的检测机制。光电倍增管的巨大增益是这些器件成功的关键。读数是许多参数的函数。首先，粒子的能量和转换效率（约10%）决定了产生多少光子。这个数字的一部分，比如 k，到达光电倍增管的阴极。光电倍增管的阴极具有量子效率（20%~25%）。

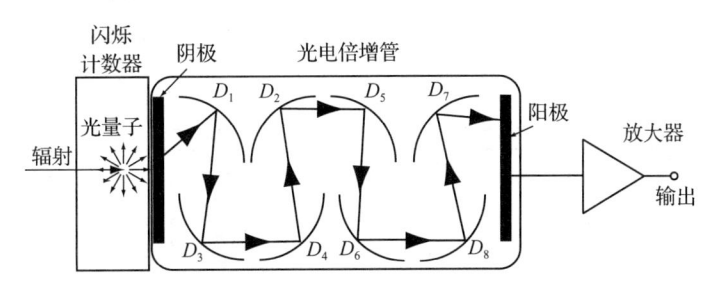

图 9.7　一种利用光电倍增管检测闪烁体发出的微弱光的闪烁传感器

这个数字，比如 k_1，现在乘以光电倍增管的增益 G，它的数量级可以达到 $10^6 \sim 10^8$。

例 9.3：探测宇宙辐射

探测宇宙辐射最简单的方法之一是使用两层闪烁体和两根光电倍增管，如图9.8所示。由于宇宙辐射产生的介子以相对速度（约 $0.95c$）或多或少地垂直于地球表面，因此该探测器与地球表面平行放置。闪烁体和光电倍增管被屏蔽，闪烁体是简单的有机玻璃或透明合成树脂。做这种安排的原因是几乎任何辐射源都会引起闪烁。对于两个闪烁体，只有当两个光电倍增管同时探测到闪烁时，才能确定光源是介子，因为较低能量的辐射会被屏蔽，如果到达

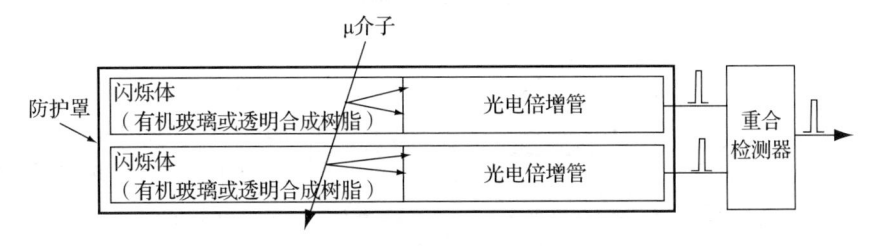

图 9.8　利用两个闪烁体和光电倍增管对宇宙辐射产生的介子进行重合探测

其中一个闪烁体，就不会到达另一个。因此，必须检测这两种信号并将它们联系起来。这对两根光电倍增管来说比较容易，但用一根管子和适当的电子设备也可以做到。这种方法通常称为重合检测，因为人们试图确定两个探测器是否对同一源有反应。

9.3.3 半导体辐射探测器

正如光辐射可以通过半导体的带隙释放电荷来检测，对于更高的能量辐射也可以这样做。

原则上，半导体光传感器也对较高能量的辐射敏感，但实际上有几个问题需要解决。首先，由于能量很高，较低的带隙没有用处，因为它们会产生过高的电流。其次，高能辐射可以很容易地穿透薄半导体层而不释放电荷，因此需要更厚的设备和更重的材料。此外，在探测低辐射水平时，由于"暗"电流（来自热源的电流）而产生的背景噪声会严重干扰探测器。因此，一些半导体辐射传感器只能在低温下使用，而那些在室温下使用的传感器必须由高纯度的材料制成。

当高能粒子进入半导体时，会启动一个过程，通过与晶体的直接相互作用和主电子的二次发射（通常能量更高）释放电子（和空穴）。净效应是产生一个空穴-电子对，这需要 3~5eV 数量级的特定电离能。由于这仅仅是气体中释放一个离子对所需能量的 1/10 左右，因此半导体传感器的基本灵敏度比气体传感器高一个数量级。此外，由于半导体的密度更高，效率通常也更高。表 9.3 列出了一些常见半导体的相关特性。

表 9.3 一些常见半导体的特性

材料	操作温度/K	原子序数	带隙/eV	每个电子-空穴对的能量/eV
硅（Si）	300	14	1.12	3.61
锗（Ge）	77	32	0.74	2.98
碲化镉（CdTe）	300	48，52	1.47	4.43
碘化汞（HgI$_2$）	300	80，53	2.13	6.5
砷化镓（GaAs）	300	31，33	1.43	4.2

半导体辐射传感器可分为两种类型。第一种是带有两个电极的简单本征材料。第二种是基于普通二极管的灵敏度来检测任何类型的辐射，从红外（IR）辐射到 γ 辐射。

1. 半导体辐射传感器

半导体辐射传感器由本征半导体和两个电极组成，在两个电极上施加电压（见图 9.9a），与 4.5.1 节中讨论的光敏电阻的概念相似。从另一个角度来看，它是一个"电离室"，在这个电离室里，气体被尺寸小得多的固体半导体材料取代。它依赖于由于入射辐射产生电荷而引起的半导体电阻的变化，因此，有时被称为**体电阻率辐射传感器**。

a）半导体辐射传感器的结构　　　　b）产生电离电流的过程

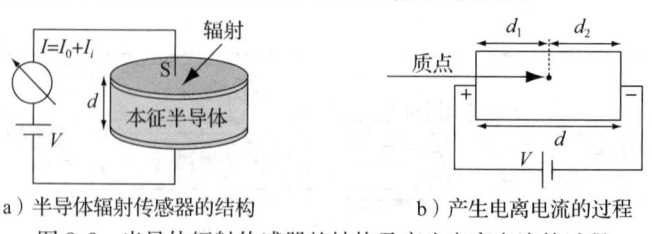

图 9.9 半导体辐射传感器的结构及产生电离电流的过程

根据基本材料的类型，必须施加额外的限制。与硅不同，锗只能在低温下使用。另外，硅是一种轻材料（原子序数为14），因此对 γ 射线等高能辐射效率非常低。为了达到这个目的，碲化镉（CdTe）是最常用的，因为它结合了重材料（原子序数为48和52），具有相对高的带隙能量。其他可以使用的材料有碘化汞（HgI_2）和砷化镓（GaAs）。根据应用的不同，这些设备的表面积可以非常大（大到直径为50mm）或非常小（直径为1mm）。黑暗条件下的电导率为 $10^{-8} \sim 10^{-10}$ S/cm，这取决于结构和掺杂物，如果存在的话，其本征材料的导电性较差。

观察这些器件行为的最简单方法是根据它们的导电性，就像我们观察光敏电阻一样。半导体的导电性取决于掺杂和温度（见4.5.1节）。辐射通过释放额外的载流子增加介质的导电性（降低电阻率）。这会增加电流，电流的变化就是辐射的量度。

半导体辐射传感器如图9.9所示。流经器件的电流由两项组成。一种是在没有辐射的情况下根据材料的导电性产生的电流，另一种是辐射产生的电离电流。从材料的固有电导率[见式（4.4）]得到的无辐射电流如下：

$$\sigma = e(\mu_e n + \mu_p p) \, [\text{S/m}] \tag{9.4}$$

分别比较电子和空穴的迁移率 μ_e 和 μ_p，n 和 p 分别为电子和空穴的浓度，e 是电子的电荷，这会产生电阻 R_0：

$$R_0 = \frac{d}{\sigma S} = \frac{d}{e(\mu_e n + \mu_p p) S} \, [\Omega] \tag{9.5}$$

在没有辐射的情况下，电流完全是由器件的电阻引起的：

$$I_0 = \frac{V}{R_0} = \frac{V}{d} e(\mu_e n + \mu_p p) S \, [\text{A}] \tag{9.6}$$

其中 $E=V/d$ 是电压源在半导体上产生的电场强度。只要设备连接到电压源，电流 I_0 就存在。当探测到辐射时，大部分材料产生的附加电荷通过产生电离电流来增加电流，这实际上降低了器件的电阻。

通过半导体的电离电流计算为产生的电荷与电荷到达电极所需的时间（跃迁时间）的比值。参考图9.9b，每个相互作用产生的电荷（即每个粒子或每个光子）在式（9.3）的前两项中给出：

$$Q = e\left(\frac{E_s}{E_i}\right) \, [\text{C}] \tag{9.7}$$

负载流子和正载流子的过渡时间取决于这些载流子的移动，因此它们的速度通常称为漂移速度：

$$v_e = \mu_e E, \quad v_p = \mu_p E \, [\text{m/s}] \tag{9.8}$$

当正负载流子向相反的极板移动时，它们产生的电流等于电荷除以过渡时间。这取决于电荷产生的位置和它们的速度（负载流子，电子，比正载流子移动得快得多），但是负载流子对电流的贡献通常更高。假设载流子在到正极板的距离 d_1 和到负极板的距离 d_2 处产生。电子和质子通过器件的跃迁时间是

$$t_e = \frac{d_1}{v_e} = \frac{d_1}{\mu_e E} = \frac{d_1 d}{\mu_e V}, \quad t_p = \frac{d_2 d}{\mu_p V} [\text{s}] \tag{9.9}$$

总过渡时间,即电荷在对向极板上收集所需的总时间为

$$t = t_e + t_p = \frac{d_1 d}{\mu_e V} + \frac{d_2 d}{\mu_p V} = \frac{d}{V} \left(\frac{d_1 \mu_p + d_2 \mu_e}{\mu_e \mu_p} \right) [\text{s}] \tag{9.10}$$

这是一个近似值,因为电荷同时移动,所以时间严格来说不是相加的,但因为电子比空穴移动得快,所以这种近似的误差很小。通过半导体的电离电流为所收集的电荷除以时间:

$$I_i = \frac{Q}{t} = \frac{e}{t} \left(\frac{E_s}{E_i} \right) = e \left(\frac{E_s}{E_i} \right) \frac{V}{d} \left(\frac{\mu_e \mu_p}{d_1 \mu_p + d_2 \mu_e} \right) [\text{A}] \tag{9.11}$$

设备中的总电流是 $I_0 + I_i$:

$$I = I_0 + I_i = \frac{V}{d} e(\mu_e n + \mu_p p) S + e \left(\frac{E_s}{E_i} \right) \frac{V}{d} \left(\frac{\mu_e \mu_p}{d_1 \mu_p + d_2 \mu_e} \right) [\text{A}] \tag{9.12}$$

所使用的材料是典型的本征半导体 $n = p = n_i$,其中 n_i 是本征载流子浓度。因此:

$$I = I_0 + I_i = e \frac{V}{d} \left[n_i (\mu_e + \mu_p) S + \left(\frac{E_s}{E_i} \right) \left(\frac{\mu_e \mu_p}{d_1 \mu_p + d_2 \mu_e} \right) \right] [\text{A}] \tag{9.13}$$

可以进一步假设,平均而言,电荷在器件中心处产生,由 $d_1 = d/2$,$d_2 = d/2$ 可以得到:

$$I = e \frac{V}{d} \left[n_i (\mu_e + \mu_p) S + \frac{2}{d} \left(\frac{E_s}{E_i} \right) \left(\frac{\mu_e \mu_p}{\mu_p + \mu_e} \right) \right] [\text{A}] \tag{9.14}$$

如果需要,现在已经可以计算电阻。虽然它没有明确地显示出来,但通过迁移率和电荷密度对温度的依赖,电流和电阻是依赖于温度的(见第4章)。这里使用的模型比较简单。它没有考虑到这样一个事实,即随着辐射深入到材料中,其能量会呈指数下降。α粒子实际上只产生表面的相互作用(在介质中很少渗透),因此它完全被材料吸收。β、γ 和 X 射线辐射吸收的简单模型可以写成:

$$E_s(x) = E_s(0) e^{-kx} [\text{eV}] \tag{9.15}$$

其中 x 是辐射穿透到材料的距离,$E_s(0)$ 是辐射在材料表面的能量,$k [1/\text{m}]$ 是基于发生相互作用和释放载流子对的概率的线性衰减系数。这个系数取决于辐射能量和设备中使用的材料的密度。γ 射线和 X 射线辐射是不带电的,因此它们被视为光子(或等效波形式),而 β 射线则被视为带电粒子的辐射。各种辐射的衰减系数可在大多数材料和能级表中得到。

这里的计算也假定电场强度是均匀的,所有能量都被探测器吸收。在某种程度上,这是矛盾的。忽略能量的吸收随深度(或厚度)的变化意味着假设材料很薄(d 很小),但这并不意味着所有能量都能被吸收,需要使用一个可能很小的吸收系数(因此产生的载流子数量将很小),从而导致低灵敏度。

此外,由于电子和空穴的迁移率不同,因此电流将取决于电荷产生的位置。当电子和空穴向电极方向传播时,每次相互作用产生的电流看起来就像一个短脉冲,并在很短的时间内演化出来。这就产生了一个看起来像一系列脉冲的输出,计数的数量就是对辐射水平的测量。然而,这里使用的简单模型对于理解这种现象和近似探测器中的电流是有用的。

当涉及粒子时，上述关系是有用的，因为电流可以与产生的载流子及其通过半导体的跃迁时间有关。然而，当涉及辐射通量时，半导体中的电流不能与单个粒子有关，必须从入射功率（也称为能量率 [J/s]）开始。如果给定传感器吸收的单位时间能量（功率）P_s，则可以直接计算出电离电流为

$$I_i = \frac{Q}{t} = e\left(\frac{P_s}{E_i}\right) \ [\text{A}] \tag{9.16}$$

其中 E_i 是离子对能量。吸收的能量不一定是连续的，可能是持续时间为 Δt 的辐射事件。在这段时间内的电流由式（9.16）给出。它隐含的事件比电子在传感器中的跃迁时间长。需要注意的是，式（9.16）与传感器上的电压无关，但是传感器必须有偏置才能使载流子迁移到表面。不充分的偏置可能会减少通过器件的电流，从而减少电极上的电荷。式（9.16）中的关系式假设电极上的所有电荷都以恒定速率收集，从而产生恒定电流。电流 I_0 保持不变，因为它与辐射无关——它只依赖于施加在传感器上的电压。

在许多情况下，可能给出的是功率密度而不是功率。为了获得吸收的功率，需要让功率密度乘以传感器的面积。

2. 半导体结辐射传感器

第二种类型的半导体辐射传感器主要由反向偏压二极管组成。对于任何二极管，这确保了小的（理想情况下是可忽略的）背景（暗）电流。因此，辐射产生的反向电流是辐射动能的一种量度。在实际的器件中，二极管必须很厚，以确保吸收快速粒子产生的能量。最常见的结构类似于 PIN 二极管，如图 9.10 所示。在这种结构中，构建了一个普通二极管，但有一个比普通二极管厚得多的本征区域产生更低的反向电流。这个区域掺杂了平衡的杂质，因此它类似于本征材料。为了做到这一点，并避免向 N 极或 P 极漂移的趋势，它采用了离子漂移过程，其中补偿材料扩散到整个层。为此，选择的材料是锂。

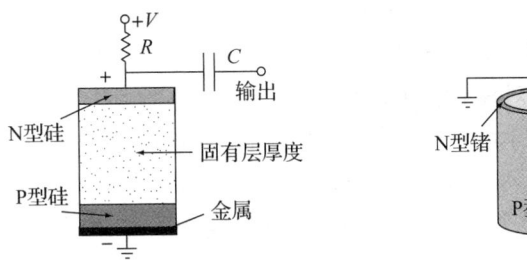

a）由一个规则的、平面的具有厚本征层的二极管组成的典型的硅传感器

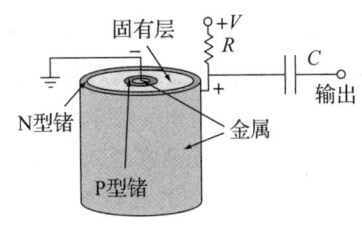

b）用于更高能量辐射水平的同轴锗二极管

图 9.10 半导体结辐射传感器

在一个反向偏压二极管中，在没有辐射的情况下，唯一的电流是由热效应产生的暗电流，这种电流通常非常小。因此，二极管中的电流可以看作完全由于辐射产生的。因此，当使用锗等带隙较低的材料时，它们必须被冷却到低温（通常使用 77K 的液氮）。

为了更好地理解检测过程，请参考图 9.10。PIN 结构的本征区域很宽，正如图中定性显

示的那样，夹在 N 型和 P 型材料之间。根据式（9.7），假设一个电离源在介质的给定点产生电荷 Q 和 $-Q$（空穴和电子）。在电场强度的影响下，载流子现在移动到相反的极性表面。这里假设后者是常数，等于 V/d。如式（9.11）所示。如果选择使用式（9.14）的平均值，第一项应设为零，因为在没有辐射的情况下，二极管电流被假定为零。应该指出的是，电荷的产生取决于二极管内产生电荷的深度，但除此之外，二极管相对于本征传感器的唯一优势在于，二极管可以被反向偏压，从而消除式（9.6）、式（9.12）、式（9.13）中的电流 I_0。如果二极管吸收了一定的功率（单位时间的能量）而不是单个粒子或光子，那么使用式（9.16）是合适的。然而基于以上考虑，这里给出的结果应该仅用于代表性的估计，因为精确的计算需要更复杂的模型，这些模型要考虑载流子的重组和二次生成、器件内的非均匀电场、能量随深度的衰减以及材料的吸收效率。特别是后者，在低原子序数的材料（如硅）中是相当低的，而在锗或砷化镓等材料中则较高。

就像二极管光传感器一样，雪崩的方法可以用来提高半导体辐射探测器的灵敏度，特别是在低能级下。

这些被称为雪崩探测器，其工作原理与上面讨论的比例腔室探测器相似。虽然这可以将灵敏度增加约两个数量级，但重要的是仅能在低能量时使用这些，否则屏障很容易被突破，传感器会被破坏。

二极管可以正向或反向偏压，但首选模式应是反向偏压（见图 9.10），在这种模式下，电流变化相对于非常低的"暗"电流来说很大。4.4 节和 4.5 节中定义暗电流和辐射引起的电导率变化的关系也适用于此，主要的区别在于反向偏置情况下拥有高得多的辐射能量和低得多的设备效率。

半导体辐射传感器是敏感和通用的辐射传感器，但它们有许多局限性，其中最主要的是长时间暴露在辐射下会造成损害。损坏可能发生在半导体晶格、封装或金属层和连接器中。长时间的辐射也可能增加泄漏（暗）电流，导致传感器的能量分辨率损失。此外，使用时必须考虑传感器的温度限制（除非使用冷却传感器）。

例 9.4：锗半导体传感器及其对辐射的灵敏度

锗二极管用于探测 1.5MeV 能量的辐射。为此，人们可以选择将阳极或阴极暴露在入射辐射中（见图 9.11）。假设能量在进入点（即在阴极或阳极）被完全吸收。对于孔，其迁移率为 $1\,200\,cm^2/V$，对于电子，其迁移率为 $3\,800\,cm^2/V$，计算在反向偏压的两种配置（$V=24V$ 和 $d=20mm$）下通过二极管的电流。解释差异，并得出有关灵敏度和脉冲形状的结论（如果辐射在本征层上被均匀吸收）。忽略电极、N 层和 P 层的影响，并且假设一个单一的辐射事件，即一个单一粒子或一个短脉冲辐射。

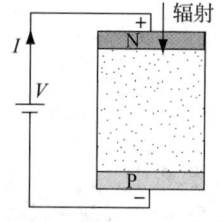

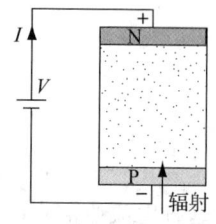

解 用收集到的电荷除以电极之间的渡越时间得到通过二极管的电流。式（9.10）给出了渡越时间的一般关系式。

a）辐射在阴极被吸收　　b）辐射在阳极被吸收

图 9.11　辐射传感器

利用一般关系和图 9.9b，我们写出图 9.11a 的过渡时间：

$$t = t_e + t_p = \frac{d_1 d}{\mu_e V} + \frac{d_2 d}{\mu_p V} = \frac{d}{V}\left(\frac{d_1 \mu_p + d_2 \mu_e}{\mu_e \mu_p}\right) \ [\text{s}]$$

然而，在这种情况下，电子的跃迁时间为零，因为它们是在阳极上产生的。唯一的电流是由于从空穴向阴极传播。因此 $d_1 = 0$，$d_2 = d$，我们有

$$t = t_p = \frac{d^2}{\mu_p V} = \frac{0.02^2}{1\,200 \times 10^{-4} \times 24} = 0.139 \times 10^{-3}\,\text{s}$$

收集的电荷来自锗吸收的能量和每个电子-空穴对的能量。后者可在表 9.3 中获得，为 2.98eV。因此产生的电荷是

$$Q = e\frac{E_s}{E_i} = 1.61 \times 10^{-19} \times \frac{1.5 \times 10^6}{2.98} = 8.104 \times 10^{-14}\,\text{C}$$

其中 e 是电子的电荷，E_s 是吸收的能量，E_i 是产生电子-空穴对所需的能量。电流 [见式 (9.11)] 如下：

$$I_p = \frac{Q}{t_p} = \frac{8.104 \times 10^{-14}}{0.139 \times 10^{-13}} = 5.83 \times 10^{-10}\,\text{A}$$

电流是 0.583nA。这是一个小电流，测量它需要二极管中非常低的漏电流（暗电流）。指数 p 表示这是由空穴引起的电流。

在图 9.11b 所示的情况下，由于阴极上的空穴立即被捕获，因此电流完全是由电子引起的。电流可以直接从式 (9.11) 计算出来，但现在，再次参照图 9.9b，$d_1 = 0$，$d_2 = d$，我们得到：

$$I_e = e\left(\frac{E_s}{E_i}\right)\frac{V}{d}\left(\frac{\mu_e \mu_p}{d_1 \mu_p + d_2 \mu_e}\right) = e\left(\frac{E_s}{E_i}\right)\frac{V}{d}\left(\frac{\mu_e}{d}\right)$$

$$= 1.61 \times 10^{-19} \times \frac{1.5 \times 10^6 \times 24 \times 3\,800 \times 10^{-4}}{2.98 \times 0.02^2} = 1.848 \times 10^{-9}\,[\text{A}]$$

现在的电流大约是原来的 3 倍，因为过渡时间缩短为原来的 1/3。

显然，器件对接近其阴极的辐射更敏感，因为电子具有更高的迁移率，从而产生更大的电流。跃迁时间可以看作脉冲开始的延迟，也就是说，只有在电子或空穴（或两者）到达适当的电极后，人们才能得到关于辐射的指示。实际上，整个空间都会产生成对的电荷，电流会随着时间的推移而变化，这取决于电荷在哪里产生。

电荷到达的时间不同，就会产生不同宽度的脉冲。当辐射到达设备时，脉冲开始上升，当到达电极的电荷达到峰值时，脉冲将增加到峰值，然后减少，直到捕获所有产生的电荷。这适用于单个事件。如果辐射不随时间改变，电流也将不变，因为到达电极的电荷将处于稳定状态。

9.4 微波辐射

由于微波辐射的产生、处理和探测相对容易，因此微波经常用于感测各种刺激。当然，它们在速度测量和环境传感（雷达、多普勒雷达、天气雷达、地球和行星测绘等）方面的用

途应该是众所周知的。所有这些应用和传感器都基于电磁波在任何频率（包括光学频率）下的特性，特别是传播特性。

我们在 7.3 节讨论了声波的传播，并在 4.1 节讨论了包括微波在内的各种辐射的频率范围。虽然第 7 章所讨论的波的所有性质在这里也适用，但电磁波与声波在三个基本方面是不同的：

- 电磁波是横波。
- 电磁波是电场和磁场强度在空间和时间上的变化。
- 在大多数情况下，电场强度 E 和磁场强度 H 横向于波的传播方向，且彼此垂直。这种波称为横向电磁波（TEM）。电场强度和磁场强度既可以存在于真空中，也可以存在于物质中。因此，电磁波会在真空中传播，而声波则不会。事实上，真空是电磁波传播的理想场所，因为它没有损耗，因此也没有衰减。虽然还有其他类型的电磁波，但我们在这里只讨论无损和低损耗介质中的瞬变电磁波，不失一般性。

图 9.12 显示了 TEM 波传播方式的直观解释。在数值上，电磁波的性质与声波的性质也有很大的不同。最重要的是波的传播速度（也称为相速度），是这样给出的：

$$v_p = \frac{1}{\sqrt{\mu\varepsilon}} [\text{m/s}] \tag{9.17}$$

其中 ε 为介电常数，μ 为波传播介质的渗透率。当然，任何依赖于相速度的关系，如波长（$\lambda = v_p/f$）和波数（$k = \omega/v_p$），也会发生适当的变化。真空中电磁波的相速度为 3×10^8 m/s，但在所有其他介质中要低一些。损耗也改变着速度，但我们将忽略这一影响，因为它不是讨论的基础。当波传播时，它的相位发生变化。给定一个辐射电场强度幅值为 E_0 的电磁波的源（如天线），在离源距离为 R 的无损空间中某个位置的电场强度为

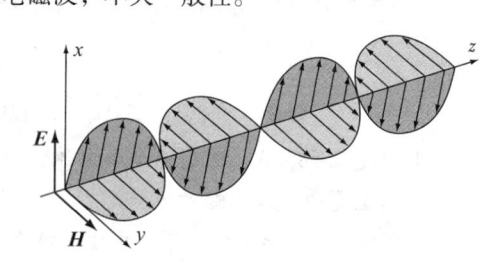

图 9.12 TEM 波的传播，电场和磁场相互垂直，并垂直于波的传播方向

$$E = E_0 e^{-j\beta R} [\text{V/m}] \tag{9.18}$$

注意，E_0 在这里被写成一个相量（此处隐含了 $e^{j\omega t}$，其中 $\omega = 2\pi f$，f 是波的频率），它可能是一个位置（或坐标）的函数。这个简单的模型对瞬变电磁波是有效的，它表明随着波的传播，相位会发生变化。通过将方程写成时域形式，很容易看出这一点：

$$E = E_0 \cos(\omega t - \beta R) [\text{V/m}] \tag{9.19}$$

其中 β 是波传播介质的相位常数。在无损和低损耗材料中，相位常数等于波数，定义为

$$\beta = \frac{\omega}{v_p} = \omega\sqrt{\mu\varepsilon} [\text{rad/m}] \tag{9.20}$$

除了相位的变化外，波的振幅也可能由于波传播所经过的介质的损耗而衰减。电磁波的衰减是指数衰减，且与材料有关。在介质等低导电性材料中衰减很低，但在导电材料中衰减很高。在真空和完全介质（导电率为零或低到可以忽略不计的无损材料）中衰减为零。每种介质都有一个衰减常数，一般来说，衰减常数取决于频率。在低损耗介质中，衰减常数可以近似为

$$\alpha = \frac{\sigma}{2}\sqrt{\frac{\mu}{\varepsilon}}\left[\frac{\text{Np}}{\text{m}}\right] \qquad (9.21)$$

考虑 7.3.1 节所示的衰减常数 $\alpha[\text{Np/m}]$，传播波的更一般形式为

$$E = E_0 \text{e}^{-\alpha R}\text{e}^{-\text{j}\beta R} \quad \text{或} \quad E = E_0 \text{e}^{-\alpha R}\cos(\omega t - \beta R)[\text{V/m}] \qquad (9.22)$$

在 TEM 波中，磁场强度垂直于电场强度，其大小与介质的波阻抗有关：

$$\eta = \frac{|E|}{|H|} = \sqrt{\frac{\mu}{\varepsilon}}[\Omega] \qquad (9.23)$$

波阻抗是介质的特性。在自由空间（在空气中的一个很好的近似），波阻抗等于 377Ω。式（9.23）中的形式在无损介质中是严格正确的，但在低损耗介质中也是一个合理的近似。磁场强度现在可以写成：

$$H = \frac{E_0}{\eta}\text{e}^{-\alpha R}\text{e}^{-\text{j}\beta R}[\text{A/m}] \quad \text{或} \quad H = \frac{E_0}{\eta}\text{e}^{-\alpha R}\cos(\omega t - \beta R)[\text{A/m}] \qquad (9.24)$$

这就意味着电磁波传播的功率密度：

$$\mathcal{P}_{av} = \frac{E_0^2}{2\eta}\text{e}^{-2\alpha R}\left[\frac{\text{W}}{\text{m}^2}\right] \qquad (9.25)$$

从非常低的频率到非常高的频率，电磁波的整个频谱都可以用于传感，但是我们在这里只讨论微波。无线电频谱是包括通信在内的大部分工程用途的一部分，它被划分为从极低频率到太赫兹频率的一系列频率。微波频谱的范围很宽，为 300MHz～300GHz（波长为 1m～1mm）。在这个范围内的波段有时称为毫米波，与低红外波段重叠。为了便于识别，图 9.13 将该光谱划分为几个波段。虽然微波扩展到 300GHz，但在大多数应用中都低于 50GHz。部分原因是基于频率分配的监管，部分原因是高频率的电子电路更难获得，更难设计，且性能降低。

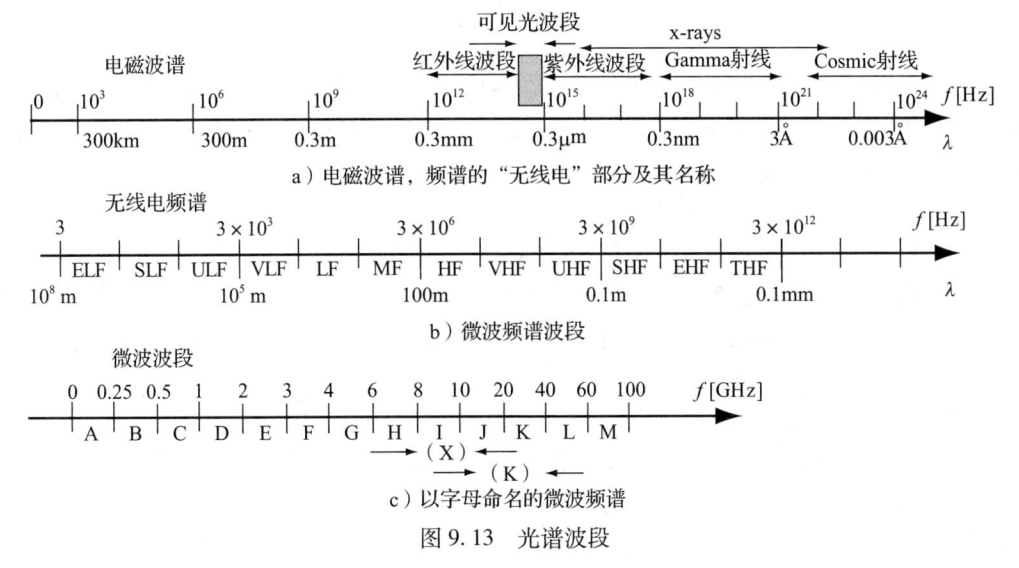

图 9.13 光谱波段

微波传感器

微波传感基于四种不同的方法，每种方法都有其优点、缺点和应用领域：
- 波的传播。
- 波的反射和散射。
- 波的传输。
- 谐振。

这些可以组合在传感器中以影响特定的功能。

1. 雷达

最著名的微波传感方法是雷达（无线电探测和测距）。在最简单的形式中，它与一个简单的手电筒（光源）和我们的眼睛（探测器）没有太大区别，如图 9.14 所示。显然，目标越大，波源越强，从目标接收到的信号就越大。接收可以通过作为源的同一天线（脉冲回波或静态雷达）进行，也可以通过第二个天线（连续或双静态雷达）进行。两者如图 9.15 所示。雷达的工作原理基于入射波遇到的目标对波的散射。

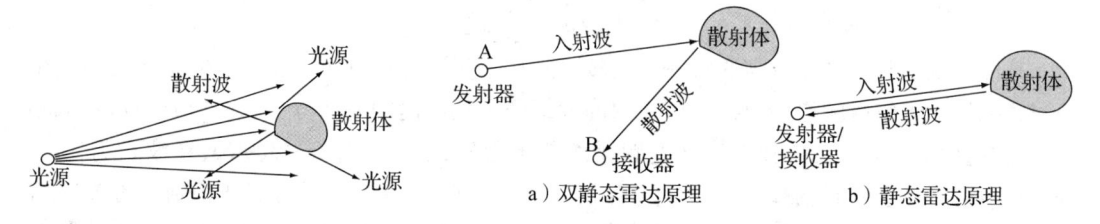

图 9.14　物体对电磁波的散射

图 9.15　双静态和静态雷达原理

对于任何位于电磁波路径中的物体，其散射系数 σ 称为散射截面或雷达散射截面。

$$\sigma = 4\pi R^2 \frac{P_s}{P_i} [\text{m}^2] \tag{9.26}$$

其中 P_s 为目标的辐射功率密度 [W/m²]，在接收天线处，P_i 为目标位置的辐射功率密度 [W/m²]，R 为源到目标的距离 [m]。散射截面是一个有效的面积，而不是目标的任何物理尺寸。由此可以得到接收功率由雷达方程计算：

$$P_r = P_{rad} \sigma \frac{\lambda^2 D_r D_t}{(4\pi)^3 R^4} [\text{W}] \tag{9.27}$$

其中 λ 为波长，σ 为雷达截面，P_r 为接收总功率 [W]，P_{rad} 为发射器的总辐射功率 [W]，D_r 和 D_t 为接收和发射天线的方向性（对于脉冲回波雷达，D_r 等于 D_t）。方向性是指辐射的方向性，这取决于天线的类型和结构。

虽然雷达天线接收到的功率数值会有所不同，但由于依赖于 $1/R^4$，很明显这是一个短程装置。然而，雷达是最有用的传感系统之一，它能够感知物体的距离和尺寸（雷达截面）。在更复杂的系统中，位置（距离和姿态）可以像探测目标的速度一样被探测到，但这显然是雷达本身所涉及的信号处理的一个功能。雷达还可以探测材料的特性。在这种能力下，它可以探测降水、结构组成、冰雪的深度，以及从昆虫数量到遥远星球上水的存在的无数其他属性。

雷达传感的另一种方法基于多普勒效应。在这类雷达中，振幅和功率并不重要（只要接收到反射）。相反，我们使用的是多普勒效应。这种效应仅仅是由于目标的速度而引起的反射波频率的变化（关于多普勒超声传感的使用，参见 7.7.1 节）。考虑一辆车以速度 v 远离源，如图 9.16 所示。

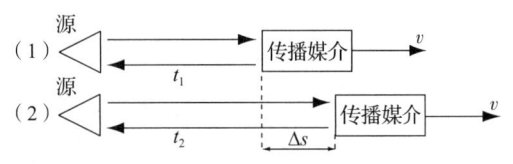

图 9.16 雷达测速：可使用飞行时间或多普勒频移

由于运动，反射信号在 $2\Delta t$ 延迟后返回发射器，其中 $\Delta t = \Delta s/v$。这种延迟导致接收信号的频率发生偏移。偏移频率为

$$f' = \frac{f}{1+2v/c}[\text{Hz}] \tag{9.28}$$

飞行器的速度越高，返回波的频率越低。如果运动是朝向雷达源的，频率增加（速度是负的）。测量这个频率可以准确地显示车辆的速度。这就是速度探测器的工作原理，同样的方法也可以用来探测飞机或龙卷风。另外，多普勒雷达完全探测不到静止物体。多普勒雷达被用于防撞系统、主动巡航控制和车辆的自动操作。

雷达在很大程度上依赖于良好的天线，特别是这些天线的高指向性。因此，实际的雷达传感器在相对较高的频率（2~30GHz）下工作，一些防撞系统的工作频率超过 70GHz。

还有许多其他类型的雷达。一种是入地雷达［也称为探地雷达（GPR）］，该系统的工作频率较低，目的是穿透和测绘地下物体。合成孔径雷达（SAR）已开发用于空间探索和行星绘图以及其他高分辨率应用。该方法利用移动天线和信号处理技术，提高了雷达的有效距离、灵敏度和视功率。

例 9.5：雷达测速

使用多普勒雷达在道路上进行速度探测和执法是很常见的，并且已经使用了很长时间。大多数速度雷达工作在 X 波段（8~12GHz），Ka 波段（27~40GHz）和 K 波段（18~26GHz）。假设用一台 10GHz 的雷达（也称为雷达炮或测速炮）测量一辆以每小时 100km 的速度向它行驶的汽车的速度。

(a) 反射波的频率随车速的变化是多少？
(b) 计算设备的灵敏度，单位为 Hz/km。

解 雷达发射频率为 f 的信号，接收频率为 f' 的反射。内部电路减去两个频率得到频率差。这是校准的速度，可以给操作员一个关于车辆速度的直接指示。

(a) 反射信号的频率由式（9.28）计算，但首先我们必须计算车辆的速度，单位是 m/s：

$$v = \frac{100\,000}{3\,600} = 27.78\,[\text{m/s}]$$

反射信号频率为

$$f' = \frac{f}{1-2v/c} = \frac{10\times10^9}{1-2\times27.78/3\times10^8} = 10\ 000\ 001\ 852\ [\text{Hz}]$$

因此频率的变化是 1 852Hz。

注意，速度被认为是负的，这是因为汽车向观察者移动。

（b）为了计算灵敏度，我们简单地代入 $v = 1\text{km/h} = (1\ 000/3\ 600)$ m/s：

$$f' = \frac{f}{1-2v/c} = \frac{10\times10^9}{1-2\times0.277\ 8/3\times10^8} = 10\ 000\ 000\ 018.5\ [\text{Hz}]$$

因此，频率变化为 18.5Hz，灵敏度为 18.5Hz/km。

注意：这些频率看起来很低，但事实上，多普勒速度雷达是非常精确的，即使产生频率 f 的振荡器不是完美的，因为减法（在一个叫作混频器的电路中完成）使用频率 f，并没有假定一个固定的值。在测量过程中，只要基频变化不明显，就可以准确地推断出转速。

2. 反射式和透射式传感器

另一种不同的方法适用于很短的距离，即发送电磁波并感知反射波，但与雷达不同的是，由于距离很短，传播效果可以忽略不计。如图 9.17 所示。电磁波的反射系数取决于所涉及材料的波阻抗。假设源在空气中，它传播到一个损耗介质，我们将其表示为 1，材料的波阻抗为

$$\eta_0 = \sqrt{\frac{\mu_0}{\varepsilon_0}}\ [\Omega], \quad \eta_1 = \sqrt{\frac{j\omega\mu_1}{\sigma_1+j\omega\varepsilon_1}} < \eta_0\ [\Omega] \qquad (9.29)$$

其中 σ_1 是介质 1 的电导率。如果介质是不导电的（完美或无损介质），后者减少到 $\eta_1 = \sqrt{\mu_1/\varepsilon_1}$，成为一个实数。

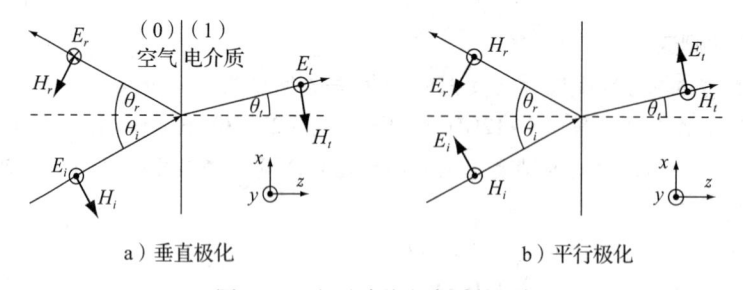

a）垂直极化　　　　　　b）平行极化

图 9.17　电磁波从电介质的反射

空气将被视为用于反射和透射传感器的无损耗电解质，因为它的损耗小，并且所涉及的距离短。

为了定义电磁波的反射和透射，我们首先定义反射系数（Γ）和透射系数（T），如下：

$$\Gamma = \frac{E_r}{E_i}, \quad T = \frac{E_t}{E_i} \qquad (9.30)$$

其中 E_i 为入射电场强度的幅值，E_r 为反射电场强度的幅值，E_t 为透射电场强度的幅值（见

图9.17）。反射系数和透射系数也取决于入射角。此外，这取决于电场强度的方向——这被称为电场强度的极化。可以区分两种极化：第一种是平行极化，指的是在入射平面上的电场强度（由波的传播方向和入射位置与界面的法线所定义的平面）；第二种是垂直极化，即电场强度垂直入射平面。图9.17a所示波的偏振垂直于入射平面，而图9.17b所示波的偏振平行于入射平面。系数给出如下。

对于平行极化（记为 $\parallel$）：

$$\Gamma_\parallel = \frac{E_r}{E_i} = \frac{\eta_1 \cos\theta_t - \eta_0 \cos\theta_i}{\eta_1 \cos\theta_t + \eta_0 \cos\theta_i}, \quad T_\parallel = \frac{E_t}{E_i} = \frac{2\eta_1 \cos\theta_i}{\eta_1 \cos\theta_t + \eta_0 \cos\theta_i} \quad (9.31)$$

对于垂直极化（用 $\perp$ 表示）：

$$\Gamma_\perp = \frac{E_r}{E_i} = \frac{\eta_1 \cos\theta_i - \eta_0 \cos\theta_t}{\eta_1 \cos\theta_i + \eta_0 \cos\theta_t}, \quad T_\perp = \frac{E_t}{E_i} = \frac{2\eta_1 \cos\theta_i}{\eta_1 \cos\theta_i + \eta_0 \cos\theta_t} \quad (9.32)$$

另外，通过斯涅尔折射定律将入射角和透射角联系起来：

$$\frac{\sin\theta_t}{\sin\theta_i} = \frac{n_0}{n_1} \quad (9.33)$$

其中 n_0 和 n_1 分别为空气和介质1的折射率。后者给出如下：

$$n_0 = \sqrt{\varepsilon_{r0}\mu_{r0}} = 1, \quad n_1 = \sqrt{\varepsilon_{r1}\mu_{r1}} > 1 \quad (9.34)$$

其中 ε_r 和 μ_r 是各自介质的相对介电常数和相对渗透率。利用斯内尔定律，我们可以仅根据入射角和材料性质来计算反射系数和透射系数。

在垂直入射的特殊情况下（$\theta_i = 0$），反射系数和透射系数变为

$$\Gamma = \frac{\eta_1 - \eta_0}{\eta_1 + \eta_0}, \quad T = \frac{2\eta_1}{\eta_1 + \eta_0} \quad (9.35)$$

反射系数在−1到+1之间变化，这取决于材料的性质（也可以是复杂的，因为有损耗的材料的介电常数是复杂的）。传热系数在0和2之间变化。因此，当入射振幅为 E_0 时，反射振幅为 ΓE_0，透射振幅为 TE_0。

在反射式传感器中，测量反射波的振幅 ΓE_0，可以直接与材料1中的介电常数相联系。反射系数取决于介电常数，介电常数取决于许多参数，最明显的是水分，但也包括成分和密度。反射式传感器可以非常简单和有效。例9.6讨论了用于探测地雷的这种传感器。

透射传感器也同样容易制造，原理如图9.18所示。信号源与探测器之间的信号传输量是被测材料特性的函数。这可以根据材料的特性进行校准。水分含量是最常见的刺激因素，因为水分具有高介电常数，很容易被感知，这对许多工业（造纸、纺织、食品等）领域流程都很重要。

这种类型的传感器可用于监测粮食储存前的干燥情况、焙烤面团的生产或生产线上的纸的厚度。图9.18中的传感器表示介电常数的实（ε'）和虚（ε''）部分的测量（两者都可能受到影响，例如含水量的影响），但它可以被校准来表示质量、水分含量、密度或任何其他影响介电常数的量。还应当指出，通常很难区分可能以类似方式影响介电常数的不同量。

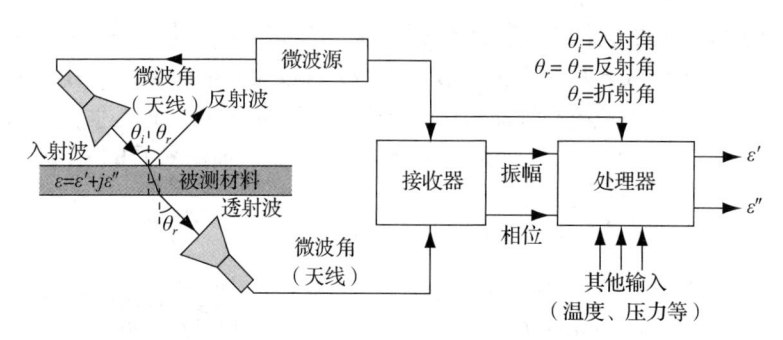

图 9.18　透射传感器输出是通过测试材料传递的函数，并受许多参数的影响，最显著的是水分

例 9.6：埋藏介质物体的微波探测

金属探测器在探测埋在地下的金属方面非常有用，至少在探测到一定深度的金属时是这样的。然而，埋在地表下的管道甚至非金属矿等电介质很难探测到。微波传输将穿透到土壤的某个深度，并从土壤性质的不连续处反射出来，无论是岩石还是塑料。为了提高灵敏度和分辨率，可以使用如图 9.19a 所示的差压传感器。单个发射器发射一个波束（在本例中为 10Ghz）。两个接收天线对称地分布在发射器周围和上方，接收来自目标的反射。只要土壤是均匀的，进入每个接收天线的反射就是相同（或几乎相同）的。这两个信号下变频到一个方便放大的频率来进行放大（下变频是通过混合两个频率来获得它们之间的差值，进而降低频率的过程）。放大后的信号被馈送给仪表放大器的差分输入端（详见第 11 章）。在正常情况下输出是零。

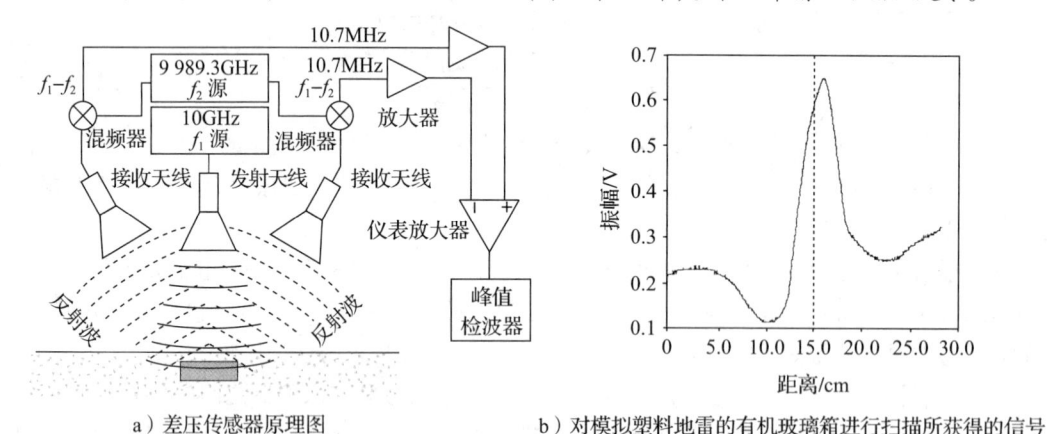

a）差压传感器原理图　　b）对模拟塑料地雷的有机玻璃箱进行扫描所获得的信号

图 9.19　差压反射式传感器，用于探测地雷等埋地物体

如果一个接收器接收到一个更大的信号，输出将从零移开，这表明介质中存在不连续性。图 9.19b 显示了三根天线串联着穿过一个埋在地下的有机玻璃盒（以此模拟一个埋在地下的地雷）时检测到的输出。

3. 谐振微波传感器

第三种重要的微波传感方法是基于微波谐振器。微波谐振器可以看作一个盒子或一个带有传导壁的空腔来限制波。本质上，在腔的每个维度都产生驻波（假设能量耦合到结构中）。腔能支持的驻波必须是任意维度的半波长的整数倍数，或者是这些的组合。这些是谐振频率。对于尺寸为 a、b、c 的矩形腔，其谐振频率为

$$f_{mnp} = \frac{1}{2\pi\sqrt{\mu\varepsilon}}\sqrt{\left(\frac{m}{a}\right)^2 + \left(\frac{n}{b}\right)^2 + \left(\frac{p}{c}\right)^2} \ [\text{Hz}] \tag{9.36}$$

其中 m, n, p 为整数（$0, 1, 2, \cdots$），可以取不同的值。这些定义了谐振腔的模态。例如在一个充气腔内，对于 $m=1$、$n=0$、$p=0$，100 模式被激发，其在尺寸 $a=b=c=0.1\text{m}$ 的腔内的频率为 477.46MHz。并不是 m、n 和 p 的所有值都会产生有效的模态，但是为了简单起见，这里的讨论就足够了。此外，空腔不需要是矩形的，它们可以是圆柱形或任何复杂的形状，在这种情况下，分析起来要复杂得多。

这个结果的重要性在于谐振时腔内的场是非常高的，而非谐振时它们是非常低的。谐振腔在谐振时起尖锐带通滤波器的作用。从感知的角度来看，重要的是要注意谐振频率取决于腔内材料的电学性质——介电常数和磁导率，以及物理尺寸。因此，插入腔内的任何材料都会降低其谐振频率，因为空气（实际上是真空）具有最低的介电常数。由于谐振是尖锐的，因此谐振频率的变化很容易测量，并且可以与被测量相关联。基于谐振腔的传感器结构简单，灵敏度高。

式（9.36）中的谐振频率取决于腔内介质的磁导率 μ 和介电常数 ε。实际上在所有实际应用中，磁导率都是自由空间的磁导率。介电常数通常是由材料的混合物造成的。例如，如果空腔用于感知湿度，它将包含空气和水蒸气。在其他情况下，它可能包含一种混合物质或具有非常不同的介电常数的材料。在这种情况下，根据每个组分的体积和它的有效介电常数代替 ε 介电常数。对于不同的条件有许多混合公式，但最简单的是下面的：

$$\varepsilon_{\text{eff}} = \frac{\sum_{i=1}^{N}\varepsilon_i v_i}{\sum_{i=1}^{N} v_i} \tag{9.37}$$

我们假设有 N 个成分，每一个都有自己的介电常数和体积。容积的总和就是腔体的总容积。式（9.37）中的关系在许多情况下都是有用的，特别是当这些物质均匀混合时（在例 8.11 中我们用这个关系来计算潮湿空气的有效介电常数）。但是，作为一种近似，它也可以在物质被分离时使用，例如，当空腔包含独立的不同的物体或物体包含空腔或内含物时。

产生谐振腔传感器有两个必要条件。首先，所感知到的特性必须以某种方式改变腔内材料的介电常数或其尺寸。其次，必须找到一种把能量耦合到空腔中的方法。然后测量谐振频率，如果可以建立传递函数，就可以直接感知刺激。向空腔提供能量的方式有很多种，最简单的是插入一个探头（一个小天线）向空腔辐射，如图 9.20 所示。频率合适的电场被放大成驻波，其他的可以忽略不计。为了感知一个量，介电常数必须随这个量而改变。这可以通过多种方式实现。如图 9.21 所示，对于气体，在空腔壁上提供孔洞就足够了，使它们能够穿透。在这种形式下，空腔可以感知爆炸物释放的气体、化学过程产生的烟雾、湿气以及几乎任何介电常数大于空气的物质。这些"嗅探器"可能非常敏感，但很难区分烟雾和湿气的影响，

而且在涉及的频率上测量谐振频率并不是一个微不足道的问题。然而，谐振法是气体评价中最有用的方法之一。如果把固体插入空腔中，它们也同样能感觉到介电常数的变化。谐振频率的变化通常非常小，只有1%的数量级，但由于频率很高，因此可以检测到。

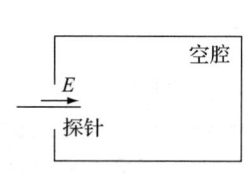

图 9.20　耦合能量到空腔谐振器

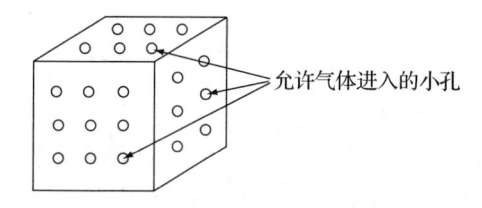

图 9.21　带有气体采样开口的空腔谐振器。孔的直径必须比谐振频率处的波长小得多

例 9.7：微波测试——水分检测

微波腔的传感依赖于相对介电常数的变化或腔体体积的变化。假设型腔尺寸为 $a=20\text{mm}$、$b=20\text{mm}$、$c=40\text{mm}$，通过测量相对湿度（RH）来测定大型工业干燥机空气中的水分含量。干燥机的工作原理是提供70℃的气流，吸出空气，排除水分。饱和湿度（100%RH）在70℃条件下是 1.002 13，而在 0% RH 时是 1.0。当空气中的相对湿度小于或等于 20% 时，干燥机中的产品被认为是干燥的。

（a）假设介电常数随相对湿度线性变化，计算腔体在极端 RH 和 20% RH 下的谐振频率。采用 $100(m=1, n=0, p=0)$ 模式。

（b）若能准确测量出 1kHz 的频率增量，假设介电常数随相对湿度线性变化，那么传感器的相对湿度分辨率是多少？

解　（a）所选模式定义了式（9.36）中任意给定电容率下的谐振频率：

$$f_{mnp} = \frac{1}{2\pi\sqrt{\mu\varepsilon}}\sqrt{\left(\frac{1}{a}\right)^2+\left(\frac{0}{b}\right)^2+\left(\frac{0}{c}\right)^2} = \frac{1}{2\pi a\sqrt{\mu\varepsilon}}[\text{Hz}]$$

空气具有自由空间的渗透性（$\mu=\mu_0$）。

在 0% RH 时，谐振频率为

$$f_{100} = \frac{1}{2\pi a\sqrt{\mu_0\varepsilon_0}} = \frac{1}{2\pi\times 0.02\sqrt{4\pi\times 10^{-7}\times 8.854\times 10^{-12}}}$$

$$= 2\ 385\ 697\ 883\text{Hz}$$

在 100% RH 时，谐振频率为

$$f_{100} = \frac{1}{2\pi a\sqrt{\mu_0\times 1.002\ 13\varepsilon_0}}$$

$$= \frac{1}{2\pi\times 0.02\sqrt{4\pi\times 10^{-7}\times 1.002\ 13\times 8.854\times 10^{-12}}}$$

$$= 2\ 383\ 161\ 166\text{Hz}$$

当相对湿度为 20% 时，相对介电常数为

$$\varepsilon_r = 1 + \frac{0.00213}{100} \times 20 = 1.000426$$

因此谐振频率是

$$f_{100} = \frac{1}{2\pi a \sqrt{\mu_0 \times 1.000426 \varepsilon_0}}$$

$$= \frac{1}{2\pi \times 0.02 \sqrt{4\pi \times 10^{-7} \times 1.000426 \times 8.854 \times 10^{-12}}}$$

$$= 2\,385\,189\,892 \text{Hz}$$

注意：频率已经从 100% RH 增加到 20% RH，2.028MHz，这是一个很容易测量的量。

(b) 频率增加 1kHz 会导致以下结果：

$$\frac{1}{2\pi a \sqrt{\mu_0 \varepsilon}} - \frac{1}{2\pi a \sqrt{\mu_0 (\varepsilon + \Delta \varepsilon)}} = 1\,000 \text{Hz}$$

我们可以据此进行计算 $\Delta \varepsilon$。频率与介电常数的关系是非线性的，但只是非常轻微的，频率的变化相对较小。因此，我们可以有把握地假设频率随相对湿度的变化或多或少是线性的，可以这样论证：从 0% RH 到 100% RH 的频率变化是

$$\Delta f = f(0\%) - f(100\%) = 2\,385\,697\,883 - 2\,385\,161\,166 = 2\,536\,717 \text{Hz}$$

由于我们可以准确测量 1kHz，测量范围可以区分 2 536.7 个 RH 水平，因此，分辨率为 100%/2 536.7 = 0.039% RH，即分辨率为 0.039% RH。

注意：这里描述的系统非常简单，不考虑误差，如谐振频率的漂移和变化的影响，以及温度对介电常数的影响。然而，这种方法是合理的，可以很容易地应用在成本合理的应用中。最终，分辨率会低得多，但即使是 1% 的相对湿度分辨率在实践中也可能已经足够了。

为了对固体进行测量，空腔传感器的概念可以通过部分打开空腔并允许固体通过它来扩展。图 9.22 显示了这种类型的传感的一个例子。在这里，谐振是由作为两个极板之间传输线的两条带子所引起的。谐振取决于带子的长度以及外部极板的位置和大小。能感应到介电常数变化的材料在两条带子之间通过。该方法已成功地用于检测纸张、木贴面和胶合板中的水分含量，并监测橡胶和聚合物的固化过程。为了提高性能，所述外部极板被弯曲以部分封装所述空腔。这提高了灵敏度，减少了外界的影响。图 9.23 为在空气中工作在 370MHz 的开放腔谐振器，用于监测连续工业涂覆过程中干燥乳胶的含水量。谐振频率的变化只有大约 2MHz（从湿到干），这代表了大约 0.5% 的频率变化。然而，随着使用，对于商业网络分析仪来说，小于 1kHz 数量级的变化很容易测量，这使得它成为一个非常敏感的设备。

图 9.22 中开放式谐振腔的一个变化就是图 9.24 中所示的传输线谐振腔。它是由两端都短的彼此间距离固定的两条带子组成的。每条线都有连接，并由电源供电。谐振频率取决于馈线的尺寸和位置，当然，也取决于它们之间介质的介电常数。一种类似的装置通常用于检测

道路上沥青的厚度或密度。谐振器被置于道路上方和靠近道路的地方，并监测谐振频率。任何被监测量增加都表明沥青层变薄，减少则表明沥青层变厚。

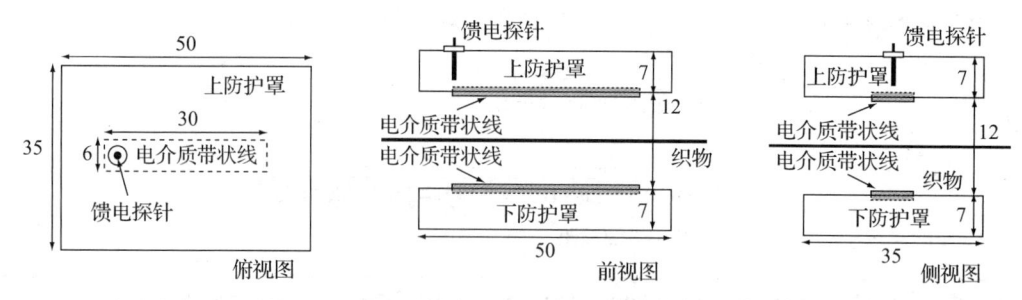

图9.22 带状线腔谐振器。开放的空腔允许测试连续生产材料，如纸张。尺寸的单位是cm

图9.23 一个工作在370MHz的开放带状线谐振器，用于乳胶涂层织物的湿度传感。在谐振器的上半部分可以看到一条带状线和天线（带状线左边缘上方的黄铜棒）

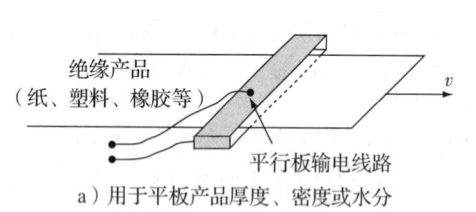

a）用于平板产品厚度、密度或水分含量检测的开路传输线谐振器

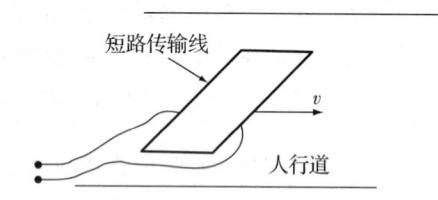

b）传输线传感器，用于测量路面厚度或密度。传感器（通常与车辆相连）在人行道上移动，以监测路面状况

图9.24 开路传输线谐振器与传输线传感器

4. 传播效应和传感

或许，利用电磁波在空间中传播时会衰减且场强会根据波源特性在空间中扩散这一特性，是可用于微波传感，从更广义来说也可用于任何电磁波传感的最简单方法。基于式（9.21）和式（9.22），已知源处或感测位置和源之间的空间中的某个其他位置处的振幅，就可以通过简单地测量电场（或磁场）振幅来感知距离。同样地，如果距离已知，那么人们可以在该空间中感测材料的特性（主要是介电常数），因为振幅取决于衰减常数。这些方法很简单，但不是很准确，因为有许多影响因素可以改变振幅。这些因素包括湿度、空气密度、导电物体

（如地球）的存在或接近程度以及许多其他因素。尽管如此，在已知发射器的情况下，基于接收器振幅测量的位置传感器确实存在，而且对于某些应用来说，这些传感器足够精确。

我们也可以想象在第 7 章中讨论的用声波测量飞行时间的方法。例如，电磁波传播 1m 需要 3ns。因此，要测量 100m 的距离（飞行时间为 300ns）是完全可行的，但就目前的电子元件而言，要经济实惠地做到这一点很困难。然而，更长的距离（以千米为单位）可以精确而经济地测量出来。

9.5 天线作为传感器和执行器

天线是独特的设备，通常不被认为是传感器，因为它们通常与信号和信息的发射器和接收器联系在一起。但它们是真正的传感器——能感知电磁波中的电场或磁场。因此，我们可以说接收器和发射器实际上是传感器，而天线是传感器（在接收器中）或执行器（在发射器中）。在微波工作中，天线通常被称为"探头"，因为它们被用作传感器和执行器（接收和发射天线）。

所有的天线都基于或可能与两个相关的基本天线之一有关。它们被称为电偶极子和磁偶极子，有时也称为基本电偶极子和磁偶极子。

9.5.1 一般关系

电偶极子只是一个非常短的天线，如图 9.25a 所示。它由两个短的导电段组成，其中携带由传输线馈电的电流 I_0。磁偶极子如图 9.25b 所示，是一个由传输线馈电的小直径环路。它们的名字与它们产生的场有关，看起来分别像电偶极子和磁偶极子的场。在其他方面，这两种天线非常相似，事实上这两种天线在空间中产生相同的场分布，除了电偶极子的磁场与磁偶极子的电场相同（在形状上）。电偶极子辐射出的场如图 9.26 所示，这表明在天线附近的电场本质上与静电偶极子（两个极性相反的点电荷处于非常短的距离）相同，因此，这个电场称为静电场或近场。当电偶极子天线非常接近一个源（小于一个波长）时，它们的行为或多或少像电容器。

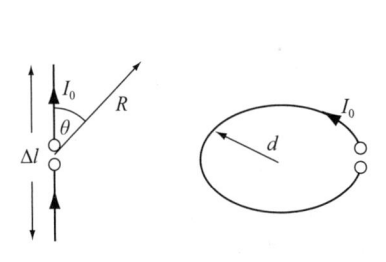

a）基本电偶极子天线　b）基本磁偶极子天线

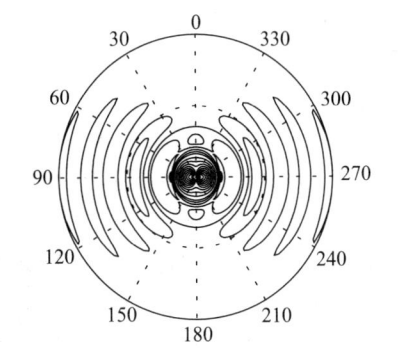

图 9.25　电偶极子天线和磁偶极子天线　图 9.26　电偶极子辐射。注意图案，在水平方向（$\theta=90°$）辐射最大，在垂直方向（$\theta=0°$ 或者 $\theta=180°$）辐射为 0

在更远的距离处，天线在远场中辐射（或接收辐射），通常用于远场。

远场中偶极子的电场强度和磁场强度为

$$H = \frac{I\Delta l}{2\lambda R} e^{-j\beta/R} \sin\theta_{IR} \left[\frac{A}{m}\right], \quad E = \eta H [\text{V/m}] \tag{9.38}$$

Δl 是偶极子的长度，λ 是波长，R 是从天线到测量的位置的距离，θ_{IR} 是天线与指向所需场点方向之间的夹角（在确定天线方向时通常采用球面坐标系）。η 为波阻抗，β 为相位常数，见式（9.20）。

从式（9.38）中可以看出，电场与磁场的比值是恒定的，等于波阻抗，见式（9.23）。

由于介电常数一般是一个复数，因此波阻抗也是一个复数。电场和磁场相互垂直，并且都垂直于波的传播方向（径向）。式（9.38）还表明，当 $\theta = 90°$ 时，即垂直于电流时，可以得到最大场强。关系图将揭示磁场随着角度变小或变大而减小，当 $\theta = 0°$ 时，磁场强度是零，这个图称为天线的辐射图，给出了包含偶极子的平面上的场分布（其他平面也可以被选择并进行类似的描述）。辐射图随天线的长度和类型而变化。另一个重要的量是天线的方向性，它也可以从辐射图或电场或磁场强度的公式中得到。它只是表示空间中各个方向的相对功率密度。

如果天线不短，则可以看作一个基本天线的组合。用 dl（即微分长度偶极子）代替 Δl，将式（9.38）中的场积分到导线长度上，用天线沿长度方向的电流 $I(l)$ 代替电流 I，得到长线天线的场。如上所述，同样的考虑也适用于磁偶极子天线（环形天线），除了磁偶极子的磁场强度与电偶极子的电场强度相同。天线是双元件——它们同样适用于发射和接收。

9.5.2　天线作为传感元件

从传感的角度来看，电偶极子可以看作电场传感器。当然，磁偶极子能感知磁场，但由于电场和磁场之间的关系在任何地方都是已知的，感知一个或另一个磁场的意义是一样的。为了了解感知是如何发生的，考虑图 9.27，它显示了在感知（接收）天线位置的传播波，这个波与它成一个角 θ。

波的电场强度为 E，垂直于波的传播方向。天线在这个场下的电压（假设 l 很小）为

$$V_d = El\sin\theta [\text{V}] \tag{9.39}$$

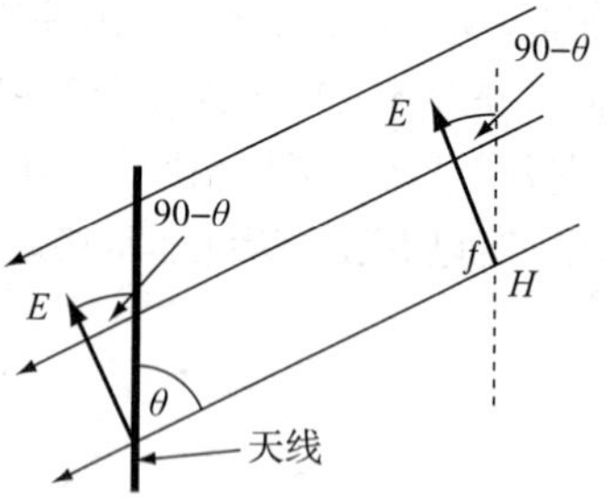

我们得到了波中的电场强度与天线上的电压之间的线性关系。因此，式（9.38）建立了执行的关系，而式（9.39）建立了感知的关系。

图 9.27　小偶极子作为传感元件

更实用的天线由不同的长度（或者，在为环形的情况下，拥有不同的直径）组成，它们可能有不同的形状，实际上可能是一个天线阵列，但这些变化不是根本的。一般来说，"越大"的天线，它可以发射或接收的功率就越高（并非总是和天线大小成线性比例）。同样，天线的大小改变了天线的辐射模式，但同样，这种变化不是根本的变化。天线是非常高效的传感器/执行器，转换效率可以轻松超过 95%。

在实际应用中，某些天线在某些方面已被证明优于其他天线。大多数应用程序尽可能使用半波（$\lambda/2$）波长天线，主要是因为它的输入阻抗可以显示为 73Ω，（一种方便、实用的

值），并且天线具有良好的全向辐射模式，而其他天线长度具有或高或低的阻抗以及不同的辐射模式。偶极天线有时会被单极天线取代（半偶极，类似于汽车天线或一些收音机中的伸缩天线），在性能上有适当的改变（一半阻抗，一半总辐射功率，等等）。

一些天线比其他天线更具方向性，这意味着它们在空间中具有优先的辐射（或接收）方向。式（9.38）中的偶极子在90°处的振幅最大，但其他天线，如反射天线（碟形天线），方向性更强，通常有窄的辐射/接收波束。但是一个高度定向的天线并不一定是反射器天线。八木天线是一种较为常见的高度定向天线，它通常用作普通的屋顶电视天线，但也可以服务于其他应用，如点对点通信、数据传输，或用于 Wi-Fi 中继器和远程控制装置。

在一些应用中，如广播、设备远程控制和数据传输，非定向天线可以覆盖很大的空间，但在其他应用中，如雷达，方向性是必不可少的，不仅用于"集中"能量，而且是方向识别的关键。

天线大小不一，从微小到巨大。一些集成天线只有几毫米长，也有一些天线可以有几千米长；有些结构巨大，如射电望远镜天线或深空通信天线（这些是典型的反射天线——天线本身要小得多，并且位于抛物面的焦点上）。在其他应用中，天线是结构的一部分，要么在印制电路板上，如移动电话和远程开门器中，或在结构表面，如飞机或导弹。

天线可以用来探测和量化电磁源，范围从雷击到遥远星系的辐射，以及介于两者之间的任何物体。作为执行器，它们可以用于远程开门、识别汽车钥匙、治疗肿瘤、加热食物等。

三角测量、多重测量和全球定位系统

高频波和天线的一个重要用途是全球定位，即在行星上或空间中的位置识别。这种方法有很多变化，但都涉及直接或间接测量距离。

最古老且精度最低的方法是使用两个坐标已知的固定位置发射器和一个配有可调节天线的接收器（见图9.28a），或者使用一个固定位置发射器以及两个坐标已知且各自配有可调节天线的接收器（见图9.28b），同时还需要一张地图。在第一种情况下，这种方法确定接收器位置的方式是，首先调节天线，以实现对来自发射器A的信号的最大接收量，然后在地图上从发射器开始，沿着最大接收量的方向画一条线。这给出了发射器的方向，但没有给出距离。天线现在被调整为从发射器B接收最大信号，在地图上画一条类似的线。这两条线的交点就是接收器的位置，它可能是海上的船舶、灯塔，或是戴着项圈的动物。

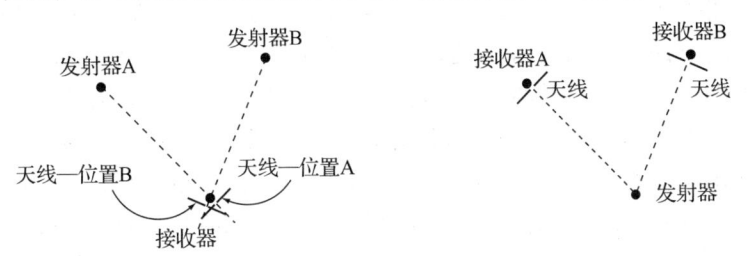

a）用两个位置固定的发射器定位接收器　　b）使用两个位置固定的接收器定位发射器

图 9.28　三角测量法

第二种方法与上一方法类似，区别在于用两个接收器识别固定发射器的方向。在这两种方法中，我们都使用了经典的三角测量概念。

三角测量法被广泛用于船舶导航，沿岸站提供固定的位置。该系统被称为 Loran（远程导航），但在引入全球定位系统（GPS）后，它的使用有所减小，并在 2010 年底停止使用。Loran 的工作原理与上面描述的稍有不同，不是使用可调节天线测量信号强度，而是测量信号到达接收器所需的时间（因为这不需要移动天线）。根据信号在空气中传播的时间和速度，系统计算出从两个（或多个）固定位置相交于一点的距离，进而得到接收器的位置。

GPS 也采用了同样的思路。GPS 由 24 颗固定卫星组成，根据每颗卫星上的原子钟发送定时和识别脉冲。这些信息包括卫星位置和时钟时间（即准确时间或"墙上时间"）。GPS 天线接收这些脉冲，GPS 接收器在此基础上执行两项基本任务。首先，它将自己的时钟与接收到的 GPS 卫星的时钟同步。为此，它检查了许多卫星（至少 4 个）。现在，它将自己的时钟重置为与卫星上的时钟相同（卫星之间使用从地球接收到的信号进行同步）。接收器产生一系列与从卫星接收到的脉冲相同的脉冲，它们都开始于相同的"墙上时间"t_0。由于与卫星的距离（n 表示卫星 ID），从每颗卫星接收到的脉冲延迟一个时间 Δt。图 9.29a 展示了这一点。由于电磁波的速度 v 是准确的，因此与每颗卫星的距离按 $R_n = v\Delta t_n$ 计算。

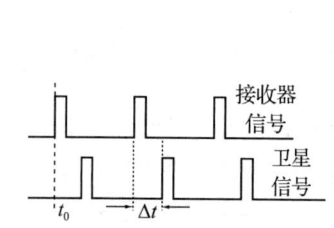

a）GPS 定位中的定时脉冲。同步发射器和接收器之间的时间差 Δt 来自波从发射器传播到接收器所需要的时间

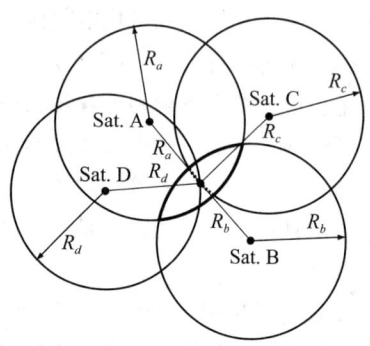

b）至少需要四颗卫星来确定接收器的位置

图 9.29 GPS 原理

现在这些距离相交于空间中的一点——接收器的位置。为了理解这是如何实现的，首先考虑图 9.29b 中标记为 A 的卫星。接收器知道距离，比如 R_a（通过时间延迟），所以它可以位于半径为 R_a 的球体上的任何一点（球体的中心是已知的，因为来自该卫星的传输包括了它在空间中的位置）。现在，使用第二个卫星 B，两个球体的交点是接收器所在的圆（用粗实心弧线表示）。第三个卫星 C 的球体与圆相交于两个可能的点（粗虚线弧与这两个粗弧相交）。第四颗卫星 D 确定虚线上两个点之间的一个点。因此，至少需要四颗卫星。附加的卫星可以减少误差，因为四颗卫星的接收机只能确定由第三颗卫星确定的两点之间的交点，而不一定是 GPS 接收机的确切位置。

给定四颗卫星的坐标 (x_i, y_i, z_i)，$i = 1, 2, 3, 4$，接收器的坐标 (x, y, z)，以及由四颗卫星导致的信号时差 Δt_i，$i = 1, 2, 3, 4$，接收器的坐标 (x, y, z) 可以计算如下：首先假设一个参考卫星存在于任意位置 (x_0, y_0, z_0)，并且不存在接收信号时的延迟。接收器到参考卫星的距离为

$$R_r^2 = (x-x_0)^2 + (y-y_0)^2 + (z-z_0)^2 \tag{9.40}$$

以其中一颗卫星 m 为例，我们可以写出接收器到该卫星的距离：

$$R_m^2 = (x-x_m)^2 + (y-y_m)^2 + (z-z_m)^2 \tag{9.41}$$

我们可以把距离 R_i 项写成：

$$R_m^2 = (R_r + v\Delta t_m)^2 = R_r^2 + 2R_r v\Delta t_m + (v\Delta t_m)^2 \tag{9.42}$$

其中 Δt_m 为从卫星 m 接收到的信号相对于参考卫星的时延，v 为信号的传播速度（这里是光速）。重写我们得到的关系：

$$R_r^2 - R_m^2 + 2R_r v\Delta t_m + (v\Delta t_m)^2 = 0 \tag{9.43}$$

除以 Δt_m，我们得到

$$\frac{R_r^2 - R_m^2}{v\Delta t_m} + 2R_r + v\Delta t_m = 0 \tag{9.44}$$

现在，我们写出卫星 1（$m=1$）的方程：

$$\frac{R_r^2 - R_1^2}{v\Delta t_1} + 2R_r + v\Delta t_1 = 0 \tag{9.45}$$

从前面的方程中减去这个方程，得到

$$\frac{R_r^2 - R_m^2}{v\Delta t_m} - \frac{R_r^2 - R_1^2}{v\Delta t_1} + v(\Delta t_m - \Delta t_1) = 0 \tag{9.46}$$

引入参考天线和第 m 个天线的坐标，有

$$\begin{aligned}R_r^2 - R_m^2 &= [(x-x_0)^2 + (y-y_0)^2 + (z-z_0)^2] - [(x-x_m)^2 + (y-y_m)^2 + (z-z_m)^2] \\ &= (x_0^2 - x_m^2) + (y_0^2 - y_m^2) + (z_0^2 - z_m^2) + (2x_m - 2x_0)x + (2y_m - 2y_0)y + (2z_m - 2z_0)z\end{aligned} \tag{9.47}$$

对于天线 1：

$$R_r^2 - R_1^2 = (x_0^2 - x_1^2) + (y_0^2 - y_1^2) + (z_0^2 - z_1^2) + (2x_1 - 2x_0)x + (2y_1 - 2y_0)y + (2z_1 - 2z_0)z \tag{9.48}$$

将式（9.47）和式（9.48）代入式（9.46）并收集术语：

$$\begin{aligned}&\left(\frac{x_0^2 + y_0^2 + z_0^2}{v\Delta t_m} - \frac{x_0^2 + y_0^2 + z_0^2}{v\Delta t_1}\right) - \left(\frac{x_m^2 + y_m^2 + z_m^2}{v\Delta t_m} - \frac{x_1^2 + y_1^2 + z_1^2}{v\Delta t_1}\right) + \\ &\frac{2}{v}\left(\frac{x_m - x_0}{\Delta t_m} - \frac{x_1 - x_0}{\Delta t_1}\right)x + \frac{2}{v}\left(\frac{y_m - y_0}{\Delta t_m} - \frac{y_1 - y_0}{\Delta t_1}\right)y + \\ &\frac{2}{v}\left(\frac{z_m - z_0}{\Delta t_m} - \frac{z_1 - z_0}{\Delta t_1}\right)z + v(\Delta t_m - \Delta t_1)\end{aligned} \tag{9.49}$$

现在，写出 $m=2$、$m=3$ 和 $m=4$ 的方程，可以得到三个未知数 x、y 和 z 的方程：

$$\begin{aligned}&\left(\frac{x_0^2 + y_0^2 + z_0^2}{v\Delta t_2} - \frac{x_0^2 + y_0^2 + z_0^2}{v\Delta t_1}\right) - \left(\frac{x_2^2 + y_2^2 + z_2^2}{v\Delta t_2} - \frac{x_1^2 + y_1^2 + z_1^2}{v\Delta t_1}\right) + \\ &\frac{2}{v}\left(\frac{x_2 - x_0}{\Delta t_2} - \frac{x_1 - x_0}{\Delta t_1}\right)x + \frac{2}{v}\left(\frac{y_2 - y_0}{\Delta t_2} - \frac{y_1 - y_0}{\Delta t_1}\right)y + \\ &\frac{2}{v}\left(\frac{z_2 - z_0}{\Delta t_2} - \frac{z_1 - z_0}{\Delta t_1}\right)z + v(\Delta t_2 - \Delta t_1) = 0\end{aligned} \tag{9.50}$$

$$\left(\frac{x_0^2+y_0^2+z_0^2}{v\Delta t_3}-\frac{x_0^2+y_0^2+z_0^2}{v\Delta t_1}\right)-\left(\frac{x_3^2+y_3^2+z_3^2}{v\Delta t_3}-\frac{x_1^2+y_1^2+z_1^2}{v\Delta t_1}\right)+$$

$$\frac{2}{v}\left(\frac{x_3-x_0}{\Delta t_3}-\frac{x_1-x_0}{\Delta t_1}\right)x+\frac{2}{v}\left(\frac{y_3-y_0}{\Delta t_3}-\frac{y_1-y_0}{\Delta t_1}\right)y+ \quad (9.51)$$

$$\frac{2}{v}\left(\frac{z_3-z_0}{\Delta t_3}-\frac{z_1-z_0}{\Delta t_1}\right)z+v(\Delta t_3-\Delta t_1)=0$$

$$\left(\frac{x_0^2+y_0^2+z_0^2}{v\Delta t_4}-\frac{x_0^2+y_0^2+z_0^2}{v\Delta t_1}\right)-\left(\frac{x_4^2+y_4^2+z_4^2}{v\Delta t_4}-\frac{x_1^2+y_1^2+z_1^2}{v\Delta t_1}\right)+$$

$$\frac{2}{v}\left(\frac{x_4-x_0}{\Delta t_4}-\frac{x_1-x_0}{\Delta t_1}\right)x+\frac{2}{v}\left(\frac{y_4-y_0}{\Delta t_4}-\frac{y_1-y_0}{\Delta t_1}\right)y+ \quad (9.52)$$

$$\frac{2}{v}\left(\frac{z_4-z_0}{\Delta t_4}-\frac{z_1-z_0}{\Delta t_1}\right)z+v(\Delta t_4-\Delta t_1)=0$$

在 GPS 中，假设 x_0、y_0、z_0 位于坐标系原点，因为延时 Δt_1 是通过接收器时钟同步建立的。方程变为

$$-\frac{x_2^2+y_2^2+z_2^2}{v\Delta t_2}+\frac{x_1^2+y_1^2+z_1^2}{v\Delta t_1}+v(\Delta t_2-\Delta t_1)+\frac{2}{v}\left(\frac{x_2}{\Delta t_2}-\frac{x_1}{\Delta t_1}\right)x+$$

$$\frac{2}{v}\left(\frac{y_2}{\Delta t_2}-\frac{y_1}{\Delta t_1}\right)y+\frac{2}{v}\left(\frac{z_2}{\Delta t_2}-\frac{z_1}{\Delta t_1}\right)z=0 \quad (9.53)$$

$$-\frac{x_3^2+y_3^2+z_3^2}{v\Delta t_3}+\frac{x_1^2+y_1^2+z_1^2}{v\Delta t_1}+v(\Delta t_3-\Delta t_1)+\frac{2}{v}\left(\frac{x_3}{\Delta t_3}-\frac{x_1}{\Delta t_1}\right)x+$$

$$\frac{2}{v}\left(\frac{y_3}{\Delta t_3}-\frac{y_1}{\Delta t_1}\right)y+\frac{2}{v}\left(\frac{z_3}{\Delta t_3}-\frac{z_1}{\Delta t_1}\right)z=0 \quad (9.54)$$

$$-\frac{x_4^2+y_4^2+z_4^2}{v\Delta t_4}+\frac{x_1^2+y_1^2+z_1^2}{v\Delta t_1}+v(\Delta t_4-\Delta t_1)+\frac{2}{v}\left(\frac{x_4}{\Delta t_4}-\frac{x_1}{\Delta t_1}\right)x+$$

$$\frac{2}{v}\left(\frac{y_4}{\Delta t_4}-\frac{y_1}{\Delta t_1}\right)y+\frac{2}{v}\left(\frac{z_4}{\Delta t_4}-\frac{z_1}{\Delta t_1}\right)z=0 \quad (9.55)$$

求解这三个方程就得到了接收器的坐标 (x,y,z)。请注意，参考卫星不是这些关系的一部分，只需要推导这些关系。此处不需要参考卫星的原因是参考时间是由同步时钟提供的。但是，要明确四颗卫星的位置和四颗卫星的延迟，需要解出 x,y,z。GPS 使用角坐标，指示赤道以北或以南以及穿过英国格林尼治的本初子午线以东或以西的经度和纬度。这些坐标可以转换为实际距离：1 纬度（经度）大约等于 111km（取决于到赤道的距离）。坐标可以用度、分、秒（称为 DDS 格式）表示，例如（N36°25′32″，W102°12′44″）或等效的十进制度（DD）格式，例如（36.425 55，−100.212 22）。在后一种格式中，北和东用正数表示，西和南用负数表示。

在不可能同步的系统中，必须使用一个实际的参考发射器来建立 Δt_1，并且必须使用式（9.49）~式（9.52）中的完整方程。

这种类型的系统需要 5 个发射器在空间中定位一个接收器（或用 5 个接收器定位一个发射器）。请参见习题 9.30。

虽然我们使用术语三角测量，但这种方法更为普遍，属于多重测量（或在有三个源的情况下的三角测量）。也可以使用 N 个接收器来检测一个源的位置，一个平面上的位置至少为 $N=3$，一个空间上的位置至少为 $N=4$。该方法不仅限于基于卫星的定位，还可以用于地面应用，例如，定位雷击、跟踪野生动物或定位枪声等。

例9.8：无线电项圈动物追踪系统

这里提出了一个国家公园内无线电项圈动物追踪系统，该系统不使用同步时钟信号来保持系统的简单性。在公园表面上定义一个局部网络，在覆盖公园的正方形的四个角上放置四个接收器，接收器1在（0,0）处，接收器2在（10,0）处，接收器3在（10,10）处，接收器4在（0,10）处。接收传输的第一个接收器被识别为引用。每个接收器的计时是由系统的实时时钟提供的，分辨率为10ns。4个接收器接收动物发出的信号，按信号代号依次为 t_1 = 13h38m24s342 112 130ns、t_2 = 13h38m24s342 118 070ns、t_3 = 13h38m24s342 108 550ns、t_4 = 13h38m24s342 116 930ns。

（a）计算动物在网格上的位置。假设接收器的实时时钟保持精确的时间。

（b）估计因接收器内的实时时钟的有限分辨率而造成的最大定位误差。

解（a）第一个信号于 t_3 在3号接收器接收。时延如下：$\Delta t_1 = t_1 - t_3 = 3\,580$ns，$\Delta t_2 = t_2 - t_3 = 9\,520$ns，$\Delta t_4 = t_4 - t_3 = 8\,380$ns。虽然需要4台接收器的计时，但只需要求解两个方程即可得到 x、y 坐标：参考接收器为 (x_3, y_3)，见式（9.50）~式（9.52）：

$$\left(\frac{x_3^2+y_3^2}{v\Delta t_2} - \frac{x_3^2+y_3^2}{v\Delta t_1}\right) - \left(\frac{x_2^2+y_2^2}{v\Delta t_2} - \frac{x_1^2+y_1^2}{v\Delta t_1}\right) + \frac{2}{v}\left(\frac{x_2-x_3}{\Delta t_2} - \frac{x_1-x_3}{\Delta t_1}\right)x +$$

$$\frac{2}{v}\left(\frac{y_2-y_3}{\Delta t_2} - \frac{y_1-y_3}{\Delta t_1}\right)y + v(\Delta t_2 - \Delta t_1) = 0$$

$$\left(\frac{x_3^2+y_3^2}{v\Delta t_4} - \frac{x_3^2+y_3^2}{v\Delta t_1}\right) - \left(\frac{x_4^2+y_4^2}{v\Delta t_4} - \frac{x_1^2+y_1^2}{v\Delta t_1}\right) + \frac{2}{v}\left(\frac{x_4-x_3}{\Delta t_4} - \frac{x_1-x_3}{\Delta t_1}\right)x +$$

$$\frac{2}{v}\left(\frac{y_4-y_3}{\Delta t_4} - \frac{y_1-y_3}{\Delta t_1}\right)y + v(\Delta t_4 - \Delta t_1) = 0$$

$$\left(\frac{10\,000^2+10\,000^2}{3\times10^8\times 7\,250\times10^{-9}} - \frac{10\,000^2+10\,000^2}{3\times10^8\times 16\,180\times10^{-9}}\right) -$$

$$\left(\frac{10\,000^2+0}{3\times10^8\times 7\,250\times10^{-9}} - \frac{0+0}{3\times10^8\times 16\,180\times10^{-9}}\right) +$$

$$\frac{2}{3\times10^8}\left(\frac{10\,000-10\,000}{7\,250\times10^{-9}} - \frac{0-10\,000}{16\,180\times10^{-9}}\right)x +$$

$$\frac{2}{3\times10^8}\left(\frac{0-10\,000}{7\,250\times10^{-9}} - \frac{0-10\,000}{16\,180\times10^{-9}}\right)y +$$

$$3\times10^8\times(7\,250\times10^{-9} - 16\,180\times10^{-9}) = 0$$

$$\left(\frac{10\,000^2+10\,000^2}{3\times10^8\times11\,460\times10^{-9}}-\frac{10\,000^2+10\,000^2}{3\times10^8\times16\,180\times10^{-9}}\right)-$$

$$\left(\frac{0+10\,000^2}{3\times10^8\times11\,460\times10^{-9}}-\frac{0+0}{3\times10^8\times16\,180\times10^{-9}}\right)+$$

$$\frac{2}{3\times10^8}\left(\frac{0-10\,000}{11\,460\times10^{-9}}-\frac{0-10\,000}{16\,180\times10^{-9}}\right)x+$$

$$\frac{2}{3\times10^8}\left(\frac{10\,000-10\,000}{11\,460\times10^{-9}}-\frac{0-10\,000}{16\,180\times10^{-9}}\right)y+$$

$$3\times10^8\times(11\,460\times10^{-9}-16\,180\times10^{-9})=0$$

解 x 和 y 得到 $x=7\,178.8$m，$y=6\,241.0$m。

（b）定时分辨率为10ns。电磁波在10ns内传播3m。作为一个简单的估计，我们可以假设位置在 x 和 y 上都有3m的误差。实际上，它比这要复杂得多。延迟可能会相差10ns，事实上，这些时钟之间可能会相差很远。然而，这个示例显示了该方法的准确性。同时，它的精度高度依赖于准确的定时和适当的同步。

9.5.3 天线作为执行器

到目前为止，我们已经讨论了天线及其在感应中的作用，也就是说，天线是探测或传感其所在位置的电场（也就是磁场）的一种手段。这基本上就是接收天线的作用。然而，天线作为发射元件同样重要，发射元件将电源的能量耦合在一起。根据我们对传感器和执行器的定义，这种模式下的天线是执行器。天线作为发射器的效率非常高，而且天线的功率损耗最小（辐射效率高）。任何天线都可以进行接收（传感器）和发送（执行器）。

天线不仅可以做到这两点，而且发射天线和接收天线之间没有区别。互易定理总结了天线接收和发射的特性，即如果天线A发射一个信号，天线B接收这个信号，那么两个天线互换后接收到的信号是相同的。这种特性是通信的基础，是传输和接收系统的核心。发射天线有许多特定的驱动任务。例如，在上面关于谐振腔的讨论中，谐振腔是由一种或另一种类型的天线驱动的。

发射天线的驱动功能是产生电场（和磁场），换句话说，就是将能量耦合到天线周围的空间。这可以发挥相当重要的作用。一个常见的用途是用微波加热食物。在这个场景中，微波能量从微波发生器（磁控管）耦合到烤箱内的空间和该空间中的食物。能量激发水分子运动，这一过程产生热量。微波炉加热是对水分子的加热，事实上，用微波加热的频率（例如，家庭食品加热和烹饪的频率2.45GHz和工业加热和处理的频率13.52GHz）将使得水吸收最大的能量。微波加热不仅对消费者来说很重要，它也是一个重要的工业过程。由于微波加热速度快，它在食品的冷冻干燥中有相当大的应用。为了做到这一点，在食品加工过程中，烤箱的空间处于真空状态。在这些条件下，食物中的水分升华出去，对剩余组织的损害很小。

微波的加热作用在医学上也获得了相当大的成功。其中之一是热疗，特别是用于肿瘤治疗和手术。肿瘤的治疗基于两个基本特性：一是当身体局部发热时，流向该部位的血液会增加，从而使其降温，以避免损伤；二是肿瘤处的血管相对较差，这意味着人体可以冷却健康组织，但不能冷却肿瘤。因此，微波加热将影响肿瘤，而健康组织不受影响或受影响较小。微波应用可以通过在肿瘤附近插入天线进行局部应用，也可以是更广泛的体积应用。

9.6 习题

辐射安全

9.1 辐射安全与微波。 许多人都担心微波的辐射效应。虽然除了微波辐射还有其他效应，但将这种效应量子化的一种方法是通过光子能量实现。微波被认为可以从 300MHz 扩展到 300GHz。计算光子能量，并指出在该频率范围内的辐射是电离还是非电离。

9.2 飞行和辐射照射。 飞行员、宇航员和经常参与飞行活动的人都暴露在以宇宙射线形式存在的危险辐射中。这些高能粒子的特征是频率为 $30 \times 10^{18} \sim 30 \times 10^{34}$ Hz。X 射线的范围在 $30 \times 10^{15} \sim 30 \times 10^{18}$ Hz。写出与宇宙射线有关的光子能量，并将它们与 X 射线的能量进行比较。

9.3 紫外线辐射与癌症。 人们普遍认为，长时间暴露在紫外线下会导致皮肤癌。然而，紫外线辐射是地球环境的正常组成部分，对保持健康很重要，只有过量接触才被认为是有害的。到达地球表面的太阳辐射约为 1 200W/m^2。其中，约 0.5% 是紫外线辐射（大约 98% 的紫外线辐射被臭氧层吸收）。在沙滩上进行日光浴的人平均体重为 60kg，暴露的皮肤面积约为 1.5m^2。如果皮肤吸收了大约 50% 的紫外线辐射，那么在晒黑的过程中，每小时能吸收多少紫外线能量？

电离传感器（探测器）

9.4 住宅烟雾探测器。 住宅烟雾探测器使用一个简单的电离室，向空气开放，一个小的放射性颗粒以恒定的速率电离室内的空气。镅-241（Am-241）主要产生重 α 粒子（在空气中容易被吸收，只能传播约 3cm）。烟雾探测器含有约 0.3μg 的 Am-241。Am-241 的活度为 3.7×10^4 Bq，它发射的 α 粒子的电离能为 5.486×10^6 eV。

（a）假设效率为 100%，计算在电离室中流过的电离电流，如果穿过电离室的电势足够高，则可以吸引所有电荷而不重新组合。

（b）若烟雾探测器电路是由 9V 电池供电，容量为 950mAh，并且电子电路除了通过气室的电流之外平均消耗 50μA 的电流，那么对于电池更换的频率有什么合理的建议？

9.5 工业烟雾探测器。 工业烟雾探测器与住宅烟雾探测器类似，但通常含有更多的放射性物质，以产生更高的饱和电流。放射性物质的量通常写在烟雾探测器上，并以微居里（5μCi）的形式给出。工业烟雾探测器 Am-241 额定为 45μCi。Am-241 发射的 α 粒子能量为 5.486×10^6 eV。假设效率为 100%，计算室内的饱和电流。

9.6 织物密度传感器。 织物密度传感器有多种形式，其中一种是基于测量电离室中的电流。

饱和电流在两块极板之间建立，这两块极板位于具有氪-85 的单独的罐中。如图 9.3 所示，腔体放置在织物的一侧，β 源放置在另一侧。将测量到的电离电流作为织物密度的参考，织物密度的单位为克每平方米（g/m²）。使用的同位素数量产生 3.7GBq，粒子的能量为 687keV。腔室是密封、真空的，并充满氩气。这使得每生成一个离子对所需的能量为 23eV。在设备的校准过程中，发现可测量的最高织物密度为 800g/m²，此时电离电流为零。密度和电流之间的关系可以假定为线性的（近似的）。求出传感器的灵敏度和理论分辨率。假设光源的效率为 100%，并且在没有织物的情况下，光源发出的所有辐射都会通过腔室。

9.7 盖革-米勒计数器和计数的解释。 盖革-米勒计数器之所以受欢迎，是因为它能够提供即时反馈，通常是以可以听见的咔嗒声的形式呈现。计数器也有可调的灵敏度，通过增加或降低阳极上的电压来调节灵敏度。然而，对计数结果的解读往往不够准确且具有主观性。理想情况下，每次电离事件对应一次咔嗒声。

(a) 一般的烟雾探测器使用活度为 1.25μCi 的 Am-241 同位素。为了检查探测器的完整性，在电离室的开口旁边放置一个盖革-米勒计数器，每秒发出两次咔嗒声。辐射室外的辐射强度是多少？

(b) 假设输出是连续的声音，也就是说，人们无法区分单个咔嗒声。对这种输出有什么可能的解释？

半导体辐射传感器

9.8 辐射传感器的能量吸收。 辐射传感器的主要问题之一是传感器自身吸收的能量。考虑以下四种假设的 X 射线辐射传感器：

(a) 体积电阻硅传感器，1mm 厚，电极厚度可忽略不计。

(b) 与 (a) 相同，带有 10μm 厚的金电极。

(c) 碲化镉传感器，1mm 厚，电极厚度可忽略不计。

(d) 与 (c) 相同，但带有 10mm 厚的金电极。

X 射线辐射为 100keV，垂直于其中一个电极。在 100keV 时，硅的线性衰减系数为每厘米 0.427 5，碲化镉的线性衰减系数为每厘米 10.36，金的线性衰减系数为每厘米 99.55。

(a) 计算四个传感器吸收的入射 X 射线能量，即产生的载流子的能量的比例。

(b) 计算四个传感器每个光子产生的电荷对的数量。

9.9 粒子辐射传感器。 硅二极管辐射传感器用于检测烟雾探测器中的放射源。根据标签，该放射源活度为 1μCi。这个放射源是 Am-241，辐射能量是 5.486×10⁶，实际测量活度为 12.95×10¹⁰Bq。产生电子-空穴对所需的能量为 3.61eV。该二极管在 12V 反向偏置，厚度为 0.5mm，对空穴来说，迁移率为 450cm²/V·s，对电子来说，迁移率为 1 350cm²/V·s。Am-241 的辐射主要是 α 粒子，它们对硅的穿透很少，因此可以假定在二极管表面被吸收。基于这个原因，结被直接暴露，这样辐射就不会通过电极。如果发射的所有粒子都被二极管捕获，那么通过二极管的电流是多少？

9.10 **γ辐射检测**。体积电阻率锗传感器用于检测频率为1 020Hz的γ辐射。传感器厚6mm，直径为12mm，电极厚50μm。传感器的连接方式如图9.30所示。计算单个相互作用（光子）的输出脉冲。在γ射线能级下，锗和金的线性衰减系数分别为每厘米8.873和42.1。在锗中质子和电子的迁移率为1 200cm²/V·s和3 800cm²/V·s。本征载流子浓度是2.4×10¹³/cm³。

(a) 计算期望从电路输出的脉冲（振幅和符号），假设辐射通过阳极进入。

(b) 计算在没有辐射的情况下通过二极管的电流。

图9.30 γ辐射体积电阻率传感器

9.11 **探测高能宇宙射线**。用半导体传感器很难探测宇宙射线，主要有两个原因。首先，宇宙射线的能量可以达到10¹⁸eV或更高。其次，它们不是连续变化的，而是个别事件。但即使是在能量谱的低端，宇宙射线也可能穿透传感器而不产生载波，或者产生的载波太少而无法探测。事实上，探测几乎总是通过探测宇宙射线与空气或其他物质碰撞时产生的介子来间接进行的（介子是带电子的高能带电粒子，但质量约为电子的200倍，并且只存在几微秒）。大多数介子在地球表面的能量约为4GeV，在大气层上层的能量约为6GeV，但也有一些可以超过100GeV。假设有人试图用半导体传感器探测100GeV范围内的高能介子。由于半导体传感器吸收的能量很少，甚至不吸收，因此必须在介子到达传感器之前吸收多余的能量。这可以通过将传感器放置在地下深处、水下，或者在传感器前面使用厚的高密度材料层来实现。假设一个锗半导体传感器在10MeV以下工作最好，而入射介子的能量为4GeV：

(a) 如果水的阻止功率为7.3MeV·cm²/g，计算传感器应放置在水下的深度。水的密度是1g/cm³。

(b) 计算阻挡力为3.55MeV·cm²/g和密度为11.34g/cm³的铅屏蔽层的厚度。

9.12 **半导体辐射探测器**。硅二极管用于探测2.8MeV能量的辐射。为了做到这一点，二极管用18V电源反向偏压，并提供一个窗口，使辐射只能在其中心进入器件（见图9.31）。假设能量在进入点被完全吸收，二极管厚度为2mm。

(a) 空穴的迁移率为350cm²/V·s，电子的为1 350cm²/V·s，计算通过二极管的电流。忽略电极和N、P层的影响。

(b) 二极管的灵敏度是多少？

(c) 如果硅被空穴迁移率为440cm²/V·s和电子迁移率为8 500cm²/V·s的砷化镓（GaAs）半导体取代，灵敏度是多少？

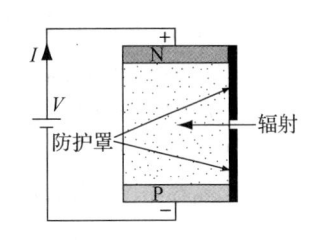

图9.31 硅辐射传感器

(d) 如果辐射可以被认为是在t_0时刻发生的单一事件，则画出预期的电流脉冲。

9.13 **使用锗二极管传感器进行紫外线传感**。紫外线是自然产生的低能辐射，但也可以人为产生，用于各种工业和医疗目的。在工业固化过程中，光源产生的紫外线功率密度为

250mW/cm^2。固化是连续的，持续几秒。一个反向模式的小硅二极管，曝光面积为 10mm^2，用于检测辐射水平，以控制其强度。因为二极管很小，所以忽略过渡时间。
(a) 计算硅二极管中的电流。
(b) 计算传感器的灵敏度。
(c) 这是感应紫外线辐射的实用方法吗？如果不是，如何才能做得更好？

微波辐射传感器

9.14 雷达测距。 雷达的目标测距是一个基本的传感目标，用于不同的应用，如空中交通管制、制导、测绘行星和考古调查。考虑一种双基地雷达，它使用相同的天线进行发射和接收，并且彼此靠近。发射天线的辐射功率为 10kW，接收天线的最小功率为 10pW，接收器才能处理信号。雷达工作在 10GHz，两个天线的最大指向性为 20dB。计算：
(a) 当目标散射截面为 12m^2 时的最大距离。
(b) 目标散射截面在潮湿空气中为 12m^2 时的最大范围，其介电常数为 $1.05\varepsilon_0\,[\text{F/m}]$，磁导率为 $\mu_0\,[\text{H/m}]$。
(c) 在 12km 范围内可探测到的在真空中的最小目标的散射截面。

9.15 宇宙的红移和膨胀速度。 间接感知的一个更有趣的应用是感知宇宙膨胀的速度，通常称为"红移"。这个想法是基于对元素光谱发射的测量（通常是氢，它以规则的、明确的波长发射电磁辐射）。当来自远处光源的光穿过氢时，光谱线要么变成波长较长的（氢远离观测者），要么变成波长较短的（氢向观测者移动）。当波长增加时，这种现象称为"红移"，因为会移向较长的波长（红色）。一个收缩的宇宙会导致"蓝移"或向更短的波长移动。红移最常见的量度之一是氢的光谱波长的偏移，特别是 486.1nm 处的光谱线（蓝色光谱线）。对一个星系辐射的观测表明，光谱线已经移到了 537.5nm。假设这种偏移是由经典的多普勒效应引起的，计算星系的衰退速度。

9.16 多普勒雷达。 远程感知和测量速度的能力已经在从速度控制、飞行控制、天气预报等不同领域得到了应用。利用由云运动引起的频移信息可以实时预测风暴的演变，并提供对龙卷风、雷暴等恶劣天气现象的警告。假设风暴锋以 $v = 40\text{km/h}$ 的速度接近多普勒雷达。雷达工作在 10GHz，扫描角度为 360°，它的射程为 100km，超出这个范围的物体雷达将无法探测到。扫描时，风暴锋最近的点距离雷达天线 40km。计算雷达的频率输出和频移作为扫描角函数的频移，取扫描角相对于垂直于风暴锋的方向，绘制输出。假设风暴锋面很宽。图 9.32 是情况示意图。

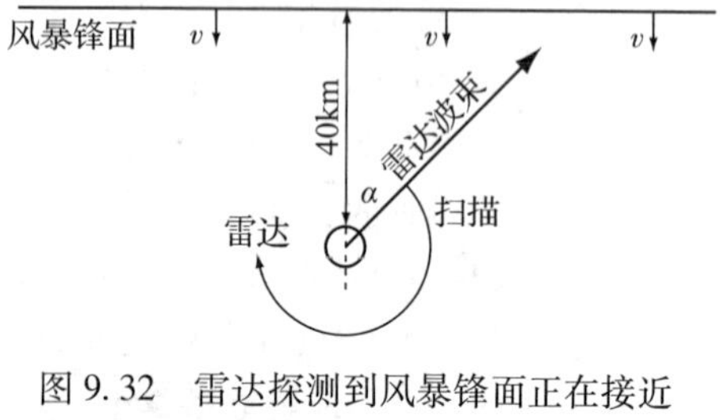

图 9.32 雷达探测到风暴锋面正在接近

9.17 胶合板生产过程中的潮气感应。 胶合板生产过程中必须控制的参数之一是产品的含水率。为了做到这一点，需要在干燥过程中监测电磁波的反射和传输，当湿度低于 12% 时，干燥停止。水分含量定义为水的质量与干燥产品的质量之比。在测试频率下，干胶合板（0%

含水量）的相对介电常数为 2.8，而水的相对介电常数为 56。胶合板密度为 600kg/m³，水的密度为 1 000kg/m³。假设胶合板的总体积随着吸水量的增加而增加。给定垂直于胶合板表面，电场强度为 E_0 的入射电磁波，假设水分在木材纤维中均匀分布，忽略衰减：
(a) 根据含水量计算反射和透射电场强度的振幅。
(b) 计算水分含量为 12% 时反射和透射的电场强度信号的振幅。
(c) 解释哪个信号更能代表水分含量。

注意：胶合板内的衰减会影响场，也会影响多重反射，但这里忽略这些，以简化计算，并了解反射和透射如何用于传感。

9.18 激光速度检测。激光束可以以类似于雷达的方式来探测距离和速度。与雷达相对应的光学设备称为激光雷达（光探测和测距）。该系统的工作原理是计算激光束往返于物体之间的飞行时间。这直接表示了物体的距离。通过取两个样本，两个样本的飞行时间差表示目标在两个样本之间移动的距离。红外激光速度探测器以 7ms 的间隔发送一系列脉冲。取一个特定的脉冲，接收延时为 2.1μs（即在脉冲发送后 2.1μs 收到反射脉冲）。接收下一个发射脉冲的延迟为 2.101μs。
(a) 计算激光源与目标之间的距离。
(b) 计算目标的速度。

注意：一个典型的测量使用 40~80 个脉冲，平均计算的速度，以确保精度。整个过程大约需要 300ms。

9.19 雷达速度检测。常用的交通控制雷达测速器是多普勒雷达，用来测量由于车辆接近而产生的频率偏移。典型频率为 10GHz（X 波段）、20GHz（K 波段）、30GHz（Ka 波段）左右。
(a) 假设使用 Ka 波段雷达测速器，将雷达直接放置在车辆的行进路径上，测量车辆的速度。计算以 130km/h 的速度接近的车辆上雷达枪测量的频率偏移。
(b) 在实践中，雷达枪不能放在车辆的路径上。如果雷达枪与车辆运动方向成 15°角，计算速度读数误差。

反射式和透射式传感器

9.20 微波水分传感器。在生产烘焙食品（如饼干）的面团时，严格控制产品中的水分以确保质量一致是非常重要的。图 9.33 所示的传感器是用来在面团进入烘焙过程之前测量其含水量。面团中干燥产物的介电常数很低，这里我们假定它的相对介电常数为 2.2。在测量频率下，水的相对介电常数为 24。两者都具有自由空间的磁导率。理想含水率按体积计为 28%。天线 A 发射幅值为 E_0 [V/m] 的电磁波，由天线 B 接收。假设空气的相对介电常数为 1，无衰减。忽略面团中的任何衰减。
(a) 计算天线 B 接收到的电场强度的振幅，忽略面团本身的所有内部反射（见图 9.33a）。

(b) 如果考虑到面团中的一个内部反射，计算接收到的振幅（见图 9.33b）。

(c) 使用（a）中的基本结果计算传感器的灵敏度（即给定水分含量变化的幅度，例如 1%）。灵敏度是常数吗？也就是说，你认为传递函数是线性的吗？

(d) 在这个问题的条件下，面团的厚度对振幅或灵敏度有影响吗？

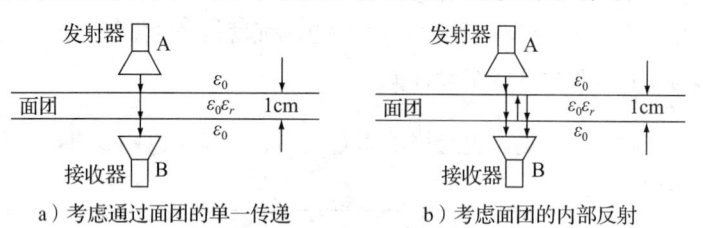

图 9.33 测量面团含水率

9.21 一种材料密度传感器制造技术。织物和泡沫等材料的介电常数取决于它们的密度，泡沫的密度越大，其介电常数越高，用同样的纤维制成的密织织物的介电常数比松纺织物高。考虑如图 9.34 所示的发射和接收天线的布置，用于测量厚绝缘泡沫的密度。利用空气的自由空间的介电常数。泡沫和空气的渗透率与自由空间的渗透率相同，而且泡沫中的衰减系数 α 较低，即泡沫中的波阻抗不受损失的影响。设泡沫的介电常数与密度呈线性关系，即 $\varepsilon = \varepsilon_0 k \rho \, [\text{F/m}]$，其中 ε_0 为自由空间介电常数，$\rho \, [\text{kg/m}^3]$ 为泡沫密度，$k \, [\text{m}^3/\text{kg}]$ 为常数，发射天线发射的电场强度为 $E_0 \, [\text{V/m}]$，计算：

(a) 接收信号对泡沫密度的灵敏度。

(b) 接收信号对泡沫厚度的灵敏度。

9.22 颗粒介电常数的反射感知。散装谷物的介电常数取决于谷物的类型、水分和密度。微波反射式传感器可以用来检测谷物的类型和水分含量。以图 9.35 中的传感器为例。在干燥过程中，发射天线向传送带上移动的麦粒层发射垂直偏振波。皮带是一个紧密的薄网，允许热空气在颗粒之间移动。

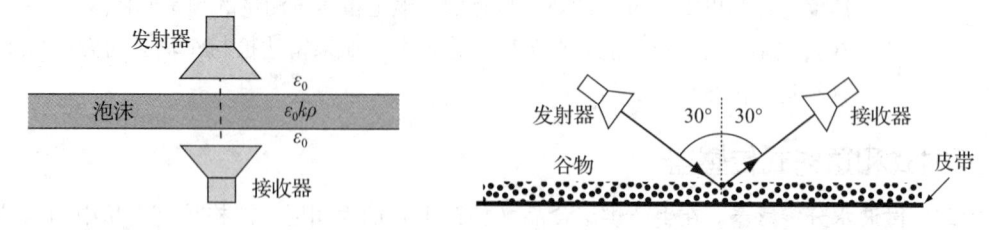

图 9.34 泡沫密度感知　　图 9.35 谷物中水分含量的反射感知

发射器处的电场强度的大小设为 $E_0 \, [\text{V/m}]$，测量接收到的电场强度的幅值，作为测定谷物水分含量的手段。散装小麦在水分含量为 5% 时的相对介电常数为 3.1，水分含量为 25% 时的相对介电常数为 6.4，两者之间呈线性变化。为了便于储存，谷物的含水量应在 8% 左右。

(a) 计算在给定湿度范围内接收天线处的测量电场强度。忽略皮带的影响以及谷物或空气中的损失。

(b) 把输出绘制为水分含量的函数,并绘制传感器的灵敏度。将振幅归一化为1(即绘制接收电场强度除以 E_0 的曲线)。

(c) 计算水分含量为8%时的输出。

9.23 **极地冰厚度的测量**。全球变暖的一个显著影响是极地冰层变薄,这反过来影响了天气和海洋生物。为了评估极地冰层的状况,一个俯视脉冲雷达在高度 h 飞行,并以给定的重复频率发射一系列脉冲。脉冲雷达的原理是它发射一个短脉冲,然后在发射下一个脉冲的前一段时间内"监听"反射脉冲。每个脉冲的宽度为 $10\mu s$,在这段时间内,雷达发送一个3GHz的正弦信号。脉冲每隔 $50\mu s$ 重复一次。雷达接收来自冰层表面和冰下海水表面的反射。雷达的处理单元测量脉冲发射到接收第一次反射之间的时间延迟为 $\Delta t_1 = 3\ 325 \pm 2$ns,到第二次反射为 $\Delta t_2 = 3\ 384 \pm 2$ns。冰的特性:磁导率为 μ_0[H/m],介电常数为 $3.5\varepsilon_0$[F/m],电导率 $\sigma = 2 \times 10^{-6}$S/m。空气的特性:磁导率为 μ_0[H/m],介电常数为 ε_0[F/m],电导率 $\sigma = 10^{-6}$S/m。海水的特性:磁导率为 μ_0[H/m],介电常数为 $24\varepsilon_0$[F/m],电导率 $\sigma = 4$S/m。

(a) 计算冰的厚度和预期的最大误差。

(b) 已知固定飞行高度 $h = 1\ 000$m,雷达能测量的最大冰层厚度是多少?

(c) 如果期望的最大冰层厚度为 $d = 8$m,飞机能够测量冰层厚度的最高飞行高度是多少?

(d) 给出各种介质的性质和(a)中的结果,如果发射脉冲的电场强度为840V/m,则计算接收脉冲的电场强度大小。

(e) 讨论与这类测量相关的可能问题和误差。

谐振微波传感器

9.24 **谐振湿度传感器的灵敏度**。计算例9.7中传感器的灵敏度。

9.25 **积雪含水率**。积雪含水率(水分含量)是水分管理中的一个重要参数。由于雪的数量和雪包中水的百分比(取决于雪的密度)决定了在雪融化时径流中的水量,因此了解雪的含水量可以为农业和其他用途提供可用的水。为了测量水分含量,谐振器通过将雪推入雪包的不同位置来填充,并测量谐振频率。在这种类型的测量中,谐振频率从无雪时的820MHz变化为空腔充满雪时的346MHz。假设在这些频率下,雪的介电常数与雪中每单位体积所含的水量成正比。在100%水的情况下,给定频率下的介电常数为 $76\varepsilon_0$[F/m],而在无水的情况下,介电常数为 ε_0[F/m]。按体积和重量计算水的含量(一升雪中含有多少克水)。

9.26 **使用微波谐振传感器测量厚度**。微波谐振腔的谐振频率与谐振腔中介电材料的含量成正比。这使得橡胶、纸张、塑料和织物等片状产品的测量变得简单。如图9.36所示,考虑一个已经"打开"的空腔,允许一片橡胶从金属空腔的两半之间穿过(空腔高

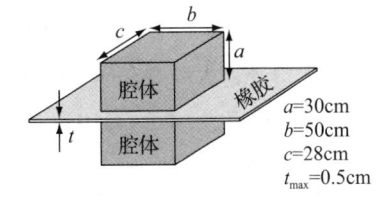

图9.36 开放式谐振腔内的橡胶厚度测量

$a = 30$cm
$b = 50$cm
$c = 28$cm
$t_{max} = 0.5$cm

度为 $2a+t_{max}$，其中 t_{max} 指橡胶板上的开口大小和预计的最大橡胶厚度）。将能量耦合到谐振腔和测量谐振频率的连接没有显示出来。最低谐振频率用于测量。假设谐振频率的变化反映了墙体内部橡胶和空气的混合比例（根据它们的体积来计算）：

(a) 计算谐振频率与橡胶厚度的函数关系。橡胶的相对介电常数为 4.5，空气的相对介电常数为 1（干燥空气）。

(b) 计算传感器对厚度变化的灵敏度。

(c) 若传感器的频率可以可靠地测量至 250Hz 以下，在给定橡胶厚度为 2.5mm 时，传感器测量厚度的分辨率是多少？

(d) 如果腔内空气的相对湿度为 100%（100% 相对湿度下空气的相对介电常数为 1.002 13），测量 2.5mm 厚的橡胶板时，谐振频率的误差是多少？

注意：尽管空腔是开放的，以允许橡胶片通过，只要开口相对于波长较小，空腔就会像一个封闭的腔体一样共振。

9.27 **谐振式液位传感器。**高分辨率的微波谐振腔液位传感器如图 9.37 所示。腔体在最低模式下共振。腔体尺寸为 $a=c=25mm$、$b=60mm$。将能量耦合到谐振腔和测量谐振频率的连接没有显示出来。假设流体具有导电性（即海水）。

(a) 计算水位从 $h=0$ 到 $h=b/2$ 增加时谐振器的频率范围。

(b) 计算传感器的灵敏度。

(c) 假设流体为油，相对介电常数为 3.5，电导率为零。同一电平的频率范围和传感器的灵敏度是多少？陈述获得解决方案所需的假设。

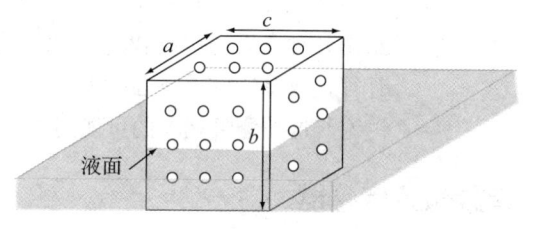

图 9.37 微波谐振腔液位传感器

天线作为传感器

9.28 **闪电探测和定位。**探测闪电并感知闪电强度是天气预报的重要组成部分。国家和全球机电传感器网络满足了这一需求。雷击时发出的电磁辐射以光速传播，可以通过相对简单的天线探测到。在陆基系统中，雷击的坐标是用三边测量法求得的。最简单的算法依赖于固定接收天线的坐标和闪电信号被检测到的时间记录。考虑这样一个系统：天线 1 在坐标（41.775 2，-100.093 3）接收信号，天线 2 在坐标（41.268 8，-99.593 3）接收信号，天线 3 在坐标（40.604 5，-99.814 2）接收信号。雷电电磁信号分别在时间 $t_1=t_0+257\mu s$、$t_2=t_0+103\mu s$ 和 $t_3=t_0+168\mu s$ 被天线 1、天线 2 和天线 3 接收到。假设另一个接收天线位于一个参考点（40.763 8，-100.593 3），信号在 $t_0=0$ 时刻到达参考天线。根据这些数据以 DD 格式和 DDS 格式计算雷击的坐标。为便于计算，使用 $1'=1.85km$。

9.29 **使用定向天线探测电磁辐射源。**利用电磁辐射源，例如坠落飞机的紧急发射器、迷路

第 9 章 辐射传感器和执行器 | 87

徒步旅行者佩戴的发射器、海上的船只或动物佩戴的项圈，只要天线是定向的（即最大接收方向在空间中是明确的），利用两个固定的接收器就能够相对容易地完成定位。这种类型的典型天线是多元件八角天线和普通碟形天线等。另外，必须精确地知道两个天线的位置。

(a) 假设两个接收天线和辐射源在一个平面上，如何获得辐射源的坐标，并根据连接两个接收器的线确定方向。接收天线的位置可以从 GPS 读数得知。

(b) 如果接收器 A 位于 GPS 坐标（N22°38′25″，E54°22′0″），确定接收到的信号相对于连接它和接收器 B 的直线的角度为 $\alpha=68°$，接收器 B 位于 GPS 坐标（N22°32′20″，E54°44′0″），并确定相对于连接 A 和 B 的直线的角度为 $\beta=75°$。在进行这些测量的地区，纬度或经度的 1 角分对应的地面距离是 1.85km。解决方案是唯一的吗？解释一下。

9.30 **声源位置**。GPS 的原理适用于任何传播波，考虑一个声源的确切位置。矩形面积 1km×2km 用 4 个麦克风覆盖。为了定位，假设该区域的角落位于 (0,0,0)，(1 000,0,0)，(1 000,2 000,0) 和 (0,2 000,0)。麦克风 1 放置在 (0,750,0)，麦克风 2 放置在 (300,500,0)，麦克风 3 放置在 (700,250,0)，麦克风 4 放置在 (1 000,0,0)（单位为 m）。麦克风 1 在时间 t_0 记录到声音，麦克风 2 记录到声音的时间为 t_0+562ms，麦克风 3 的为 $t_0+1\,567$ms，麦克风 4 的为 $t_0+2\,620$ms。声音的传播速度是 343m/s。

(a) 假设覆盖区域是平坦的，计算声源的位置。

(b) 因为该区域包含高层建筑，所以在最高建筑的顶部 (600,600,120) 放置了第五个麦克风。麦克风 5 在 t_0 接收信号，麦克风 1 在 t_0+464ms，麦克风 2 在 t_0+279ms，麦克风 3 在 $t_0+1\,052$ms，和麦克风 4 在 $t_0+2\,097$ms。计算声源的位置。

(c) 讨论所述系统可能存在的错误和困难，以及如何解决。

天线作为执行器

9.31 **微波热疗癌症治疗**。小型天线的一个有用的应用是局部加热肿瘤以缩小或摧毁它们。将一根天线插入肿瘤或靠近肿瘤的地方，该区域被加热到大约 42℃（有时更高）。由于肿瘤的血管较少，它们不能像健康组织那样散热，因此它们的温度往往高于周围组织的温度。典型的恶性组织会吸收比健康组织多 4 倍的热量。这对肿瘤细胞能造成很大的损害，而对健康组织的损害很小。所需的功率通常很小。考虑以下（假设的）示例。将直径为 1cm（可以假设为球形）的乳腺肿瘤加热，并将短天线插入肿瘤内。假设天线传输的所有功率都被肿瘤吸收，天线辐射 $P_{rad}=100$mW，计算摧毁肿瘤所需的时间。正常体温是 38℃，肿瘤必须被加热到 43℃。人体组织的热容约为 3.500J/(kg·K)，组织密度约为 1.1g/cm^3。

9.32 **微波烹饪**。辐射执行器最普遍的例子之一是微波炉。虽然微波加热的物理过程不是很复杂，但从被加热物质吸收能量的角度来讨论其加热效果就足够了。普通微波炉的额定功率为 800W。假定烤箱转换效率为 88%。

(a) 一杯 200ml 的 20℃ 的水被放在烤箱里。计算水烧开所需的时间（100℃）。水的比热为 4 185J/(kg·K)。

(b) 计算将 450g 冷冻比萨加热到 85℃ 所需的时间。假设比萨中 75% 是水（按重量计算），放入烤箱时的温度为 -25℃，加热只影响到比萨中的水。冰的融化潜热（0℃时将冰融化为水所需的热量）为 334kJ/kg，冰的比热为 2 108J/(kg·K)。

9.33 冷冻干燥咖啡。 食品的冷冻干燥是一个重要的过程，可以使食品长期保存，而不需要冷藏或防止在存储和运输过程中成型。例如，将咖啡的含水量从 25%（按重量计算）冷冻干燥到 11%（干燥 10% 以下会降低品质和香气，超过 12% 有成型的危险）。将咖啡先冷冻到摄氏 -40℃，然后进行微波加热。微波提供足够的热量使水升华（将冰转化为蒸汽而不融化）。该过程是在部分真空环境中完成的。升华所需的热量为 54.153kJ/mol。如果温度也发生变化，则需要增加 39.9J/mol 才能使温度升高 1℃。

(a) 假设产品温度保持在 -40℃，在一台 20kW 的工业微波炉中以 83% 的效率运行，计算将 10kg 咖啡的水分从 25% 冷冻干燥到 11% 所需的时间。

(b) 如果产品温度上升 25℃，重复（a）。

第 10 章
MEMS、智能传感器和执行器

机器人及机电一体化

机器人技术利用电气、机械和计算机工程来设计、建造和操作各种用途的机器人。这个术语有点模糊，因为它既可以包含非常简单或极其复杂的自动控制系统，又可以简单理解为响应输入的自动化控制系统。在大众看来，机器人通常被认为是承载人工智能的系统，但实际上，机器人是根据预设程序完成一项任务或一系列任务的设备和系统，其最重要的功能是对输入做出响应。当然，有些机器人只是自动装置，它们无限地执行一项或一系列任务。许多工业机器人都属于这一类。其他的机器人则更为复杂，因为它们包含各种传感器和执行器，以一种更智能的方式与环境交互。机器人的传感器使它能够了解周围的环境，处理器使它能够处理数据并根据需要采取行动。因此，如果机械臂装有合适的传感器和执行器，而且这些传感器和执行器已经被编入处理这项任务的程序，那么机械臂就可以在不压碎鸡蛋的情况下拿起它，或者在生产过程中举起汽车发动机并将其入汽车中。可能会令人惊讶的是，机器人技术及其概念并不新奇。早在公元 1 世纪，自动化的机器就已经被设计并建造出来了（公元 10—70 年，来自亚历山大的 Heron，在他的著作 *Pneumatica and Automata* 中描述了几十种具有自动调节机制的自动机，从水钟到剧院特效应有尽有）。甚至人类自动机的概念也至少可以追溯到 13 世纪。列奥纳多·达·芬奇闻名于世的机械骑士就是以发条驱动的自动机。在艺术、文学和传说中，机器人更为常见。在经典芭蕾舞剧 *Coppelia* 中，疯狂的发明家科波利厄斯博士制作了一个真人大小的漂亮发条玩偶。这个玩偶跳着可以吸引每一个人的舞蹈，直到弹簧松开时才戛然而止。就连最初只是一个木偶的匹诺曹，在它获得灵魂之前，就已经发展到了"机器人"阶段。"机器人"一词起源于一部戏剧（鲁尔·罗森的 *Universal Robots*，1920 年），然后出现在 20 世纪 40 年代的科幻小说中，之后在我们所知的语境中使用。机电一体化是机械和电子的结合，是一种在产品设计中集成机械、电子、控制和计算机科学/工程以改进和优化其功能的方法。正因为如此，它并不局限于机器人技术，虽然在大多数小说和电影中它有科幻的内涵，但更多的时候，机电一体化是机械系统与生物的结合。

10.1 引言

在前面的章节中，我们讨论了许多不同类型的传感器和执行器，讨论的重点是它们的工作原理以及一些应用。

在本章中，我们将讨论传感器和执行器的其他一些方面，这些方面无法与传统设备的原理一同讨论。首先，我们讨论一类被称为微机电系统（MEMS）的器件。MEMS这个术语更多地涉及传感器和执行器的生产方法，而传感器和执行器就是前面讨论过的那些设备。我们在这里讨论它们是因为它们不仅在制造方法上是独一无二的，而且从原理上讲，其中一些只能以MEMS的形式生产，比如静电执行器，但它只有作为一种MEMS设备时才能成为一种有用的、实用的设备。然后是制造规模的问题。从借鉴半导体生产中的技术，再加上微细加工技术的增强，使得大量生产传感器（如加速度计和压力传感器）和执行器（如微阀门和泵）成为可能。许多这种设备是为汽车工业开发的，但它们已经在包括医药的其他领域得到了应用。尽管MEMS设备是独一无二的，但它们可以简单地看作大型传感器和执行器的微型化，这意味着设备或设备组件的尺寸在 $1\sim100\mu m$ 之间。它们的生产基于电子微电路中所采用的基本方法，因此可以很容易地与其他电路集成，以获得智能传感器和执行器。

从尺寸上来说，更小一级的就是纳米级别传感器，以及更小的纳米执行器。纳米器件的标准尺寸低于100nm。随着与纳米技术相关的新材料和新生产方法的发展，纳米传感器有可能具备更大规模传感器所无法拥有的功能。与纳米传感器相关的挑战是多方面的，但新应用的前景，特别是在生物传感器方面的应用，使得这类设备引起了广泛的关注。

在讨论了MEMS和纳米传感器之后，我们会讨论智能传感器的问题，这同样包括许多方法和多种类型的传感器，但一般来说，智能传感器意味着传感器中包含额外的电子设备。这也就是说，例如处理器、放大器或某种其他类型的电路已经与传感器结合。这些智能传感器与MEMS的联系在于制造方法，制造智能传感器所需的电子元件是使用一些相同的半导体技术在硅片上生产出来的。就它们能做什么而言，智能传感器（或执行器）也许并不总是非常智能的，但它们比常规的有源或无源的传感器更先进一些。有时，智能传感器是真正的必需品，它们的出现是用来解决实际问题的。例如，一个传感器可能需要在物理层上靠近待处理的电路，由此，自然而然地就将处理器与传感器打包起来并将它们封装为一个整体了。在其他生产方法中，硅基传感器的生产方法恰好与MEMS是相同的，因此，人们将两者结合起来生产性能更强、总体成本较低的设备。不同传感器的智能水平各不相同，在限制条件下，传感器或执行器可以成为一个几乎不需要其他操作的完整系统，并且可以包括无线发射器、接收器或收发器、微处理器、电源、电源管理电路、可编程器件等。

要讨论的第三个主题是无线传感问题。尽管传感器或执行器本身不能无线通信，但无线传感器和执行器经常用于表示通过无线链路与外部世界通信的设备。这种方法正变得越来越普遍，因此我们将不仅讨论与传感器相关的问题，而且讨论无线问题，包括频率、调制方法以及天线和覆盖范围问题。本章的最后一个主题是传感器网络。这是一个分布式系统，由单独的传感器（执行器）组成，在空间上分离，用于监测指定空间上的激励分布。网络元件在它们自己之间或中心节点之间进行通信。本章还讨论了一些基本的网络结构和支持的协议。

10.2 MEMS 的生产

微机电传感器和执行器是一类具有两种不同特性的装置。首先，这些器件是通过借鉴和扩展半导体生产方法得到的机械加工方法来生产的。其次，它们包含机械构件，如弯曲梁、隔膜、加工通道或腔室，或者真正意义上的运动部件，如车轮和齿轮。从更广的角度来看，任何被微机械加工的传感器/执行器都可以称为 MEMS 设备。这意味着它是由诸如硅之类的基材通过各种方式构造或雕刻而成的，但不一定包括运动部件。

在这里，我们将采取更狭隘的定义，主要是为了缩小主题范围，避免与之前讨论的材料（如第 6 章和第 7 章）以及第 5 章中的内容重叠（其中讨论了各种传感器，如基于半导体的压力传感器以及加速计和其他通常采用微机械加工的传感器）。为了做到这一点，此处将主要关注传感器和执行器，这些传感器和执行器采用真正意义上的运动构件，包括微电动机、微定位器、阀门等（都是执行器），以及梁、隔膜、振动元件和其他用于传感目的的装置。然而，在这样做之前，有必要讨论一下微机械和半导体加工中的一些话题，因为这些方法是所有 MEMS 的核心。

MEMS 的生产基于一系列技术，包括氧化、图样化、蚀刻、掺杂、沉积等，这些都是硅和其他半导体材料集成电路生产过程中常见的。接下来介绍 MEMS 的几种制造方法及其功能。

氧化。在高温下，半导体表面形成一层厚度达几微米的绝缘层，为加工和形成必要的绝缘层做准备。该工艺可在生产过程中多次应用。

图样化。在生产的各个阶段，需要定义各种图样（导电垫、掺杂区域、电子结构的形状，如悬臂梁、转子、应变计、温度传感器、二极管、晶体管等）。这些都是使用光刻技术制造的——将光刻胶放置在硅上，并通过适当的掩模使其曝光在紫外线（UV）源下。显影后，形成图案，然后烘烤剩余的光刻胶使其硬化。接着进行蚀刻以在氧化层（在本例中）形成图案。图 10.1 显示了图样化的基本步骤。

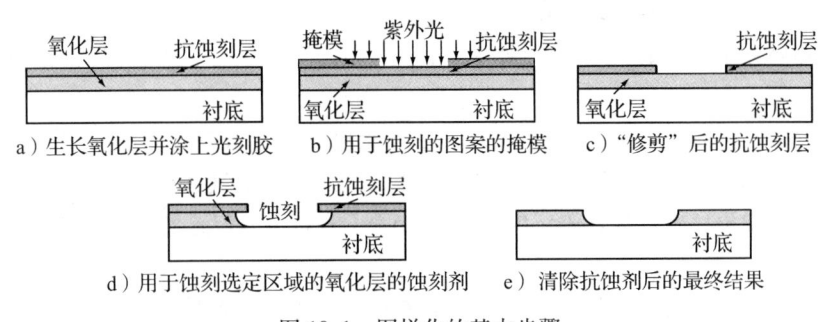

图 10.1 图样化的基本步骤

蚀刻。在图样化之后，可以使用各种类型的蚀刻剂去除部分衬底。例如，压力传感器中的压力室或加速计中的振梁和质量块就是用这个方法制造的。根据具体的目的来选定不同的蚀刻方法和蚀刻剂。图 10.2 显示了一些常用的湿法蚀刻。蚀刻可以是均匀的，如图 10.2a 所示，也可以沿着易被蚀刻的方向（通常是表现出不同程度抗蚀刻性的晶界）进行，如图 10.2b 所示，还可以使用各种阻止蚀刻的方法来获得特定的结果，如图 10.2c 所示。其他方法，比如图 10.3 所示的等离子刻蚀（干法刻蚀），通常用于特定应用。这种方法不使用化学试剂进行蚀刻，而是使用离子轰击暴露区域并去除所需蚀刻材料。从纯物理到纯化学或两者的任何组合，同样有许多不同的用途。

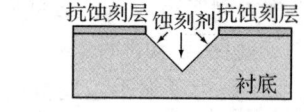

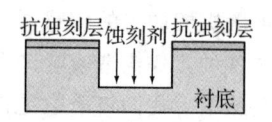

a) 均匀或各向同性蚀刻　　b) 利用沿晶界的不同蚀刻速率沿晶界蚀刻　　c) 各向异性腐蚀，直至抗蚀刻层停止

图 10.2　湿法蚀刻

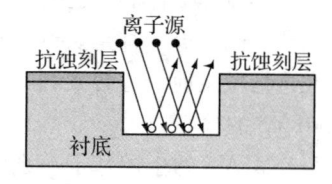

掺杂。根据需要，通过图样掩模制作各种类型的硅（N 型、P 型以及不同掺杂水平下的本征类型和导电性）。这同样有许多实现方法，例如让掺杂剂在晶圆周围的大气中扩散或离子注入。常见的材料是磷（N 型）或硼（P 型）气体。另一种方法是使用 P 型元素（如硼）和 N 型元素（如砷）进行离子注入。离子注入后，必须对材料进行退火，使其原子结构松弛到最终位置。掺杂还被用作控制蚀刻过程的一种机制，因为重掺杂硅的蚀刻速度要慢得多（或者根本不蚀刻，这取决于蚀刻剂和掺杂水平），因此掺杂硅层通常用于蚀刻停止层。

图 10.3　等离子（干法）刻蚀

沉积。在生产过程中，经常需要沉积不同的材料层。多晶硅和其他材料（包括金属）的薄膜按需求以不同的厚度在不同的层沉积。

沉积的方法有很多种，但最常用的方法是化学气相沉积法，即将晶圆置于含有待沉积材料蒸气的气体中（通常是在高温环境下）。金属沉积包括铝、金、镍等的沉积。

黏合。在生产过程的不同阶段可以采用一系列黏合技术。在某些情况下，黏合仅仅意味着将硅片黏合到基板或封装上，而在其他情况下，黏合用于密封腔体（例如用于压力传感器或绝对压力传感器中）。黏合可以通过使用黏合剂、硅对硅的熔合、黏合到玻璃上等方式在低温或高温下进行。

测试和封装。一旦设备制造完成（通常在可能包含数百或数千个单独设备的晶圆上制造），它将被测试、切割、黏结到封装中的基板上，然后进行电气连接，并将设备集成到其封装中。封装好的设备可以是密封的，也可以有开口（例如压力传感器或微通道流体流量传感器中的端口）。

上述工艺是常用的集成电路技术，是半导体生产的基础。然而，对于 MEMS 的生产，需要额外的技术。这些技术称为微细加工技术，其中许多方法可以用于构建或塑造 MEMS 设备的结构或改变 MEMS 设备的部件。一些最常见的微细加工方法如下：

体微细加工。根据需要，对不同的区域和材料层选用特殊的蚀刻剂和蚀刻技术，可以对晶圆进行深蚀刻。其中一种方法是使用根据晶向决定蚀刻速率的蚀刻剂。此外，在所需深度处阻止蚀刻的各种方法被用于结构的调控。这些方法各不相同，从简单地对蚀刻过程计时，到插入特定材料（例如掺杂层）以在所需深度处停止蚀刻过程。这种方法可以用来构建井室以及结构部件，如隔膜、梁等。隔膜的深度蚀刻（用于压力传感器）如图 10.4 所示（另见图 6.26 和图 6.27）。该图还显示了不同晶体切割下的不同蚀刻速率。晶界上蚀刻速度较慢会导致倾斜的蚀刻边界。一个更复杂的蚀刻过程示例参见 6.4.1 节（见图 6.17），在那一节中我们讨论了电容式加速度计。

表面微细加工。这一过程发生在晶圆的表面，也可以称为分层或雕刻过程。通常，重要的结构是逐层建立的，并且在每个步骤中都可能使用上述技术中的一个或多个。这项技术的一个重要部分是使用二氧化硅（SiO_2）作为牺牲层和使用多晶硅作为结构材料。当然，也可以使用其他材料，此外，铝合金等金属用于导电和接触，必要时可以使用铁合金和镍等铁磁性材料（例如在微线圈的生产中）。这种生产方法结合了制造业的加法和减法要素，可以生产出独立的部件，如加速度计中的悬臂梁，甚至是相当复杂的运动部件。图 10.5 所示为静电微电动机，它由一个使用轴承固定的自由转子和驱动电动机的定子组成。其中转子有三极，定子有九极。电动机的旋转是通过在转子磁极左侧的定子磁极上施加电动势使其逆时针旋转或向右使其顺时针旋转而产生的。定子电压在附近的转子磁极上产生相反的电荷，定子和转子之间的吸引力使转子移动一个位置（九分之一圈）。这类电动机可以有任意数量的极，直径可能是 100~500μm。显然，它不能产生高功率或高转矩，但它可以旋转得非常快。

图 10.6 是生产静电微电动机的基本步骤。首先，在硅衬底上构建薄的 SiO_2 牺牲层（见图 10.6a）。对该层进行图样化和蚀刻，以容纳转子和定子部件（见图 10.6b）。首先蚀刻形成转子轴衬的空间。在顶部沉积多晶层，形成图案并蚀刻，以形成转子和定子（见图 10.6c；顶视图如图 10.5 所示）。注意，转子的小三角形延伸到牺牲层中，形成了一个轴衬，使其能够以最小的摩擦架在基板上，并在移除牺牲层后保持与定子对齐（见图 10.6b）。在顶部沉积第二层薄 SiO_2 层，形成图案并蚀刻（见图 10.6d）以容纳轴承。在此基础上，再沉积一层多晶硅，形成图案，并蚀刻以形成轴承（见图 10.6e）。

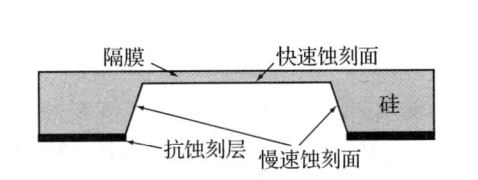

图 10.4　硅片隔膜的深度蚀刻

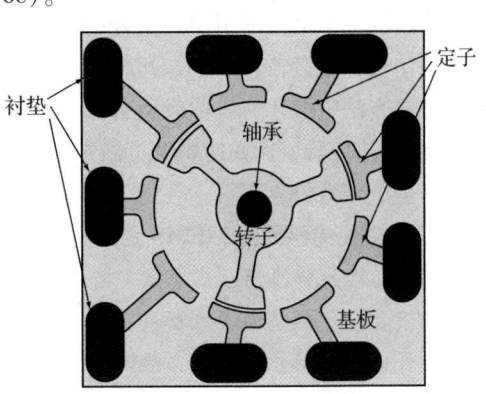

图 10.5　静电微电动机

a）生长在硅衬底上的SiO₂牺牲层

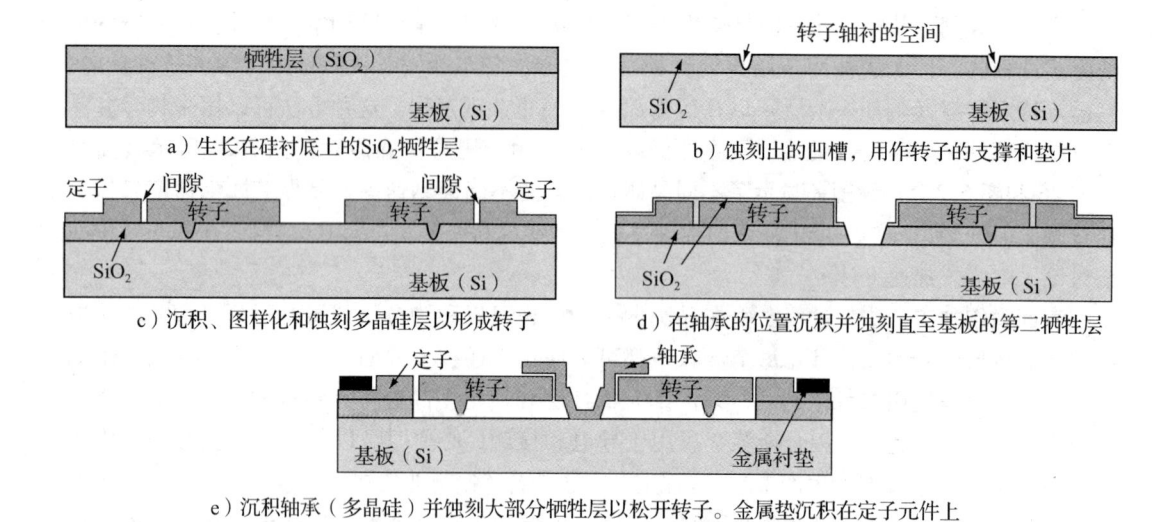

b）蚀刻出的凹槽，用作转子的支撑和垫片

c）沉积、图样化和蚀刻多晶硅层以形成转子

d）在轴承的位置沉积并蚀刻直至基板的第二牺牲层

e）沉积轴承（多晶硅）并蚀刻大部分牺牲层以松开转子。金属垫沉积在定子元件上

图 10.6 生产静电微电动机的基本步骤

现在牺牲层都被蚀刻掉，以达到释放转子的目的。铝沉积在定子连接件上（见图10.6e），这些连接件与封装上的引脚相连，以便电动机可以被外部电源驱动。

该方法可用于生产各种传感器和执行器，特别适合生产独立组件，例如加速度计中的悬臂梁、光学执行器中的弯曲镜、压力传感器中的隔膜，以及电动机和其他运动执行器中的独立组件。可以预见，在生产其他电动机或组件时，这里描述的基本方法以及其他材料和材料组合会有许多变化和修改。

与表面微细加工相比，也有许多雕刻方法，可以产生相当复杂的结构。在这些方法中，使用很多紫外光固化光刻胶的方法称为微立体光刻法。要建造的结构是由一个聚焦的光束来定义的，它产生多层固化抗蚀剂来构建该结构。生成结果通常是一个三维结构，分辨率低至几微米，尺寸可以从几微米到数百微米不等。

除了从硅加工中借用的制造方法外，还有非硅技术，其中一些能够产生非常细长、具有高宽高比的结构，如齿轮和车轮，其尺寸通常比普通半导体尺寸（几毫米）大。

使用这些方法中的任何一种或所有方法生产的器件通常都可以与半导体电路集成，以生产智能传感器/执行器，例如使用批量微细加工之后（或之前）的半导体应变计、放大器或其他加工元件生产压力传感器。

例 10.1：磁性传感器的 MEMS 生产

一般来说，磁性传感器至少需要一个线圈和一个磁芯。考虑 MEMS 传感器的制造，该传感器具有以下特征：磁芯由磁性材料（如坡莫合金）制成，5 匝线圈对称地缠绕在磁芯周围，连接到用于外部电流供应的衬垫，线圈是铝制的。必须选择其他材料来实现设备所需的功能。磁性传感器的尺寸并不重要，但必须与 MEMS 制造方法兼容。生产该设备所需的步骤如下。

解 这个过程从选择材料开始，从衬底到牺牲层，以及几何体的元素。线圈和磁芯都可导电，这意味着它们不能相互接触，它们之间必须有绝缘层，如二氧化硅（SiO_2）或空气。线圈和磁芯必须得到支撑，这就意味着支撑必须是非导电的。最后要说明的是，这个过程可以通过各种方式完成，最终的设备使用将取决于它是如何制作的。以下是一种可行的过程：

1）为便于生产，可以选择用硅来制作整个器件的衬底。

2）在衬底上放置一层厚厚的 SiO_2。这将作为线圈的绝缘层（硅本身是导电的，因此需要绝缘层）。

3）如图 10.7a 所示，在 SiO_2 层上沉积铝层并进行蚀刻，以形成线圈的下层以及连接衬垫。请注意，右侧的衬垫将连接到线圈上层的端部。

4）第二层 SiO_2 放置在顶部并蚀刻，以构建核心的支撑和绝缘线圈。

5）在顶部沉积一层所需厚度的磁性材料（坡莫合金通常用于此目的），并蚀刻得到所需的长度和宽度。磁性材料下面的 SiO_2 被蚀刻掉，使坡莫合金悬浮在线圈下部上方。抗蚀刻层可用于防止坡莫合金带末端下方的 SiO_2 被蚀刻掉，以便它们支撑坡莫合金带。

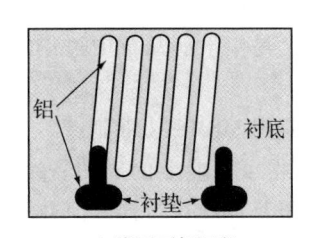

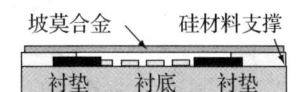

a）线圈下部沉积　　b）在SiO_2牺牲层上方沉积坡莫合金芯（如剖面图所示）　　c）在新的SiO_2牺牲层上方沉积线圈的上部

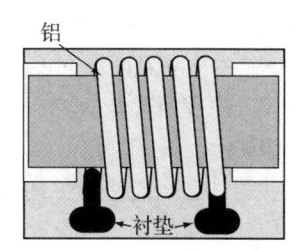

图 10.7　MEMS 线圈的构造步骤

图 10.7b 显示了该生产阶段的结构侧视图（尺寸规格被放大了）。

6）沉积一层新的 SiO_2 以支撑线圈的上部。在这上面蚀刻出孔以露出底层线圈带的末端以及右侧衬垫，使得线圈的上部带与下部带相连。

7）铝层沉积在顶部并穿过孔。如图 10.7c 所示进行蚀刻，形成线圈的上部。线圈现在是完整的，包围着磁芯，中间的材料是空气。

注意：这里有许多问题被忽视了。首先，要使线圈具有足够的刚性以保持悬浮，铝沉积层必须足够厚。另一种选择是使用多晶硅制成的线圈，多晶硅比铝更坚硬。线圈层和磁芯之间的绝缘层可以留在原位以支撑线圈，但这可能意味着由于 SiO_2 的热绝缘特性，线圈可能过热。基于这些原因，以及其他不太明显的原因，要构造设备需要相当多的专业知识和制造过程所涉及的相关知识支撑。通常，特别是在原型制作过程中，它可能被称为一种艺术，而不单单是一般意义上的科学。然而，一旦这个过程成功了，基于在原型设计中获得的经验，它的复现就相对容易了。相关的软件工具可以在所有生产工作进行之前对原型制作之前的步骤进行设计和仿真，并对原型制作之后的效果进行测试。

10.3 MEMS 传感器和执行器

如前文所述，传感器和执行器本身不能说是 MEMS 器件。更确切地说，它们是通过使用 MEMS 技术制造或实现的设备。从这个意义上说，这不能被定义为一类新的设备。然而，有一些传感器和执行器只能以在微细加工环境中实现的方式实现现有的传感技术。例如，可以通过测量两个温度传感器（一个在上游，另一个在下游）之间的温差来构建流量传感器（见第 3 章）。然而，如果需要在微孔道中实现，唯一的实现方法就是使用 MEMS 技术。类似地，喷墨打印机中的喷墨器只是一个喷嘴，它将一滴墨水喷到页面上。早期的喷墨器基本上是小型化的喷嘴，通过加热来激活，其他的则是使用激光技术钻取的喷嘴。由此基础拓展到基于 MEMS 的喷墨器以实现对油墨喷射量和喷射速度的适当控制是自然而然的。本质上，尺寸和制造技术赋予了这些器件独特的性能和优势。当然，因为 MEMS 是用半导体材料和与半导体兼容的技术生产的，所以这样生产的设备可以与电子设备集成，因此，在这里讨论一些从 MEMS 技术中获益匪浅的传感器和执行器是很有用的，尽管它们也是基于前几章中讨论的一个或多个原理所设计的。

事实上，我们在前几章中讨论的许多传感器和执行器都可以使用 MEMS 技术制造。其中的一些尝试已经能使器件的性能获得提升，还有一些尝试已经取得了商业上的成功。然而，我们应该记住的是，尽管人们已经在尝试制造各种各样的 MEMS 传感器和执行器，但并不是所有这些尝试都是可行的，也不是所有这些尝试都能作为可批量生产的设备面世。然而，MEMS 为未来的传感器和执行器以及高级智能传感器的出现提供了可行的途径。

10.3.1 MEMS 传感器

1. 压力传感器

由汽车行业的需求驱动，MEMS 设备生产和销售的第一批传感器其中之一便是压力传感器。生产独立梁、质量块和隔膜的方法以及压阻式应变计的加入促进了压力传感器生产工艺的小型化，在材料上或同一封装的不同材料上添加电子元件，使智能传感器具有相当好的实用性和灵活性。第 6 章中的电容式压力传感器和压阻式压力传感器（如图 6.17、图 6.27 和图 6.28 所示）就属于这种类型。桥传感器、补偿传感器，以及高温传感器都已经问世。使用 MEMS 技术制造这些传感器的主要优点是生产成本的降低和生产工艺的可重复性。

2. 空气质量流量传感器

空气质量流量（Mass Air Flow，MAF）传感器是汽车工业中常用的设备，主要用于检测发动机的进气量，以控制燃料燃烧。

这些传感器的设计基于加热元件的热量损失与流过元件的空气质量流量成比例的原理。在其最简单的形式中，传感器由流动路径中的热线组成（见图 10.8a）。图 10.8a 中的装置称为热线风速计，用于测量气流速度。通过适当的校准，可以很好地测量空气质量流量。通过保持电流（或电压）恒定，导线的温度和电阻是固定的。流过元件的空气会降低其温度，降低其电阻（对于大多数金属来说）。一般来说，直接测量电压（恒定电流）、测量导线的电阻或耗散的功率会给出一个指示空气质量流量的输出。但是，由于电阻很小（导线很短，且由具有很高的导电性的铂或钨制成），因此直接测量不太实用。相反，许多热线传感器依赖于直接或间接的温度传感。一种方法是改变导线中的电流以保持温度恒定。由于空气质量流量与功率成正比，因此通常测量恢复温度稳定状态所需的电流（恒定电压）以得到空气质量流量。基于线风速计的空气质量流量传感器特别有用，因为它独立于空气压力和空气密度，并且能快速响应。

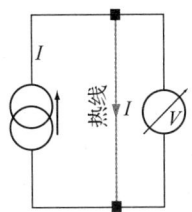

a）热线式质量流量传感器的基本原理　　b）利用上游电阻（冷）和下游电阻（热）之间的温差实现的MEM。
在没有气流的情况下，下游和上游传感器将处于相同的温度

图 10.8　质量流量传感器

MEMS空气质量流量传感器的工作原理与此不同：加热器元件提高两个电阻元件的温度，一个在加热器上游，一个在加热器下游（见图10.8b）。流过传感器的质量流冷却上游电阻器并加热下游电阻器。两个电阻器的温度可以直接测量。输出是两个温度之间的差值，与质量流量成比例。这种配置的优点是在零流量时输出为零，并且由于传感器的差分性质，诸如外壳温度等常见效应对输出没有影响。这一点在机动车中尤其重要，因为机动车可能在较宽的温度范围内工作。电阻器必须绝缘良好，以保证传感器主体热量损失降到最低，这可以通过在凹陷处搭建装置，使用凹陷中的气体作为绝缘体来实现。

例10.2：热线式质量流量传感器

车辆中使用的质量流量传感器需要对0~5V之间的电压输出进行校准。为了在零质量流量时产生零输出电压，图10.8b中所示的传感器以桥式结构连接（在第11章中讨论）。使用变速风扇调节流量，并使用单独的校准质量流量传感器测量下表所示的特定电压。理论上，传感器应在质量流量为80kg/min时产生5V的电压。校准曲线就是这些值的曲线图，如图10.9所示。

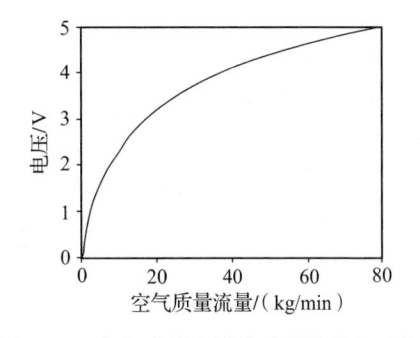

图 10.9　空气质量流量传感器的传递函数

质量流量/(kg/min)	0	0.4	0.63	1.66	3.31	6.64	9.97	12.4	14.69	17.28
电压/V	0	0.1	0.3	0.8	1.3	1.9	2.3	2.6	2.8	3.0

质量流量/(kg/min)	20.22	21.85	25.46	29.63	34.48	40.15	43.45	50.59	59.11	69.16	81.01
电压/V	3.2	3.3	3.5	3.7	3.9	4.1	4.2	4.4	4.6	4.8	5.0

注意，在较低空气质量流量下，非线性曲线具有更高的灵敏度。从表中还可以看出，5V 下测得的质量流量略大于标准值（1.01kg/min，或满量程的 1.26%）。校准曲线可用于推导发动机的质量流量。一开始看到空气的质量流量为 80kg/min 可能令人惊讶，因为我们通常不认为空气是一个质量体，但应该记住，空气的密度为 1.294kg/m^3（在 0℃和 101.325kPa 时）。例如，在 4 000r/min 下运行的 2 000cm^3 排量的发动机需要大约 10m^3/min（体积流量）或 13kg/min（质量流量）的空气。显然，货车中较大的发动机需要的空气远远不止这些。

3. 惯性传感器

MEMS 成功应用的另一个领域是惯性传感器的开发和生产，特别是加速度计和陀螺仪。智能手机和全球定位系统（GPS）等手持设备和电池驱动设备的使用以及自主或辅助导航系统的需求推动了这些发展。汽车工业是其中一些装置的最初驱动力和受益者，特别是用于安全气囊、防抱死制动和主动悬架系统的加速度传感器。我们在第 6 章中看到的一些传感器（见图 6.27）实际上是由 MEMS 技术制造的。制造悬臂梁、桥梁以及加速度计所需的移动质量块是 MEMS 技术的天然用途，集成传感器也是如此，无论是电容式、半导体还是压阻式应变计，都需要将梁或质量块的运动（应变）转化为有用的读数。在 MEMS 加速度计的早期发展中，加速度计本身（即质量块）、隔膜或梁以及应变计是分开生产的，而所需的电子元件则作为独立电路添加到外部。后来，传感器中的电子元件安装在同一封装中的不同材料上，或与传感器集成在同一基板上。通过 MEMS 制造技术可以比较容易地生产单轴或双轴加速度计。三轴加速度计既可以制造，也可以通过商业途径获得。在最简单的构型中，三轴加速度计可以由三个单轴加速度计组成，它们的质量块彼此呈直角移动。或者，可以建立一个双轴加速度计，再单独安装一个单轴加速度计（可能在同一个封装中），其响应轴垂直于双轴加速度计。然而，这很难在单一的设备上生产。制造三轴加速度计的更常见方法是使用两轴加速度计并从两轴中提取第三轴信号。图 10.10 显示了一个简单的配置。质量块悬挂在四根梁上，并且可以上下左右进出，每根梁都连接到一个可在平面内弯曲且垂直于平面的受弯构件上。

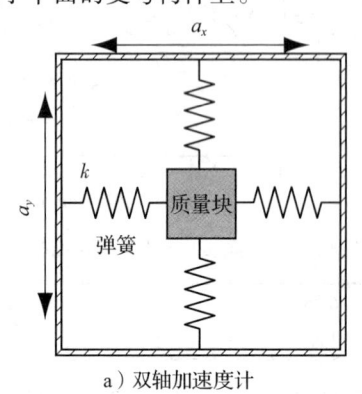

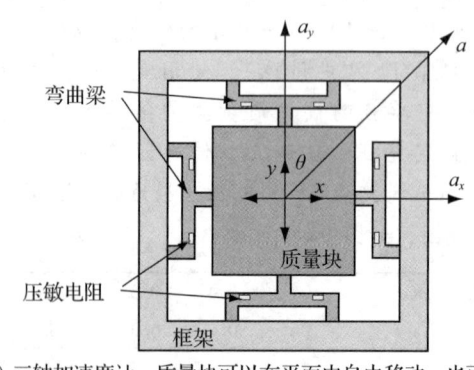

a) 双轴加速度计

b) 三轴加速度计。质量块可以在平面内自由移动，也可以垂直移动。第三个轴的信号从两个轴的压阻器中提取

图 10.10　加速度计示意图

在每个受弯构件上制造许多压阻传感器，通常每个构件上有两个，可以根据需要添加更多压阻传感器。加速度分量的提取方法如下：如果是上下或左右运动，则分别使用水平或垂直受弯构件上的信号。第三个轴的信息是从这两个轴中提取出来的。例如，当质量块向外移动时，所有的传感器都受到同样的应力，这是在平面加速时不会发生的情况，然后从所有传感器中提取信号。当然，质量块可以以更复杂的方式弯曲构件，这就需要更复杂的提取算法，这可以在芯片（智能传感器）上完成，也可以在外部得到所有压阻器的输出时完成。

多轴加速度计可以根据温度变化进行感应，如图 10.11 所示为双轴热气式加速度计的工作原理。腔室是用硅制造的，中心是一个加热电阻。这会将室内的气体加热到高于环境温度的温度。四个温度传感器放置在燃烧室的角落，测量它们所在位置的温度。如果传感器是静止的，那么所有四个温度传感器（半导体热电偶或 PN 二极管）的温度相同。作为一个加速器，它的工作原理与任何气体加速度计一样，其中气体作为移动质量块（单轴传统气体加速度计见图 6.21）。四个温度传感器使这个装置成为一个双轴加速度计。这种类型的传感器还可以检测静态倾斜，因为特定轴上的倾斜将会使热气体向上移动，从而在传感器之间产生温差。使用额外的传感器可以使它实现一个真正的三轴加速度计的功能。虽然这种类型的传感器可以用传统的方式实现，如图 6.21 所示，但是 MEMS 实现具有明显的优势。传感器的小尺寸使得它的响应能力更强，与其他机载电子设备集成可以使它成为一个简单的设备。腔室的小尺寸意味着加热气体所需的功率很低，额外的温度传感器可以感应环境温度并调节腔室温度以优化性能。现在这类传感器已经有不同集成度的商业化产品。

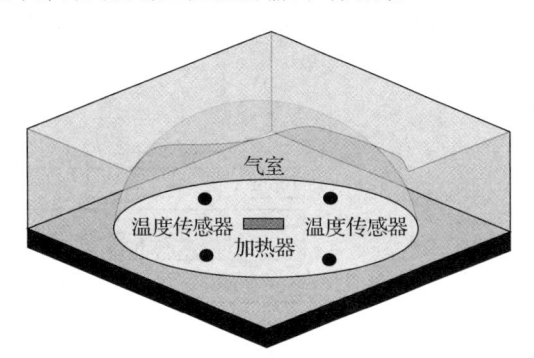

图 10.11 双轴热气式加速度计的工作原理

例 10.3：加速度计中的应变

考虑图 10.10 中的加速度计。假设质量为 1g，传感器的所有部件都是硅材料。四个受弯构件长 100μm，截面为 5×5μm² 的正方形。硅的弹性模量为 150GPa。找到垂直受弯构件上任何压阻传感器测得的加速度和应变之间的关系，并计算加速度为 2g（1g = 9.81m/s²）时的应变，前提是应变值较小，且距离受弯构件中心 40μm。

解 受弯构件中的应变来自加速度产生的力，加速度作用在图 10.12 所示的受弯梁上，作为简支梁。我们从加速度产生的力开始：

$$F = ma \ [\text{N}]$$

这个力作用于弯曲梁的中心（$k = c = l/2$）。为了计算梁表面（压阻传感器所在的位置）的应变，记

$$\varepsilon = \frac{M(x)}{EI}\frac{d}{2}$$

其中 $M(x)$ 是应变计位置处的弯矩，E 是弹性模量，I 是梁的面积矩，d 是梁的厚度。给出 E、

M 和 I 如下：

$$M(x) = \frac{Fk}{l}(l-x) \, [\text{N} \cdot \text{m}]$$

$$I = \frac{bh^3}{12} \, [\text{m}^4]$$

其中 l 是梁的长度，b 是宽度、h 是梁横截面的高度（见图 10.12，其中 $h=d$）。在弯矩的关系式中，$c<x<l$，即距离 x 必须取远支撑，如图 10.12 所示。因为 $k=c=l/2$，有

$$M(x) = \frac{F}{2}(l-x) \, [\text{N} \cdot \text{m}]$$

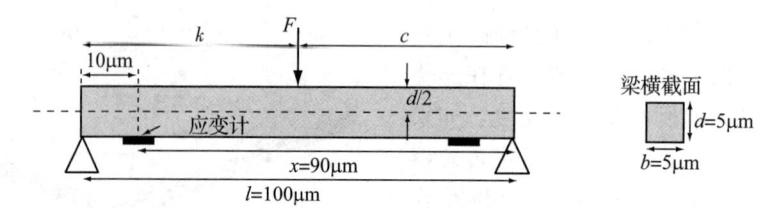

图 10.12 用于计算应变的梁尺寸和横截面

有了这些，注意到 $h=d=b$，得到

$$\varepsilon = \frac{ma/2}{Ebh^3/12}(d/2)(l-x) = 3\frac{ma}{Ed^3}(l-x)$$

显然，结果是无量纲的。因此，应变关系为

$$\varepsilon = \left[3\frac{m}{Ed^3}(l-x)\right]a$$

这是一个线性关系，其灵敏度（斜率）为

$$\frac{\varepsilon}{a} = 3\frac{m}{Ed^3}(l-x) \left[\frac{\text{m/m}}{\text{m/s}^2}\right] \ominus$$

在 $2g$（$2 \times 9.81 = 19.62 \text{m/s}^2$）加速度和给定值下，应变为

$$\varepsilon = 3 \times \frac{1 \times 10^{-3} \times 2 \times 9.81}{150 \times 10^9 \times (5 \times 10^{-6})^3}(100 \times 10^{-6} - 90 \times 10^{-6})$$

$$= 0.031 \, 4 \text{m/m}$$

事实上，由于力同时作用在两个梁（下部和上部）上，因此应变是两个梁的一半，这一效应降低了每个梁的应变（就好比梁的厚度是原来的两倍）。根据传感器的仪表系数，加速度将使其电阻发生显著变化。请注意，可以通过将应变计向中心移近来增加应变。但是，每个梁上两个应变计的目的是解决任意方向的加速度，而且当应变计靠近梁的中心时，功能性会减弱。

$\ominus$ 此处及后文中的 m/m 展示了推导过程。——译者注

4. 角速率传感器

如果有一个传感器可以说明传统传感器和 MEMS 传感器之间的巨大差异，那就是陀螺仪。传统的陀螺仪不仅是一个比较大的设备，价格也比较昂贵。即使我们排除了最初用于飞机和船舶的经典机械陀螺仪（见图 6.37），并将重点放在科里奥利力陀螺仪，特别是光纤陀螺仪上，这些陀螺仪的成本以及对精密且昂贵光学元件的依赖，仍使得大多数应用领域都无法触及它们。导航和消费品对微型惯性传感器的需求推动了许多 MEMS 配置的发展，所有这些配置都基于科里奥利力陀螺仪。除了第 6 章中讨论的光学方法外，还有其他一些基本方法已经以此为目的进行了测试，有些方法已经取得了商业上的成功，并被纳入了许多产品中，包括机动车和手持消费设备，更不用说军事应用了。这里应该注意的是，"陀螺仪"的字面意思是旋转测量，而不是振动装置。陀螺仪应该被称为角速率传感器，因为它与旋转无关。角速率传感器可能有很多种构型，比如音叉和环角速率传感器，它们彼此之间存在诸多不同。

(a) **音叉角速率传感器**。音叉角速率传感器的原理如图 10.13 所示。它由一个类似叉子的结构组成，例如用来调钢琴的音叉。使用安装在叉子上的压电装置驱动叉齿进行机械振动（见图 10.13a）。在 MEMS 中，压电片是在生产过程中制作的，并与弹齿集成在一起。还应注意的是，MEMS 中生产的音叉的尖齿相当短和宽，相比之下，普通音叉又长又细。弹齿以基本模式振荡，这意味着在任何给定时刻，弹齿朝向相反方向移动。如果使音叉旋转，弹齿会受到垂直于振荡运动的科里奥利力（或加速度）。叉齿的反向运动使音叉产生转矩，叉杆上的压阻传感器测量与此旋转运动相关的应变，以确定角速率（见图 10.13b）。叉齿也可以通过静电力振动，但是叉齿上的压电执行器提供了更大的力。

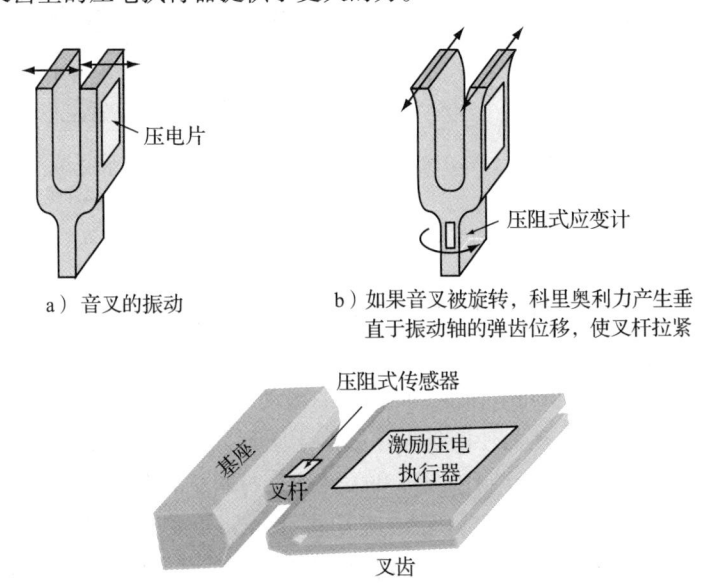

a）音叉的振动

b）如果音叉被旋转，科里奥利力产生垂直于振动轴的弹齿位移，使叉杆拉紧

c）MEMS音叉角速率传感器。压电激励如图所示，激励也可以是电容性的

图 10.13 音叉角速率传感器的原理

音叉角速率传感器的成品可能如图 10.13c 所示。注意叉齿的长宽比和激励方法。基本传感器与此有很大不同，比如激励方法。角速率的测量单位是度每秒 [(°)/s] 或度每小时 [(°)/h]，一个好的传感器可测量的速率小于 0.001(°)/h。

（b）**振动环角速率传感器**。环形角速率传感器是基于这样一个已知的事实，即当一个环发生共振时，它的形状会在固定点或节点周围扭曲成椭圆形。1890 年，布莱恩在酒杯中发现了这种现象，之后人们称之为酒杯振荡。他注意到，在旋转酒杯时，酒杯发出的嗡鸣（例如，用小刀轻敲酒杯）会改变音调。其中的原理很简单：一个酒杯，或者更具体地说，它的边缘（一个环）会以一种非常特殊的方式将其形状变形为椭圆形，从而产生振荡。圆环从原来的圆形变形为椭圆形，然后又变回圆形。振荡继续，但形成的椭圆以 90°旋转。因此，谐振模式的节点在圆环周围彼此相距 90°。由于圆环的圆对称性，模式二旋转 45°到模式一，这意味着模式一（波腹）中的最大值对应于模式二（节点）中的最小值。这些模式如图 10.14a 所示。虚线圆圈代表未受干扰的圆环。椭圆代表振荡模式，箭头表示模式的波腹（最大失真）。如果圆环是静止的（即它不旋转），只有模式一被激发。如果圆环现在旋转，模式二也被激发，整个振荡是模式一和模式二的线性组合，现在节点和波腹从它们原来的位置开始变化（这是由脉冲的位置决定的）。

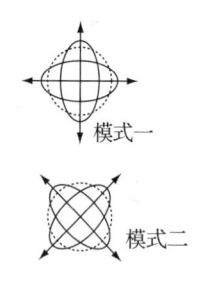

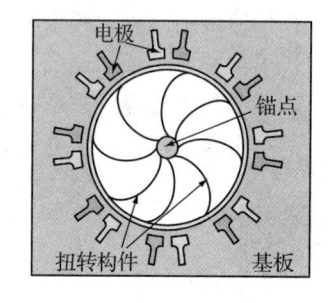

a）表示波腹的圆环的振荡模式
（最大失真；箭头）

b）电极通过电容耦合和其他电极感应到的振荡的节点和波腹的位置使圆环产生振荡。节点位置的偏移是角速率的量度

图 10.14 环形角速率传感器

由旋转引起的音调变化可以听到，并且音调的变化与旋转的速度成正比。环形角速率传感器是通过静电或电磁方式将圆环设置为振动状态，并且以振荡的主模式建立节点来实现的。图 10.14b 为使用静电激励和电容传感的圆环的振动示意图，所示的一些电极用于通过施加电压将圆环吸引到电极上，从而使圆环振荡。由于圆环固定在轴上且不与基板接触，因此其振动频率取决于尺寸、质量以及制造圆环和柔性构件材料的机械性能。如果圆环发生角运动，科里奥利力将激发模式二，节点（和波腹）将移动。一系列电容电极测量圆环的形变（电容随圆环表面与传感电极之间的距离而变化）和节点的位移，用于确定角速率。扭转构件为振动提供恢复力。

（c）**MEMS 磁通门磁性传感器**。前面已经提到，MEMS 不限于半导体，可以使用其他材料，包括铁磁性材料。

第 10 章 MEMS、智能传感器和执行器

一个用于磁传感的复杂微结构的例子是微磁通门传感器，如图 10.15 所示。它由一个基板组成，基板可以采用陶瓷或硅材质，上面有一层 SiO_2。传感器本身由一条坡莫合金条（参见 5.8.2 节和图 5.54b 的解释）和缠绕在其上的两个线圈组成。如图 5.54b 所示，该装置对沿金属条的磁场敏感。在 MEMS 中，这种简单的结构要求生产两层线圈，一层在坡莫合金磁芯下面，一层在磁芯上面，并在沉积上层线圈层时连接它们（见例 10.1）。磁芯必须是铁磁性的，因此需要选择坡莫合金，坡莫合金是一种具有高磁导率的各向异性材料，也可以通过半导体制造中使用的方法来沉积。线圈可以由铝制成，但在更多情况下，它们由掺杂硅或多晶硅制成，以确保高导电性和足够的刚度。

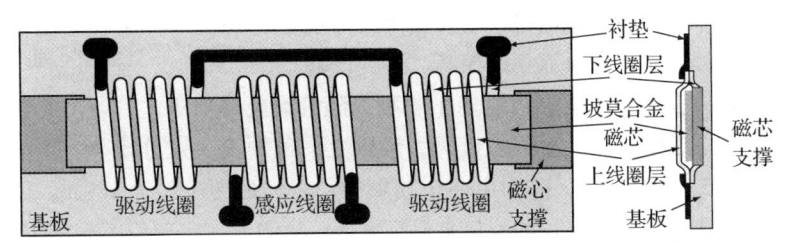

图 10.15　MEMS 微磁通门传感器示意图及铁磁材料和磁线圈示例

MEMS 提供了传统传感器难以获得的功能。例如，可以在同一基板上产生两个或多个传感器来产生差分读数、感测场中的空间变化，或者通过产生两个轴相互垂直的传感器来感测场的两个（或者实际上是三个）分量，而不需要额外的工作量或成本。

10.3.2　MEMS 执行器

尽管许多 MEMS 传感器本质上是对传统传感器的改造或小型化，以达到 MEMS 所能提供的规模，但执行器却不是如此。其驱动方法与传统的执行器相同，依赖于静电、磁力、热、压电等方法，但这种尺寸的器件所带来的影响是深远的，MEMS 执行器驱动装置的选择往往与传统的执行器大不相同，有时甚至会让人感到吃惊。例如，热量在传统执行器中的应用非常有限，主要是因为设备的响应时间和所需的功率问题。这些限制主要与设备的物理尺寸有关。在 MEMS 规模上，需要加热的体积很小，因此所需的功率很小，响应时间也很短。加热可以通过让一个小电流流过器件或一个单独的电阻器来实现，这两种方法都非常容易，并且与 MEMS 方法兼容。同样，静电驱动也非常重要，因为所需的力很小，而且电容执行器易于制造和控制。另外，构成传统执行器主体的磁执行器在 MEMS 中应用较少，正是因为它只适合产生较大的力，并且依赖线圈和永磁体来实现。虽然线圈可以在 MEMS 和永磁体中制造，铁磁性材料也可以沉积并集成在一个设备中生产磁性执行器，但通常不采用这种方式因为其他方法，包括压电方法，在这种规模上更有效、更简单。这种方法能获得的力和力矩，或者更一般地说，MEMS 执行器可以产生的功率，与设备的尺寸相称。因此，所用的驱动装置是与这些限制兼容的装置。MEMS 设备无法取代直流电动机，但它可以移动微镜来移动光束或产生用于喷墨打印的液滴，并且可以比大型设备更快。因此匹配需求和设备，将 MEMS 应用到

它们可以有效使用的领域是很重要的。与传感器一样，许多结构已经被证明是有效的，但只有少数已被开发成熟的产品，这种情况在未来可能会改变。下面的执行器示例代表了商业设备和商业上也许可行的想法，然而不管怎样这些想法都是极其有趣的。

1. 热驱动和压电驱动

喷墨喷嘴可以微细加工到基板上，如图10.16所示。操作相当简单，连接到主墨槽的小墨槽使用薄膜电阻器加热。墨水被迅速加热（几微秒之内），温度范围为200~300℃，使储液罐中的压力增加到1~1.5MPa，一股油墨喷射出来，当热量被排出时，它会缩回到储液罐中，留下一滴继续朝着打印页流动的墨滴。这类设备的优点之一是，可以在同一基板上构建多个喷嘴，随着设备的前进，打印出一整行的点，从而形成所需的图像。通常建立一个线性阵列，喷嘴之间的距离决定分辨率。例如，分辨率为2 400点每英寸[一]（95点每毫米），阵列中两个喷嘴中心之间的距离约为10μm。尽管加热速度很慢，但尺寸小意味着只需要很少的能量来提高温度，事实上，MEMS喷墨中的液滴可以在不到50μm的时间内产生。使用MEMS可以扩展上述想法，一次打印一整行，甚至打印一整页，而无须移动喷嘴，由此获得比移动打印头更快的速度。应该注意的是，墨滴可以通过其他方式产生，尤其是通过超声波。其思想类似于在短时间内产生高压排出油墨。在这种类型的装置中，电阻器由压电元件代替。

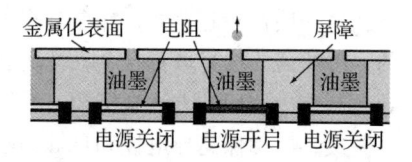

图10.16 MEMS热喷墨元件的原理（线性阵列的一部分）

例10.4：压电喷墨

为了制造喷墨打印墨盒中的喷墨元件，需要制作一个小的圆柱形腔室，通过压电装置的作用将油墨排出。结构如图10.17所示，腔室底部用隔膜密封，压电片放置在衬底和隔膜之间。当施加电压V时，压电盘膨胀（正压电系数），减小腔室的体积并排出油墨。压电片由压电陶瓷制成，压电系数为374×10^{-12}C/N，相对介电常数为1 700，厚度为25μm。操作时，在压电片上施加3.6V的电压。上下表面涂有铝，以便接电并在材料中产生均匀的电场强度。假设油墨基于水制造，因此具有水的密度（1g/cm³）。

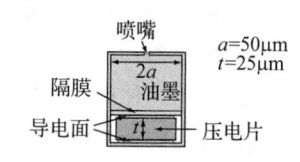

图10.17 压电驱动喷墨元件

(a) 计算排出的油墨量（质量）。
(b) 计算压电装置产生的最大力和墨腔中的峰值压力。
(c) 含有10g油墨的墨盒会产生多少液滴？

解 (a) 当图10.17中的压电元件膨胀时，油墨喷出。计算如下：压电系数是单位电场强度下的应变，即

$$d = 374\times10^{-12}\ \frac{\text{m/m}}{\text{V/m}}$$

[一] 1英寸=0.025 4米。——编辑注

平行板电容器的电场强度为

$$E = \frac{V}{t} = \frac{3.6}{10 \times 10^{-6}} = 3.6 \times 10^5 \text{V/m}$$

因此应变为

$$e = Ed = 3.6 \times 10^5 \times 374 \times 10^{-12} = 134.64 \times 10^{-6} \text{m/m}$$

然而，由于压电片只有 $25\mu m$ 厚，压电片的总垂直位移为

$$dl_{disk} = Edt = 134.64 \times 10^{-6} \times 25 \times 10^{-6} = 0.003\,366 \times 10^{-6} \text{m}$$

喷出的油墨的体积为

$$dv = \pi a^2 dl_{disk} = \pi \times (50 \times 10^{-6})^2 \, 0.003\,366 \times 10^{-6}$$
$$= 26.44 \times 10^{-18} \text{m}^3$$

也就是 $26.44 \times 10^{-18} \text{m}^3$ 或 $26.44 \mu m^3$。

(b) 为了计算所产生的力，使用式 (7.40)。把它写成力的形式，有

$$F = \frac{\varepsilon AV}{td} [\text{N}]$$

其中 A 是压电片的表面积，ε 是压电片的介电常数，t 是厚度，d 是压电系数，V 是施加的电压。对于给定的值

$$F = \frac{\varepsilon AV}{td} = \frac{1\,700 \times 8.854 \times 10^{-12} \times \pi \times (50 \times 10^{-6})^2 \times 3.6}{25 \times 10^{-6} \times 374 \times 10^{-12}}$$
$$= 0.045\,5\text{N}$$

压强是通过除以压电片的面积得到的：

$$P = \frac{F}{\pi a^2} = \frac{0.045\,5}{\pi \times (50 \times 10^{-6})^2} = 5.8 \times 10^6 \text{Pa}$$

请注意，即使力看起来很小，压强却非常高（超过 60atm，1atm = 101 325Pa）。

(c) 根据 (a) 中得出的体积，墨滴的质量为

$$w = dv\rho = 26.44 \times 10^{-18} \times 1\,000 = 26.44 \times 10^{-15} \text{kg}$$

其中 ρ 是水的密度。因此，从单个墨盒喷墨可以产生的液滴的数量是

$$N = \frac{W}{w} = \frac{10 \times 10^{-3}}{26.44 \times 10^{-15}} = 3.781\,0^{11} \text{滴}$$

2. 静电驱动

静电执行器基于电容器极板之间的吸引力，5.3.3 节对此进行了讨论。这个力与电容器的面积、极板之间的距离和施加在极板上的电动势成正比。事实上，有两个基本的配置要考虑。第一个，如图 10.18a 所示，是一个典型的平行板电容执行器。作为一级近似，极板之间的电场强度为

$$E = \frac{V}{d} \left[\frac{\text{V}}{\text{m}}\right] \tag{10.1}$$

单位体积的能量是

$$w = \frac{\varepsilon E^2}{2} = \frac{\varepsilon V^2}{2d^2} \left[\frac{\text{J}}{\text{m}^3}\right] \tag{10.2}$$

现在，假设两个极板相互靠近了距离 dl，能量的变化就是能量密度乘以体积的变化：

$$dW = wdv = \frac{\varepsilon V^2}{2d^2} abdl\,[\text{J}] \tag{10.3}$$

此力定义为单位长度能量的变化量：

$$F = \frac{dW}{dl} = \frac{\varepsilon V^2}{2d^2} ab\,[\text{N}] \tag{10.4}$$

这个关系表明，力与电压的二次方和平板的面积（ab）成正比，与平板之间的距离 d 成反比。

第二种结构如图 10.18b 所示。在这种情况下，两个极板之间的距离保持不变，但极板可以相对滑动（另见 5.3.3 节）。横向力，即倾向于使上极板向左移动的力，是能量相对于距离的变化率。假设上极板向左移动不同的长度，极板之间的体积变化是 $bddl$，有

$$dW = wdv = \frac{\varepsilon V^2}{2d^2} bddl\,[\text{J}] \tag{10.5}$$

此时力为

$$F = \frac{dW}{dl} = \frac{\varepsilon V^2}{2d} b\,[\text{N}] \tag{10.6}$$

还有第三种可能性，即两个极板保持固定，极板之间的材料可以自由移动。然而，结果与横向移动极板［见式（10.6）］的情况完全相同，因此此处未列出（参见 5.3.3 节）。

图 10.18 电容执行器中的力

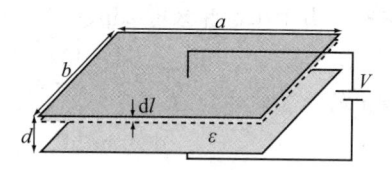

a）与电压源相连的两个极板之间的吸引力
b）上极板在下极板上方滑动时由于能量变化而产生的力
c）将 b 中结构的力相乘的梳状结构

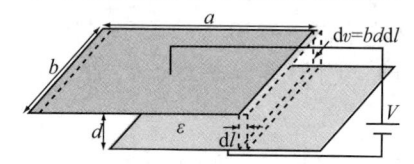

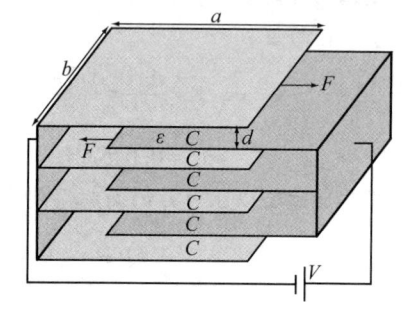

MEMS 的尺寸非常小。为了将该力增加到有效值，通常将图 10.18b 中的结构修改为图 10.18c 所示的梳状结构。因此在每对极板之间产生一个电容器。在这种情况下，总共有 6 个电容器，一边有 3 个极板，另一边有 4 个极板。假设一侧有 N 个极板，另一侧有 $N+1$ 个极板，电容器的数量为 $2N$，极板之间有空气和外加电压 V 时梳齿驱动产生的力为

$$F = 2N \frac{\varepsilon_0 V^2}{2d} b\,[\text{N}] \tag{10.7}$$

然而，应该指出的是，这些力仍然很小。由于 b 和 d 只有几微米，V 只有几伏，ε_0 大约为 10^{-12} F/m，因此无法产生很大的力。但同时，在这个层面上遇到的执行器类型不需要很大的力。还要注意的是，尺寸 a 定义了执行器的位移量，但对力没有影响。忽略边缘效应，力沿压力方向是恒定的。

图 10.19 显示了以拉-拉模式运行的梳齿执行器。人们可以把梳齿驱动的操作理解为平行板电容器极板之间的吸引力。实际上，驱动信号施加在梳状结构的一侧（通常是静止极板或固定极板），而梳状结构另一侧的电荷由感应产生。在图 10.19 所示的配置中，左固定梳和右固定梳交替驱动，以产生可用于各种应用的前后运动，例如棘轮装置或引起共振。细的垂直梁用作弹簧，将装置恢复到其中心的停止位置，并保持移动极板在固定极板之间居中。在实际应用中，这些结构可能比这里显示的要复杂得多。在某些情况下，它们又长又细，在另一些情况下，它们是折叠的，但它们的作用是相同的。

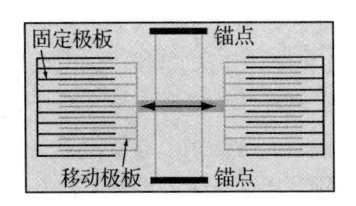

图 10.19 典型梳齿执行器，配有恢复弹簧和定心控制。梳状结构通过交替地为左右部分供电而从一侧移动到另一侧

例 10.5：梳齿驱动中的力

梳齿执行器由每侧 40 个极板组成，每个极板长 30μm，深 10μm，间隔 2μm。计算施加在梳齿上的 5V 电源产生的力。

解 因为每边有 $N=40$ 个极板，所以电容器的总数为 $2N-1=79$ 个。此力为

$$F = (2N-1)\frac{\varepsilon_0 V^2}{2d}b = 79 \times \frac{8.854 \times 10^{-12} \times 5^2}{2 \times 2 \times 10^{-6}} \times 10 \times 10^{-6}$$

$$= 4.372 \times 10^{-8} \text{N}$$

力的大小仅为 43.7nN，但对于许多应用来说已经足够。该装置的位移量接近极板的长度，约为 30μm。通常来说位移量仅为极板长度的一半或更少。注意，力与冲程无关。

例 10.6：微电动机的转矩

为了解微电动机可以产生的转矩的数量级，考虑图 10.5 所示的电动机。假设转子半径为 50μm，转子和定子高度均为 6μm。转子和定子之间的间隙为 2μm，每个定子元件形成 30°弧。向电动机施加 5V 电压。

解 假设图 10.5 中的转子轻微位移，直接使用式（10.6）计算力。然后，每对转子-定子极板将如图 10.18b 所示，其中 $d=2$μm 是极板之间的距离，$b=6$μm 是转子的高度。再次注意，极板的宽度在力的计算中不起作用。每个转子极板上的力为圆周力，有

$$F = \frac{\varepsilon V^2}{2d}b = \frac{8.854 \times 10^{-12} \times 5^2}{2 \times 2 \times 10^{-6}} \times 6 \times 10^{-6} = 3.32 \times 10^{-10} \text{N}$$

转矩为力乘以半径再乘以 3，因为有 3 个转子元件同时激活：

$$T = 3Fr = 3 \times 3.32 \times 10^{-10} \times 50 \times 10^{-6} = 4.98 \times 10^{-14} \text{N} \cdot \text{m}$$

很明显，这种规模的执行器的转矩很小，因为微电动机并不需要在转矩产生方面达到很好的效果。

10.3.3 一些实际应用

1. 光开关

光开关是 MEMS 技术的一个应用实例，它是光纤通信中的重要组成部分。在电子学中，

开关是用晶体管来实现的，但在光学中，它通常是通过改变反射镜的方向来实现的，因为光纤很薄，光束宽度很小，并且微反射镜足够大，可以使光束偏转。图 10.20 显示了一个简单的装置，可以将两个输入光纤之间的光束切换到两个输出光纤。在所示配置中，当执行器被静电激活时，梳齿执行器收回微反射镜。收回时，来自光纤 1（输入）的光束与光纤 4（输出）耦合，光纤 2（输入）与光纤 3（输出）耦合。未激活时，光纤 1 与光纤 3 耦合，光纤 2 与光纤 4 耦合。这是一个非常简单、有效，且反应迅速的设备。当然，也可以将其设计成更复杂的结构，比如开关阵列和双向开关。

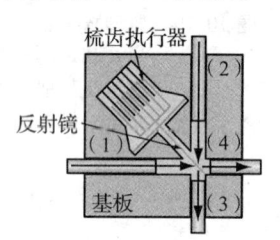

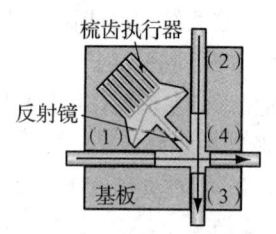

a) 反射镜处于静止、未激活的位置　　b) 梳齿执行器启动，收回微反射镜并切换光束

图 10.20　2×2（两个输入，两个输出）光开关

2. 反射镜与反射镜阵列

用于各种用途（包括图像投影和显示）的反射镜，由于它们操作简单并且几乎无须消耗能量，因此成为 MEMS 发展的早期目标。像上面讨论的一些光开关以及投影系统，已经在市场上取得了成功。微反射镜的用途可以大致分为两个方面：改变光的方向，例如在图像的投影或光开关中的用途，以及修改或调制表面反射率，这在显示器中很有用。在第一种情况下，可以使用单个反射镜来偏转激光束的方向，或者可以使用阵列来构建反射方向可控的较大反射面。在曲面变换镜中，阵列用于改变曲面的反射率。图 10.21a 是反射系统的示例，这一系统中的平面镜是在多晶硅上沉积铝制成的，通过在反射镜本身和基板上的固定电极之间施加电动势实现静电驱动。铰链产生一种恢复力，使镜子以固定的最大角度倾斜。

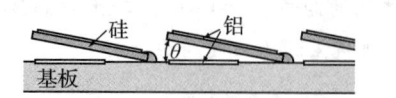

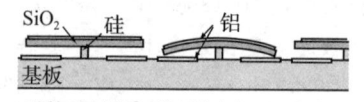

a) 由静电力驱动的倾斜镜，在投影系统中用作一组反射镜　　b) 一种使反射镜变形以影响表面反射率的方法

图 10.21　反射系统及修饰镜示例

当施加电压时，反射镜被吸引到固定电极上，其角度由电压的大小和铰链的恢复力决定。反射镜可以作为数字设备来操作，在两个角度之间切换，或者，它也可以作为在最大和最小角度之间移动的模拟设备来操作。反射镜通常由表面微细加工技术制造。表面修饰镜的示例如图 10.21b 所示。在没有通电的情况下，反射镜是平的，但是当在反射镜和下面的固定电极之间施加电动势时，单个反射镜（侧边大约 50μm）将变得凸出，由此，改变表面反射率，从而改变整个表面的光学特性。

3. 泵

微泵的静电驱动是通过电容器的两个平行极板的吸引来驱动的一个简单例子。图 10.22a 所示为翻板泵的小型化成品（传统翻板泵通常用于在小型水族箱中泵送空气）。隔膜作为一个活动板，当电压施加在两个极板上时，它被吸引到固定极板上。极板向上扭曲，产生一个吸力，打开进气阀瓣或提升阀，填充腔室。当电压被消除时，隔膜向下移动，迫使输入阀门关闭，出口阀门打开，使气体或液体排出。尽管液体的量很小，但这种装置可以准确地用于测量小剂量液体或精确定量地分配药物。如图 10.22b 所示，通过热膨胀可实现类似的作用。隔膜顶部的加热元件加热隔膜，迫使隔膜膨胀。膨胀使隔膜向上移动，将流体吸入，流过入口止回阀。当热量被排出时，隔膜向下移动，迫使流体通过出口阀。隔膜可以做成双金属结构（可以使用铝硅或镍硅），并且可以用一层薄薄的二氧化硅来与流体绝缘。

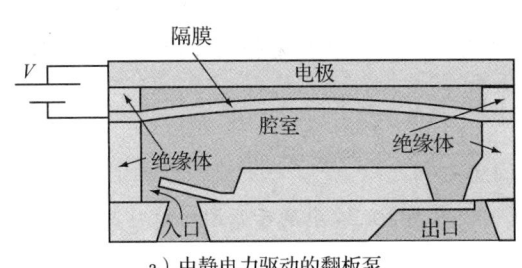

a）由静电力驱动的翻板泵

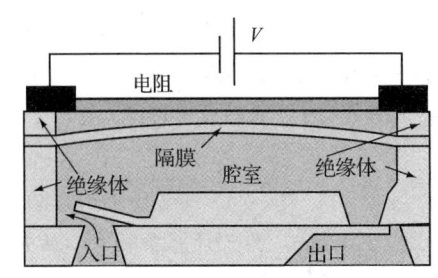

b）一个热驱动的翻板泵。两台泵均为吸入模式。当无驱动源时，隔膜松弛并通过出口挡板排出液体

图 10.22　两种泵送结构

4. 阀门

MEMS 可以制造各种形状和用途的阀门，并且通过静电、加热或磁力等不同方式驱动。双金属驱动的使用示例如图 10.23a 所示。加热时，提升阀向上移动，打开阀门。在正常状态下，阀门关闭。显然，可以通过移除加热器并在提升阀上方添加一个固定导电板来使用静电激活阀门，类似于图 10.22a。常开或常闭阀门也可采用梳齿执行器或磁性执行器设计。以 MEMS 中的磁驱动为例，考虑图 10.23b 中的结构。这是一个直接的、简单的执行器，当电流流过固定的螺旋线圈时，吸引可移动的永磁体。这个动作可以用来关闭或打开阀门，移动镜子，或像音圈执行器那样移动振膜。例如，这种结构可以用作微型麦克风或微型扬声器（或动态压力传感器）。在这个简单的结构上有许多不同的变体，也有各种各样的磁性材料可以生产闭合和开放磁路（坡莫合金、镍、镍铁等）。微磁体可以由钴铂和其他磁性材料组成。

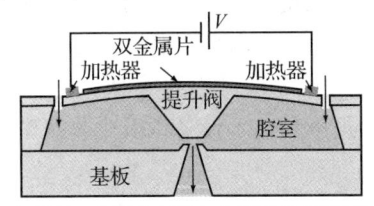

a）使用双金属执行器加热激活的常闭阀门

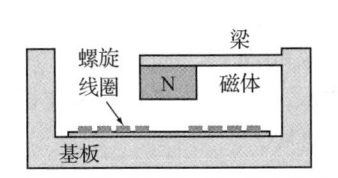

b）类似音圈执行器的磁力驱动装置

图 10.23　热激活微阀及磁力驱动装置

例 10.7：热激活微阀

考虑图 10.23a 所示的热激活微阀。为了解所涉及的原理，假设双金属片是一条 2mm 长、50μm 厚的金属带，由铜镍合金制成，温度为 20℃ 时，金属带完全平坦。将双金属片加热至 150℃。计算提升阀的上升距离。这足以打开阀门吗？

解　为了计算提升阀的升力，回想一下，当自由端向下弯曲时，固定端的双金属条弯曲成半径为 r 的圆形条带。上册 3.5.2 节对此进行了讨论，具体见式 (3.38)：

$$r = \frac{2t}{3(\alpha_u - \alpha_l)(T_2 - T_1)} \; [\text{m}]$$

其中 t 为双金属条厚度，T_1 为金属条平整时的参考温度，T_2 为金属条的实际温度，α_u 和 α_l 为上下导体的膨胀系数。

此处，金属条两端都受到约束，迫使金属条中心升高，但在温度 $T_2 = 150℃$ 时金属条的半径与一端自由时大致相同。根据表 3.10，我们得到了铜（上导体）和镍（下导体）的膨胀系数 $\alpha_u = 16.6 \times 10^{-6}/℃$ 和 $\alpha_l = 11.8 \times 10^{-6}/℃$。得到半径

$$r = \frac{2 \times 50 \times 10^{-6}}{3 \times (16.6 - 11.8) \times 10^{-6} \times (150 - 20)} = 5.342 \times 10^{-2} \text{m}$$

也就是 53.42mm。为了计算条带中心的升力，我们使用图 10.24 中的示意图。角 α 为

$$\alpha = \arcsin\left(\frac{c}{r}\right) = \arcsin\left(\frac{1}{53.42}\right)$$

距离 x 为

$$x = r\cos\alpha = 53.42 \cos\left[\arcsin\left(\frac{1}{53.42}\right)\right]$$

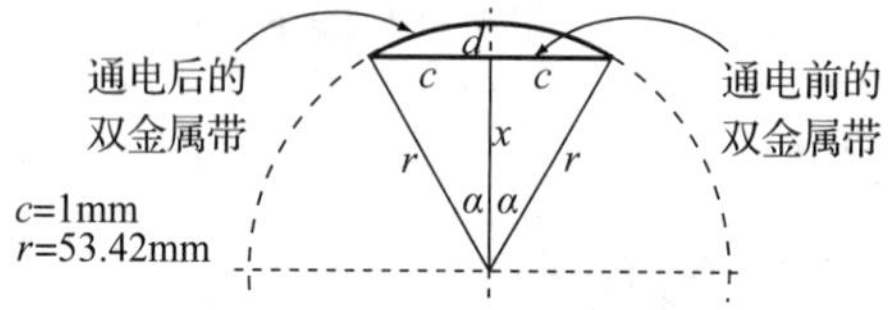

上升距离 d 为

$$d = r - x = 53.42\left\{1 - \cos\left[\arcsin\left(\frac{1}{53.42}\right)\right]\right\} = 0.00936 \text{mm}$$

图 10.24　图 10.23a 中提升阀的升力计算

提升阀向上移动了 9.36μm，看起来移动的距离并不是很大，但这是一个微阀，在这样的尺寸下是足够打开阀门的。

5. 其他 MEMS 设备

上面提到的 MEMS 传感器和执行器只是已经实现或可以实现的各种设备的样本。在 MEMS 发展的早期，人们制造了各种非常有趣的设备，包括旋转电动机、夹持器、闩锁、棘轮装置，最初只是为了论证这项技术。随着惯性传感器的成功，人们开始向更复杂、更多样化的传感器和执行器迈进。从这些早期的应用中，出现了更多的应用，包括微通道、微电动机，以及看起来不像 MEMS 设备的设备，例如第 7 章和第 8 章讨论的共面声波（SAW）谐振器、延迟线和滤波器。MEMS 在低压和高压传感器、投影和显示设备以及生物医学传感器的制造方面也取得了进展。

10.4 纳米传感器和执行器

纳米传感器是纳米级器件的通用术语，即最大尺寸小于 100nm 的器件。尽管所有的传感器都有第 1 章中描述的相同的基本要素，但纳米传感器的独特之处在于，在这个尺度上的灵敏度可以比在更大尺度上的等效传感器高得多，这主要源于更大的表面积与体积比，也源于这样一个事实，即传感器在非常接近包括生物在内的许多刺激的尺度下运行。此外，纳米材料具有更大尺度上无法实现的独特性质，这种性质可以通过其组成成分和组装方法加以控制。由于其性质，纳米传感器成本更低，且更具辨别力，这样的特点使其成为大规模制造用于医学分析和非生物应用的生物传感设备的优秀候选器件。传感器，以及小得多的执行器，是基于其电阻、光学特性或磁性等电特性，或者基于其机械特性来制造的。在许多化学和生物传感应用中，它们与分析物结合用于物质特异性分析。

纳米器件可以使用三种常用方法中的任意一种来制造。在更大的尺度上，大约是 100nm 级，尽管分辨率已经接近极限，光刻法仍然可以用来制造纳米器件。这种所谓的自上而下或减法制造是包括 MEMS 在内的半导体器件的典型制造方法，但在纳米传感器和纳米执行器的生产中应用有限。第二种方法，可能也是最常见的一种，是添加法或自底向上法，在这种方法中，器件是由原子、分子或其他纳米结构（如点、线和管）形成的。这种方法可以采用基材表面或液体宿主反应的形式，主要是在非生物环境中制造特定的结构。第三种方法是试图在原子和分子自行组合成为有用结构的过程中模拟生物结构。

纳米结构具有在宏观和微观结构中无法实现的特性，且在许多情况下，纳米结构表现出更高的敏感性，这一事实是研究纳米传感器结构的基础。在化学和生物化学传感器中，这种情况经常发生，纳米结构中的大表面体积比是它的优势。这种传感器接近原子级的尺寸可以与活细胞的尺寸相提并论，这一特性使得局部感测具有前所未有的灵敏度。在纳米尺度上，基于电子结构（范德华力），与静电力或分子间的引力相比，万有引力可忽略不计。在纳米尺度上，诸如光波所施加的力，在宏观结构中甚至没有讨论。因此，可以预料到，纳米结构具有例如吸收特性这样与宏观结构大相径庭的电特性（导电性、磁导率和介电常数）和光学特性。机械性能也有很大的不同。例如，纳米结构中最常见的成分是 C_{60} 和石墨，特别是在基于石墨的碳纳米管中。碳纳米管同时具备了金刚石的特性，如约 1TPa 的弹性模量和极高的热导率、半导体的特性以及某些化合物的超导性。除了碳纳米管之外，基于氧化铁、氧化锌、硅和许多其他物质的纳米结构也已经被制备和表征。

纳米传感和驱动仍然是热门的研究和发展方向。许多传感特性和实验系统已经得到验证，有些已经在接近微尺度的高尺度区域实现。纳米传感器和纳米执行器的主要挑战之一是与电子耦合以实现与宏观世界的交互。

10.5 智能传感器和执行器

智能传感器或执行器是不同程度智能化的任意传感器或执行器。这意味着除了设备的正常功能外，还添加了电路以承担额外的功能，例如通信、电源管理、本地信号和数据处理，甚至是决策能力。这也意味着必须为电路提供额外的电源。例如，可以将微处理器添加到传感器或执行器中用于分析数据，或者是将来自传感器的输出数字化，抵消不必要的激励，将响应线性化，补偿偏移，再或者是与传感器的终端主处理器通信。智能水平，或者说传感器的智能程度，可能从功能简单到极其复杂各不相同。低端的智能传感器可能包括诸如电流和电压限制器、有源滤波器、保护和补偿电路之类的简单电路，或者是温度感知电路。高端的智能传感器可以将所有处理功能，包括数字化、数据传输（有线或无线）、数据记录和任何其他可能的功能都包含在其中，组成一个独立的传感系统。

在执行器中，可以添加热保护、过电压和过电流保护等保护电路，以及运动和限制功能，计数器、警报、数据记录器和许多其他功能也可以包含在其中。电子设备与传感器的集成，特别是硅基传感器，只要具备商业可行性，总是可行的。有时这种集成是非常有意义的，尤其是当它们用于大众市场应用（例如汽车或玩具行业）时。在其他情况下，最好将传感器作为通用传感器，使设计师可以根据需要将其集成到设计中。

这里需要注意的是，有两种类型的设备可以称为智能设备。一种是真正的集成设备，其中传感器或执行器和电子器件被封装在一个芯片或集成电路中。硅基设备通常就是这样。当这一步完成后，集成设备将被大量生产，并作为标准封装中的一个组件提供给设计师。另一种类型是成套的系统，可以在单个单元中包含多个组件。这种系统可以采用一小块板、一个插件或一个盒子的形式。通常这种系统的包装更大，设备的生产量更小，有时甚至作为定制设备制造，通常用于特定的应用或行业。

智能传感器的总体原理如图 10.25 所示，各个模块代表了智能传感器可能包含的内容。传感器几乎可以是任何传感器，尽管不同类型的传感器的电路会有所不同，

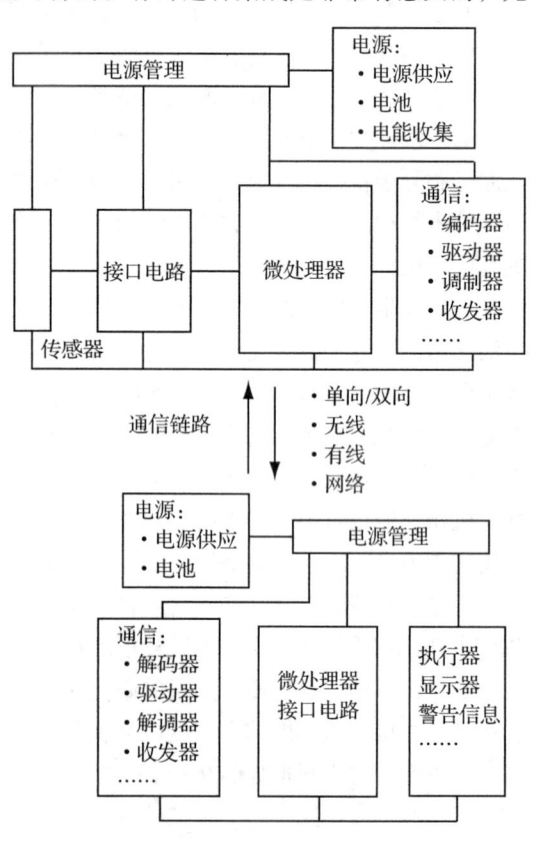

图 10.25 智能传感器总体原理

这些区别我们将在下面两章中看到。

标记为接口电路的部分可以由多种功能组成。这也可能仅仅是指一个滤波器或电压匹配电路。它可以匹配阻抗或将传感器与微处理器隔离。同样，它也可以由一个信号处理单元或数/模（D/A）转换器或其他功能的任何模块组成。微处理器，就其性质而言，可以记录数据；测量参数，如时间、频率、电压和电流；存储数据、参数和命令……电源可以由电网供电，可以是基于电池的，或者可能是其他不同的来源，并且电路与微处理器一起还可以控制电源使用，例如，通过调度电源、切换到低功率模式、提供诸如电池电量低之类的警告等。通信端模块也可以包含许多功能，它可以是调制器、编码器和发射器，用于通过无线或有线链路发送数据。它还可以包含执行器和通信协议，甚至可以通过通信链路为传感器供电。

通信链路可以是有线或无线的，也可以是两用的。它可以是双向通信链路，可以访问、远程控制和编程微处理器，也可以更简单，仅允许从传感器向基本单元传输数据。

在链接另一端的基本单元中，元件的角色发生了一些变化。通信端用于接收信号，并根据需要将其送到微处理器，以便进行进一步的处理、存储和数据记录。来自传感器的数据一定会被处理，这意味着显示数据或启动其他操作，如打开各种执行器，都取决于系统的设计目的。

尽管许多上述功能和电路都将在第 11 章中讨论，但此时应当说明的是，几乎任何复杂的、可想象的功能都可以作为传感器单元的一部分来实现。

图 10.25 中的流程也可以用来操作智能执行器。在这种架构中，通常是基站通过向执行器单元发送命令和数据来启动处理过程，并且本地微处理器必须与执行器交互。

以上反复提到与传感器和执行器的电路集成，特别是与上述 MEMS 设备的集成。接下来重点讨论智能传感器和执行器。先从无线传感器开始讨论，然后是传感器网络，第 11、12 章将讨论传感器和执行器与微处理器连接所需的电路和系统。

例 10.8：安装在汽车轮胎上的智能远程压力和温度传感器

图 10.26 所示为一个传感器，该传感器位于车辆轮胎内，并向驾驶员发送有关压力和温度的信息，其中许多组件将在第 11 章中描述，但目前将它作为智能传感器的示例。

在这种特殊情况下，传感器和各种组件是独立的实体，但所有组件都可以集成在一个芯片中进行大规模生产。

来自压力和温度传感器的数据在微处理器内部使用模/数（A/D）转换器进行数字化。这些数据存储在内部，经过编码并通过无线链路透过轮胎壁发送到仪表板，仪表板接收并显示。低功率开关电路按预定顺序打开和关闭整个系统，使装置每 2min 打开约 2s，发送信息，然后关闭。这种做法可以使整个装置在内部电池电量耗光前运行约 5 年，平均消耗约 25μA。这对于无法轻松更换电池的系统来说至关重要。车辆中的装置将此过程反转过来。接收到数据后，它对信息进行解码，显示压力和温度，并发出警报（即当压力过低或过高，或是温度过高时，表示即将发生轮胎故障）。该系统可编程为通过无线链路（如手机或卫星）向服务中心发送信息和警告，这对车辆的维修和跟踪很重要。它还可以与 GPS 系统连接以发送位置信息。

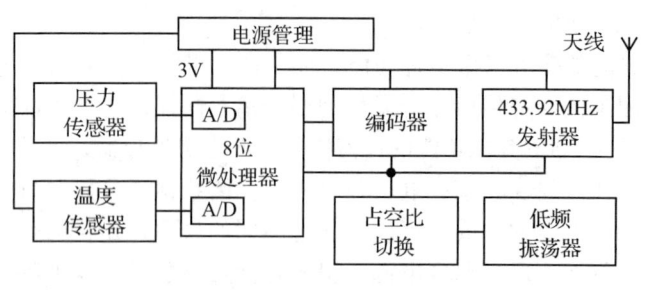

a）轮胎内置智能传感器

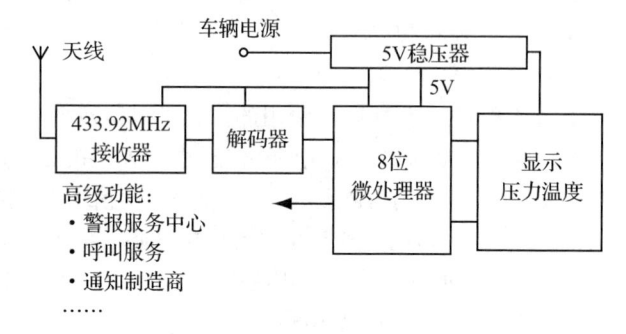

b）车载监控

图 10.26　汽车轮胎远程压力和温度传感器

在这种布置中，通信是单向的，并且驾驶员无法控制传感器，因为传感器的目的只是向驾驶员发送数据。如果认为有必要让两个方向同时进行通信，则必须使用可以进行双向通信的收发器替换接收器和发射器。当然，还必须进行其他修改，但因为我们仅讨论框图中的内容，因此无须进一步详细说明。电源管理也很重要。传感器使用 3.3V 或 3.6V 的电池（即锂离子电池），而车辆中的装置使用 12V 电源，并从中获得驱动微处理器和其他部件所需的 5V 电压。胎压监测系统（TPMS）在客运车辆中很常见，在许多国家，法律要求客运车辆安装 TPMS。

例 10.9：智能远程胎压控制器

在大多数车辆中，轮胎压力由驾驶员通过偶尔的检查和调整来维持。然而，正确的轮胎压力对安全和能效（燃油消耗）至关重要。它还会对牵引力产生影响，在不同驾驶条件下可能需要对胎压进行调整。在硬表面上行驶通常需要较高的压力，而在软表面（雪、沙）上则需要较低的压力。高温会增加轮胎压力，从而增加轮胎出故障的可能性；而低温会降低压力，导致轮胎过度磨损和燃油效率低下。图 10.27 所示为远程胎压控制器，这是一个智能执行系统，可以通过设置触发条件自动调整压力，也可以由驾驶员人为调整。它由一个轮胎内装置和一个由小型电动机驱动的三通阀组成。该阀有三个端口。端口 1 与空气压力源相连。压力源可以是一个简单的二氧化碳（CO_2）罐（置于车轮内，可从外部更换）或可根据需要生成相应气体的化学反应器。端口 2 在轮胎内部打开，可以通过阀连接端口 1 和 2 来充气。端口3向轮胎外侧排气，通过阀连接端口2和3进行放气。阀门由微处理器控制，并提供反馈连接，以便微处理器确定阀门的位置。

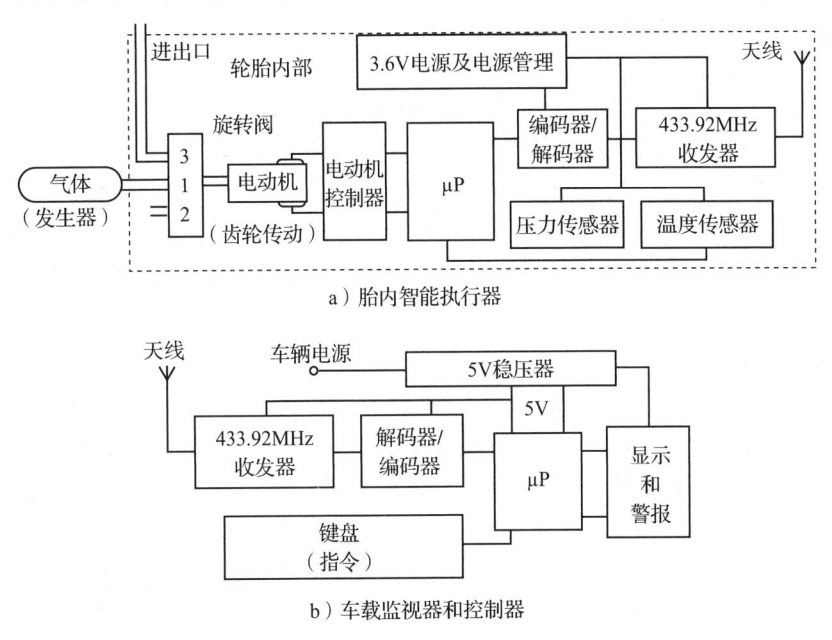

a）胎内智能执行器

b）车载监视器和控制器

图 10.27　远程胎压控制器

压力传感器和温度传感器提供用于影响充气或放气的反馈。压力和温度通过双向无线链路发送给驾驶员。智能执行器还包括一个电源管理系统，以保证系统以最低功耗运行，内置电池能运行多年。

在车辆中，驾驶员可以监控轮胎状态，并重置最佳条件以匹配地形。显示器还可以显示包括诸如低压、高温、阀门故障、电池电量低、气体发生器中的低压等情况的警报。还应该注意的是，使用压力和温度传感器属于该执行器"智能"的一部分。除此之外，还可以添加其他传感器。例如，振动传感器可以向系统提供有关路面状况的信息。

10.5.1　无线传感器和执行器及其使用的相关问题

传感器或执行器本身不是无线的。无线多指设备与设备间没有连接，而不是设备本身。在大多数情况下，通信链路可用于发送数据和控制信号，有时也可用于接收。这意味着传感器必须是智能传感器，因为大多数传感器产生的数据无法通过无线链路直接传输。例如，热电偶产生直流信号（或缓慢变化的信号）。这个信号必须首先被数字化（可能是在放大之后），然后与载波调制之后才能被传输。在另一端，也就是在处理器上，必须进行相反的处理。有些传感器是数字化的，例如，产生一个频率与激励成比例的信号。它们通常更容易与无线系统交互。显然，无线设备本质上是用无线链路替换物理链路。不管怎样，这意味着现在可以进行真正意义上的遥感。传感器（或执行器，或两者兼有）可以离处理器很远，可以在不同的大陆、空间或不同的星球上。通信链路本身可以是短程链路，或者可以根据需要使用微波通信链路、无线通信系统或卫星通信系统。

通常，许多传感系统在专用链路中进行短程无线通信，它们通常使用 ISM（工业、科学和医疗）或分配给短程无许可通信的短程设备（SRD）的频段之一。这些频率用于各种应用，例如遥控（车库门遥控器、车辆和建筑物中的无钥匙进入、无人驾驶车辆）、娱乐设施（模型飞机、车辆、麦克风）和数据传输。在 ISM 频带内进行操作时，必须严格按照规定的频率、带宽和发射功率操作。这也意味着信号射程很短，一般小于 100m，而且通常来说还要小得多。然而，这个范围足以在建筑物内、工厂周围、车辆内或家庭范围内进行遥感。在许多情况下，需要遥感的范围非常小，甚至一个感应链路就足够，尽管如此，这仍是一个无线链路。

1. ISM 和 SRD 频段

在美国，联邦通信委员会（FCC）负责分配工业和公众通用的频率。在欧洲和许多其他国家，欧洲电信标准协会（ETSI）、欧洲无线电通信局（ERO）和国际电信组织（ITO）的国际扰动无线电委员会（CISPR）对频率的使用进行管理。美国（和加拿大）与欧洲和其他国家的频段分配并非在所有情况下都相同，但在某种程度上是重叠的。

ISM 频段最初被工业界分配用于微波炉、电介质焊接机和其他类似用途，以及医疗应用，比如肿瘤的微波治疗。这些频率如表 10.1 所示。低频通常用于工业微波加热、焊接和烹饪，也用于射频识别（RFID）标签和短距离通信。

表 10.1　ISM 频段的分配、用途和允许的功率

频率	典型应用	功率/场强
124~135kHz	低频，感应耦合，RFID，轮胎压力传感	72dBμA/m
6.765~6.795MHz	感应耦合，RFID	42dBμA/m
7.400~8.800MHz	物品监视	9dBμA/m
13.553~13.567MHz	感应耦合，非接触式智能卡，智能标签，项目管理，电介质焊接，短距离通信，RFID	42dBμA/m
26.957~27.283MHz	工业微波炉，电介质焊接	42dBμA/m
40.660~40.700MHz	工业微波炉，电介质焊接	42dBμA/m
433.050~434.790MHz	遥控，无线控制	10~100mW
2.400~2.483GHz	遥控，车辆识别，微波炉，局域网，蓝牙，无线局域网，ZigBee，无线电话	4W 扩频，美国/加拿大；500mW，欧洲
5.725~5.875GHz	安全监控无线摄像头，无线通信，控制，WiMAX，未来使用	4W，美国/加拿大；500mW，欧洲
24.000~24.250GHz	未来使用	4W，美国/加拿大；500mW，欧洲

注：1. 最后三个频段分为多个频道，每个频道的带宽为 0.5MHz。
　　2. 功率/场强的数值适用于通信应用。在微波炉中，由于系统是封闭的，因此功率要高得多。

其他频率，如 2.45GHz 频段，则用于消费品，如微波炉、手机、Wi-Fi 系统和许多其他产品。915MHz 频段广泛用于通信和控制以及 RFID 应用。一些已分配的频率目前没有使用，但

已纳入未来的使用规划中。

SRD 频段通常被称为使用不受监管的频段。"不受监管"是一种不恰当的说法，因为它们实际上受到了非常严格的监管，但只要它们在频率、带宽、功率和占空比方面符合法规的规定，就可以在没有特殊许可证的情况下由任何产品使用。SRD 频率见表 10.2。其中，唯一真正得到国际认可的频率是 433MHz。这一频段普遍用于短程控制（例如钥匙进入系统和车库门开启器）。在美国，其他一些频段（290MHz、310MHz、315MHz 和 418MHz）曾用于此目的，但如今的趋势是与国际配置一致。较高的频段（860~928MHz）仍然是独立的，并没有归类为公共频段。

表 10.2 SRD 频段的分配、用途和允许的功率

频率/MHz	应用	功率
433.050~434.79	见表 10.1	10mW
863.0~870.0	各种应用，包括无线音频、警报器、RFID、蜂窝通信（电话）	5~500mW，视频段决定
902.5~928	各种应用，包括无线音频、警报器、RFID、蜂窝通信（电话）	4W 扩频，美国/加拿大

应该注意的是，每个频带都有自己的限制条件。例如，较高的频率（860MHz 及更高）通常包括信道。在一个信道内操作或者交替使用两个信道是被允许的，但不能使用跨越两个信道的带宽。在 433MHz 范围内，带宽是固定的，没有信道（即单个频带），功率限制在 10mW（或在特殊许可下高达 100mW），占空比不大于 10%。也就是说，一次最多传输 1s，传输之间的间隔至少为 10s。

传感器和执行器通常在上述频段内单独工作或与其他系统一起工作。例如，RFID 被广泛用于生活消费品的识别和标记，有助于产品的有效分销和跟踪。而且，它们在感知方面也非常重要，例如，目前许多汽车都采用钥匙识别系统，只有经过正确编程的钥匙才能使用。

该系统在钥匙上使用了 RFID，在汽车仪表板或转向柱上安装了一个收发器，用于感知钥匙的存在并识别钥匙。其独特之处在于识别距离非常短（通常低于 1m），并且使用的是低频无线通信（通常为 13MHz）。其他的 RFID 利用传感器进行监测，比如监测温度或监测农场动物的健康状况。如上所述，一旦解决了无线系统对信号处理的特殊需求，将传感器整合到无线系统中就没有什么难度。

2. 无线链路和数据处理

传感器或执行器中的无线链路类似于常规的无线链路。唯一不同之处是通过该链路传输的信息不同。正是基于这个原因，将无线链路与传感器结合使用很普遍，而且很早就开始了。但是，尽管无线链路本身很常规（大多数情况下），但数据处理却并非如此。特别是由于传感器和执行器具有多样性，并且它们产生或需要的数据之间存在差异，数据处理在无线传感器或执行器的开发和应用中成了一个复杂的问题。有些传感器产生的输出很容易处理。例如，SAW 器件产生的频率与激励成比例。其他的，如热电偶，当振幅非常低时产生直流输出。这通常意味着在通过无线链路传输信号之前，必须添加额外的电路。在接收端，必须恢复信号以产生所需的输出，这同样需要额外的电路来对信号进行处理。在执行器中也面临类似的问

题，并且除了无线设备之外，还需要信号调节、放大器等。由于处理信号是为了满足无线传输要求，因此我们还需要考虑信号的完整性，比如噪声和干扰，并且必须采取措施克服无线链路传输存在的缺陷。无线链路只是一个工具，不能允许它改变信号。因此，大多数传感器和执行器的信息都是通过数字信号传输的。

要完成这一切，需要考虑许多组件和方法。首先是执行数据无线传输的发射器、接收器和收发器。传感器和执行器以及任何必要的接口电路必须在信号电平、频率（数据）、带宽、数据速率等方面与无线传输的要求相匹配。信号不能直接传输，它们必须在发射端通过无线载波进行调制，在接收端进行解调以恢复数据。通常，也必须对信号进行编码，以确保传输的安全性（防止窃听）、信号完整性（来自链路外部的信号源的干扰和损坏）或安全性（确保接收到的信号实际上来自预期的传感器或到达预期的执行器）。这一点尤其重要，因为许多设备必须在有限的频率范围内共享单一频率或少量信道。必须额外考虑天线、影响链路的环境条件、功率要求和电源以及影响整个系统性能的其他问题。

无线链路由至少一个发射器和一个接收器组成，每个发射器和接收器都有一个天线。典型的用于传感器和执行器的天线是简单的四分之一波长单极子天线。还有印制电路板上的环形天线或微型集成天线。大多数天线是全向的，在垂直于天线轴线的平面上具有最大增益。每个天线都有自己的特性，包括增益、效率和至关重要的阻抗。人们通常假设天线的阻抗与发射器或接收器匹配，如果不匹配，发射器的输出功率会降低，有时甚至会降低得很明显，由此产生的传输范围也会缩小。不匹配的天线也会导致数据完整性问题。

最后，同样重要的是通信路径。在大多数无线系统中都假设通信是在直线上进行的（也就是说，接收器和发射器可以"看"到对方在直线上）。在这种条件下，信号会经历两种基本效应。一种是传输能量向越来越大的区域扩散，因此传输距离越远，信号能量衰减越大。可以以一种简单的方式来理解这个过程，假设各向同性天线（在空间的所有方向上均匀发射的天线）以功率 P 发射信号。在距天线的距离 R 处，功率密度为 $P/(4\pi R^2)$。由于接收天线接收到的功率取决于其所在位置的功率密度，因此接收到的功率取决于距离的平方。第二个影响是空气中的衰减。空气是一种有损耗的电介质，也就是说，除了介电常数和磁导率外，它还具有导电性。后者会造成能量损耗，而接收器上可用的信号会因为这些损耗而减少。信号能量呈指数衰减，该指数为衰减常数，取决于传输信号路径的电导率（见 9.4 节）。

但传输路径往往更复杂。一方面，由于地球磁场等的影响，信号无法在空间的各个方向均匀传播（除非链路在外层空间）。地球磁场也会带来额外的损耗（路径损耗）。通信线路上的任何障碍物都会分散部分能量，造成损耗。第 9 章结合电磁波讨论了其中一些问题，那些讨论在这里也同样适用。

3. 发射器、接收器和收发器

图 10.28 显示了传感器和执行器无线链路的可能的架构。发射器和接收器是包括振荡器、放大器、调制器和解调器在内的电子电路。它们可以相当简单，也可以相当复杂，这取决于需要完成的工作。我们将把它们视为组件，而不关心它们的内部操作。具有特定频率和特定

特性（调制类型、数据速率、功率、灵敏度等）的发射器和接收器可以作为现成设备获得，也可以集成在传感器的封装中。

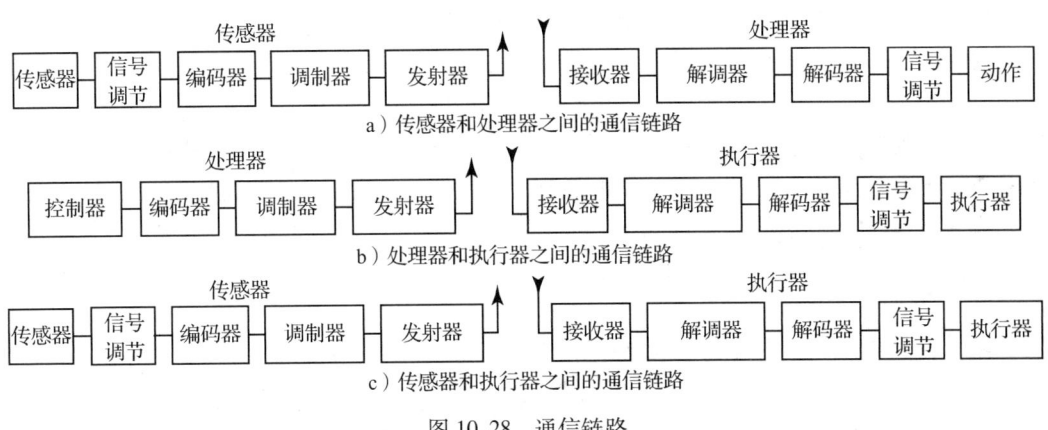

图 10.28 通信链路

a）传感器和处理器之间的通信链路：传感器—信号调节—编码器—调制器—发射器 ~ 接收器—解调器—解码器—信号调节—动作

b）处理器和执行器之间的通信链路：控制器—编码器—调制器—发射器 ~ 接收器—解调器—解码器—信号调节—执行器

c）传感器和执行器之间的通信链路：传感器—信号调节—编码器—调制器—发射器 ~ 接收器—解调器—解码器—信号调节—执行器

收发器是在同一个封装中包括发射器和接收器的设备，允许双向通信或数据中继。尽管建造接收器、发射器和收发器所涉及的原理不是很复杂，但设备本身是高度专业化的，需要通过特殊的高频设计方法来确保正确有效的操作、稳定的频率和阻抗匹配。因此，除了极少数例外，这些设备是整体设计中的独立组件，很少与传感器和执行器集成。此外，所有这些设备都需要一个天线，可以是设备内部的，也可以是外部的。天线可以印制在印制电路板、悬挂导线、与专用连接器连接的天线或集成天线上。在大多数涉及传感器的实际情况下，天线是四分之一波长长的单极子天线或印制电路板上的环形天线，还有集成天线也因其尺寸小而常被使用。

10.5.2 调制解调

载波信号，即由发射器发送的信号，必须具有为特定业务分配的频率。例如，如果要使用 915MHz 的链路，则发送信号的频率为 915MHz，带宽在频带分配时就已确定。信息，即来自传感器的信号，必须由载波携带，并且适合于信道的带宽。为了做到这一点，载波在传输之前被信息以某种特殊的方式调制（即改变、修改），然后在接收器处解调以恢复信息。对于传感器和执行器来说，许多调制和解调方法是很重要的。如果传感器的输出或者发送给执行器的信号是模拟信号，那么调制可以是模拟调制。如果信号是数字信号或在传输前是数字信号，则调制将是数字的。任何情况下，载波都是由模拟信号或数字信号调制的模拟信号，也就是说，发射器发射模拟信号。

1. 振幅调制

三种最常见的模拟调制方法是振幅调制、频率调制和相位调制。采用振幅调制（AM）方法的调幅器框图如图 10.29a 所示，信号波形如图 10.29b 所示。它通过信息信号对载波信号的幅度进行修改。调制深度可以控制。调制后产生振幅为 A_c、频率为 f_c 的载波信号，以及振幅

为 A_m、频率为 f_m 的信息信号（来自传感器或其他信息源）。后者也称为调制信号。载波信号可以写成

$$A(t) = A_c \sin(2\pi f_c t) \tag{10.8}$$

调制信号取决于它的源，但为了简单起见，我们在这里假设它也是正弦信号：

$$M(t) = A_m \cos(2\pi f_m t + \phi) \tag{10.9}$$

为了一般性，添加相位角 ϕ。信息信号的频率必须远低于载波频率（$f_m \ll f_c$），而载波信号的幅度必须大于或等于信息信号的幅度（$A_c \geq A_m$）。在振幅调制中，传输的调制信号有如下形式：

$$S(t) = [A_c + A_m \cos(2\pi f_m t + \phi)] \sin(2\pi f_c t) \tag{10.10}$$

显然，调制信号的振幅包含了必要的信息：信息的振幅和频率，如图 10.29b 所示。

比值 $m = A_m/A_c$ 被称为调制指数或调制深度，假设 $A_m \leq A_c$ 的值在 0（没有调制）和 1（100%调制）之间变化。在图 10.29b 中，调制指数为 0.5，或者称为 50%调制。注意，两个信号的乘积产生三个项：一个频率为 f_c-f_m，一个频率为 f_c+f_m，第三个信号频率为 f_c：

$$\begin{aligned} S(t) &= A_c \sin(2\pi f_c t) + A_m \cos(2\pi f_m t + \phi) \sin(2\pi f_c) \\ &= A_c \sin(2\pi f_c) + \frac{A_m}{2} \sin[2\pi(f_c+f_m)t + \phi] + \\ &\quad \frac{A_m}{2} \sin[2\pi(f_c-f_m)t + \phi] \end{aligned} \tag{10.11}$$

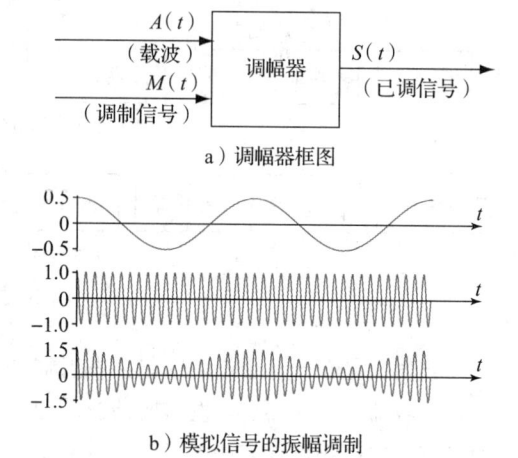

图 10.29 振幅调制及信号波形

这意味着传输信息所需的带宽是 $2f_m$（即从频率 f_c-f_m 到频率 f_c+f_m）。带宽不能超过为传输分配的信道的宽度。

基本振幅调制有许多变化。例如，如果我们在式（10.10）或式（10.11）中设置 $A_c = 0$，也就是说，如果我们抑制载波（在传输之前过滤掉它），数据在称为边带的两个剩余项中仍可用。事实上，在上边带和下边带，可以得到相同的信息——信号振幅、频率和相位。所以，可以选择传输所有三个信号（常规 AM 信号）、传输两个边带但不传输载波[双边带（DSB）调制]或传输一个边带[单边带（SSB）调制]。尽管在传感器和执行器的大多数模拟应用中都使用传统 AM，但值得注意的是，其他两种方式也会被应用，并且为了达到不同目的，选择它们是很有价值的。例如，SSB 传输将所需带宽减少到 AM 传输的一半，并且在解调器中解调相同信号所需的信号功率更低，如式（10.11）所示。另外，单边带调制的发射器和接收器端的电路都比较复杂。正因为如此，这些方法并不常用于传感器，但可以预料，在某些特殊情况下，这些方法可能是有利的。

2. 频率调制

在频率调制（FM）中，载波频率随信息信号变化呈现线性变化。给定如上所述的载波和调制信号，调制后的信号如下：

$$S(t) = A_c \cos\left[2\pi f_c t + 2\pi k_f \int_0^t A_m \cos(2\pi f_m t + \phi) \, \mathrm{d}t\right] \quad (10.12)$$

其中 k_f 为调制器的灵敏度（单位为 Hz/V），乘积 $\Delta f = k_f A_m$ 表示与中心频率（载频）的最大频率偏差，假设积分值归一化为 ±1。必须选定 k_f 的值，以使要传输信号的频率偏移在可用于传输的频带内。例如，在 FM 无线电中，每个频道的可用带宽是 200kHz。因此，最大频率偏移是信息信号幅值 A_m 的量度。还应注意，对于正弦信号，$2A_m k_f$ 是传输中能使用的最大带宽，但是对于其他信号，带宽可能要高得多。图 10.30a 为调频器的框图，图 10.30b 为正弦调制信号的期望信号。与 AM 一样，可以定义调制指数 $m = \Delta f / f_m$，但与 AM 不同的是，m 可以大于 1。如果 $m \ll 1$，则称为窄带调制，$m \gg 1$ 时则称为宽带调制。

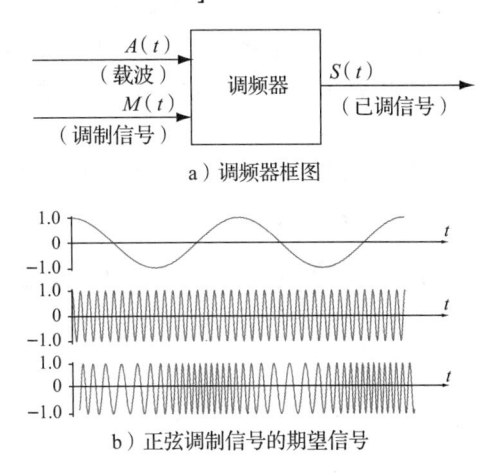

图 10.30 频率调制及正弦调制信号的期望信号

对于正弦信号，式（10.12）中的积分可以解析计算，调制信号变为

$$S(t) = A_c \sin\left[2\pi f_c t + k_f A_m \frac{\sin(2\pi f_m t + \phi)}{f_m}\right] \quad (10.13)$$

3. 相位调制

在相位调制（PM）中，载波的相位随信息信号变化呈现线性变化。调制器的输出如下所示：

$$S(t) = A_c \cos\left[2\pi f_c t + k_p A_m \cos(2\pi f_m t + \phi)\right] \quad (10.14)$$

其中 k_p 为调制器的相位灵敏度（单位为 rad/V），$\Delta p = k_p A_m$ 为信号引起的最大相位偏差。这个偏差代表了信息信号 A_m 的振幅。由于频率或相位的变化将对信号产生同样的影响，因此频率调制可以看作相位调制的一种特殊情况。

还存在其他调制方法和上述调制方法的变体，但在任何情况下，选择合适的调制方式将数据信号和载波混频是最重要的。

在任何类型的调制中，带宽都是重要的问题。载波具有有限的带宽，通常受到频域分配和信道划分的限制。调制信号的频谱必须比载波的可用带宽窄，否则它将被可用带宽截断。这种情况下信号会产生失真（数字信号将缺少高次谐波，模拟信号将缺少高频部分）。这种效应在数字信号的传输中特别重要，在例 10.10 中将结合振幅调制对此进行讨论。

例 10.10：数字信号的振幅调制

一列占空比为 50%、频率为 1 000Hz 的脉冲以 1.2MHz 的载波频率通过 AM 无线电传输。

AM波段上的每个通道的带宽为10kHz。计算并绘制接收信号的形状,假设解调不会在信号中引入任何错误,但将其带宽限制为±5kHz。

解 由于传输的是方波,因此必须首先使用傅里叶变换计算脉冲的频率含量,然后将载波频率的传输限制为载波每侧5kHz。信号的所有其他谐波被去除,并且接收器中信号的重构是由那些位于5kHz带宽内的谐波完成的。

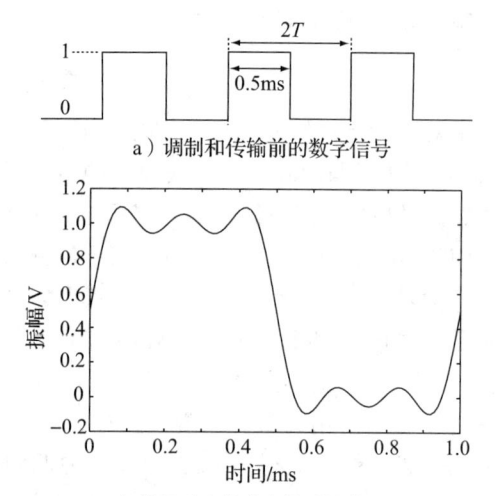

我们从图10.31a中所示的函数 $f(t)$ 的一般傅里叶级数表示开始:

$$f(t) = \frac{1}{2}a_0 + \sum_{n=1}^{\infty} a_n \cos\left(\frac{n\pi t}{T}\right) + \sum_{n=1}^{\infty} b_n \sin\left(\frac{n\pi t}{T}\right)$$

其中

$$a_0 = \frac{1}{T}\int_0^{2T} f(t)\,dt$$

$$a_n = \frac{1}{T}\int_0^{2T} f(t)\cos\left(\frac{n\pi x}{T}\right)dt$$

而且

$$b_n = \frac{1}{T}\int_0^{2T} f(t)\sin\left(\frac{n\pi x}{T}\right)dt$$

因为函数 $f(t)$ 是奇函数,$a_0 = 1$,$a_n = 0$,脉冲可以表示为

$$F(t) = \frac{1}{2} + \sum_{n=1}^{\infty} b_n \sin\left(\frac{n\pi t}{T}\right)$$

$a_0/2$ 是信号的直流电平,在这种情况下它等于 $1/2$。为了计算系数 b_n,将 b_n 表示为

$$b_n = \frac{1}{T}\int_{t=0}^{T} f(t)\sin\left(\frac{n\pi t}{T}\right)dt = \frac{1}{T}\int_{t=0}^{T} 1\sin\left(\frac{n\pi t}{T}\right)dt = \begin{cases} 0 & n\text{ 为偶数} \\ \dfrac{2}{n\pi} & n\text{ 为奇数} \end{cases}$$

因此表示为

$$F(t) = \frac{1}{2} + \frac{2}{\pi}\sum_{n=1,3,5\cdots}^{\infty} \frac{1}{n}\sin\left(\frac{n\pi t}{T}\right)$$

现在,由于信号的频率是 $f = 1/2T$,因此 $1/T = 2f$,有

$$F(t) = \frac{1}{2} + \frac{2}{\pi}\sum_{n=1,3,5\cdots}^{\infty} \frac{1}{n}\sin(2\pi n f t)$$

$$= \frac{1}{2} + \frac{2}{\pi}\left[\sin(2\pi f t) + \frac{1}{3}\sin(6\pi f t) + \frac{1}{5}\sin(10\pi f t) + \cdots\right]$$

a) 调制和传输前的数字信号

b) 傅里叶变换产生的重构信号

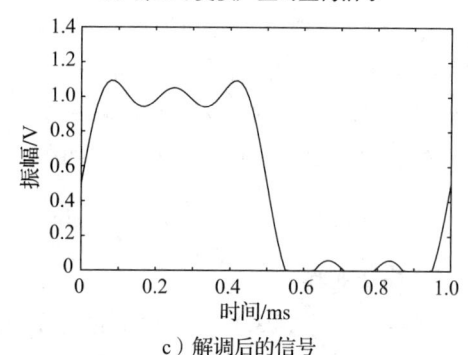

c) 解调后的信号

图10.31 数字信号、重构信号及解调后的信号

在本例中，$f=1$kHz，带宽为 5kHz。因此，剩下的项是展开式中的前三项（基频为 1kHz，3 次谐波为 3kHz，5 次谐波为 5kHz）。因此，发送的信号（以及接收器处的信号）是

$$F(t)=\frac{1}{2}+\frac{2}{\pi}\left[\sin(2\pi)\times 10^3 t+\frac{1}{3}\sin(6\pi)\times 10^3 t+\frac{1}{5}\sin(10\pi)\times 10^3 t\right]$$

$$0\leq t\leq 10^{-3}\text{s}$$

因为信号可以根据需要放大，所以假定振幅是相同的。

$F(t)$ 的曲线图如图 10.31b 所示。解调后，只有脉冲时间大于 0 的部分可用，如图 10.31c 所示（10.5.3 节讨论了解调）。显然，这张图只代表信号的一个周期。

注意，将信号四舍五入的原因是发射器的带宽较窄而缺少高次谐波。然而，经过调节后，信号是完全可恢复的。

当信号是数字信号时，调制方式有些不同，但载波仍然是一个频率和幅度恒定的正弦信号。但是由于数字信号只有两种状态，因此调制和调制信号的表示都得到了简化。与幅度、频率和相位调制相对应的数字调制方法是幅移键控（ASK）、频移键控（FSK）和相移键控（PSK）。下面讨论这些问题。

4. 幅移键控

ASK 是一种常用的数字信号调制方法，可以看作 AM 的等效方法。在该方法中，通过引入载波幅度的偏移来调制载波以对应于数字信号。载波的幅度随着比特流移动，使得"1"对应于一个幅度电平，而"0"对应于另一个幅度电平：

$$A(t)=mA_c\sin(2\pi f_c t),\quad m=[a,b] \qquad (10.15)$$

其中 m 取两个不同的值 a 和 b（例如，$m=0.2$ 表示逻辑"0"，$m=0.8$ 表示逻辑"1"）。使用这两个电平对 [1,0,0,1,0,1,1,0,0,1] 流的调制如图 10.32a 所示。

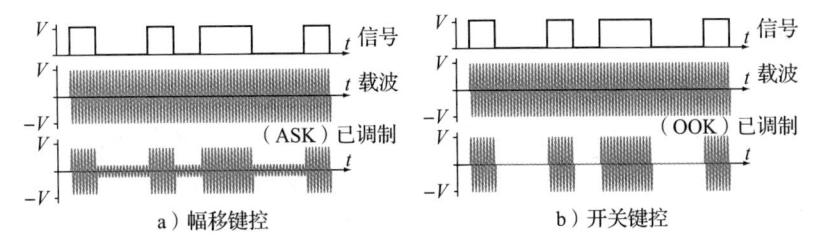

图 10.32 幅移键控示意图

一种特别常见的使用 $m=[0,1]$ 的 ASK 调制方法称为开/关键控（OOK）。在这种方法中，"1"电平时接通载波，"0"电平时断开载波，如图 10.32b 所示。这种方法的优点之一是在零周期期间不传输功率，因此发射器的功率需求最小化，这在低功率系统中是一个重要问题，特别是在电池供电设备中。OOK 方法可以描述为

$$A(t)=mA_c\sin(2\pi f_c t),\quad m=[0,1] \qquad (10.16)$$

5. 频移键控

在 FSK 中，载波的频率在两个频率之间切换，一个表示"0"电平，另一个表示"1"电平，

如图 10.33a 所示，表示为

$$s(t)=A_c\sin(2\pi f_i t),\quad f_i=[f_1,f_2] \tag{10.17}$$

6. 相移键控

在 PSK 中，载波的相移表示数字信号。这种方法有许多变种，但最简单的［也称为双相移频键控（BPSK）］是使用零相位表示"1"电平，相移 π 表示"0"电平，反之，如果使用零相位表示"0"电平，则相移 π 表示"1"电平，具体表示为

$$S(t)=A_c\sin(2\pi f t)\ 为\ 1,\quad A_c\sin(2\pi f t+\pi)\ 为\ 0 \tag{10.18}$$

上面的选择是任意的，也可以使用其他相位值，参见图 10.33b。

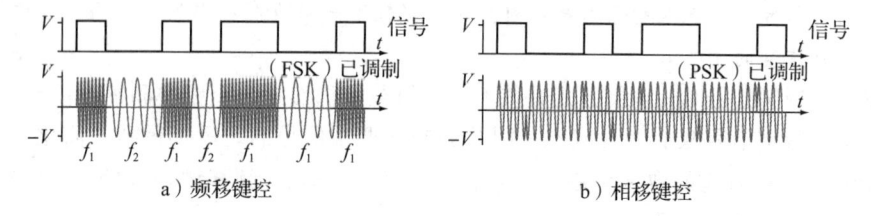

a）频移键控

b）相移键控

图 10.33　频移键控和相移键控

有许多调制方法，既可以用于模拟调制［正交振幅调制（QAM）、空间调制（SM）等］，也可以用于数字调制［最小移位键控（MSK）、脉冲位置调制（PPM）、连续相位调制（CPM）等］。也有用于扩频应用的调制方法和一些特殊的、使用受限的方法。同样，如上所述，最重要的问题是能够传输数据以便能够在接收器中检测出信息信号。当然，每种方法都有其优缺点。有些方法，如 AM 和 OOK，非常简单，但可能不是最有效的。另一些方法则需要更宽的带宽（如 FM、PSK），有的则具有很强的抗噪声和抗干扰能力（FM、FSK）。

10.5.3　解调

任何调制后的信息都必须在接收后进行解调，才能恢复到可用的形式。尽管电路可能不是很简单，但原理却相当简单。解调器必须接收调制信号并产生与原始调制信号相同的信号。由于诸如数字信号之类的信号由幅度和频率表示，因此解调器必须在不修改原始信号的频率的情况下重现信号幅度。在振幅调制法中，信号保持着其幅度，但叠加到了载波上。因此，解调仅仅意味着滤除高频载波，同时保留低频信号幅度或包络。在频率和相位解调中，与在幅度解调中一样，把调制的过程反向进行以恢复原始信息。

1. 幅度解调

调制解调器是一个简单的整流器，它去除调制信号的负值部分（见图 10.31），接下来使用一个足够大的电容器，该电容器在载波频率处具有低阻抗，但在信号频率处具有足够高的阻抗。图 10.34 包含基本调制解调器电路图以及整流和滤波前后的信号图。该电路是一个包络检测器。在解调流程结束后，式（10.10）中的信号表示为

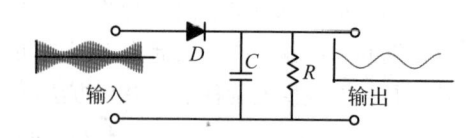

图 10.34　振幅解调的原理

$$M(t)=A_m\cos(2\pi f_m t+\phi) \tag{10.19}$$

这是式（10.9）中的原始调制信号。

2. 频率和相位解调

这两种方法非常相似，如式（10.12）和式（10.14）所示。从概念上讲，频率解调器需要一个微分器来消除式（10.12）中的积分，接着使用 AM 解调器来消除高频分量。相位解调器本质上与频率解调器是相同的，但由于式（10.14）不包含积分项，因此必须添加积分项，所以相位解调器中包含积分器，如图 10.35 所示。应该注意的是，这里的方法只是示意图。在实践中，解调可以通过多种方式完成。其中最简单的一个将在第 11 章讨论，称为频率—电压转换器。还有其他更复杂的方法可以用来解调，但学习至此，了解这些基本原理就足够了。

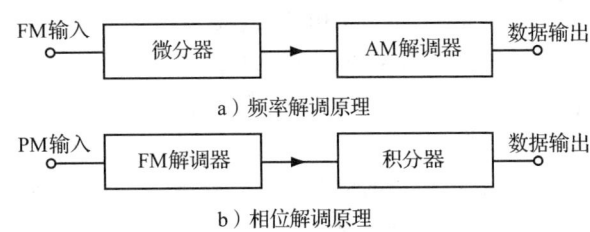

图 10.35　频率解调原理和相位解调原理

10.5.4　编码和解码

数字信号的编码很重要，原因有很多。首先，它通过在发送器和接收器之间创建一种"公共语言"来防止数据丢失和数据损坏，即保证接收器知道在解码消息时要查找什么。

例如，在编码信号中，包含可在接收器中用于恢复时钟和检测脉冲开始和结束、脉冲宽度等的时钟同步信息。编码还可以分离上行链路和下行链路数据流，并促进数据更高效地传输。结合诸如标识号之类的附加信息，编码可以实现安全通信，实现多个链路共享单个信道而不相互干扰。纠错码和保密通信码在传感器和执行器中也是一个重要的问题，但这些都不在本文的讨论范围之内。

实际上有几十种代码被用于编码，从非常简单的到非常复杂的，都有其特性和应用。我们将以一些简单的代码及其特性为例说明编码所起的作用。代码具有固定属性之后，编码和解码就可以在软件中实现，当然也为特定的编码和解码应用构建硬件模块。在实际应用中，必须评估编码的需求、性能和成本，并根据系统的要求进行选择。请注意，编码标准中描述了实践中使用的编码方法。

1. 单极和双极编码

最简单明了的编码是单极编码。它用正电压表示逻辑"1"，用零电压表示逻辑"0"，从而创建了数据流的直观表示。该方法的一个缺点是其解码器无法重建时钟与编码时钟同步，这是因为解码器没有编码相关的时钟信息。该方法的另一个缺点是，信号的平均值（直流电平）约为电压最大值（逻辑"1"）的一半。通过强制信号在每比特的中间归零，可以将均值减少到不强制归零状态下均值的一半。然而，尽管逻辑"1"的输出返回到零电平，但是零仍然保持在其正常位置（恰好是零）。在双极性编码中，也就是用正电压表示一个状态，用负电压表示一个零，两个脉冲中间的归零可以实现时钟同步，我们说这种编码方式是自同步的。此外，双极码的直流电平为零，有助于减少传输所需的功率。然而，在双极码中，通常不需要返回到零，此时称其为非归零（NRZ）码。图10.36显示了这些编码结果。

2. 双相编码

双相编码［BPC，也称为FM1码、双相标记码（BMC）或双频（F2F）码］的时钟以两倍于数据速率时钟开始（见图10.37）。数字信号的每个逻辑状态由两位表示，由时钟分隔。编码生成的数据流中的逻辑电平在时钟周期结束时改变状态，并且在逻辑"1"的中间（但不在逻辑"0"的中间）也改变状态。因此，数据流中的逻辑"1"由两个不同的比特（10或01）表示，而逻辑"0"由两个相同的连续的比特（00或11）表示。

如图10.37所示。为了能够检测出这些组合，在接收机中恢复时钟信号是必须的。只需注意每隔一个或两个时钟周期，信号输出流就会发生变化（从0到1或从1到0）。这就与接收端的本地时钟建立了同步。现在的问题只是比较由两个时钟周期组成的每个单元中的第一个和第二个连续位。双相编码信号的平均直流电压为零，这一特性有助于降低发射器的功率和噪声。当然，要付出的代价是时钟速率是原始数据的两倍，因此数据速率是原始数据的两倍。

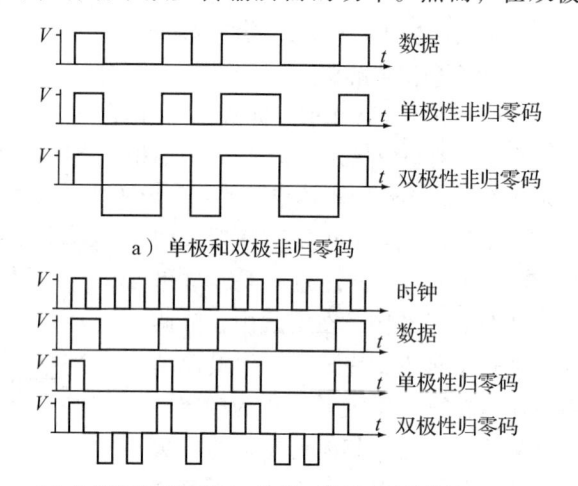

a）单极和双极非归零码

b）单极和双极归零码。注意，这需要时钟信号

图10.36 单极码和双极码

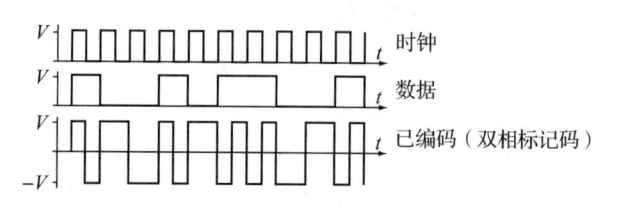

图10.37 双相标记码或双相编码

3. 曼彻斯特编码

曼彻斯特编码［也称为相位编码（PE）］是数字信号中最常用的编码方法之一。每个数据位占用同一时隙，即一个时钟周期（见图10.38）。输出在时钟的下降沿改变状态，也就是电平转换发生在数据位的中间。

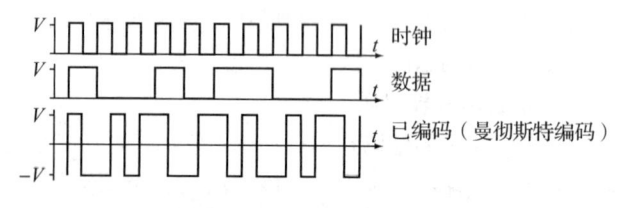

图10.38 曼彻斯特编码

中间位电平转换的方向表明这一比特的数据，而其他电平转换都不携带信息。从逻辑"0"到逻辑"1"的转换表示0，而从逻辑"1"到逻辑"0"的转换表示1（这种转换的一种变体称为逆曼彻斯特码，逻辑正好与此相反）。曼彻斯特码中的电平转换使接收器能够恢复时钟，并将比特与时钟对齐以进行解码。从输出可以看出，编码信号的数据速率是原始数据速

率的两倍。此编码产生的信号直流电压为零。

例 10.11：双音多频编码

双音多频（DTMF）编码最初是为使用数字键盘的固定电话进行音频拨号而开发的，但它也用于控制通信网络和其他应用。对于发送的每个数据位，系统传输两个音调（定义频率的正弦信号）。在解码器中检测并解码这些音调以识别信息。图 10.39 为用于电话拨号的标准以及号码 6027 的编码和解码信息。编码器将与每个数字混合在一起的两个频率一同传输。按下数字 6 发送 770Hz 和 1 447Hz 的组合信号 70ms，然后编码器引入 40ms 的中断，再发送 941Hz 和 1 336Hz 的混合信号 70ms 以发送第二个数字，以此类推，直到所需号码全部拨出。在解码器中，频率被分成两个数据流来识别所拨的号码。

Hz	1 209	1 336	1 477	1 633
697	1	2	3	A
770	4	5	6	B
852	7	8	9	C
941	*	0	#	D

a）美国使用的DTMF频率

b）已编码的信号

c）已拨号码6027的解码信号

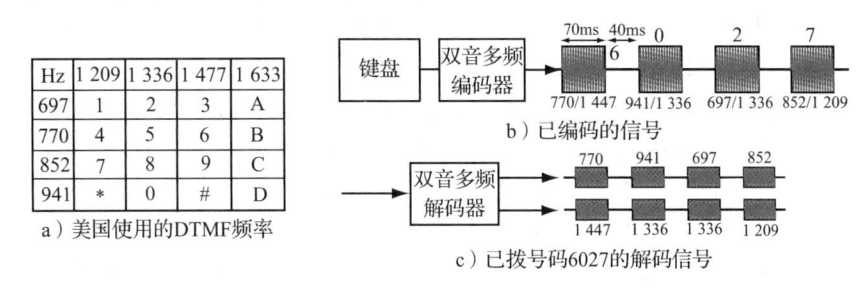

图 10.39　用于电话拨号的标准以及号码 6027 的编码和解码信息

所有被使用的频率都是特意挑选的以保证没有任何一个频率是其他频率的谐波，并且它们彼此的和或差不会与使用的八个频率中的任何一个相混淆。

10.6　RFID 和嵌入式传感器

RFID 是射频识别的缩写。最初，RFID 的主要功能是识别，但该技术已经以多种方式与传感相结合，特别是智能传感。RFID 已经被开发用于识别供应链管理的产品，在这个应用领域的各种产品上都能找到 RFID 标签。它也被用于防盗技术，比如进入系统、各种信用卡和门禁卡、收费系统和跟踪农场动物和宠物的系统，这只是它的一些常见用途。RFID 背后的理念非常简单：一个信号以某种方式传输给标签，标签以所需的信息回应。该信息可以像识别产品的条码一样简单，也可以包含诸如位置、行驶距离、传感器信息、各种代码等附加信息。本质上，RFID 是某种复杂的应答器，即发送一个信号来询问设备，该设备编入的程序对它做出响应。

RFID 有三种基本类型：无源、有源和半无源。无源 RFID 的特点是电路简单，没有独立的电源。当读卡器向 RFID 标签发起询问时，将从读卡器获得能量。在询问过程中，RFID 传输所需的数据。这是最小、最便宜、覆盖范围最小的 RFID，通常用于供应链应用和门禁卡。它们通常执行非常简单的任务，例如注册产品信息（包括类型和价格）或提供访问授权代码。基于电源可用性问题，无源 RFID 在整合传感器的能力上受到限制，但是这种集成是可能的，并且被成功实现的。

有源 RFID 或应答器包含一个独立的电源，通常是一个电池，它们可以在更长的距离上传输更多的数据，并为传感器等附加电路供电。它们的物理尺寸更大，比无源设备要昂贵得多，用于诸如收费等应用程序或价值更高的系统，如海运集装箱。常见的高速公路收费系统就使用这种类型的应答器。

半无源 RFID 介于有源和无源 RFID 之间。这些设备确实有一个小电池来为包括传感器在内的内部电路供电，但内部电力不足以传输或接收数据。数据是通过读取器读取的，就像在无源设备中一样。这些标签通常用于监视诸如集装箱之类的物品或数据读取。

有源 RFID 可以看作电源、用于管理电源和数据的微处理器以及用于接收和发送的收发器三者的组合。如果传感器与 RFID 结合，则与 10.4 节所述以及图 10.25 所示的通用智能传感器相同。也许唯一不同的就是它的使用方式。就传感器而言，任何传感器都可以与电源整合在一起。但是由于有源 RFID 附着在它服务的产品或系统上，构成密封的设备，电池仅可以持续工作 7~10 年，在使用寿命结束时，它们将被处理和更换。例 10.8 中描述的轮胎压力传感器或用于高速公路接入和支付的各种收费标签就是很好的例子。

无源 RFID 作为独立设备和智能传感器，在某种程度上来说更加独特。最显著的就是无源 RFID 从读取器中获取能量的能力。标签包含一个调谐到读取器发射天线工作频率的天线（或线圈）。接收到的信号经过整流将能量储存在板载电容中，为 RFID 电路供电。一旦电压足够高，电路就可以工作，它会将储存在 RFID 上的数据传输到读卡器。因为标签上的可用功率非常小，所以无法操作真正的射频发射器。相反，它依靠简单的方法，如反向散射调制来传输数据。根据图 10.40 可以理解反向散射法。线圈 L 与电容器 C_t 形成一个 13.56MHz 的谐振电路。信号经过整流，为芯片上的电子设备供电。电容器 C_s 用作电源的存储器。电源管理电路调度这些能量，并将它们分配到包括传感器在内的集成 RFID 中的各种电路上。开关（由 MOSFET 表示）将负载连接到线圈上，从而改变谐振电路的特性，从而改变与读卡器的耦合。在图 10.40a 中，存储的数据（包括传感器数据）打开和关闭开关，以产生 ASK 调制信号，该信号频率通常远低于时钟频率。在图 10.40b 中，数据被编码并使用两个频率生成 FSK 调制信号：$f/28 = 484$kHz 和 $f/32 = 423$kHz（在本例中）。由于读卡器和标签非常接近，每次开关闭合时，读卡器上的负载都会发生变化，导致读卡器线圈的电流发生微小变化。读卡器检测这些变化并重现数据。

尽管这是一个相对缓慢的过程，并且在可传输的数据量方面明显受到限制，但它具有需要组件少的明显优势，因此有助于降低无源 RFID 标签的成本。将后向散射法稍做改动就可在更高频率下使用，即用天线代替线圈。这时，负载的切换改变了天线的反射特性，其方式类似于上述读取器和标签中线圈耦合特性的变化。然后读卡器能够接收反射波，其中信息被调制为 ASK 或 FSK。除了为 RFID 供电和读取数据的基本功能外，读取器还执行许多其他功能，例如编码和解码数据、同步时钟、显示和广播数据，即使附近有多个 RFID，也可以通过防冲突协议确保 RFID 被正确读取。无源 RFID 比较简单的部分原因在于所需的大部分复杂操作是由读卡器处理的。

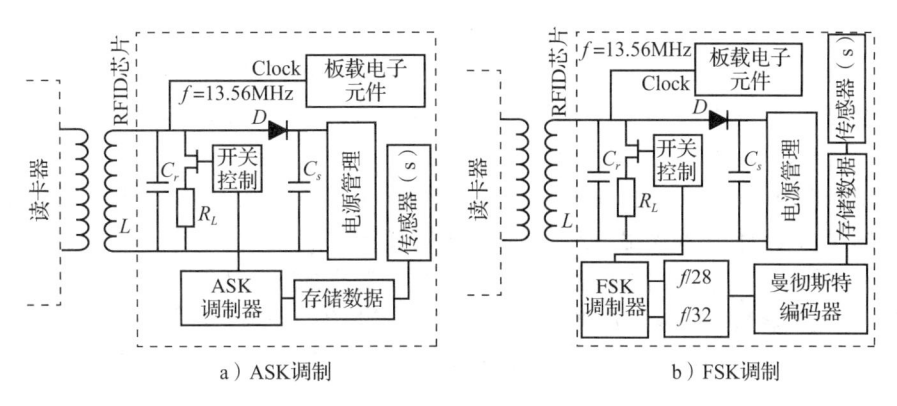

a）ASK调制　　　　　　　　　　b）FSK调制

图 10.40　反向散射 RFID 的示意图

图 10.41a 中展示了一些无源 RFID 标签，包括一个门禁卡、可植入标签和一些产品识别标签。图 10.41b 展示了用于低频（145kHz）无源标签的简单读卡器的天线（实际上是一个感应线圈）。

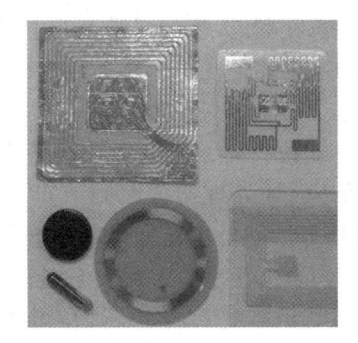

a）一些无源RFID标签。左下角为可植入标签，右下角为门禁卡　　b）工作于125～150kHz的RFID读卡器的感应线圈

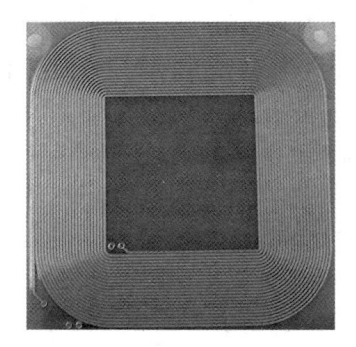

图 10.41　无源 RFID 标签及 RFID 读卡器的感应线圈

就与 RFID 标签结合使用的传感器而言，温度传感可能是最常见的，但是，由于 RFID 是为特定应用而制造的，因此可以根据需要合并其他传感器。具体来说，在有源 RFID 标签中，根据需求和功率要求，可以结合几乎任何传感器。

RFID 在 ISM 和 SRD 频段的常规范围内工作（见表 10.1 和表 10.2），最低范围（124～150kHz 和 13.553～13.547MHz）通常用于短程无源 RFID。有源 RFID 的工作频率为 850～900MHz 和 433.05～433.79MHz。它们也可以在 2.4～2.843GHz 或 5.725～5.875GHz 范围内工作。

10.7　传感器网络

迄今为止的讨论集中在独立运行的传感器和执行器上，或是多个传感器连接在一起以达到影像输出（例如热电偶）或成像（一维和二维光学阵列，例如扫描仪传感器或数码相机中的 CCD 设备）的目的。然而，有些系统要比这复杂得多，而且在分布式结构中需要用到许多传感器（有时需要大量传感器）。它们可以用来感知非常大的区域内的分布式激励，例如，环境监测或交通管制。这些传感器的输出可以用于作决策，或者用以操作适当的执行器来执行某种功能。例如，可以使用传感器来监测河流流域，自动打开泄洪闸或水坝，以避免洪水泛滥，防止由此带来的损害，或者调节水流，以保护水生物种的栖息地。其他应用领域还包括探测危险物质、交通传感和控制、公共区域的无线安全网络等。

在这种系统中，传感器网络相对简单。每个传感器执行感测功能并通过适当的通信链路（比如无线链路）将数据传输到处理器或中心节点。数据传输可能会经过中转，最终目标是将所有传感器的数据传输到处理中心，在那里对数据进行分析、验证，然后将数据用于决策制定。

这里所讨论的传感器网络也包含执行器，或者说所讨论的范围也包括执行器网络。实际上，由于传感器网络通常用作系统输入，因此执行器是不可或缺的。当传感器网络中包含执行器时，在网络内收集的数据可用于实时操作。例如，交通控制系统可以使用环形线圈来检测车辆情况并激活十字路口的交通灯，或者可以在应急车辆上安装传感器以沿路激活适当的交通灯。在其他网络中，执行器也可能位于中枢位置，例如大坝的泄洪道或建筑物的空调系统中。当然，这两种架构的传感器网络是有区别的，尤其是在功率要求和执行器接口方面，但在网络通信要求方面，传感器和执行器是相似的。

传感器网络是一个分布式系统，其中传感器（或执行器）被放置在网络节点上以执行指定功能。数据从节点传输到处理器（单向通信），从处理器传输到节点，或双向传输（双向通信）。节点可以均匀分布，也可以不均匀分布，每个节点的性质可能不同（即使用不同类型的传感器或执行器）。在许多情况下，节点的位置是固定的，但也有些例外情况。传感器网络可用于监控车辆或鸟类的迁徙。根据系统的需要和成本，通信可以是有线或无线的，也可以是两者的组合。例如，建筑物中的温度控制传感器和执行器大多数是有线的，因为它们位置固定，通常在施工时就将布线内置了。另外，可以使用自组织网络来监控，比如监控图书馆中的业务，对于图书馆而言，简单的无线网络可能更合适。有些应用场景需要更复杂的通信路径。例如，监测海洋物种的迁移可能需要无线链路、浮标和岸上的固定站、船舶上的移动节点、卫星链路和陆地上的有线链路，这些都可能引入各种困难。还可以利用陆地通信系统和蜂窝通信系统，以及因特网进行通信。例如，智能家居和监控系统可以使用上述手段来远程或实时监测和控制家庭中的电器。实时控制可以通过有线或无线连接完成，而远程控制则可以使用电话链路或互联网控制设备。传感器网络的多样性是难以想象的。

最简单的传感器网络架构就是节点和中心节点直接通过有线或无线的方式连接，如图 10.42a 所示，这种连接可以称为星型网络。这种架构在节点数量较少、节点间距离较短或当该架构恰好适配网络的某种特性时十分适用。在普通大楼里可能就存在这样的情况，例如每个温度传感器都独立布线，并且所有传感器都连接到一个处理器上。类似地，如果节点覆盖区域较小，则可以为每个节点配备无线单元，并且由于所有单元都在通信枢纽的通信范围内，因此可以直接进行通信。根据需要，通信可以是单向的或双向的。通过将通信枢纽连接到其他通信枢纽或服务点（如以太网、总线、卫星等）可以扩展网络。网络中的节点，特别是无线网络中的节点，并不需要固定，例如，移动中的车辆可以作为一个节点，节点还可以根据特定时间打开或随机打开。

另一种可能的网络架构是图 10.42b 所示的全连通网络。在这种架构中，每个传感器都可以与网络中的其他传感器通信。这种系统很复杂，需要通信协议来进行通信调度。此外，随着节点数量的增加，系统复杂度也急剧上升。如非必要，应当避免使用这种网络架构。

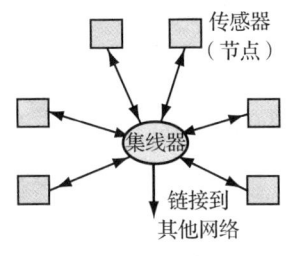

a）星型网络　　　b）全连通网络。也可以包含通信枢纽或中心节点

图 10.42　星型网络和全连通网络

另一种网络架构如图 10.43 所示。在这种架构中，传感器通过适当的协议连接到总线。该系统通常用于车辆通信，例如，使用专用总线［控制器局域网（CAN）总线］或计算机系统［例如，使用通用串行总线（USB）协议］进行通信。每个传感器/执行器通过总线接口连接到总线，通过包含节点标识的协议控制总线上的通信。与其他网络一样，通信可以是单向的或双向的，网络中的不同节点可能具有不同的优先级。

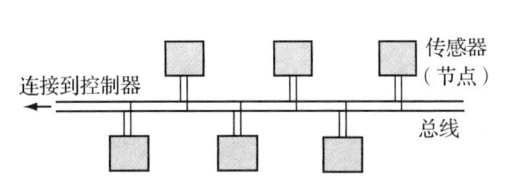

图 10.43　总线网络。通信是由总线控制的，节点彼此之间不直接通信

在许多情况下，由于通信距离（范围）、成本或其他限制，直接连接不实用。在这种情况下，通信以跳转方式进行，每个节点通过有线或无线链路与邻近节点或局部中心通信。图 10.44 展示了两种可能的通信方式。这种类型的通信更为复杂，需要节点识别、数据传输确认以及一些控制数据传输可靠性的手段，并且需要建立软件协议来处理。就硬件而言，这种网络架构也更为复杂。除了对电源的需求外，每个节点必须包含至少一个收发器和一些实

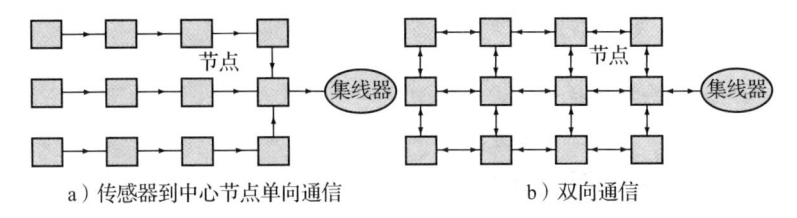

a）传感器到中心节点单向通信　　　b）双向通信

图 10.44　分布式传感器网络中邻近节点间的通信

时处理数据的设备。网络节点很可能含有微处理器,并由适当的操作系统控制。这些网络可能有一个或多个集线器或中心节点,可以通过有线链路、卫星或蜂窝通信系统进行远程通信。

移动电话系统是现存最大的无线网络,传感器和执行器利用它进行通信是自然而然的,类似于手机中的蜂窝通信节点用于连接和传输数据。这种网络已经具备了系统中任意两个节点之间进行通信和双向数据传输的能力。它还可以通过漫游协议处理移动节点,传感器和执行器都可以使用它。尽管这一系统成本高昂,但它非常灵活,且覆盖全球。该系统兼容分布式和可重构架构。图10.45给出了这种网络的描述。基于移动电话的网络可以兼容有线和无线节点或与卫星连接的节点。

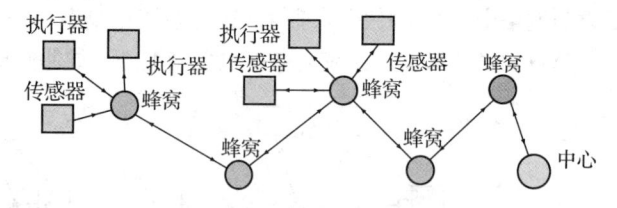

图 10.45 基于移动电话的传感器和执行器网络。一些节点可能只支持或只需要单向通信,其他节点可能需要双向通信

最后,应当记住这一点,互联网为传感器网络的构建提供了一些特殊的可能性。现有的协议和硬件允许人们使用互联网作为控制传感器和执行器网络并使其自动化的基础。在工厂里或在家庭中,Web提供了简单的、可重新配置的联网方式以及远程数据收集和激活方式。即使网络本身不是基于Web的,但网络中的一个或多个节点都连接到Web中的节点是很常见的。

传感器网络的成功应用,在很大程度上取决于所使用的协议。协议只是一组规则,系统遵循这些规则来协调网络可能面临的各种情况,避免冲突。这些协议可以在标准中定义,也可以是用户为实现特定目的制定并通过微处理器实现的特别协议。

例10.12:简单的线性无线网络

当石油被泵送到大型油轮或从油轮中泵出时,通常是通过浮动的双壁软管来完成的。双壁橡胶软管的设计导致当一个管壁出现泄漏(通过内软管的油泄漏或通过外软管的水泄漏)时会引起两个软管之间的液体积聚。两层管壁之间的传感器感应到液体的存在,就提醒操作员,以便在管壁发生泄漏和污染之前更换管段。

软管由长为10~12m、内径为15~60cm的短管组成。软管可能很长,有时可能超过1km。泄漏软管的检测是通过内置在软管内外壁之间的空间中的传感器完成的,并通过无线链路传输到一个基本节点。适用于此目的的线性网络如下所示。每个节点由一个能检测水或油的传感器和一个收发器组成(见图10.46)。此类系统的可能运算法则如下:

1) 所有传感器节点都处于休眠模式,不会发出信号(为了节省电池电量):

(a) 除非传感器检测到泄漏发生。

(b) 回应基地为检查网络运作而进行的询问。

(c) 传感器电池电量过低,需要更换。

2) 泄漏信号由传感器传输。这个信号被至少两个最近的(相邻的)节点接收。接收节点转发并标识信息。

3) 每个接收到信息的传感器节点都将信息转发给最近的两个传感器,并附带自身的附加信息（如标识号）。

4）已发送该信息的传感器在指定时间内不会重新发送该信息，以便网络将数据传输到基地并恢复到休眠模式。

5）一旦信息被基地接收到，确认信息将被发送回网络以确认信息的接收。

6）如果初始节点在指定时间内没有收到确认，则信息将被重新发送，重复整个过程。

7）如果节点不能运行（如传感器损坏或电池电量不足），信息传输路径可能会被中断。为了减少这种可能性，基地以指定的时间间隔询问网络，以确保网络正常运行，并识别失效节点以便后续替换。

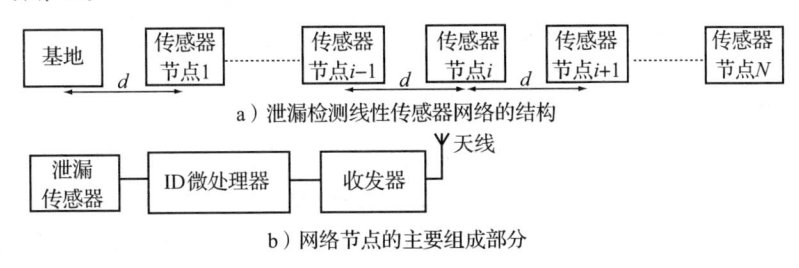

图 10.46 泄漏检测线性传感器网络的结构以及网络节点的主要组成部分

注意：在水中，尤其是在海水中，无线传输的范围非常有限，即便 10m 也是一个较长的距离。如果是这种情况，信息传输可以通过油（介质）在软管内部进行。因为软管至少有一部分会在水面之上，所以可以在软管的两壁之间放置天线。或者使用小型天线浮标，进行蜂窝通信或卫星通信，而不是节点间通信。这样的系统需要使用低功耗设备，以保证电池寿命。

10.8 习题

MEMS 传感器和执行器

10.1 MEMS 变压器。在一些 MEMS 器件中，如 MEMS 磁通门磁强计或磁执行器，需要安装电感，而在变压器中磁芯必须闭合。

(a) 给出制作 MEMS 磁变压器的几个步骤。

(b) 描述每个步骤、所用方法和所需材料。

(c) 谈谈 MEMS 中的磁结构所面临的挑战。

10.2 电容式加速度计。用 MEMS 技术制造电容式装置，比如加速度计，会相对容易。

(a) 参照图 6.17a 给出制作电容式加速度计所需的步骤。

(b) 参照图 6.17b 给出制作电容式加速度计所需的步骤。

10.3 压阻式加速度计。压阻式加速度计的基本结构如图 10.10 所示。

(a) 描述制作这种设备所需的步骤。

10.4 音叉传感器的激活方式。 在图 10.13a 和图 10.13b 中，压电板用于驱动音叉的叉齿产生共振。这是通过向压电板施加电压脉冲来实现的，压电板反过来迅速膨胀和收缩，向弹齿施加一个冲力，驱动弹齿振动。考虑其中一块板，面积为 100μm×100μm，厚度为 8μm，由 SiO_2 制成，具有以下特性：压电系数为 2.31C/N，相对介电常数为 4.63（见图 10.47），弹性系数为 75GPa。压电板的两面镀铝以施加电压。向压电板施加 12V 的电压脉冲：

(a) 计算压电板引起的最大位移。
(b) 计算压电板所施加的最大力。

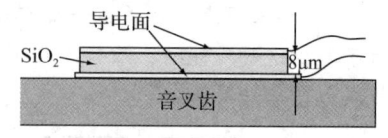

图 10.47 音叉传感器叉齿上的压电片

(c) 讨论所产生的力和位移以及它们是否足够驱动叉齿。

10.5 双轴加速度计。 考虑习题 10.3 中的加速度计。假设质量块的质量为 1g，传感器的所有部件都由硅制成。四个受弯构件长 100μm，横截面为 5μm×5μm 的正方形。硅的弹性模量为 150GPa。在图 10.10 所示的 x-y 平面内，以与竖轴（y 轴）成 θ 角的方向施加 1g 的加速度。

(a) 计算八个应变计各自测得的应变值，假设应变计放置在距受弯构件中心 40μm 处。
(b) 假设加速度与 y 轴所成的角不变，与 x-y 平面成 φ 角，应变计只能测量弯曲应变，那么读取应变计示数时 φ 的误差函数是什么？

10.6 MEMS 加速度计。 图 10.48 中的加速度计被设计为在两个轴上具有不等响应。受弯构件的横截面为 5μm×5μm，质量块的质量为 2g。八个应变计放置在距受弯梁端点 10μm 处。在 x-y 平面内，以与 x 轴成 45°角的方向施加 1g 的加速度，计算八个应变计各自测得的应变值。受弯构件由硅制成，弹性模量为 150GPa。

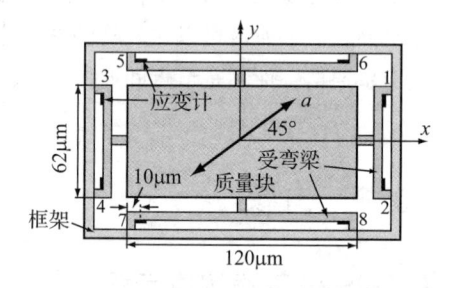

图 10.48 两轴响应不等的双轴加速度计

10.7 单轴 MEMS 加速度计。 如图 10.49 所示为用碳化硅（弹性模量 600GPa）制成的单轴加速度计。尺寸如图所示。质量块的质量为 1.8g。假设在加速度下质量块保持刚性，只有受弯梁应变。应变计非常小，出于实际应用的考虑，它们被放置在梁与框架固定连接的位置。假定应变计可以在拉伸或压缩状态下工作。

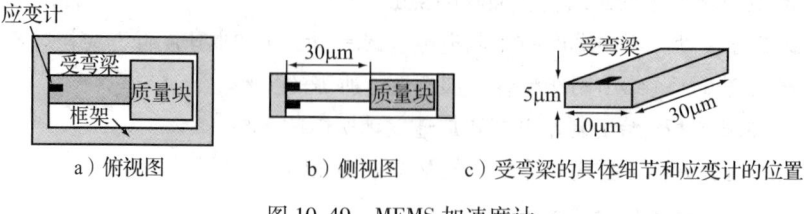

a）俯视图   b）侧视图   c）受弯梁的具体细节和应变计的位置

图 10.49 MEMS 加速度计

第 10 章 MEMS、智能传感器和执行器 135

(a) 如果应变计能承受 2.2% 的最大应变，那么加速度计的量程是多少？

(b) 加速度计需要重新设计，使量程度为 ±100m/s²。计算所需质量块的质量。

(c) 假设（a）中的质量必须减少到 500mg 要达到与（b）相同的量程，梁的长度应设为多少？

10.8 **MEMS 电动机中增加的力和转矩**。考虑图 10.50 中的微电动机。为了增加力和转矩，每个定子和转子部分被制造为梳状的。定子由七个齿组成，转子由六个齿组成。转子半径为 $r=120\mu m$，定子和转子翅片之间的重叠部分为 $e=6\mu m$。定子和转子翅片之间的间隙为 $d=2\mu m$。在给定时间内对三个定子施加 5V 的驱动电压。

(a) 计算定子和转子之间产生的力。

(b) 计算电动机的转矩。

(c) 制造和操作这种类型的电动机（特别是翅片的数量增加时）所面临的困难是什么？

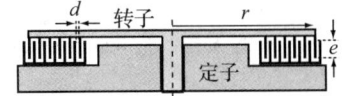

图 10.50 增加力和转矩的微电动机（横截面图）

MEMS 执行器

10.9 **喷墨打印机**。为了解喷墨打印机的操作，请考虑以下示例。在喷墨器中，墨水储存在一个带有喷嘴的容器中，如图 10.16 所示。假设容器的尺寸为 $100\mu m \times 100\mu m \times 100\mu m$，并且装满了墨水。容器底部安装有电阻用以喷出墨滴。当在电阻器上施加电压时，墨水被加热，体积膨胀，从而喷出墨滴。由于墨水是水基的，因此我们假定它有水的性质：密度为 $1g/m^3$，比热容 $C=4.185kJ/(kg \cdot K)$，体积膨胀系数为 $207\times 10^6/℃$（见表 3.10）。

(a) 如果喷墨器的电源为 5V，计算 $40\mu s$ 内（生成液滴所需的时间）将墨水从室温（20℃）加热至 200℃ 所需的电阻大小。

(b) 计算通过喷嘴喷出的液滴的体积和质量。

10.10 **静电驱动喷墨器**。静电驱动喷墨器如图 10.51 所示。它由一个直径为 $40\mu m$、高为 $40\mu m$ 的圆柱体墨室组成，带有一个喷墨喷嘴。墨室的底部是一个下方涂有导电层的薄圆盘。基板上的第二导电层与圆盘上的导电层形成电容器。为了操作喷墨器，在电容器上施加一个 $V=12V$ 的电压。圆盘被拉成凹形，腔体的体积增加，吸入墨水。当电源断开时，圆盘恢复原状，喷出墨水。圆盘由硅制成，弹性系数（杨氏模量）为 150GPa，泊松比为 0.17。

(a) 计算喷墨器喷射出的液滴的体积。

(b) 计算墨室的最大压力。

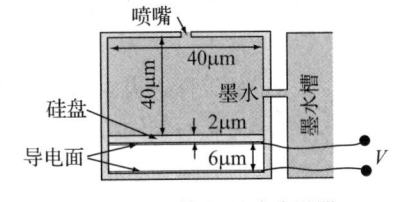

图 10.51 静电驱动喷墨器

光执行器

10.11 **波产生的力**。直径为 0.6mm、波长 1 200nm 的红外激光束在真空中入射到相对介电常数为 2.1 的理想介质材料上，传输功率为 1.2W。将光束视为电磁波，计算光束施加在电介质上的力和压强。假设激光束以光速传播，光截面功率密度均匀。

10.12 **微镜式光学执行器**。半径为 $r=120\mu m$、厚度为 $t=1\mu m$ 的圆盘状微镜的中心由 SiO_2 制成的非导电柱支撑（见图10.52）。圆盘上涂有薄的铝沉积层以形成反射面，基板上也沉积铝层。圆盘的底部也有涂层，以形成一个连续的导电表面。在两个铝表面之间施加电压 V 进行静电驱动。两个导电层之间的距离为 $d=3\mu m$。将微镜看作用硅制成的薄片，弹性模量为 150GPa，泊松比为 0.17，计算镜面边缘的偏转与外加电压的关系。忽略铝沉积的厚度。

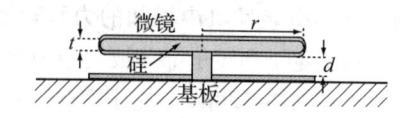

图10.52 静电驱动的微镜结构

泵和阀门

10.13 **常闭电磁阀**。电磁阀如图10.53所示。提升阀悬挂在细臂上使阀门保持关闭状态，这些细臂的弹性常数为 k。给螺旋线圈输入电流 I，产生近似线性的磁感应强度，给定 $B=(a-r)CI[T]$，其中 r 是到轴的径向距离，a 是线圈的外半径，C 是测量常数（给定），取决于匝数、密度和铁磁材料的磁导率。估算阀门完全打开，即将提升阀向上移动距离 d 所需的电流。忽略重力，由于位移较小，假定提升阀向上移动时缝隙中的磁感应强度保持不变。

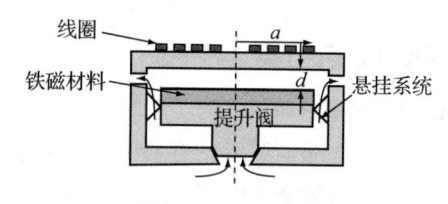

图10.53 电磁阀

10.14 **非线性力微执行器**。考虑图10.54中的梳状微执行器。翅片不横向移动（即翅片移进移出），而是上下移动。图中显示了在电源接通前执行器的位置。平板长 $60\mu m$，深 $20\mu m$，间距为 $d=4\mu m$。如果执行器需要向下移动 3.5μm（图中未显示阻挡块，它用于防止板间距小于 0.5μm）：

(a) 给定空气击穿电压为 3 000V/mm，计算可施加在执行器上的最大电压。

(b) 计算与运动部件的位置相对应的力的范围。

(c) 如果标记为 $4d$ 的尺寸等于 d（即移动极板与固定极板之间的距离为 $4\mu m$），会发生什么情况？

(d) 假设使用控制器随运动部件的位置调整电压，从而在运动部件的初始位置获得更大的力。电压和力的预计范围是什么？你认为力与位置呈线性关系吗？

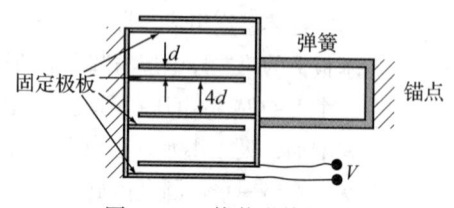

图10.54 梳状微执行器

10.15 **连续光执行器**。考虑一个由静电梳执行器驱动的镜子，如图10.55所示。激光束必须在所示位置的 24°范围内进行扫描。镜子的长度为 $40\mu m$，与设备表面成 12°，梳状执行器的极板间距为 $2\mu m$（执行器的运动部分有 11 个极板，固定部分有 10 个极板），结构的深度（垂直于页面）为 35μm。假设梳子的上齿与源的正极相连，下齿与负极相连，齿间有空气。忽略齿的厚度。当电源断开时，扭转弹簧将梳齿恢复到初始状态。弹簧被设计为施加 5V 电压时梳齿闭合（最大位移）。

(a) 计算梳状执行器上的最大力。

(b) 如果可以精确地控制电压以 0.5mV 为增量，那么传感器的分辨率（光束移动或增加的最小角度）是多少？

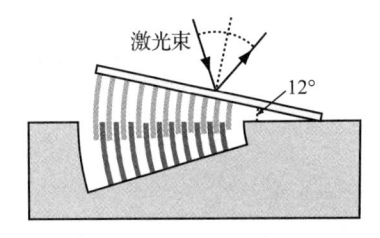

图 10.55　静电梳执行器驱动的镜子

调制解调

10.16 **数字信号的振幅调制**。用振幅调制器和 1.6MHz 的载频调制幅值为 5V、频率为 10kHz、占空比 50% 的脉冲序列。

(a) 计算并画出调制深度为 30% 的信号波形。

(b) 信号能在接收器中完全恢复所需的传输带宽是多少？讨论该问题。

10.17 **数字信号的频率调制**。用频率为 100MHz，振幅为 12V 的载波对式（10.16）中的信号进行调频：

(a) 要在接收器中完全恢复信号所需的带宽是多少？

(b) 假设 FM 电台允许的信号带宽为 100kHz，使用傅里叶变换计算接收到的信号。

(c) 利用式（10.12）和式（10.13）写出（b）中已调载波信号的表达式。

10.18 **余弦信号的频率调制**。在振幅为 12V、频率为 1MHz 的载波信号上调制振幅为 5V、频率为 10kHz 的余弦信号。最大频率偏差为 500kHz（宽带调制）。假设信号相位为零。

(a) 计算并画出已调信号波形。

(b) 已调信号的调制指数是多少？调制器的灵敏度是多少？

10.19 **相位调制与相位失真**。广播中的音乐使用频率为 98MHz 载波进行相位调制：

(a) 如果传输信道的可用带宽是 40kHz，而传输的声音频率在 20Hz~16kHz 之间变化，振幅为 4V，那么调制器最大的相位灵敏度是多少？

(b) 假设要在（a）值的基础上增加 20% 的相位灵敏度。这种变化导致失真的频率范围是什么？

10.20 **FSK 解调**。FSK 信号的一种解调方法如图 10.56 所示。输入调制信号首先延时 Δt，然后原始信号和延时信号在混频器中相乘。混频器后面是一个低通滤波器，用来消除高频信号。假设一个 FSK 信号 0 用 f_1 = 10kHz 表示，1 用 f_2 = 20kHz 表示。也就是说，信号 0 是 $A_c \cos(2\pi f_1 t)$，信号 1 是 $A_c \cos(2\pi f_2 t)$。上述信号用来编码振幅为 1V、频率为 1kHz 的脉冲序列。

(a) 证明对于固定频率 f，解调器的输出是一个只取决于振幅 A、频率 f 和时延 Δt 的直流电平信号。

(b) 对于上述 f_1 和 f_2 的值，计算解调器的单位振幅（A_c = 1）输出。时延为 f_1 周期的一半。

(c) 画出调制和解调信号波形。

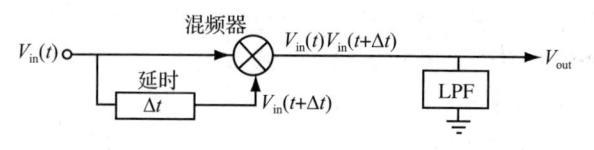

图 10.56　FSK 信号的一种解调方法

10.21　**数字调制器**。数字调制器相对简单，只需要振荡器和电子开关就可以实现。图 10.57 为 FSK 调制器的原理（电路和电子开关的实现将在第 11 章讨论）。考虑理想开关，控制电路允许开关根据数字输入闭合和打开。图中所示的开关位置用于数据"1"。

(a) 解释该电路并画出数字序列 10011011 的输出波形。
(b) 按照开关振荡器的思想，设计一个 OOK 调制器。画出数字序列 11001011 的输出波形。
(c) 如何实现基于振荡器和开关的 PSK 调制器？画一个电路来演示原理。画出数字序列 01001110 的输出波形。

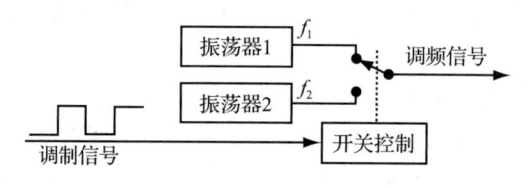

图 10.57　FSK 调制器原理

10.22　**幅度解调**。根据式（10.10）中的 AM 信号：
(a) 说明用低通滤波器滤除载波可以得到一个振幅与调制信号的振幅成正比的信号。
(b) 将信号整流作为解调的一部分的目的是什么？解调可以不进行整流吗？

10.23　**频率解调**。图 10.35a 所示为 FM 解调的框图。
(a) 根据式（10.12），说明通过对已调信号进行微分，然后滤除载波频率，可以得到解调信号，即得到一个振幅是调制信号频率的函数的信号。
(b) 解调信号的频率是什么？

10.24　**相位解调**。图 10.35b 所示为 PM 解调的框图。根据式（10.14），说明先对信号进行如图 10.39a 所示的频率解调，然后对信号进行积分，可以得到一个振幅与调制信号的相位成正比的输出。

编码与解码

10.25　**单极性和双极性编码**。一串 16 位数字信息序列用十六进制表示法表示为 D8FF（见 C.1.3 节）。该信息的比特定义如下：每比特由三个时钟脉冲组成；"0"被定义为一个时钟周期的高电平接两个时钟周期低电平；"1"被定义为两个时钟周期高电平接一个时钟周期低电平（见图 10.58）。

(a) 用单极性 NRZ 码编码并画出编码后的信息波形。

(b) 用双极性 NRZ 码编码并画出编码后的信息波形。

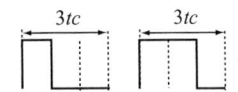

图 10.58　数字信号中 "0" 和 "1" 的表示

10.26 **曼彻斯特解码**。图 10.59 给出了一个 24 位数字的曼彻斯特编码数据序列和时钟。对信息进行解码，绘制草图，并以数字序列和十六进制的格式给出数据（见 C.1.3 节）。

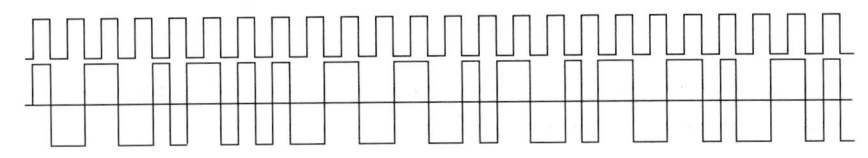

图 10.59　24 位数字的曼彻斯特编码数据序列（下）和时钟（上）

10.27 **脉宽调制编码**。在数字系统中，噪声可能会造成一系列问题，逻辑 "0" 和逻辑 "1" 会因为噪声而变得不那么容易区别，为了解决这一问题，可以选用 "0" 和 "1" 都被编码为脉冲，用脉冲的宽度表示状态的 PWM 编码方法。如图 10.60 所示，"0" 由宽度为两个时钟周期的脉冲表示，"1" 用宽度为一个时钟周期的脉冲表示，每个数字由三个时钟周期组成。

(a) 使用这个方法对十进制数 39 572 进行编码，画出输出波形。

(b) 在接收器时钟可用的情况下，描述一种可以解码 PWM 编码数据的算法。

图 10.60　一种逻辑 "0" 和逻辑 "1" 的脉宽表示

10.28 **CAN 总线 NRZ 编码和解码**。CAN 总线是一种常用的车载总线，用于连接传感器和执行器，影响传感器和执行器之间的数据通信。它使用 NRZ 编码方案，这意味着在一个时钟脉冲结束时，信号保持在之前的状态，直到信号本身改变状态。为了解决这个问题，假设 "1" 是 +5V，"0" 是 −1.5V，并且转换发生在时钟的下降沿（CAN 总线规范是基于差分电压的，比这个问题假设的要复杂得多）。考虑一个 $t/2\mu s$ 高电平，$t/2\mu s$ 低电平的脉冲时钟（即时钟周期为 t）。一个传感器发送 16 位（2 字节）数字数据 1011 0011 1001 1011，每个比特的时长为 $5t$。初始状态（数据到达之前）是 "0"。

(a) 画出所生成并在总线上传送的信号波形。

(b) 假设每个数据位的长度为 $4.6t$。信号波形如何？画出信号波形并与（a）比较，尤其是脉冲改变状态时的位置。

10.29 **无源 RFID**。无源 RFID 以 FSK 模式工作在 13.56MHz，使用图 10.40b 所示的格式。所

述读取器中的检测电路至少需要 10 个该数字的频率周期才能够检测该数字是 "1" 还是 "0"。RFID 包含两个传感器——一个温度传感器和一个湿度传感器，以及标识信息。传输的数据是一个 12 位的 RFID ID 号，然后是两个传感器各自的 6 位 ID 号，再然后是 6 位的温度和 6 位的相对湿度。通电后，RFID 检测到电源，为内部电容充电，并将数据传回给读卡器。信息中的每个字符都以 8 位数码词的形式存储和传输，该数码词包含与字符等价的 ASCII 码（美国标准信息交换码）。

(a) 忽略电容器充电所需的初始时间，以及可能发送的额外字符（例如每种类型信息之间的间距、同步位和防冲突信息），计算读取传感器信息最少需要多少时间。

(b) 将调制方式换为 ASK 调制，(a) 中的其他条件不变，计算读取传感器信息最少需要多少时间。

(c) 将调制方式转换为 ASK 调制，载波频率为 145kHz，(a) 中的其他条件不变，计算读取传感器信息最少需要多少时间。

10.30 **有源 RFID**。记录和跟踪列车的系统是由在列车上的有源 RFID 和沿轨固定位置的读取组成的。读卡器被放置在距离车厢两侧 2m 的地方，当火车经过时读取信息。RFID 工作在 865MHz，信息流中的每个字符都以 8 比特字的形式传输。数据以 FSK 方式传输，两个频率分别为基频除以 16（0），基频除以 32（1）。如果有源 RFID 最大可靠工作范围为 10m，列车以 35km/h 的速度通过，计算：

(a) 以字节为单位，可以成功传输的最大信息流长度。读取单个比特需要至少 120 个信号周期。忽略任何可能影响数据传输速率的延迟和带宽问题，假设汽车至少有 12m 长。

(b) 如果调制方式切换为 ASK，那么 (a) 的答案是什么？

(c) 讨论实际中将信息流长度限制为远低于 (a) 和 (b) 中计算值的原因。

传感器网络

10.31 **水质传感器网络**。设计一个网络来监测国家公园的水质，确定传感器的类型和通信协议。讨论一些实用的网络连接方法。估计所需节点的数量和类型、电源供应等。绘制网络组成示意图。

10.32 **全国雷击传感器网络**。设计一个传感器网络来监测全国范围内的雷击，以作为天气预报系统的一部分。确定所需的传感器、网络类型和通信方式。假定可以可靠地探测到在 150km 范围内发生的雷击，雷击的定位至少需要 3 个传感器，估计传感器密度。估计监测美国境内每一次雷击所需的传感器数量（大约 4 000km×3 000km 的长方形区域）。确定完成检测、定位和向枢纽报告所需的通信方式。

10.33 **火灾探测/灭火网络：传感器和执行器网络**。确定包括住房、办公室、零售和公共空间在内的大型综合建筑的传感执行网络中的以下组件。

(a) 火灾/烟雾的探测：传感器类型、传感器密度以及传感误差。

(b) 局部灭火：灭火方法及安全性。

(c) 警报器：警报器和执行器的类型。

(d) 紧急服务通信。

(e) 求助热线。

(f) 邻近节点通信。

10.34 **CAN 总线**。CAN 总线是专门为车辆设计的，用来将传感器和执行器连接到中央处理器单元的线性双线网络。讨论一下与这种总线相关的问题。

(a) 传感器或执行器在单个双线总线上的连接。如何连接多个设备并与之通信？

(b) 讨论避免信息冲突的协议。

(c) 要在车辆环境中运行这种网络，需要具备哪些具体特性？

10.35 这里提出一种用于监测输电线路状况并向中央控制站报告的系统。该系统由线路上的传感器组成，这些传感器监测温度、电流、绝缘体状况和腐蚀率，每个传感器使用短程无线链路将数据传输到最近的基站。每个基站上都有额外的传感器，用于监测风速、振动、结构完整性和腐蚀等情况。基站和线路传感器收集的数据通过 Wi-Fi 模块传输到 Wi-Fi 模块覆盖范围内的其他三个基站。如果可以建立蜂窝连接，则每 10 个基站通过蜂窝链路传输从相邻塔收集的数据；如果无法建立蜂窝连接，则通过卫星链路传输。除传感器数据外，该系统还传输传感器和基站标识信息以及 GPS 坐标。

(a) 画出传感器通信网络及其连接和通信链路的系统的一部分，以便展示所有可能的数据传输路径。

(b) 列出网络中的冗余链接，即那些即使断开也不影响网络运行的链接，评价各种类型的链接上的数据负载以及如何通过适当的协议控制它们。

第 11 章
接口方法和电路

神经系统

人体内的神经系统是一个神经元网络，负责各种传感器和大脑之间的信号传输，并将信号从大脑传输到身体的不同部位，通过肌肉实现驱动。该系统由多个组件组成，可分为两个主要部分。一个是中枢神经系统，由大脑和脊髓组成（视网膜也被认为是中枢神经系统的一部分）。一般来说，中枢神经系统与处理感觉以及其他信号有关。第二个是周围神经系统，由感觉神经元和以相当复杂的模式与神经元连接的胶质细胞组成，一些神经元聚集在神经节中（体内最大的神经节位于脊髓，负责身体的许多运动功能）。神经元是特化细胞，可以执行特定的功能，如感知、神经传递或连接，并与其他神经元或身体特定部位进行通信。大多数信号在神经元之间以电脉冲的形式通过轴突传递，轴突是连接在神经元之间的细长结构。神经元通过称为突触的膜连接到细胞，这些突触可以传递电信号或化学信号。有些信号是通过释放激素来传递的。轴突束称为神经。

在周围神经系统中，神经有三个主要功能。第一个功能是感觉，将身体和皮肤上的各种感受器的感觉信号传导到中枢神经系统（大多数感受器都在皮肤上，但也存在于感觉器官中，包括耳朵、鼻子、舌头和眼睛）。第二个功能是运动功能，将信号传递给肌肉和器官以影响身体的运动功能。第三个功能是控制身体的自主行为，如呼吸和心脏跳动，以及无意识反应，如闭眼、逃离危险，以及在需要时保存身体能量。

从感知和驱动的角度来看，神经系统提供了一种手段，将身体的感觉和驱动功能与中枢神经系统（大脑）联系起来，并传递反馈来控制身体的行动以及对它所处环境的感知。

11.1 引言

传感器或执行器很少能单独工作，但也有例外，例如，双金属传感器既能感应也能直接驱动开关或表盘。然而在大多数情况下都会涉及某种电路。这种电路可以像连接电源或变压器一样简单，但更多情况下会涉及放大、阻抗匹配、信号调节和其他类似功能。在其他情况下，如果需要数字输出，则需要进行模数（A/D）转换，或者在某些情况下，可以使用更简单的 A/D 转换方法。通常，电路也是某种微处理器或编程器。除了现在的放大器涉及更大的功率和转换时可能是从数字到模拟（D/A）进行转换的，同样的考虑也适用于执行器，因为许多执行器本质上是模拟的。因此，虽然有些因素在感知和执行方面似乎是次要的，但是对于传感/驱动策略的成功是必要的，传感器或执行器在传感/驱动策略中并不总是关键部分。这些都与连接设备所需的电路有关，从而使传感器或执行器变得有用。接口因素应该是设计过程中不可缺少的一部分，因为这样可以在很大程度上简化针对特定应用的器件选择。如果存在一个数字设备，那么选择一个等效的模拟设备并添加把其输出转换为数字格式所需的电路将是一种浪费。结果可能会是一个更烦琐和昂贵的系统，将需要更多的时间来生产。在确定一个特定的解决方案之前，应当充分考虑可供选择的传感策略和传感器，因为许多不同类型的传感器可以完成相同的任务，而且选择哪种策略总体上最好并不总是显而易见的。综合考虑上述因素，不论设计上的约束是什么，都必须解决好接口问题。例如，如果成本是最重要的考虑因素，那么选择最简单、最便宜的传感器并不总是能产生总体上最便宜的设计。同样，有时使用一个昂贵的传感器是没有意义的，比如说，选择了可以感知到 0.001℃ 的传感器，却发现 A/D 转换将精度限制在 0.01℃，或者系统输出的显示器只能显示 0.1℃ 的增量。

尽管传感器和执行器有许多种类型，并且基于不同的原理，但从接口的角度来看，它们之间存在着必须考虑的共同点。首先，大多数传感器的输出是电信号，如果输出为电阻、电压或电流等，那么可以在适当的信号调节和放大后直接进行测量。在其他情况下，输出是电容或电感，这些就通常需要用到额外的电路，例如振荡器的结构，然后通过测量振荡器的频率进行测量。在某些情况下，传感器的输出是频率，而执行器的输入可能是不同宽度的脉冲。

另一个重要的考量因素是所涉及的信号电平，因为传感器和执行器的信号电平范围很大。热电偶的输出可能是数量级为几微伏的直流电，而线性可变差动变压器（LVDT）的输出很容易产生 5V 的交流电。在执行器中，电压和电流可能相当高。压电执行器可能需要几百伏才能工作（电流很小），而电磁阀通常工作电压为 12~24V，电流可能超过几安培。驱动这些设备并将它们连接到微处理器所需的电路有很大的不同，需要工程师特别注意。此外，还必须考虑响应（电气和机械）、量程、功耗以及电能质量和可用性等问题。连接到电网的系统和无绳系统在操作和安全方面有不同的要求和考虑。

本章的目的是讨论与接口相关的一般问题，并对工程师可能接触到的常见接口电路进行概述。任何针对一般性问题的讨论都不能涵盖所有可能遇到的问题，因此这里讨论的方法既有例外，也有扩展。例如，模数转换是一种简单的方法，它能够将信号数字化，从而实现与微处理器连接。但是，在某些情况下，这种方法可能不是必需的，或者可能过于昂贵。一个恰当的例子是：假设使用霍尔元件来检测旋转齿轮上的齿，来自霍尔元件的信号是交流电压（或多或少是正弦的），只有峰值是检测齿轮所必需的。在这种情况下，设计一个简单的峰值检测器并进行简单的信号调节可能就足够了。模数转换器（A/D 或 ADC）不会提供任何额外的好处，反而是一种更复杂、更昂贵的解决方案。如果使用微处理器，并且板上有 A/D 转换器，则可以将它用于此目的，而不需要添加电路。

首先，我们将讨论放大器，特别是运算放大器（operational amplifier, op-amp），因为这些放大器提供了出色、简单的放大解决方案，几乎涵盖了传感和驱动过程中遇到的所有信号和频率范围，为信号调制和滤波以及阻抗匹配提供了同样的可能性。功率放大器在驱动中更重要，但它们与运算放大器涉及一些共同的原理，因此将一起讨论。11.4 节将介绍基本原理和一些有用的电路。接下来将讨论 A/D 和 D/A 转换电路，因为它们在与微处理器等数字设备连接时是必不可少的。我们从简单的阈值方法开始，之后对更复杂的电压/频率（V/F）转换电路和真正的 A/D 转换器进行讨论。再接下来将介绍电桥电路的主题，讨论灵敏度，并介绍放大电桥，将它们与前面讨论的一些运算放大器电路相结合。接下来，我们将讨论数据传输问题，着重强调对低电平信号传输准确性的需求以及适合传输的方法。作为电路的必要条件，尤其是在传感器和执行器中，了解电路的激励需求非常重要，包括电源及其对电路的影响。这些电源包括直流电源和交流激励源。本文还将讨论正弦波振荡器和方波振荡器。本章最后一节将讨论传感器中的噪声和干扰以及解决它们的一般方法。

简单介绍一下电路和电路选择。现代电子学提供了令人眼花缭乱的各种元件和电路，有些是通用的，有些是专用的。为应用选择特定组件既容易又极其困难。因为可用的元器件种类繁多，而且人们很可能会找到一种可以完成这项工作的电路，所以这是容易的。因为每个选择都有特定的优势和限制，所以这又是困难的。有时，这一过程还有可能是令人沮丧的，因为基于各种原因，看似自然而然的选择可能并不适用或不应该被使用。例如，假设我们需要放大一个信号。一个具有适当偏置的晶体管就可以实现。然而，电路更复杂的运算放大器可能会在整体上（性能、设计时间，甚至成本）提供更好的解决方案，尽管运算放大器实际上远远超出了应用的需求。类似地，当温度超过 75℃ 时，人们可能只需要读取传感器的信号并打开灯（作为警告）。任何电气工程师都可以设计一种简单的电路来做到这一点。然而，虽然使用微处理器看起来是"矫枉过正"，但成本可能会更低。简单地说，从成本、组件数量（以及空间）和未来可能的变化的角度来看，尽管需要编程，但使用微处理器仍是一个更有吸引力的解决方案。

11.2 放大器

放大器是一种将电压等信号从低电平放大到所需电平的设备（也存在电流和功率放大器）。在这种情况下，传感器的低压输出，例如热电偶，可以放大到控制器或显示器所需的电平。根据接口电路的需要，放大倍数可能相当大，有时在 10^6 量级，也可能相当小。即使不需要放大，放大器也可用于阻抗匹配目的，或仅用于信号调制、信号转换或传感器与所连接的控制器之间的隔离。通常连接到执行器的功率放大器，除了提供驱动执行器所需的功率外也有类似的用途。

放大器可以非常简单，例如，可以是一个晶体管及其相关的偏置网络，也可以是更复杂的电路，包括许多复杂程度不同的放大级。然而，由于我们在此关注的是电路的功能而不是设计细节，因此我们将使用运算放大器作为放大的基本构件。这不仅仅是为了方便——运算放大器是基本器件，可以被视为组件。工程师在连接传感器时，不太可能深入研究低于运算放大器水平的电子电路的设计。虽然有些情况下这样做可能会有很大的优势，但运算放大器几乎总是更好、更便宜和性能更高的选择。

11.2.1 运算放大器

运算放大器是一种相当复杂的电子电路，基于图 11.1 所示的差分电压放大器的思想。在这个使用晶体管的电路中，输出是两个输入之间差值的函数。假设当两个输入都为零电势时输出为零，其操作如下：当 Q_1 基极上的电压增加时，其偏置增加，而 Q_2 上的偏置由于共同的发射极电阻而减小。Q_1 的导通量大于 Q_2，且输出相对于地为正。如果顺序颠倒，则会发生相反的情况。然而，如果两个输入相等地增加或减少，则输出不会发生变化（输入之间的差值为零）。

差分放大器用作运算放大器的前端或输入，随后是附加电路（附加放大级、温度和漂移补偿、输出放大器等），但除了它们影响运算放大器的规格外，我们对这些电路都不感兴趣。通过一些修改，可以允许运算放大器在特定条件下操作或执行特定功能。有些是"低噪声"器件，有些可以在单一极性源下工作，还有一些可以在更高的频率下工作或特别适合放大低信号。如果用场效应晶体管（Field-Effect Transistor，FET）代替输入晶体管，则输入阻抗会显著增加，因此需要连接的传感器提供更低的输入电流。所有这些都很重要，但仅仅是基本电路的变体。为了理解放大器的特性，我们将其看作一个简单的框图，如图 11.2 所示，并在此图的基础上讨论放大器的一般特性。接下来将讨论运算放大器更突出的特性。

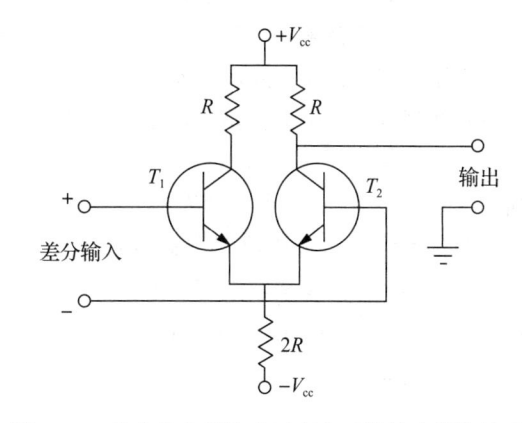

图 11.1 差分放大器构成了所有运算放大器的基础

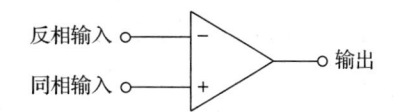

图 11.2 运算放大器的符号

1. 差分电压增益

这是对两个输入之间差值的放大：

$$V_o = V_i A_d \tag{11.1}$$

其中 V_i 为差分输入电压，A_d 为差分开环增益，有时称为 DC 开环增益，在一个好的放大器中，它应该尽可能大。开环增益大于或等于 10^6 是常见的。理想放大器被认为具有无穷大的差分开环增益。

2. 共模电压增益

由于放大器的差分特性，共模增益应该为零。由于两个输入之间的不匹配，实际放大器可能会有一些共模增益，但这应该很小。共模电压增益表示为 A_{cm}，概念如图 11.3 所示。在运算放大器规范中，更常见的术语是共模抑制比（Common

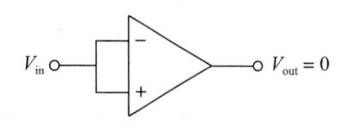

图 11.3 共模信号和输出

Mode Rejection Ratio，CMRR），定义为 A_d 和 A_{cm} 之间的比率：

$$\mathrm{CMRR} = \frac{A_d}{A_{cm}} \tag{11.2}$$

在理想的放大器中，这一比率是无穷大的。一个好的放大器会有一个很高的共模抑制比。

3. 带宽

带宽是指可以放大的频率范围。通常，放大器在低至直流下工作，在输出功率降低 3dB 的最大频率（具体取决于器件）下具有平坦的响应。理想的放大器应该有无限的带宽，而实际放大器的开环增益带宽相当低。一个更重要的量是运算放大器工作时实际增益的带宽，如图 11.4 所示，它显示增益越小，带宽越大。因此，数据手册引用了所谓的增益带宽积，表示增益降至 1 的频率，也称为单位增益频率（或 0dB 增益频率）。例如，在图 11.4 中，增益为 1 000 的开环带宽约为 2.5kHz，单位增益频率约为 5MHz。

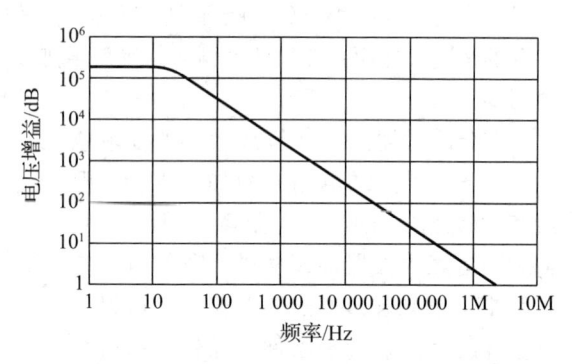

图 11.4 运算放大器工作时实际增益的带宽

4. 压摆率

压摆率是输出响应输入阶跃变化的速率，通常以伏特每微秒（V/μs）为单位。它的实际意义在于，如果输入信号的变化速度快于压摆率，则输出将落后于它，从而会得到失真的信号。这限制了放大器的可用频率范围。例如，理想方波在压摆率定义的输出处具有上升和下降的斜率。图 11.5 中的示意图显示了压摆率为 2V/μs（非常低的转换速率）时对放大器输出的影响。放大器的输出从 0V 增加到 15V 需要 7.5ms（见图 11.5a），而降低到 0 需要 7.5ms。因为输入脉冲高达 10ms，所以该脉冲仍可被识别为方波，但输出脉冲的宽度和形状已改变。在某些信号频率以上，方波脉冲仅由于压摆率就已经无法识别。在图 11.5b 中，脉冲宽度仅为 10ms。脉冲高电平持续 5ms，该输出线性地增加至 10V。在此期间，输入脉冲变为低电平，输出又降至零。显然，这不是方波脉冲，并且其幅度已经降低。在 1MHz 下，脉冲的幅度将只有 1V，前提是假设放大器可以在 1MHz 下工作。因此，压摆率限制了放大器可以工作的可用频率，该限制与带宽的限制彼此独立，也就是说，即使带宽足够大，如果转换速率很低，也会出现信号失真。

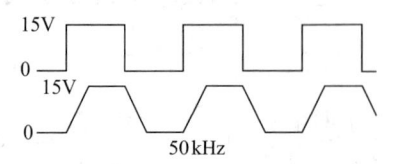

a）压摆率限制了信号的增减速率 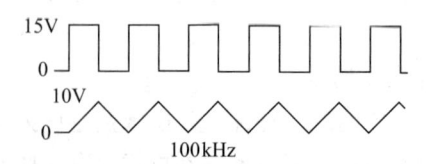　　b）随着频率的增加，脉冲形状和幅度会发生改变

图 11.5　压摆率的影响

5. 输入阻抗

输入阻抗是传感器在开环模式下连接到运算放大器时看到的阻抗。通常，该阻抗很高（理想情况下为无穷大），但会随频率和放大器的配置方式而变化。传统放大器的典型输入阻抗约为 1MΩ，而 FET 输入放大器的输入阻抗可达数百兆欧。正如稍后将看到的，闭环阻抗可以低得多，也可以高得多。此阻抗定义了驱动放大器所需的电流，从而决定了它对传感器施加的负载。

6. 输出阻抗

这是从负载端看到的阻抗。理想情况下，输出阻抗应该是零，因为放大器的输出电压不会随负载变化，但实际上它是有限的，并且取决于增益。通常，输出阻抗是针对开环操作给出的，而在增益较低时，阻抗较低。一个好的运算放大器的开环输出电阻只有几欧姆。

7. 温度漂移和噪声

这些是指输出随设备温度和噪声特性的变化。这些数据由数据手册提供，通常非常小。然而，对于低信号，噪声可能很重要，而温度漂移如果不可接受，则必须通过外部电路进行补偿。

8. 电源要求

经典运算放大器的设计使其输出为 $\pm V_{cc}$ 或轨对轨，这与其差分输入是一致的。这种双电源工作方式对许多运算放大器都很常见，尽管其极限值可以低至 -3V（或更低），也可高达 +35V（有时更高）。许多运算放大器都是为单电源工作而设计的，从小于 3V 到大于 30V 不等，有些可用于单电源和双电源两种模式。在使用运算放大器时，流过放大器的电流是一个重要的考虑因素，尤其是静态电流（空载），因为它很好地指示了使器件工作所需的功率。这在电池供电的电路中尤为重要。负载下的电流将取决于应用，但通常相当小——只有几毫安（在某些情况下要小得多）。在为运算放大器选择电源时，应注意电源引入的噪声。电源对放大器的影响通过特定放大器的电源抑制比（Power Supply Rejection Ratio，PSRR）来指定。

11.2.2 反相和同相放大器

从前文的详述中可以清楚地看出，放大器的性能取决于它的使用方式，特别是取决于放大器的增益。在大多数实际电路中，开环增益是无用的，必须建立一个特定的、较低的增益。例如，我们可能有来自传感器的 50mV 输出（最大值），并要求将此输出放大 100 倍，以获得 5V（最大值）的电压值，从而连接到 A/D 转换器。这可以通过图 11.6 所示的两种基本电路中的一种来实现，这两种电路都建立了一种负反馈方式，以将开环增益降低到所需的水平。

1. 反相运算放大器

在图 11.6a 所示的放大器中，因为输入连接到反相输入，所以输出相对于输入是反转的（180°反相）。反馈电阻 R_f 将这些输出中的一部分反馈到负输入，从而有效地降低了增益。放大器的增益现在为

$$A_v = -\frac{R_f}{R_I} \tag{11.3}$$

在这里所示的例子中,增益正好是-10。

a)反相运算放大器　　　　　　　b)同相运算放大器

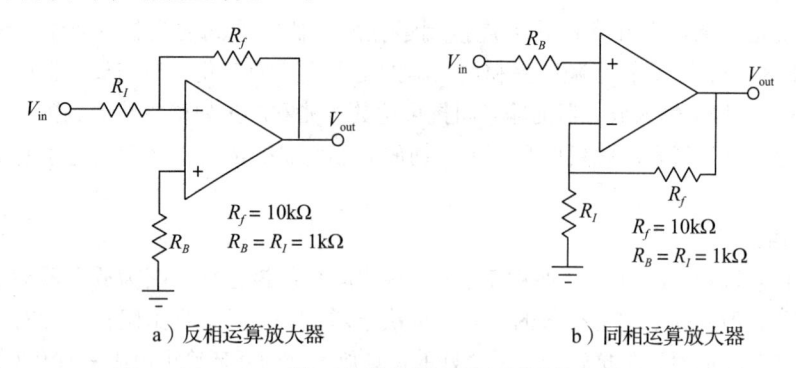

图 11.6　反相运算放大器和同相运算放大器

反相放大器的输入阻抗如下所示:

$$R_i = R_1 \tag{11.4}$$

都等于1kΩ。显然,如果需要更高的输入电阻,可能需要使用更大的电阻,也可能需要不同的放大器,或者更有可能的是,必须使用同相放大器(见下文)。

反相放大器的输出阻抗稍微复杂一些:

$$R_o = \frac{(R_1+R_f)R_{ol}}{R_1 A_{ol}}[\Omega] \tag{11.5}$$

其中,R_{ol}是数据手册中列出的开环输出阻抗,A_{ol}是器件工作频率下的开环增益(见图11.4),它可能不是最大开环增益。例如,一个通用运算放大器的开环输出阻抗为75Ω,1kHz 时的开环增益约为 1 000。这使得输出阻抗为

$$R_o = \frac{(1\,000+10\,000)(75)}{1\,000 \times 1\,000} = 0.825\,\Omega$$

该放大器的带宽也受到反馈的影响:

$$BW = \frac{(单位增益频率)R_1}{R_1+R_f}[Hz] \tag{11.6}$$

这些值显示了放大器如何用于放大和改变输入和输出阻抗,以匹配传感器和控制器。然而请注意,在本例中,输入和输出阻抗都降低了,这可能是可接受的,也可能是不可接受的。对于接口,在任何情况下都必须考虑到这一点。

2. 同相运算放大器

如果使用图 11.6b 中的同相运算放大器,则上述关系式改变如下:

增益:

$$A_v = 1 + \frac{R_f}{R_1} \tag{11.7}$$

对于所示的电路,增益是 11。

输入阻抗:

$$R_i = R_{oi} A_{ol} \frac{R_I}{R_I + R_f} [\Omega] \qquad (11.8)$$

其中，R_{oi} 是规格表中给出的运算放大器的开环输入阻抗，A_{ol} 是放大器的开环增益。假设开环阻抗为 1MΩ（中值），开环增益为 10^6，则输入阻抗为 $10^{11}\Omega$。这接近放大器应有的理想阻抗。输出阻抗和带宽分别与式（11.5）和式（11.6）中的反相放大器相同。应该指出的是，使用同相放大器的主要原因是它的输入阻抗非常高，这使得它几乎是许多传感器的理想选择。

还有其他需要考虑的属性，例如，输出电流和负载电阻。一个合适的设计应考虑到这些特性，以及压摆率、噪声、温度变化等因素。

例 11.1：放大器的设计

在正常人类语音范围内，压电式麦克风的输出范围为 $-10 \sim 10\mu V$ [有关压电器件中电压变化和压力变化之间的关系，请参阅式（7.41）]。一般认为，人类的听力范围在 20Hz~20kHz 之间。当输入在 $-10\mu V$ 和 $10\mu V$ 之间变化时，麦克风的输出必须被放大到 +2V 和 -2V 之间，并且在频率范围内是平坦的。为此，建议使用运算放大器，其频率响应如图 11.4 所示。运算放大器提供以下数据：单位增益带宽为 5MHz，开环增益为 200 000，开环输入阻抗为 500kΩ，开环输出阻抗为 75Ω。

（a）设计一个放大器电路，连接麦克风并提供所需的输出。
（b）计算电路的输入阻抗和输出阻抗。

解 在继续之前，应注意所需的放大倍数为 200 000（2V/10μV）。虽然运算放大器的开环增益为 200 000，但在该增益下的带宽仅为 20Hz 左右。显然，这将需要不止一个放大器，它的数量由所需带宽决定。此外，输出是反相的，而麦克风必须连接到同相放大器，因为压电式麦克风具有高阻抗。

（a）所需带宽为 20kHz。从图 11.4 可以看出，在该带宽下增益约为 110。为了确保适当的频率响应，我们将假设最大增益为 100。因此，我们需要三个放大器。这里我们有很多选择：可以选择第一级增益为 100，第二级增益为 100，第三级增益为 20，或者选择 50、50 和 80，或者选择在带宽的最大增益要求范围内的任何其他组合。这里我们将选择第一个选项（任意），第一级为同相，第二级为反相，第三级为同相，以确保输出为反相且输入为高阻抗。该电路如图 11.7 所示。对于第一个放大器，由式（11.7）得：

$$A_1 = 1 + \frac{R_{f_1}}{R_{I_1}} = 100 \rightarrow \frac{R_{f_1}}{R_{I_1}} = 99$$

选择 $R_{I_1} = 1k\Omega$，$R_{f_1} = 99k\Omega$。让 R_{B_1} 的阻值等于 R_{I_1}。

对于第二级，由式（11.3）得：

$$A_2 = -\frac{R_{f_2}}{R_{I_2}} = -100 \rightarrow \frac{R_{f_2}}{R_{I_2}} = 100$$

我们同样选择方便的值：$R_{I_2} = 1k\Omega$，$R_{f_2} = 100k\Omega$，$R_{B_2} = 1k\Omega$。

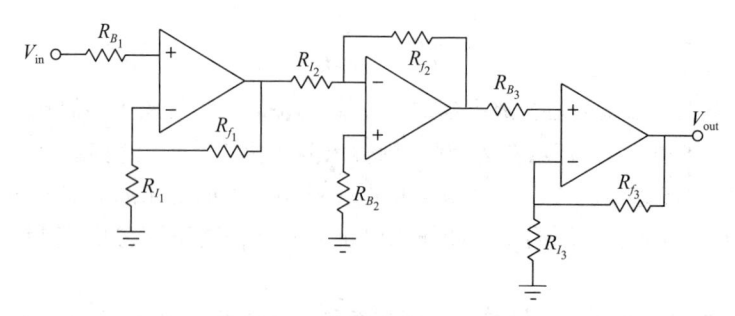

图 11.7 三级反相放大器

第三级也是同相的：

$$A_3 = 1 + \frac{R_{f_3}}{R_{I_3}} = 20 \rightarrow \frac{R_{f_3}}{R_{I_3}} = 19$$

电阻是 $R_{I_3} = 1\text{k}\Omega$，$R_{f_3} = 100\text{k}\Omega$，$R_{B_3} = 1\text{k}\Omega$。

注意：19kΩ 和 99kΩ 的电阻不是标准值，可能很难获得。可以分别选择 20kΩ 和 100kΩ，但是现在总放大倍数将变为 101×100×21 = 212 100。更好的替代方法是使用产生所需值的电阻器组合或使用可变电阻器。

（b）输入阻抗是式（11.8）中给出的同相放大器的输入阻抗：

$$R_I = R_{oi} A_{ol} \frac{R_{I_1}}{R_{I_1} + R_{f_1}} = 500\,000 \times 200\,000 \times \frac{1\,000}{1\,000 + 99\,000}$$
$$= 10^9 \Omega$$

此时阻抗是 1 000 MΩ，对于压电式麦克风来说应该是足够高的。

输出阻抗的计算公式为

$$R_o = \frac{(R_{I_3} + R_{f_3}) R_{ol}}{R_{I_3} A_{ol}} = \frac{(1\,000 + 19\,000) \times 75}{1\,000 \times 110} = 13.6\,\Omega$$

注意：严格来说，输出阻抗会随频率而变化，因为在这种关系中 A_{ol} 是放大器工作频率下的开环增益。我们已经在最高频率（20kHz）下使用了开环增益。在最低频率（20Hz）下，开环增益为 200 000，输出阻抗仅为 0.007 5Ω。

11.2.3 电压跟随器

如果将同相放大器中的反馈电阻设置为零，则得到图 11.8 所示的电路，称为电压跟随器。首先要注意的是，由于存在 100% 的负反馈，因此增益为 1。该电路不会放大，但是此时输入阻抗很高，为

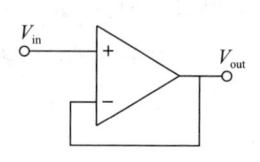

图 11.8 电压跟随器

$$R_i = R_{oi} A_{ol} [\Omega] \tag{11.9}$$

而输出阻抗非常低，为

$$R_o = \frac{R_{ol}}{A_{ol}} [\Omega] \tag{11.10}$$

因此，电压跟随器的值用于阻抗匹配。例如，可以使用此电路连接电容传感器或驻极体麦克风。如果需要放大，则可以在电压跟随器之后跟随一个反相或同相放大器。

11.2.4 仪表放大器

仪表放大器与常规运算放大器的区别在于其增益是有限的，并且两个输入信号都是可用的。这些放大器可作为单个设备使用，但要了解它们的工作方式，应将它们视为由三个运算放大器组成（可以用两个运算放大器甚至单个放大器制作，但最好将它们理解为三个运算放大器设备），如图 11.9 所示。这种放大器的增益为

$$A_v = \left(1 + \frac{2R_1}{R_G}\right)\left(\frac{R_3}{R_2}\right) \tag{11.11}$$

在商用仪表放大器中，除 R_G 以外的所有电阻都是内部电阻，三个放大器的增益通常约为 100。R_G 是外部电阻，可由用户设置，以在一定限制内获得仪表放大器所需的增益。在大多数情况下，$R_3 = R_2$，此外，许多仪表放大器的所有内部电阻都是相同的：$R_2 = R_3 = R_1 = R_0$。这样可以更好地控制电阻的精度，实现更好的整体性能。在这种情况下，式（11.11）变为

$$A_v = \left(1 + \frac{2R_0}{R_G}\right) \tag{11.12}$$

结果，增益完全由外部电阻 R_G 定义。仪表放大器的输出为

$$V_o = A_v(V^+ - V^-) [V] \tag{11.13}$$

因此，这种放大器的主要用途是获得与输入信号之间的差值成比例的输出信号。这在差压传感器中很重要，尤其是当使用一个传感器来感测刺激并且使用相同的传感器作为参考时（例如，当需要温度补偿时）。

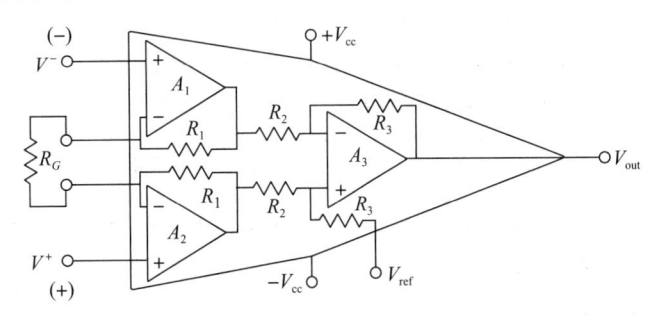

图 11.9 仪表放大器。注意上面的输入是反相的

如我们之前所见，每个输入都具有与其相连的放大器的高阻抗，而输出阻抗很低。这种电路的主要问题在于，CMRR 取决于匹配电路各部分的电阻（R_1、R_2 和 R_3），即上级放大器

中的电阻必须与下级放大器中的相应电阻匹配。如前文所述，由于这些是内部电阻，因此在生产过程中会进行调整以获得所需的 CMRR，并且在大多数情况下，它们是相同的电阻器。

11.2.5 电荷放大器

虽然基本电路是前文所示的反相和同相放大器，但运算放大器可以根据反馈电路产生其他所需的功能。一个有用的例子是如图 11.10 所示的电荷放大器。当然，电荷不能被放大，但是输出电压可以与电荷成比例。由于这是一个反相放大器，因此增益在式（11.3）中给出，不同之处在于，将反馈电阻替换为电容器的阻抗。后者为 $1/jwC$，反相放大器的输出为

$$A_v = -\frac{R_f}{R_I} = -\frac{1/j\omega C}{1/j\omega C_0} = -\frac{C_0}{C} \quad (11.14)$$

其中 C_0 是连接在反相输入两端的电容。现在假设电容器上发生电荷变化，有 $\Delta Q = C_0 DV$，则输出电压可以写为

$$V_o = -\Delta V \frac{C_0}{C} = -\frac{\Delta Q}{C} [\text{V}] \quad (11.15)$$

实际上，在输入端产生的电荷被放大。如果 C 很小，则输入端电荷的微小变化会在输出端产生较大的电压摆幅。这是连接电容式传感器（如热释电传感器和其他输出低的电容式传感器）的有用方法。为此，输入阻抗必须很高，并且在连接时必须小心（例如，使用非常好的电容器）。商业电荷放大器将 FET 用于差分放大器，以确保必要的高输入阻抗。添加图 11.10 中的电阻 r 是为了确保电容器 C 随着输入电荷的减少以低速率放电（否则较高的读数可能会持续太长时间）。

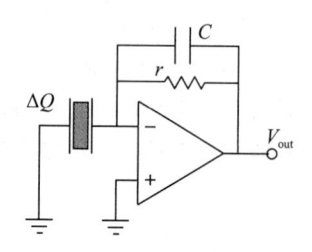

图 11.10 电荷放大器

例 11.2：热释电传感器的接口

在例 4.11 中，我们讨论了用于运动检测的热释电传感器。由于人的运动，热释电芯片的温度变化为 0.01℃，传感器产生的电荷变化为 $\Delta Q = 3.335 \times 10^{-10}$ C。传感器两端的电压变化计算出来为 0.029 6V。计算在图 11.10 所示的电荷放大器中产生干线电压输出（输出等于电源电平）所需的电容值，同时计算放大器的增益。运算放大器的工作电压为 ±15V。

解 式（11.15）提供了计算电容的必要关系式。放大器的电源电压为 +15V 或 -15V：

$$C = -\frac{\Delta Q}{V_o} = -\frac{3.355 \times 10^{-10}}{-15} = 22.37 \times 10^{-12} \text{F}$$

这是一个 22.37pF 的电容器。请注意，对于整个传感器上电荷的正变化（即温度升高），输出为负，反之，对于整个传感器上电荷的负变化（即温度降低），输出为正。由于电容必须为正，因此分母被输入为负。

放大器的增益在式（11.14）中给出，但是我们首先需要计算传感器电容 C_0。通常，这将在传感器说明书中给出，但是因为我们知道由于电荷变化而产生的电压，所以可以写为

$$C_0 = \frac{\Delta Q}{\Delta V} = \frac{3.355 \times 10^{-10}}{0.0296} = 1.1334 \times 10^{-8} \text{F}$$

增益是

$$A_v = -\frac{C_0}{C} = -\frac{1.1334 \times 10^{-8}}{22.37 \times 10^{-12}} = -506.68$$

这是一个相当高的增益，可能需要两级放大器。这两级中的第一级必须是电荷放大器，第二级可以是同相电压放大器。原则上，任何放大器都可以配置为电荷放大器，但是非常高的输入阻抗（以防止传感器"放电"）的要求将它限制在 FET 输入放大器上。这些都是特殊的运算放大器，但是并不罕见。还有一些运算放大器被专门设计成电荷放大器。当有必要使用电荷放大器时，不仅应注意选择放大器和反馈电容器，还应注意连接方法，尤其是印制电路板的选择。寄生电容会改变增益，印制电路板中的损耗会改变放大器的有效输入阻抗。

11.2.6 积分器与微分器

运算放大器积分器电路是另一个经常用于传感器接口的基本电路。顾名思义，电路的输出是积分器输入电压的积分和微分器输入电压的导数。基本电路如图 11.11 所示。积分器由一个反相放大器（参见图 11.6a）和一个跨接在反馈电阻上的电容器组成。积分器的工作原理可以这样理解：放大器的开环放大倍数非常高，输入阻抗也很高。这意味着负输入和正输入之间的电势差以及流入负输入的电流可以忽略不计，并且放大器的负输入基本上处于低电势。

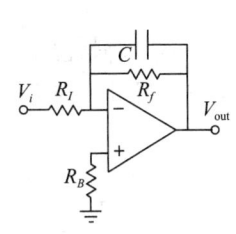

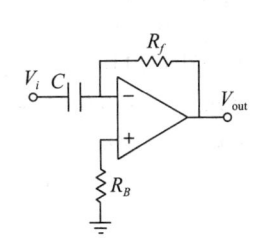

a）运算放大器积分器　　b）运算放大器微分器　　c）脉冲序列的积分器和微分器的输出

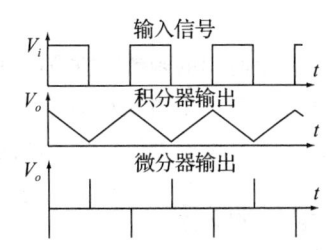

图 11.11　基本电路

现在考虑图 11.11a。给定输入电压 V_i，流经电阻 R_I 的电流为 $I = V_i/R_I$。该电流不能流入放大器的输入，因此必须流入电容器。根据定义，电容器中的电流为

$$I_C = C\frac{dV_C}{dt} [\text{A}] \tag{11.16}$$

由于这必须等于通过 R_I 的电流，因此有

$$C\frac{dV_C}{dt} = \frac{V_i}{R_I} \rightarrow dV_C = \frac{V_i}{CR_I}dt [\text{V}] \tag{11.17}$$

电容器两端的电压为

$$V_C = \int_0^t \frac{V_i}{CR_I}dt [\text{V}] \tag{11.18}$$

输出电压为电容器电压的负值：

$$V_o = -V_C = -\int_0^t \frac{V_i}{CR_I}\mathrm{d}t\,[\mathrm{V}] \tag{11.19}$$

如果在施加输入电压时输出不为零，即初始值为 V_initial，则必须将它添加到电容器产生的输出中：

$$V_o = -\int_0^t \frac{V_i}{R_I C}\mathrm{d}t + V_\mathrm{initial}\,[\mathrm{V}] \tag{11.20}$$

放大器的输出是输入的积分。在 V_i、R_I 和 C 的值为常数的情况下，V_o 是线性函数，V_i 为正值时具有负斜率，V_i 为负值时具有正斜率。图 11.11c 显示了输入端为方波的积分器输出。输入显示为正信号，但也可以是双极性信号。图 11.11a 中增加了电阻 R_f，以确保放大器在低频下以有限增益模式工作，因为电容器的阻抗随频率降低而增加。

通过将电容器 C 和输入电阻 R_I 互换，我们获得了相反的功能，即微分功能。该电路如图 11.11b 所示。遵循与之前相同的论点，我们注意到流经反馈电阻的电流为 $I_f = V_o/R_f$，这也必须是通过电容器的电流，因为不能有电流流入放大器的负输入。通过电容器的电流为

$$I_C = -C\frac{\mathrm{d}V_i}{\mathrm{d}t} = \frac{V_o}{R_f}\,[\mathrm{A}] \tag{11.21}$$

负号表示电流从输出到输入。输出电压为

$$V_o = -R_f C\frac{\mathrm{d}V_i}{\mathrm{d}t}\,[\mathrm{V}] \tag{11.22}$$

显然，输入必须是时间的函数。方波的输出如图 11.11c 所示。注意，在这种情况下，理想的微分器应产生非常窄的正向或负向脉冲。实际上，它更像是一个窄三角脉冲，因为方波永远都不是理想的，并且微分器将反映方波的有限增加/减少时间。

11.2.7 电流放大器

在特定端使用运算放大器的另一个例子是图 11.12 所示的电流放大器。反相输入端的输入电压为 $V_i = ir$。与任何反相放大器一样，输出为

$$V_o = -V_i \frac{R}{r} = -iR\,[\mathrm{V}] \tag{11.23}$$

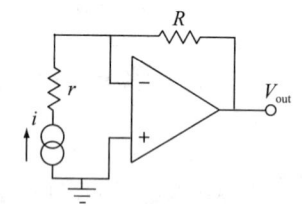

图 11.12　电流放大器

当使用低阻抗传感器进行感应时，这将是非常有用的器件。例如，该电路可以与阻抗很低的热电偶一起使用，它们可以直接连接（r 代表热电偶的电阻）。输出是热电偶产生电流的直接函数，与它的低电压相反，该电流可能会很大。

11.2.8 比较器

运算放大器可以在开环模式下使用，但是由于其增益非常高，输入端非常小的信号就会使输出端饱和。也就是说，实际上对于任何给定的输入，输出要么是 $+V_{cc}$，要么是 $-V_{cc}$，取决

于输入信号的极性。此特性有一个有用的应用——比较器。考虑图 11.13a 中的电路。负输入设置为电压 V^-，正输入设置为 $V^+=0$。因此，输出为 $-A_{ol}V^-=-V_{cc}$。现在假设我们增加 V^+。输出为 $(V^+-V^-)A_{ol}$。只要 $V^+<V^-$，输出就保持为 $-V_{cc}$。如果 $V^+>V^-$，则输出变为 $+V_{cc}$。因此，该器件的功能是比较两个输入并指示哪个更高。

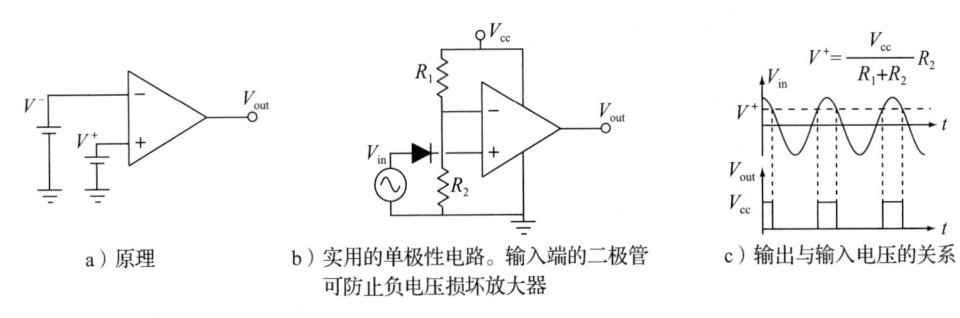

a）原理

b）实用的单极性电路。输入端的二极管可防止负电压损坏放大器

c）输出与输入电压的关系

图 11.13 比较器

比较器的用处不仅仅是进行简单的比较，它广泛用于信号的 A/D 和 D/A 转换以及传感和驱动的许多其他方面。图 11.13b 展示了以单极性电压工作的比较器的实际连接。电阻器 R_1 和 R_2 构成了一个分压器，将负输入设置为固定电压：

$$V^-=V_{cc}\frac{R_2}{R_1+R_2}[\text{V}] \tag{11.24}$$

该电压现在用作比较电压或参考电压。当 $V^+>V^-$ 时，输出为 $+V_{cc}$；当 $V^+<V^-$ 时，输出将跳变为零。当然，可以在正输入上设置参考电压，在负输入上输入要比较的信号。此外，使用单极性电源的实用放大器不允许有负输入，因此在输入电路中使用二极管。

比较器的一个特殊问题是抖动，如果两个输入彼此非常接近（V^+-V^- 非常接近于零），就会引起抖动。只要条件持续保持不变，输出就会在 $-V_{cc}$ 和 $+V_{cc}$ 之间跳变。为避免出现这种情况，在输入端添加一个小的迟滞，以使变化到 $+V_{cc}$ 的情况发生在略高于零的范围内，而变化到 $-V_{cc}$（或零）的情况发生在略低于零的范围内（见例 11.3）。迟滞是通过在比较器的输出和正输入之间添加相对较大的电阻来实现的。但是，这样做时必须将参考电压移至正输入。

例 11.3：从市电中导出时钟信号

在电子钟中，基准频率是从市电电压中导出的，因为电网的频率受到严格控制，并且对于大多数计时目的来说足够精确。一种简单的方法是将来自电网的正弦电压馈送到比较器的负输入端，并将正输入端上的参考电压设置在某个适当的电平。图 11.14a 显示了一种可能的设计以及涉及的信号。240V、50Hz（欧洲电网）的信号首先通过变压器降至 ±6V RMS（或 ±8.4V 峰值）。输入为 $V(t)=\sin(2\pi\times50t)=8.4\sin(314t)$。添加二极管使得负输入不会低于零，因为图中所示的比较器工作在 0V 和 +12V 之间，并且不允许有负电压。通过选择 R_1 和 R_2，将参考电压设置为 6V。当输入电压高于 6V 时，输出变为零；当低于 6V 时，输出变为 12V。输出如图 11.14 所示。

当输入正好为 6V 时，输出是不确定的，很可能会在 0V 和 +12V 之间快速振荡。为了避免

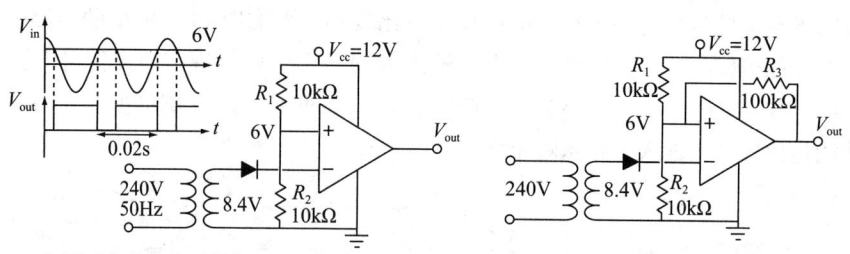

a）用于产生20ms时钟信号的比较器   b）通过添加R_3来增加迟滞，以消除输出抖动

图 11.14　产生 20ms 时钟信号的比较器以及消除输出抖动

这种情况，在输出和正输入之间增加了一个电阻，如图 11.14b 所示。该电阻按如下方式改变参考电压：

当输出为高电平（$V_o=12\text{V}$）时，R_3 与 R_1 并联。正输入端的电压为

$$V^+ = V_{cc}\frac{R_2}{R_2+R_1\parallel R_3} = 12\times\frac{10^4}{10^4+[(10^4\times10^5)/(10^4+10^5)]}$$

$$= 12\times\frac{10^4}{10^4+9.09\times10^3} = 6.28\text{V}$$

当输出为零时，输出为低电平，R_3 与 R_2 并联，参考电压为

$$V^+ = V_{cc}\frac{R_2\parallel R_3}{R_1+R_2\parallel R_3} = 12\times\frac{[(10^4\times10^5)/(10^4+10^5)]}{10^4+[(10^4\times10^5)/(10^4+10^5)]}$$

$$= 12\times\frac{9.09\times10^3}{10^4+9.09\times10^3} = 5.71\text{V}$$

此时，当输入电压为 6.28V 时，输出移至零点；当输入信号低于 5.71V 时，输出移至高电平。这完全消除了输出中的抖动。

注意：1）迟滞电阻（R_3）越小，两个电压之间的差越大，因此迟滞就越大，反之，迟滞电阻越大，两个电压之间的差越小，因此迟滞就越小。

2）使用此处所示的方法，只能在正输入上引入迟滞，但还有其他方法可以增加迟滞。

3）由于输入信号是正弦的，因此可以根据参考电压计算脉冲宽度（参见习题 11.11）。

4）R_1 和 R_2 的实际值并不重要，但是它们不应太小，以免耗散过多功率。

11.3　功率放大器

功率放大器是一种集成或分立的电路元件，其输出功率是输入功率乘以功率增益：

$$P_o = P_i A_p\ [\text{W}] \tag{11.25}$$

即放大器能够提高信号的功率水平以匹配执行器等的需求。功率放大器的常见用途是驱动执行器，特别是那些需要大功率驱动的执行器，例如，用于驱动扬声器和音圈执行器的音频放

大器以及用于电磁执行器和电动机的放大器。尽管该放大器被称为功率放大器，但实际上它要么是电压放大器，要么是电流放大器（也称为跨导放大器）。在电压放大器中，输入信号是电压。该电压被放大，并且在最后一级提供足够高的电流，以便满足所需的功率。大多数功率放大器都是这种类型的。在电流放大器中，情况恰恰相反。实际上，这可以看作将信号电压提升到所需的水平，并使负载得到必需的电流。

功率放大器分为线性和脉冲宽度调制（PWM）放大器。在线性放大器中，输出（电压）是输入的线性函数，可以是 $-V_{cc}$ 和 $+V_{cc}$ 之间的任何值。在 PWM 放大器中，输出为 V_{cc} 或零，并且输出的功率在输出接通时设定。

11.3.1 线性功率放大器

如前文所述，第一步是将信号放大到所需的输出电平。虽然可以使用任何放大器来实现这一点，但此处我们假设使用运算放大器来实现。然后，将该电压施加到一个不需要放大而是提供必要电流的"输出级"。图 11.15a 显示了一个简单的例子。

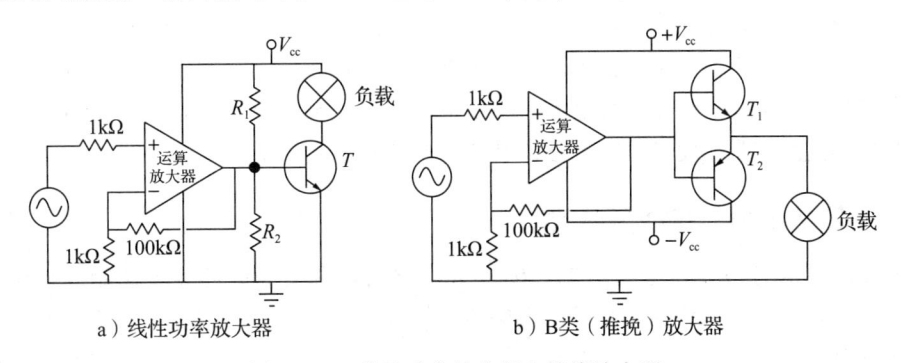

图 11.15　线性功率放大器和推挽放大器

它显示了所谓使用 NPN 双极结型晶体管的 A 类功率放大器。放大器的增益设置为 101（同相放大器）。然后，输出驱动晶体管，该晶体管的输出在 $0 \sim V_{cc}$ 之间摆动，并提供 V/R_L 的电流，其中 R_L 是负载的电阻。晶体管可被视为电流放大器，因为其集电极电流是基极电流乘以晶体管的放大倍数［请参阅式（4.18）］。A 类名称表示输出级始终处于导通状态的放大器，与前面的情况相同。图 11.15a 中的晶体管可以用金属氧化物半导体场效应晶体管（MOSFET）代替，以获得更高的电流。我们还假设输出未饱和——当在饱和状态下时，输出电压是恒定的而不是输入的函数，因此放大器不在其线性范围内工作。这种类型的放大器有时用于驱动相对较小的负载，例如，灯光指示器、小型直流电动机、继电器和某些电磁阀。在某些情况下，放大倍数设置得足够高以使放大器饱和，在这种情况下，放大器作为开/关电路工作，这在驱动指示器、打开或关闭螺线管等方面也很有用。

一种更好的方法是图 11.15b 所示的 B 类或推挽放大器，常用于音频放大器中。除了在没有输入的情况下，输出为零且晶体管（或场效应管）不导通之外，这类放大器的工作方式与前一种情况完全相同。当输入为正时，上晶体管导通为负载供电；当输入为负时，下晶体管为负载供电。负载中的电压可以在+V_{cc}和-V_{cc}之间摆动，电流同样由负载和晶体管基极中的电流（或场效应管栅极上的电压）决定。输出级由一对功率晶体管、一个PNP和一个NPN（或P型和N型场效应管）组成。

这些基本放大器有许多变体。例如，反馈可以从输出添加到输入或添加到中间级。同样，它们通常也会保护输出级不受短路以及电感性和电容性负载造成的尖峰的影响。但是，这些细节超出了本章的范围。

就线性放大器的性能特征而言，最基本的是功率输出和输入的类型和电平。例如，可以将放大器指定为1V输入提供100W的功率。接下来是失真程度。通常，失真被指定为输出的百分比，最常见的指标是总谐波失真（Total Harmonic Distortion，THD）占输出的百分比。一个好的音频放大器只有不到0.1%的总谐波失真。虽然总谐波失真在音频再现中更为重要，但它也会影响执行器的性能。其他技术规格包括晶体管中功率损耗引起的温度升高和放大器的输出阻抗。后者必须与负载的阻抗匹配，才能最大限度地传递功率，从而获得最高效率。

各种功率水平的功率放大器要么作为集成电路存在，要么作为分立元件电路存在。通常，较为复杂的分立电路可以提供更高的功率。大多数集成功率放大器用于音频用途，但也可以驱动其他负载，如LED、灯泡、继电器、小型电动机等。也有专为在高频下使用而设计的功率放大器，但这些都是高度专业的电路，超出了本文讨论的范围。

11.3.2 PWM和PWM放大器

驱动执行器的另一种方法如图11.16a所示。之所以称之为脉冲宽度调制（Pulse Width Modulation，PWM），是因为给定信号的振幅会转换为脉冲宽度。它的优势在于，可以通过控制负载连接到电源的时间（脉冲宽度）来控制提供给负载的功率，而不是通过控制振幅来实现。因此，先前电路中的放大器被一个简单的（电子）开关所取代，并且负载两端的电压为零或V_{cc}。要了解其工作原理，请首先考虑图11.16b。图11.16a中的振荡器产生振幅和频率恒定的三角波。该三角波被馈送到比较器的负输入端。将要表示为PWM信号的信号直接馈送至正输入端。在此示例中，我们假设比较器在V^+和零之间摆动。当信号高于三角波时，比较器的输出为正；当信号低于三角波时，输出为零。结果是一个宽度与信号振幅成正比的脉冲。注意，如果正弦信号摆动到负电压（即其平均值为零），则仅表示信号的正部分。在这种情况下，只要三角波也关于零对称，就可以选择平均值为零的比较器，并获得将正脉冲作为信号正部分、将负脉冲作为信号负部分的PWM信号。应该注意的是，为了正确表示，三角波频率必须比要表示的信号高得多，但这也取决于应用。例如，如果使用60Hz的电源使灯泡变暗，为了正确地表示信号，PWM必须为电源频率的10~20倍（即600~1 200Hz）。

如图11.17a所示，PWM可用于控制负载中的功率。在此，功率晶体管被驱动导通和截止，因此负载上的电压只能为零或V_{cc}。脉冲的宽度决定了负载中的平均功率，因为总脉冲长度由定时信号（时钟）决定并且是固定的。该电路可以驱动小型直流电动机或改变小型灯泡的强度，但是由于晶体管的损耗，它并不是一种有效的方法。

a）PWM 原理图

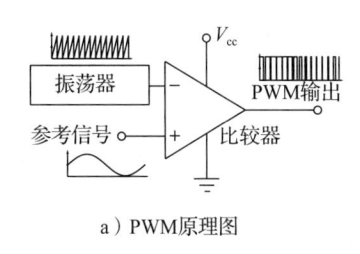

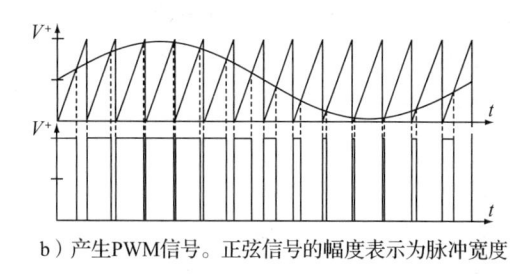

b）产生 PWM 信号。正弦信号的幅度表示为脉冲宽度

图 11.16　PWM 原理图及 PWM 信号

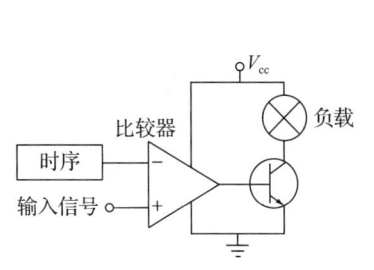

a）由 PWM 电路驱动的负载。晶体管用作开关，功率由脉冲宽度调制信号的平均值控制

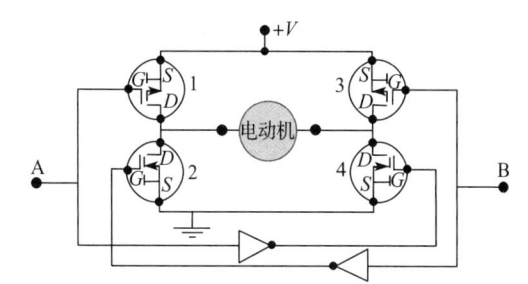

b）从脉冲宽度调制源驱动 H 桥电路。两个输入（A 和 B）都是脉冲宽度调制信号，用于控制两个方向上的电动机速度

图 11.17　由 PWM 电路驱动的负载和 H 桥电路

图 11.17b 显示了一个经常用于控制直流电动机速度和方向的示例，可以称之为 H 桥电路。连接端点 A 的振幅恒定但占空比变化的脉冲将驱动 1 号和 4 号场效应管，使电动机朝一个方向旋转。占空比规定了电动机中的平均电流，从而确定了电动机的速度。连接端点 B 会导通 2 号和 3 号场效应管，从而反转旋转方向。电桥还可以通过将两个端子都与地或 V_{cc} 短接来制动电动机。为此，每个输入必须独立可用，或者必须使用附加电路。该电路中使用的两个反相器确保在任何给定时间内只有两个相对角的场效应管导通。反相器是数字电路，当输入为高电平时其输出为 0，当输入为低电平时其输出为 1。反相器将在下一节中作为数字电路讨论的一部分进行解释。

尽管必须采取一些预防措施以确保只有相反的场效应管导通（例如，如果 1 号和 2 号场效应管同时导通，则电源会短路，而 1 号场效应管和 2 号场效应管中的电流仅受其内部电阻限制，从而会导致瞬间损坏），这是用于电动机和其他执行器双向控制的最常用电路之一。通过正确选择场效应管（或双极结型晶体管），几乎可以控制任何功率水平。H 桥电路的控制器可以是小型微处理器或专用逻辑电路。集成的 PWM 电路和控制器在市场上有售，并集成在某些微处理器中。

例 11.4：直流电动机的速度控制

PWM 可以与任何信号（直流或交流）一起使用。图 11.18a 中的电路是一个直流信号转换及其用于控制直流电动机速度的示例。电动机的速度是通过控制其平均功率来控制的。随着比较器输入端电压的增加，脉冲宽度也随之增加，因此电动机的功率也随之增加。图 11.18b 显示了晶体管输入电压的两个值（以及电动机中的功率）。通过 PWM 信号的水平虚线表示电动机两端的平均电压（也就是电动机的相对速度）。

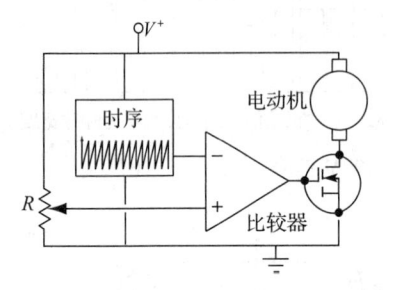

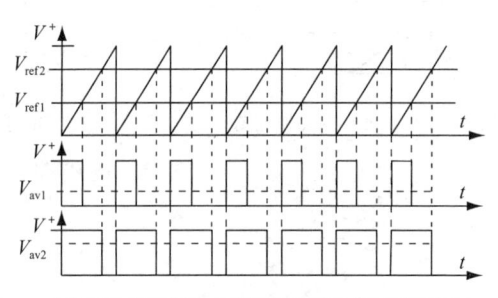

a）显示速度控制电位器和脉冲宽度调制发生器的电路　　b）在电位器的两个位置生成脉冲宽度调制信号

图 11.18　直流电动机的速度控制。速度与电动机上的平均电压成正比

11.4　数字电路

尽管本章的重点是接口，并且大多数数字功能可以通过微处理器完成，但在这里讨论一些基本的数字电路还是很有用的。它们不仅在接口中有用，还可以自行完成重要的功能，这将在本章的后面介绍。实际上，上一节已经提到了一个数字电路——反相器（见图 11.17b），这是最简单的数字电路之一，也是最有用的数字电路之一。

我们看的第一类数字电路是逻辑门。这些是完成逻辑功能的简单电路，例如或（OR）门、与（AND）门、或非（NOR）门、与非（NAND）门、异或（XOR）门等，可以作为各种逻辑系列的集成电路使用。

图 11.19 显示了最常见的逻辑门符号，表 11.1 显示了这些门的"真值表"。真值表是所有可能的输入组合的门的输出。"0"表示低电平电压（0V），"1"表示高电平输出（V_{cc}）。高电压取决于电路的类型（通常称为逻辑系列），可低至 1V（甚至更低），或高达 15V（或更高）。逻辑电路可以针对任何电压水平进行设计，但标准逻辑系列的工作电压在 1V 和 15V 之间，大多数工作电压为 3.3V 或 5V。

与门　　与非门　　或门　　或非门　　异或门　　非门（反相器）

图 11.19　常见的逻辑门符号

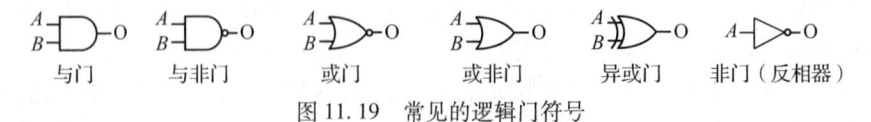

表 11.1　常见逻辑电路真值表

A	B	或	与	或非	与非	异或	反相器	
							I/P	O/P
0	0	0	0	1	1	0	0	1
0	1	1	0	0	1	1	1	0
1	0	1	0	0	1	1		
1	1	1	1	0	0	1		

在内部，所有门只使用 NOR 或 NAND 门。有两个原因，最重要的原因是，任何逻辑功能都可以仅使用 NOR 门或仅使用 NAND 门来实现。因此，尽管所有其他的门都作为组件存在，但在内部它们是用 NOR 或 NAND 门实现的。第二个原因是，当使用几个重复的结构而不是许多不同的结构时，组件的集成效率更高。因此，即使用例如 NAND 门的实现实际上可能增加特定集成电路中的元件数量，其实现也更有效且更便宜。使用 NAND 和 NOR 门作为"通用门"来构建其他电路是基于德摩根定理：

$$\overline{AB} = \overline{A} + \overline{B} \tag{11.26}$$

$$\overline{A+B} = \overline{A}\,\overline{B} \tag{11.27}$$

这两条规则可用于构建其他电路，如例 11.5 所示。各种逻辑运算用简单的数学符号表示。输入 A 和 B 的 AND 运算用 AB 表示，而 OR 运算用 $A+B$ 表示。NAND 和 NOR 分别是否定的 AND 和否定的 OR 运算，并由符号上方的横条表示：$\overline{AB}$ 表示 NAND，$\overline{A+B}$ 表示 NOR。同样，如果反相器的输入为 A，则其输出为 $\overline{A}$。

到目前为止讨论的门都是双输入门，但是我们可以构建多输入门，并将其放在集成器件中。更复杂的逻辑运算可以通过组合各种门来定义。这里还应该注意到，信号通过门的转换需要时间。一些逻辑系列比其他逻辑系列更快，但在使用门作为接口的一部分时必须考虑这些延迟。

不同门有多种用途。当然，它们可以执行其结构所隐含的逻辑运算，也可以服务于电路功能，并且它们是许多更复杂的数字电路的基础，包括微处理器和计算机。例如，AND 门可用作数字信号的简单开关或门。假设由一系列脉冲组成的信号连接到门的输入端 A。如果输入 B 为"1"，信号将出现在输出端。但是如果 B 是"0"，信号就被阻断了。另一个简单的例子是使用 XOR 门来比较输入 A 和 B 处的信号。当两个输入相同时，XOR 门的输出为"1"，而当两个输入不同时，输出为"0"。我们可以很容易地想象这样的功能在比较信号或逻辑状态时的有用性，特别是在多输入门的情况下。

逻辑门是更为复杂的电路的组成部分，其中一些我们将在后面看到。但是，在此讨论一个由 NAND 或 XOR 门构建的特定数字电路（称为触发器）是有启发性的。触发器的最基本实现如图 11.20 所示。图 11.20a 显示了使用 XOR 门的实现及其真值表。该设备称为置位-复位（或 SR）触发器或锁存器，因为 S 输入上的"1"强制输出 $Q=1$，R 输入上的"1"强制输出 $Q=0$。输入为"0"时，输出将保持其先前状态（保持），而如果两个输入均为"1"，则输出是不确定的（这是受限状态，不允许发生）。图 11.20b 显示了使用 NAND 门的一种实现，其中受限状态为 $R=0$ 和 $S=0$，而如果两个输入均为"1"，则不会发生变化。真值表显示了触发器的基本功能之———存储设备的功能。通过适当控制输入，可以更改输出上的数据，然后根据需要进行存储。还有其他类型的触发器，它们利用附加的门来消除受限状态并完成特定功能。有些被设计为"计时的"，即在计时的时刻更改状态，例如，时钟的上升沿或下降沿。其他功能包括将输出强制到预定状态的位置（有时称为预设）和复位（通常称为清零）功能。

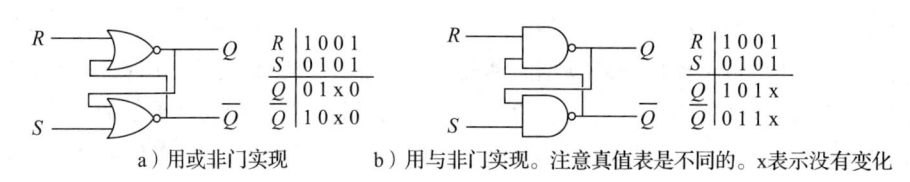

a) 用或非门实现　　　　b) 用与非门实现。注意真值表是不同的。x表示没有变化

图 11.20　SR 锁存器或触发器

图 11.21 中显示了一个 D 锁存器的例子。它的主要功能是在时钟上升沿将输入端的数据移动到输出端。D 锁存器实际上是基本 SR 锁存器的发展。首先，SR 锁存器的时钟如图 11.21a 所示。这意味着只有在时钟为高电平时，输入 S 和 R 才会被传输到基本 SR 锁存器（此处用输入 s 和 r 表示）。当时钟为低电平时，s 和 r 输入为零，输出保持不变。时钟的主要作用是让锁存器固定在其规定的输出中。由于输出不确定，则输入 S 和 R 仍然不能为 1。为了避免这种情况，应该对电路进行修改，如图 11.21b 所示。现在，表示为 D 的输入将输出设置为"1"，如果 D=1，则时钟从 0 变为 1。如果 D=0 并且时钟从高到低，则输出变低。也就是说，输入仅在时钟周期内存储在输出端。为了使它成为一个有用的器件，使用了两个 D 锁存器，如图 11.21c 所示。在该电路中，D 触发器按如下方式切换输出：如果输入为高电平，则输出变为高电平（如果之前为低电平）；当时钟变为低电平时，如果输出先前为高电平，则不改变状态。当 D 变为低电平时，时钟也变为低电平时，输出变为低电平。实际上，D 触发器通过改变输入在 Q=0 和 Q=1 之间切换输出。D 触发器通常用于移位寄存器中，以存储和检索数据（见例 11.6）。

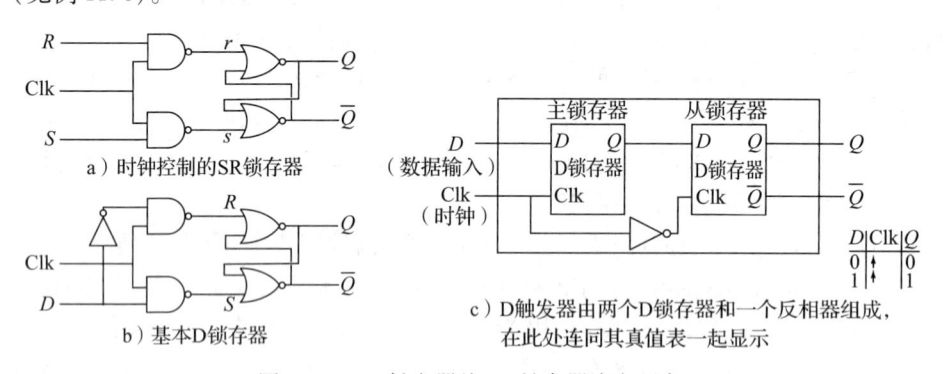

a) 时钟控制的SR锁存器

b) 基本D锁存器

c) D触发器由两个D锁存器和一个反相器组成，在此处连同其真值表一起显示

图 11.21　D 触发器从 SR 锁存器演变而来

另一个有用的器件是图 11.22 所示的 J-K 触发器。它的真值表显示，当 J=1 和 K=1 时，输出跳变（改变状态），而当 J=1 和 K=0 时，输出为 1，当 J=0 和 K=1 时，输出为零。输出在时钟的下降沿改变。如果两个输入都为 0，则输出没有变化。如果 S = 0

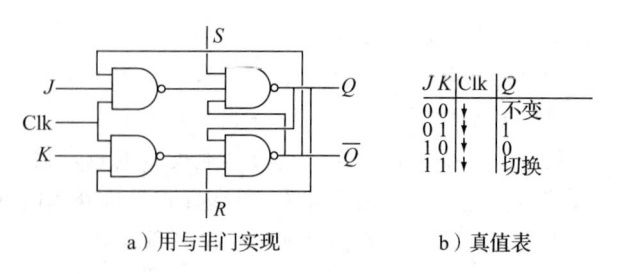

a) 用与非门实现　　　　b) 真值表

图 11.22　J-K 触发器包括预设（S）和清除（R）功能

（置位或预设），则输出设置为 1，如果 R=0（清除），则输出设置为 0。触发器的切换功能通常用于将输入信号的频率除以 2，从而构建分频器和计数器（参见例 11.7）。

例 11.5：三输入 AND 门

下面将展示如何仅使用 NAND 门以及仅使用 XOR 门构建三输入 AND 门，每个 NAND 门和 NOR 门只有两个输入。

解 构建所需门的最简单方法是使用德摩根定理。我们需要输入 A、B 和 C，然后得到输出 ABC。

对于 NAND 门，我们只有两个输入，所以首先将输出写成 $(AB)C$。由于我们使用的是 NAND 门，要想获得这个输出，输入必须是 AB 和 C。输出将是 $\overline{ABC}$，通过对它反相，我们得到所需的输出 ABC。这一部分步骤如图 11.23a 所示。为了获得 AB，我们使用另一个输入为 A 和 B 的 NAND 门，它将产生 $\overline{AB}$。这个输出被反相以获得 AB。三输入 AND 门需要四个 NAND 门，如图 11.23b 及其真值表所示。

对于 NOR 门，我们可以使用德摩根第二定理［式（11.27）］，但同样由于每个 NOR 门只有两个输入，因此我们将所需的输出写为 $(AB)C$。由于 $\overline{\bar{A}+\bar{B}}=AB$，因此首先产生以下结果：

$$\overline{\bar{A}+\bar{B}}=\overline{\overline{AB}}=AB$$

也就是说，我们首先对 A 和 B 求反，然后对它们的和求反，得到 AB。现在再次应用这个定理，我们写出 $\overline{\overline{AB}+\bar{C}}=ABC$。在 NOR 门之前对 AB 和 C 求反以产生正确的输出：

$$\overline{\overline{\overline{AB}}+\bar{C}}=\overline{\overline{AB}}=ABC$$

实现及其真值表如图 11.23c 所示。

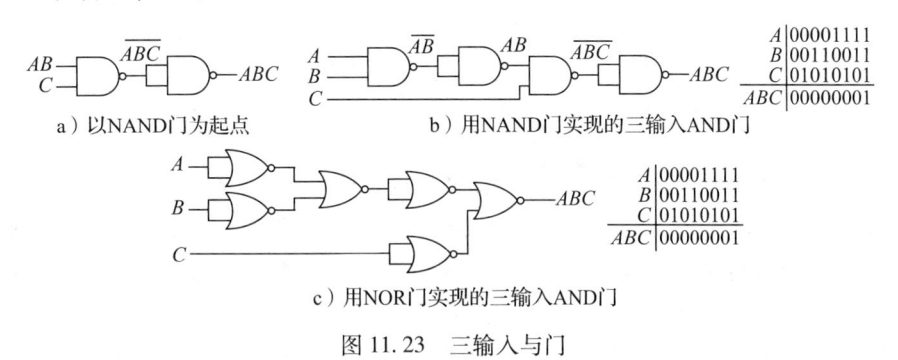

a）以NAND门为起点

b）用NAND门实现的三输入AND门

c）用NOR门实现的三输入AND门

图 11.23 三输入与门

这两种实现在功能上是相同的，在实现上也是相似的，但也有不同之处。具体地说，NAND 实现比 NOR 实现需要更少的门。在这两种实现中，信号的传递都不是对称的。信号 AB 经过四个门，而 C 只经过两个门。信号 A 和 B 的总延迟是信号 C 的两倍。这种不对称意味着各种信号可能在不同的时间到达输出，这可能会导致预期信号发生变化。要解决这个问题，可以在 C 的路径中添加两个 NOT 门（反相器），如图 11.24 所示。此时，每个信号的延迟都是四个门的延迟。另请注意，NAND 实现需要四个门（对称形式需要六个门），而 XOR 实现需要六个（或八个）门。当然，这取决于所实现的功能，并不意味着 NAND 实现总是更经济。

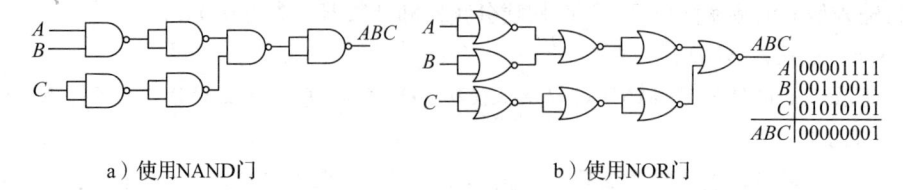

a）使用NAND门

b）使用NOR门

A	00001111
B	00110011
C	01010101
ABC	00000001

图 11.24 三输入与门的对称实现，为所有三个输入产生相等的延迟

还要注意，就门的数量而言，实现不一定是唯一的或最佳的。通常，延迟或对称性等考虑因素比门的数量更重要。

例 11.6：移位寄存器

移位寄存器是一种由多个触发器组成的器件，这些触发器允许将数据移入器件以用于存储目的，并允许将数据移出器件以检索数据。根据移位寄存器的设计方式，可以串行或并行地移入或移出数据。以图 11.25 中的四位移位寄存器为例。它由四个 D 触发器组成。所有四个触发器的时钟输入是并联连接的，并用作"移位"命令。给定输入数据 1101（作为脉冲串）：

（a）给出将数据串行输入移位寄存器的顺序。

（b）说明如何将存储在（a）中的数据串行移出。

（c）说明如何将数据作为并行数据取出。

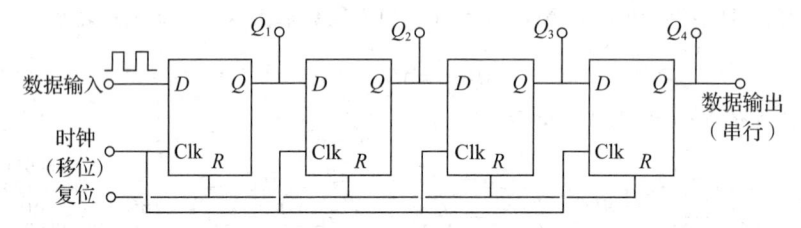

图 11.25 四位串行输入移位寄存器。输出可以是串行的，也可以是并行的

解 输入数据在到达时使用时钟输入作为移位命令进行流式输入。

（a）首先，可以将移位寄存器清零，但是该操作不是必需的，因为当数据移入时，现有数据会移出寄存器并替换为输入数据。假设（为简单起见）寄存器内的数据已被清除，则寄存器将包含 0000。在第一步中，第一位被移入，寄存器将显示 1000。在第二步中，移位寄存器中的数据向右移位一步，第二位进入第一个触发器，现在显示 0100。在接下来的两个步骤中，寄存器将分别显示 1010 和 1101，在四个连续步骤中完成数据移位。请注意，输出 Q_4 在移入下一位时"丢失"，除非它保存在其他位置。

（b）移出恰好发生在移入的时候。最初，移位寄存器包含数据 1101。第一个移位将所有位向右移动。Q_4 的内容是 1，该位被移出。在下一步中，$Q_4 = 0$ 移出，然后移出 $Q_4 = 1$，再移出 $Q_4 = 1$。根据需要，移出的数据是 1101。这些数据除非存储在其他地方，否则会"丢失"。然后构成串行输入、串行输出的移位寄存器。

(c) 移入数据后，通过连接四个输出，可以"取出"四个位——$Q_1 = 1$，$Q_2 = 1$，$Q_3 = 0$，和 $Q_4 = 1$。这构成了一个串行输入、并行输出的移位寄存器。

注意：1) 还有并行输入、串行输出以及并行输入、并行输出的移位寄存器。

2) 移位寄存器的大小可以是任意长度的。

3) 数据移位所需的时间取决于数据本身、时钟和寄存器的大小，而对于串行输入寄存器，时间可能会很长。

4) 移位寄存器的类型通常由要输入数据的类型决定。如果数据本身是串行的，则必须使用串行输入输出或串行输入、并行输出的寄存器。

例 11.7：数字计数器或分频器

计数器就是用来计数脉冲的，其重要性来自这样一个事实，即它们可用于将数据除以一个合适的数字（例如 10 或 16）以实现计时。例如，可以使用电源线频率（50Hz 或 60Hz）来产生时钟。首先将正弦输入数字化以产生方波。然后，将输入除以 50 或 60，每秒得到一个脉冲。再除以 60 得到分钟数，再除以 60 得到小时数。再次除以 24 得到天数，以此类推。

作为电子计数器的一部分，需要将时钟信号除以 10。该信号是一个脉冲序列。为此设计一个计数器/分频器，并表示出从计数器获得的输出信号。

解 最好使用 J-K 触发器实现分频和计数，因为在 $J = 1$ 且 $K = 1$ 时会进行切换。信号被馈送到时钟输入端。触发器除以 2，这意味着 2 个触发器可以将一个信号除以 4，3 个触发器可以将一个信号除以 8，4 个触发器可以将一个信号除以 16。要除以 10，我们必须使用 4 个触发器，并在计数到 10 时强制它们复位。这是通过使用额外的门来"截取"计数 10 并重置触发器来实现的。因此，计数器将从 0000 计数到 1001（0~9），然后在输出变为 1010 时立即重置为 0。复位是通过将复位（R）设置为 0 来实现的。带复位功能的计数器如图 11.26a 所示。

图 11.26b 显示了输入和输出 Q_1~Q_4。请注意，复位发生在第 11 次计数的最开始处，并且该序列重复。Q_4 的输出频率是输入频率除以 10，也就是说，对于每 10 个输入脉冲，Q_4 产生一个输出脉冲。

当然，还有更多的数字电路，其中许多都非常复杂，但它们都是基于这里描述的基本原理。归根结底，数字计算机实际上是门、门型电路和由门组成的电路的集合，以执行所有的数字功能。不用说，现代数字设备除了使用了这里所指的基本电路外，还使用了其他各种类型的电路。例如，虽然触发器是基本的"存储器"单元，但数字设备中的现代存储器已经从这种基本形式发展到金属氧化物半导体存储器。同样，集成级别往往比前面讨论中显示的要高得多。虽然人们可以将单个门或多个门封装为标准组件，但使用单独的门和触发器来制造时钟将是不切实际的（也是昂贵的）。更实际的做法是使用一个"时钟"组件，甚至是一个微处理器，并对它进行编程，使它作为时钟运行（见第 12 章）。这里讨论的目的是介绍原理，以便人们能够更好地了解数字电路与接口相结合的设计和应用。

a）除以10的计数器

b）在触发器的Q输出端获得的信号。Q_4上的输出是输入信号除以10

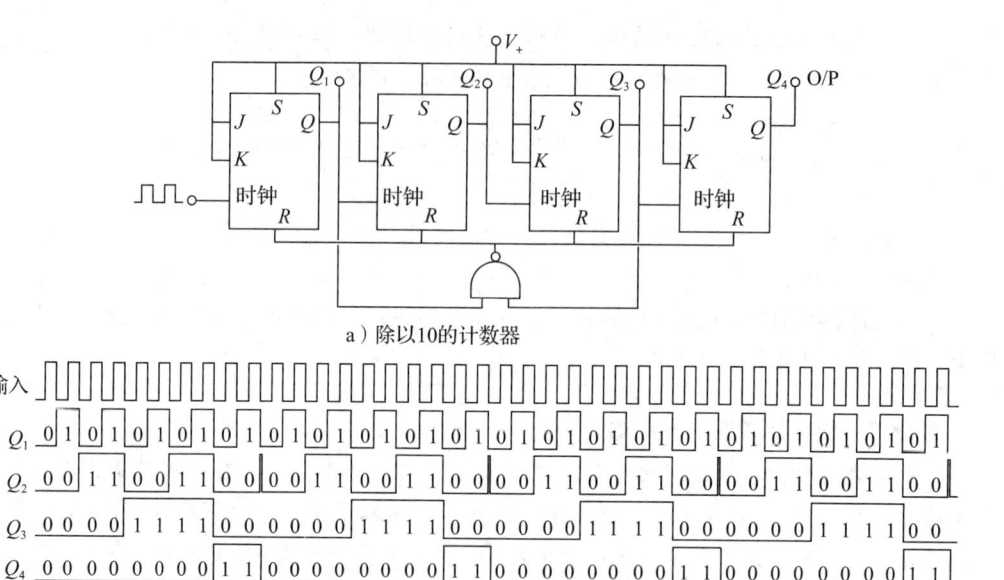

图11.26 除以10的计数器以及在触发器的Q输出端获得的信号

11.5 A/D 和 D/A 转换器

A/D 转换器和 D/A 转换器（也分别称为 ADC 和 DAC）是根据需要将信号从模拟转换为数字或从数字转换为模拟的手段。这种想法是显而易见的，但这些设备可能相当复杂。然而，有些类型的 A/D 和 D/A 转换器非常简单。我们将从这些简单的开始，然后再讨论一些更复杂的方案。当然，在某些应用程序中，这些简单方案中的一种就足够满足条件了。

A/D 和 D/A 转换在传感系统中很常见，因为大多数传感器和执行器都是模拟器件。然而，A/D 转换器通常需要高电平电压，远远高于某些传感器的输出。通常，传感器的输出必须先放大，然后才能转换。这导致了误差和噪声，同时影响基于振荡器的直接数字化方法的发展（将在下面讨论）。A/D 和 D/A 转换器可作为元件提供，通常集成在微处理器中。

11.5.1 A/D 转换

1. 阈值数字化

在某些情况下，模拟信号表示简单的数据，例如物品的位置、生产线上物品的计数或监控过往车辆。例如，在大多数汽车点火系统中，点火信号是从霍尔元件中获得的。所获得的信号非常小，可以看作正弦曲线，峰值表示点火时刻。在这种情况下，使用阈值检测器来产生数字输出就足够了。图 11.27a 中显示了一个示例。霍尔元件的输出在 100mV 到 150mV 之间，该信号可以输入比较器，如图 11.27c 所示，通过电阻的负输入设置为 130mV。比较器输出为零，直到正输入电压升至 130mV 阈值以上。当输入电压降至 130mV 以下时，输出恢复为零。得到的输出如图 11.27b 所示，此时每个脉冲代表一个事件，例如点燃一个火花塞或驱动齿轮上的一个齿。对给定时间内的脉冲进行计数可以得出齿轮的转速或其他数据（例如发动机气缸何时点火）。还要注意的是，如果轮齿缺失，则相应的脉冲将不存在，而如果轮齿之间的距离不固定，则脉冲之间的距离将是可变的。为了避免在设置的转变点处出现的虚假变化，可以向比较器添加迟滞，使得从低到高的转变发生在 $V_0-\Delta V$，从高到低的转变发生 $V_0+\Delta V$（见例 11.3）。

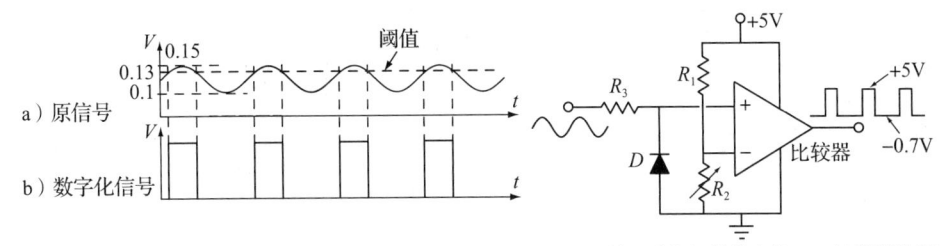

a）原信号
b）数字化信号
c）使用比较器进行阈值数字化。二极管消除了负电压

图 11.27　阈值数字化

可以使用的另一种信号数字化方法是直接使用施密特触发器。施密特触发器本质上是一个具有内置迟滞的数字比较器，如前所述，其转换约为 $V_{cc}/2$。这是一种简单的数字化方法，足以满足许多应用。它通常用于例 11.3 中描述的应用，但也用于旋转桨操作霍尔元件或另一个磁性传感器的流量计中，还适用于使用光束中断的光学传感器（通常用于计算经过某个位置的人数或生产线上物品的个数）。然而，它不适合测量信号的电平，例如来自热电偶的电压。

2. 阈值电压-频率转换

许多传感器的输出太低，无法使用之前描述的方法，或者无法通过普通线路在任何距离上传送。在这种情况下，可以在传感器的位置执行 V/F 转换，然后将数字信号通过线路传输到控制器。此时的输出不是电压，而是与电压（或电流）成正比的频率。这些 V/F 转换器或压控振荡器是相对简单和精确的电路，并且已经用于其他目的。与阈值方法相比，它们的主要优点是可以处理较低电平的信号，并且消除了比较电压周围的噪声跃迁问题。这种类型的电路如图 11.28a 所示，与热敏电阻一起使用。该电路是一个运算放大器积分器，电容器两端的电压是放大器相同支路电压的积分。此电压与 R_2 两端的电压成正比。当电容器上的电压增加时，阈值电路检查该电压，当达到阈值时，电子开关使电容器短路并使其放电。然后将开关打开，允许电容器充电。电容器上的电压呈三角形，它的宽度（即积分时间）取决于相同输入端的电压。在低温下，电阻很高，同相输入端的电压会有一定的值。放大器的输出以频率 f_1 改变。如果温度升高（到 T_2），它的电阻减小，同相输入端的总电阻减小。这会减少输入电压，从而减少了积分时间，直到电容器达到阈值水平（即它降低了时间常数 RC）。结果是放大器改变状态变慢，并且以较低频率 f_2 输出。由于可以很容易地检测到频率的微小变化，因此对于小信号传感器来说,这可能是一种非常敏感的数字化方法。该方法依赖于施密特触发器的迟滞和电容器通过场效应管的放电时间,因为它控制输出脉冲的宽度和充放电时间,如图 11.28b 所示。该方法也可用于光学传感器(如光敏电阻)。类似的方法还适用于电容式传感器以及其他应用。

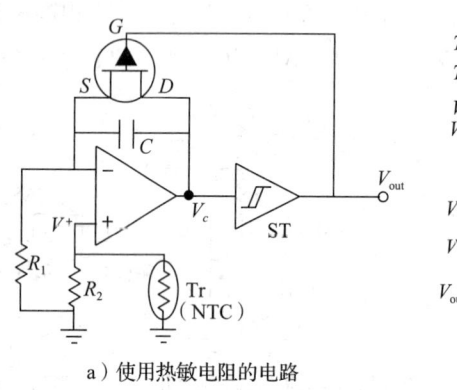

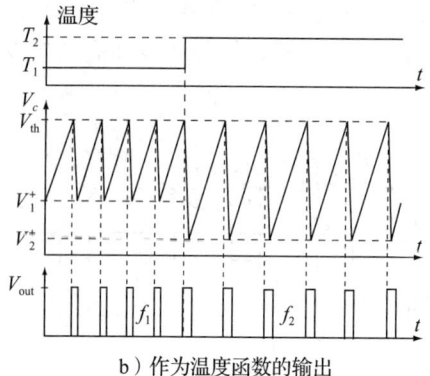

a)使用热敏电阻的电路

b)作为温度函数的输出

图 11.28 直接 V/F 转换

在图 11.28 所示的方法中,传感器是 V/F 转换器的组成部分。然而,相同的基本电路可以用作任何直流或来自任何源(包括传感器)的缓慢变化信号的 V/F 转换器,如图 11.29 所示。除了信号在反相输入端馈电之外,工作方式与前面相同。如果输入信号电平相对较高,则该电路将十分有效。

另一种简单有效的 V/F 方法如图 11.30 所示,由方波振荡器(称为多谐振荡器)和控制电路组成。波形的通断时间(频率)由电容器 C_1 和 C_2 的充放电时间控制(见图 11.30a)。为

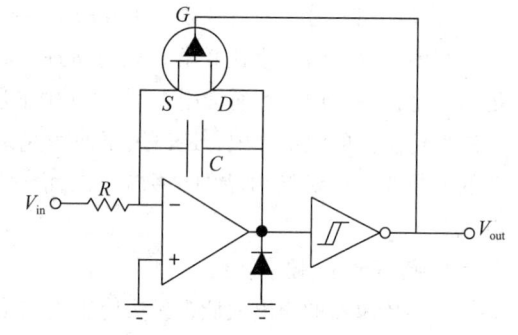

图 11.29 一种基于积分器和施密特触发器的简单 V/F 转换器

了控制其频率,将要转换的电压放大并作为 V_{in} 通过 R_5 馈入 TR_3 和 TR_4 的基极(见图 11.30b),产生与 V_{in} 成正比的基极电流。基极电流越大,集电极电流越大,充放电速度越快,因此多谐振荡器的频率越高。图 11.30b 显示了 V/F 的配置,图 11.30c 显示了图 11.30b 中一组特定元件的传输曲线。尽管这是一个非常简单的电路,但输入电压和输出频率之间的关系在 2.75V 到 8V(对于所述元件)之间是非常线性的,低于 2.75V 和高于 8V 时,输出变为非线性。它的分辨率约为 6 600Hz/V,可分辨至 1mV 以下。更复杂的电路既可以将输入电压的范围扩大到零甚至负值,提高分辨率,又可以针对温度、电源等的变化稳定电路。

3. 实际的 A/D 转换器

目前讨论的 V/F 转换阈值方法是有效且实用的,并且具有简单明了的优点。但这些并不

第 11 章 接口方法和电路　169

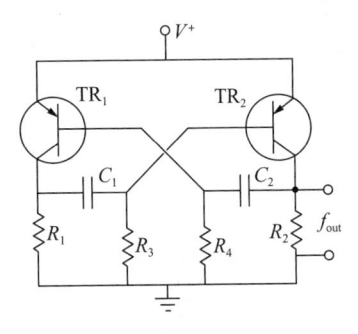

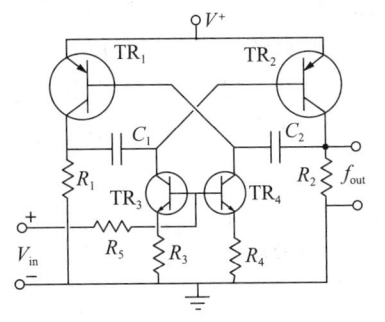

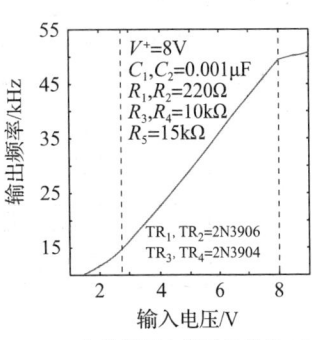

a）产生方波的简单多谐振荡器　　b）基于多谐振荡器的V/F转换器。充电/放电时间由输入电压V_{in}控制　　c）曲线图上所示组件的V/F转换器的传递函数

图 11.30　一种基于方波多谐振荡器的简单 V/F 转换器

是普遍适用的，它们的表现可能会受到限制。例如，图 11.30 中的电路在低输入电压时有限制，并且不是完全线性的。

然而，有一些 A/D 转换器可以消除这些问题。这些器件已演变成现成的组件或已集成到微处理器中，通过定义明确的传递函数、线性转换和明确定义的转换限制，设计者不必了解电路的细节。这里我们将介绍一些比较常见的 A/D 转换器作为代表性器件。它们是基于类似阈值数字化方法的双斜率 A/D 转换器、基于电压比较的逐次逼近 A/D 转换器和基于比较器的快速 A/D 转换器。

4. 双斜率 A/D 转换器

双斜率 A/D 转换器可能是实际的 A/D 转换器中比较简单（也较慢）的，它的电路如图 11.31a 所示，工作原理如下：电容器通过电阻器从待转换的电压充电，持续一段固定的预定时间 T（见图 11.31b）。电容器达到的电压 V_T 是

$$V_T = V_{in}\frac{T}{RC}[\text{V}] \tag{11.28}$$

在时间 T 断开 V_{in}，并且已知大小的负参考电压通过相同的电阻器连接到电容器。这会在 ΔT 时间内将电容器放电到零：

$$-V_T = -V_{ref}\frac{\Delta T}{RC}[\text{V}] \tag{11.29}$$

由于这两个电压的大小相等，所以有

$$V_{in}\frac{T}{RC} = V_{ref}\frac{\Delta T}{RC} \rightarrow \frac{V_{in}}{V_{ref}} = \frac{\Delta T}{T} \tag{11.30}$$

除此之外，在放电周期开始时打开固定频率时钟，在放电周期结束时关闭固定频率时钟，并由脉冲计数器对脉冲数进行计数。由于 ΔT 和 T 是已知的，并且计数器确切地知道已经计数了多少脉冲，因此该计数成为输入电压的数字表示。基于这些原理的双斜率转换器原理图如图 11.31a 所示。该方法相当慢，大约每秒转换 $1/(2T)$。其精度还受到定时测量、模拟设备

的精确度的限制,当然还受到噪声的限制。积分过程降低了高频噪声,低频噪声与 T 成正比(T 越小,低频噪声越小)。双斜率模数转换器是许多传感应用的首选方法,因为它简单且易于用标准元件构建,尽管其响应速度相当慢。对于大多数传感器来说,它的性能和噪声特性是足够的,而且由于涉及积分,它往往会在积分过程中使信号的变化更平滑。该方法也可用于数字电压表和其他数字仪器中。

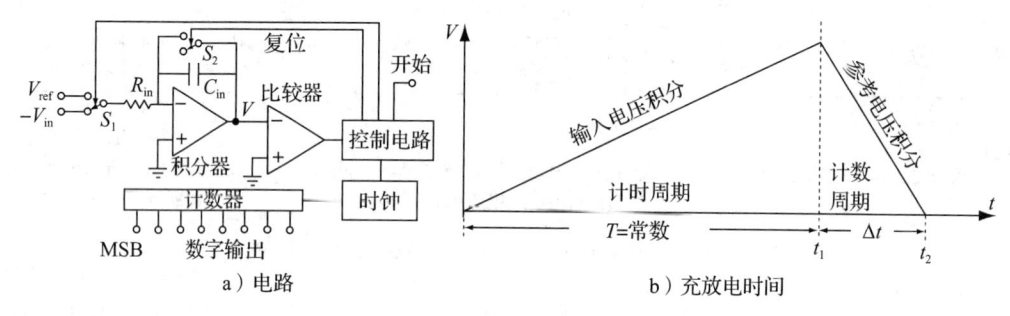

图 11.31 双斜率 A/D 转换

例 11.8:200mV、3.5 位电压表

3.5 位的电压表可以显示完整的三位数,而第四位是 0 或 1(因此称为 3.5 位)。因此,显示范围为 0~1999。需要一个量程高达 200mV(实际为 199.9mV)的电压表,并且需要设计基于双斜率方法的 A/D 转换器。假设有 1.2V 参考源和 32kHz 振荡器可用。

(a) 设计合理的 A/D 转换器,包括积分电容 C_{in} 和电阻 R_{in} 的取值。
(b) A/D 转换器的内部分辨率是多少?电压表的整体分辨率是多少?

解 (a) 首先设计放电时间 Δt,因为它决定了由计数器计数和显示的脉冲数。在本例中,计数 2 000 个脉冲对应于显示 199.9 是合适的。对于 32kHz 的振荡器,有

$$\frac{1}{\Delta t} = \frac{32\,000}{2\,000} = 16 \rightarrow \Delta t = \frac{1}{16} = 0.062\,5\,\text{s}$$

也就是说,通过确保 62.5ms 的放电时间,对于 199.9mV 的输入,输出将显示 199.9。
此时由式 (11.30) 得:

$$\frac{V_{in}}{V_{ref}} = \frac{\Delta t}{T} \rightarrow \frac{\Delta t}{T} = \frac{0.2}{1.2} \rightarrow T = 6\Delta t = 6 \times 0.062\,5 = 0.375\,\text{s}$$

这将确保大约每秒 2 次测量,这也是数字电压表的一个典型数值。
为了选择积分电容 C_{in} 和充电电阻 R_{in},我们必须定义电容器充电能够达到的最大电压 V_t。这显然不能大于测量电压或参考电压,但应尽可能地大。我们随机将其设置为 150mV(但必须低于 200mV 的满量程)。因此,由式 (11.28) 得

$$V_t = V_{in} \frac{T}{R_{in}C_{in}} \rightarrow R_{in}C_{in} = \frac{V_{in}}{V_t} T = \frac{0.2}{0.15} \times 0.375 = 0.5\,\text{s}$$

此时,可选择 1μF 的标准电容,所需的电阻为 500kΩ。
(b) 对于输入 0.2/2 000 = 0.1mV,计数器的内部分辨率为 1 位。然后,可以将它视为系

统的分辨率。

如果我们使用 64kHz 振荡器,内部分辨率将为 0.05mV,因为计数器将在时间 Δt 内计数 4 000 次(假设时序保持不变)。然而,显示器的增量仍然不能低于 0.1mV,因此整体分辨率将保持在 0.1V。

5. 逐次逼近 A/D

A/D 转换器的组件和许多微处理器通常会选择这种方法。它可以在许多不同精度的现成组件中使用,根据分辨率位数的不同,它可以分辨低至几微伏的信号。图 11.32 显示了 8 位 A/D 转换器的基本结构,它由一个精密比较器、一个移位寄存器、一个 D/A 转换器(下一节将讨论 D/A 转换)和一个精密参考电压 V_{ref} 组成。它的工作方式如下:首先,所有寄存器被清零,由于 D/A 转换器的输出为零,因此会强制比较器为高电平。这将强制让 1 进入寄存器的最高有效位(MSB)。D/A 转换器产生模拟电压 V_a,当 MSB = 1 时,该电压是满量程输入的一半。将它与 V_{in} 进行比较,如果 V_{in} 大于 V_a,则输出保持高电平,时钟将它移位到寄存器中的下一位。寄存器此时显示为 11000000。如果该值小于 V_{in},则输出变低,寄存器显示 01000000。假设输入高于 V_a,则 D/A 转换器产生电压 $V_a = \left(\dfrac{1}{2} + \dfrac{1}{4}\right) V_{ref}$。如果该值高于输入,寄存器将显示 01100000,如果该值低于输入,则显示 11100000,以此类推,直到 n 步后获得最终结果。数据从移位寄存器读取,并以数字方式表示电压。图 11.32a 显示的是并行输出。在某些情况下,寄存器数据串行移出,需要 n 个时钟步,其中 n 是位数(在此图中 $n = 8$)。

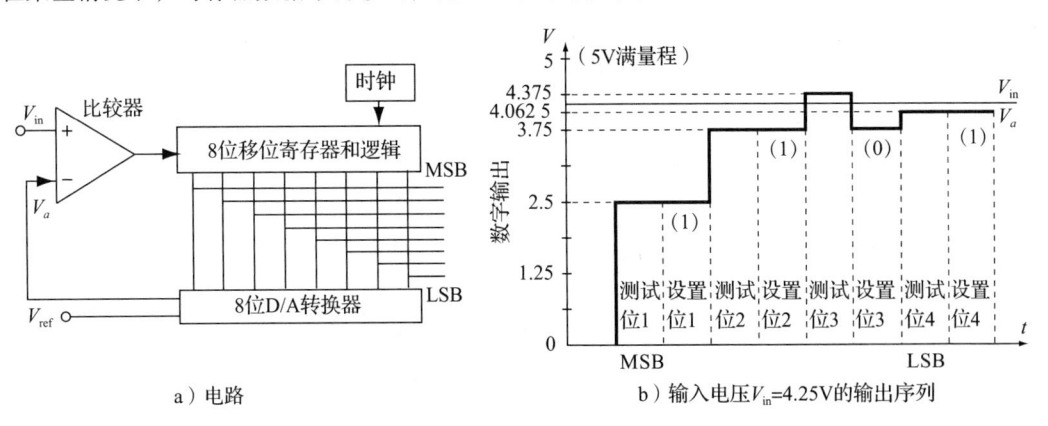

图 11.32 一种 8 位逐次逼近 A/D 转换器

这种类型的 A/D 转换器具有更高的分辨率。高达 14 位的分辨率(见例 11.9)是很常见的,最低下限也可达 8 位。8 位 A/D 转换器的分辨率为 $V_{in}/2^8 = 0.003\,906\,25 V_{in}$。对于 5V 满量程,分辨率为 19.531 25mV。这对于低电平信号可能不够,在这种情况下,可以使用 10 位、12 位或 14 位 A/D 转换器(14 位 A/D 转换器在 5V 满量程时的分辨率为 0.305 176mV)。还存在更高分辨率的 A/D 转换器,并且有时对于信号的高精度数字化(例如用于音乐再现的音频信号的数字化)是必需的。高达 24 位的 A/D 转换器是可行的。原则上,更高的分辨率也是可能的，但很难实现。

该方法的一个关键是参考电压，因为它代表满量程的值且必须是恒定的。A/D 转换器的满量程通常是电源电压，这意味着如果必须对来自热电偶等设备的信号进行数字化，几乎总是需要对它进行放大。

逐次逼近 A/D 转换器的优点是转换分 n 步（固定）完成，并且比双斜率法更快。另外，器件的精度在很大程度上取决于比较器、D/A 转换器和参考电压。商用设备相对昂贵，特别是在需要超过 12 或 14 位的情况下。这种类型的 A/D 转换器已经直接集成到微处理器中，有时可以作为整体电路的一部分用于传感。有些微处理器有多个 A/D 通道，有些则使用不同类型的 A/D 转换器。

例 11.9：14 位逐次逼近 A/D 转换器

微处理器中的 14 位逐次逼近 A/D 转换器的工作电压为 5V，需要测量一个 4.21V 的输入。时钟设置为 1MHz。

（a）按照图 11.32 定义基本参数和所需硬件。

（b）转换器的数字输出是多少？

（c）表示的准确性如何？

解 （a）该转换器需要一个 14 位 D/A 转换器和一个 14 位移位寄存器。时钟规定的最小周期为 $1\mu s$，这意味着每个检验和置位步骤至少需要一个周期。因此，转换至少需要 28 个周期或 $28\mu s$。实际上需要更多时间，因为输出可能需要在转换结束时计时，并且每个步骤可能需要一个以上的周期，具体取决于算法的实现方式。分辨率为 $5V/2^{14} = 5V/16\,384 = 0.305\,176\text{mV}$。

（b）按照图 11.32 中的步骤，第一次比较是与 $5V/2^1 = 2.5V$ 进行的。由于这一直小于 4.21V，因此 MSB 为 1。接下来，我们将与 $5V/2^2 = 1.5V$ 进行比较。因为 $2.5V + 1.25V = 3.75V < 4.21V$，所以第二位为 1。继续此操作，我们可以写出输出为

$$4.21V \approx 5V\left(\frac{[1]}{2^1} + \frac{[1]}{2^2} + \frac{[0]}{2^3} + \frac{[1]}{2^4} + \frac{[0]}{2^5} + \frac{[1]}{2^6} + \frac{[1]}{2^7} + \frac{[1]}{2^8} + \frac{[1]}{2^9} + \frac{[0]}{2^{10}} + \frac{[0]}{2^{11}} + \frac{[0]}{2^{12}} + \frac{[1]}{2^{13}} + \frac{[1]}{2^{14}}\right)$$

$$= 4.209\,899\,9V$$

其中，任何使输出高于 4.21V 的贡献都为"0"位，而任何将输出保持在 4.21V 以下的贡献都为"1"位。取方括号中的值，数字输出为 11010111100011。

（c）如（a）所示，A/D 转换器的分辨率为 1 位，或 0.305 176mV。然而，模拟输入（4.21V）和表示输出（4.209 899 9）之间的差值仅为 0.1mV。误差为

$$\frac{4.21 - 4.209\,899\,9}{4.21} \times 100 = 0.002\,38\%$$

6. 快速 A/D 转换器

双斜率和逐次逼近 A/D 转换器是相对较慢的器件，受第一种方法下的积分时间和所需步数（取决于位数）的限制。这对于许多应用来说没有问题，但在某些情况下需要更快地转换。一种解决方案是采用快速 A/D 转换器（也称为并行 A/D 转换器）的形式。与其他类型不同，

这种方式的转换时间与位数无关，仅取决于构成组件的内部延迟。3 位转换器的原理如图 11.33a 所示。2^n 个完全相同的电阻器（n 为位数，在本例中为 $n=3$）组成的梯形网络为 2^n-1 个比较器创建参考电压。如果输入电压大于参考电压，则比较器的输出为"1"；如果输入电压低于参考电压，则比较器的输出为零。例如，在所示电路中，如果参考电压为 5V，则输入模拟电压 3.2V 会产生输出 00111111。也就是说，前五个比较器产生的输出为"1"，后两个比较器的输出为"0"。第 0 位设置为"1"，与比较器无关。图 11.33b 显示了"真值表"。标记为优先编码器的模块将比较器的输出转换为数字表示。优先编码器只是意味着前导位具有优先级，即如果位 0 为"1"，则输出为零，如果位 1 为"1"，则输出为数字"1"（001），如果位 5 为零，则输出为数字 5（101），以此类推。

C_7	C_6	C_5	C_4	C_3	C_2	C_1	C_0	D_2	D_1	D_0
0	0	0	0	0	0	0	1	0	0	0
0	0	0	0	0	0	1	1	0	0	1
0	0	0	0	0	1	1	1	0	1	0
0	0	0	0	1	1	1	1	0	1	1
0	0	0	1	1	1	1	1	1	0	0
0	0	1	1	1	1	1	1	1	0	1
0	1	1	1	1	1	1	1	1	1	0
1	1	1	1	1	1	1	1	1	1	1

a) 3 位快速 A/D 转换器　　b) 优先级编码器的真值表。数字输出为 $D_2D_1D_0$

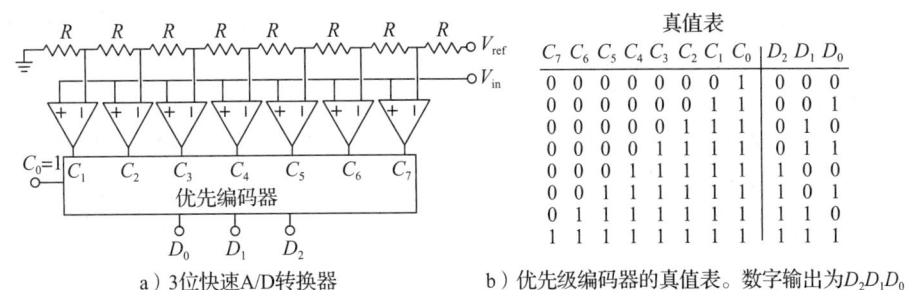

图 11.33　3 位快速 A/D 转换器及优先级编码器的真值表

优先编码器的实现是通过简单的逻辑门（基于德摩根定理）完成的，因此，转换所需的时间最短，并且仅取决于比较器的响应时间和门中的所有延迟。可以将这两者最小化以获得非常快速的转换器。该方法的优点是可以非常快速地对输入进行采样，因此可以在高频下（可高达吉赫兹范围）处理输入。因此，该转换器具有较大的带宽。

与任何电路一样，快速 A/D 转换器也有局限性。首先最重要的是需要大量的组件。8 位快速 A/D 转换器需要 $2^8-1=255$ 个比较器和 256 个相同的电阻器。生产许多具有所需精度元件的难度很大，几乎不可能生产出比这更精确的 ADC。其他问题包括比较器中可能会错误地传输输出的偏置电压、电阻梯形网络的精度以及比较器消耗的功率。基于这些原因，快速 A/D 转化器被限制在少量位（4~8）。

图 11.33a 中仅作为示例的 3 位 ADC 可以分辨低至 $5/8=0.625$V 的信号（对于 5V 参考电压）。而一个 8 位 ADC 可以分辨低至 $5/256=19.53$mV 的信号。

还有其他 A/D 转换方法，包括减少了比较器的数量的变体快速 A/D 转换器和非常有效的 Delta-Sigma 转换方法，该方法依靠信号处理技术来完成转换，但是这些方法超出了本节的讨论范围。

11.5.2　D/A 转换

D/A 转换通常不与传感器一起使用，但有时与执行器一起使用。当数字设备（例如微处理器）必须提供模拟输出时，就会发生这种情况。音频再现就是一个很好的例子，音频信号可以很好地以数字方式处理，但是我们的耳朵接收的信号是模拟的，因此音频信号需要转换回模拟形式。另一个示例是检测从传感器发送的一连串脉冲，其中模拟值可用于打开设备。D/A 转换器是 A/D 转换的重要组成部分（请参见上一节中的逐次逼近型 A/D 转换器）。通常，应尽可能通过使用数字执行器（例如无刷直流电动机和步进电动机）来避免 D/A 转换，但是在某些情况下，D/A 转换是必要的。与 A/D 转换器一样，有多种方法可以完成 D/A 转换。

1. 电阻梯形网络 D/A 转换

简单的 D/A 转换器中最常用的方法是基于图 11.34 所示的梯形网络。它由电阻器网络和一个用于隔离网络与输出的电压跟随器组成，跟随器的输出等于其相同输入端的电压。该电压是由电阻网络产生的。选择后者使得串联电阻和并联电阻的组合可以将数字输入表示为唯一电压。开关是数字控制的模拟开关（场效应管）。根据数字输入，各种开关可以串联或并联连接电阻。例如，假设要转换数字值 101，开关将如图 11.34a 所示。最高有效位（MSB）为"1"，因此该位的开关连接到参考电压（在这种情况下为 10V）。下一位是"0"，因此其开关接地（零电压）。最低有效位（LSB）开关连接到 10V。这些开关重新配置了电阻网络，如图 11.34b 所示，在放大器的输入端正好产生 6.25V 电压，如图 11.34b 所示。可以根据需要将梯形图扩展为任意数量的位。

a）3位D/A转换器的电路　　　　b）数字输入101的梯形网络的等效电路

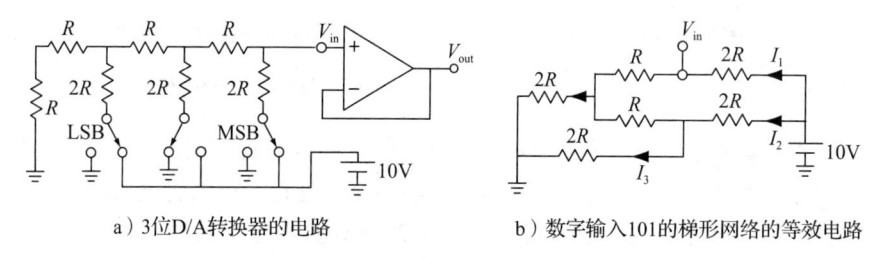

图 11.34　基于电阻梯形网络的 D/A 转换

D/A 转换器的精度和实用性取决于梯形网络的质量和精度、所用的参考电压以及开关的质量和电阻。电路的分辨率为 1 位，即模拟输出只能等效于 1 位的变化。在本例中，1 位代表 $10V/2^3 = 10V/8 = 1.25V$。因此，模拟电压只能以 1.25V 的步长递增。

例 11.10：一个基于梯形图网络的 8 位 D/A 转换器

基于电阻梯形网络构建一个 8 位 D/A 转换器。假设可用参考电压为 10V。

（a）计算数字输入 11010010 的模拟输出。

（b）电阻 R 是多少重要吗？

（c）D/A 转换的分辨率是多少？

解　梯形网络如图 11.35a 所示（代表数字 11010010）。电阻 $R = 10\text{k}\Omega$。

（a）为了计算输出，我们使用图 11.35b 中的等效电路并计算所示的环路电流（电阻以 $k\Omega$ 为单位）：

$$30I_1 + 10(I_1+I_2) + 20(I_1+I_2+I_3) = 10$$
$$20I_2 + 10(I_1+I_2) + 20(I_1+I_2+I_3) = 10$$

$$20(I_3+I_4)+10I_3+20(I_1+I_2+I_3)=10$$
$$20(I_4+I_5)+10I_4+20(I_3+I_4)=10$$
$$20(I_5+I_6+I_7)+10(I_5+I_6)+10I_5+20(I_4+I_5)=10$$
$$20(I_5+I_6+I_7)+10(I_5+I_6)+20I_6=10$$
$$20(I_5+I_6+I_7)+20I_7=10$$

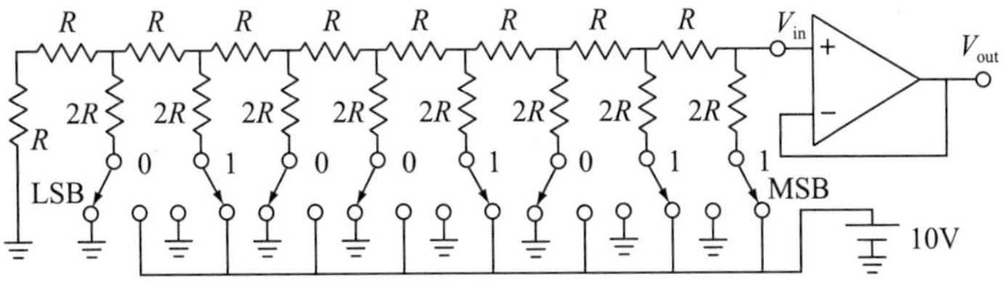

a) 具有数字输入11010010的8位A/D转换器

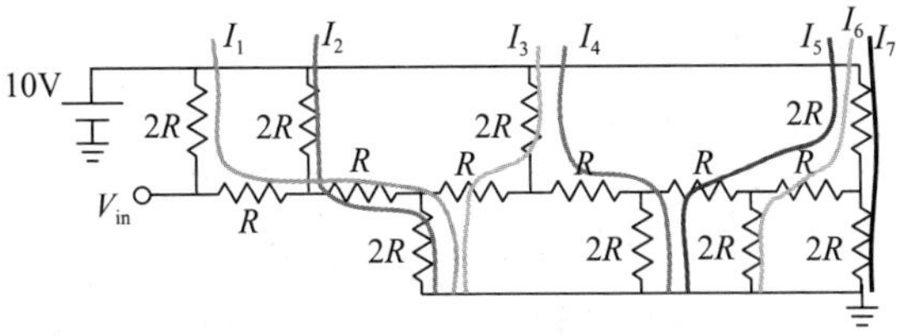

b) 等效梯形网络，显示用于计算模拟输出电压的环路电流

图 11.35 基于梯形网络构建的 8 位 D/A 转换器及等效梯形网络

或写为一个方程组：

$$\begin{bmatrix} 60 & 30 & 20 & 0 & 0 & 0 & 0 \\ 30 & 50 & 20 & 0 & 0 & 0 & 0 \\ 20 & 20 & 50 & 20 & 0 & 0 & 0 \\ 0 & 0 & 20 & 50 & 20 & 0 & 0 \\ 0 & 0 & 0 & 20 & 60 & 30 & 20 \\ 0 & 0 & 0 & 0 & 30 & 50 & 20 \\ 0 & 0 & 0 & 0 & 20 & 20 & 40 \end{bmatrix} \begin{Bmatrix} I_1 \\ I_2 \\ I_3 \\ I_4 \\ I_5 \\ I_6 \\ I_7 \end{Bmatrix} = \begin{Bmatrix} 10 \\ 10 \\ 10 \\ 10 \\ 10 \\ 10 \\ 10 \end{Bmatrix}$$

解这个方程组得

$$I_1 = 0.089\,843\,75 \text{mA}$$
$$I_2 = 0.135\,765\,625 \text{mA}$$
$$I_3 = 0.028\,320\,312\,5 \text{mA}$$
$$I_4 = 0.204\,589\,843\,75 \text{mA}$$
$$I_5 = -0.039\,794\,921\,875 \text{mA}$$
$$I_6 = 0.144\,897\,460\,937\,5 \text{mA}$$
$$I_7 = 0.197\,448\,730\,468\,75 \text{mA}$$

此时，电压跟随器输入端的电压（以及转换器的输出）为

$$V_{out} = V_{in} = 10 - 20I_1 = 10 - 20 \times 0.089\,843\,75 = 8.203\,125 \text{V}$$

(b) 电阻的值只有在转换器的电流消耗方面才是重要的。它不应该太小，因为要保证电流消耗是合理的，但也不应该太高，因为与实际电流相比，噪声可能会很大。电阻通常在 $1 \sim 10 \text{k}\Omega$ 量级。

(c) 数字分辨率为 1 位。由于 8 位代表 $2^8 = 256$ 个状态，因此模拟分辨率为 $10/256 = 39.062\,5 \times 10^{-3}$ V 或 39.062 5mV。

2. PWM D/A 转换

D/A 转换也可以结合 PWM 技术和低通滤波器来实现。这可能是最简单的 D/A 转换方法，可用于非关键应用，通常用于数字声音的转换。该方法如图 11.36 所示。首先，将数字数据转换成 PWM 格式。在 PWM 中，数字值越高，PWM 发生器产生的一系列脉冲的脉冲就越宽。虽然这看起来可能是一项复杂的任务，但 PWM 发生器很常见，可以作为微处理器中的组件或外围设备使用。PWM 序列施加于图 11.36 中，表示为 R_1-C_1 的简单低通滤波器。电容器在脉冲的接通时间内充电，在断开时间内放电。脉冲越宽（即占空比越低），电容器两端的电压就越高。该电压是 D/A 转换器的模拟输出。这种转换方法非常适合音频再现，同时也适用于电动机控制（电动机本身是滤波器的一部分）以及其他应用。添加 R_2 是为了确保电容器在数字输入值改变时不会保持其状态不变。元器件的选择很重要，因为一个可以平滑输出的大电容器也会缩短电路的响应时间。

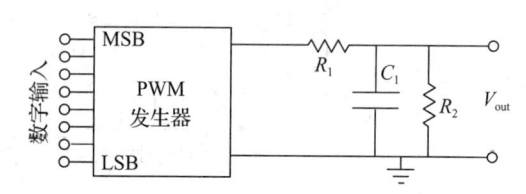

图 11.36 脉宽调制 D/A 转换器

3. 频率-电压（F/V）D/A 转换

D/A 转换的一种形式是频率-电压（F/V）转换。与 PWM D/A 转换器不同，频率-电压转换器的输出与频率成正比。从这个意义上说，它并不是严格意义上的 D/A 转换器，而是一种频率检测或频率解调的方法（见第 10 章）。然而，它与 PWM D/A 转换方法密切相关，两种方法都使用低通滤波器。如果数字信号的频率表示传感器的数字输出，则频率/电压转换器的输出以模拟形式表示该数据。例如，许多电容式和电感式传感器作为振荡器的一部分相连接，频率用来指示激励。F/V 转换器原理图如图 11.37a 所示。输入方波通过单稳态多谐振荡器，该多谐振荡器在每个脉冲上升时产生固定宽度的输出脉冲（单稳态多谐振荡器在其输入每次改变时产生单个脉冲，通常被称为单触发多谐振荡器）。该修改后的信号具有与原始信号相同的频率，但具有不同的占空比。随着频率的增加，占空比（脉冲的高电平和低电平持续时间之间的比率）减小。因此，电容器的输出随频率线性增加，如图 11.37b 所示。理论上该电路可以将频率降至零，但上限取决于单稳态多谐振荡器产生的脉冲宽度。实际上，当脉冲宽度（Δt）等于输入信号的周期时间（即 $\Delta t = 1/f$）时，输出保持最大值不变，如图 11.37b 所示（另见例 11.11）。然而，该电路的动态范围通常很大。可以通过减小脉冲宽度（通过减小 R_x、C_x 的值）来扩大该范围或通过增加脉冲宽度（通过增加 R_x、C_x 的值）来减少该范围。减小范围会增加灵敏度，也就是说，给定频率变化时输出的变化更大，而扩大范围则允许更大的量程。电路的这些特性由应用中的期望频率范围决定。低通滤波器由 R_1 和 C_1 组成，其功能和操作与图 11.36 相同。

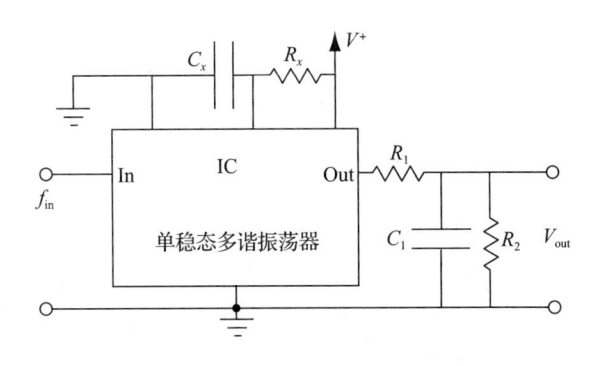

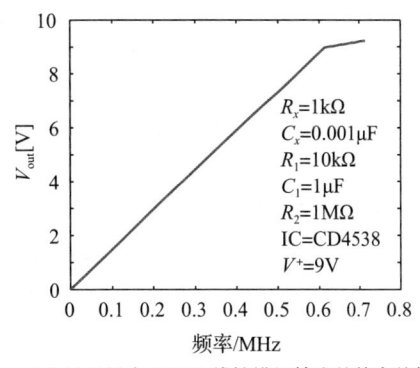

a）F/V 转换器原理图

b）显示最大 613kHz 线性模拟输出的特定值输出

图 11.37 F/V 转换器原理图和特定值输出

例 11.11：F/V 转换器

图 11.37 中的电路使用下列值：$R_1 = 10\text{k}\Omega$，$R_2 = 1\text{M}\Omega$，$R_x = 1\text{k}\Omega$，$C_1 = 1\mu\text{F}$，$C_x = 0.001\mu\text{F}$。单稳态多谐振荡器是一种 CMOS 器件。对于给定的 R_x 和 C_x 的值，单稳态多谐振荡器产生大约 $0.8\mu\text{s}$ 的固定脉冲宽度。当输入信号的频率从 1kHz 到 613kHz 变化时，电容器两端的输出从 0.01V 到 8.92V 变化，如图 11.37b 所示。当频率高于 613kHz 时，输出基本保持平坦，表明输入信号中的脉冲宽度等于单稳态多谐振荡器的脉冲宽度 [即 $1/(2\times 613\,000) = 0.815\mu\text{s}$]。这个电路的灵敏度是

$$s_o = \frac{V_\text{out}}{F_\text{in}} = \frac{8.92 - 0.01}{(613-1)\times 10^3} = 1.456\times 10^{-5}\,\text{V/Hz}$$

或 14.56mV/kHz。

图 11.37b 中的折线是用图 11.37a 所示的电路和元件通过实验获得的。

11.6 电桥电路

电桥电路是一类最早与传感器以及其他应用结合使用的电路。电桥一般指惠斯通电桥，但也有一些电桥的变体具有不同的名称。基本惠斯通电桥如图 11.38 所示，由四个阻抗组成，有 $Z_i = R_i + jX_i$。电桥的输出电压为

$$V_o = V_\text{ref}\left(\frac{Z_1}{Z_1+Z_2} - \frac{Z_3}{Z_3+Z_4}\right)\,[\text{V}] \quad (11.31)$$

如果满足以下条件，则称这座桥是平衡的：

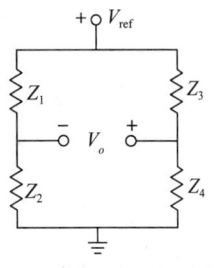

图 11.38 基本惠斯通电桥。其中任一阻抗可以是传感器或固定阻抗

$$\frac{Z_1}{Z_2} = \frac{Z_3}{Z_4} \tag{11.32}$$

在这种情况下，输出电压为零。事实上，这是将它用于传感器的主要原因之一。例如，如果 Z_1 表示传感器的阻抗，则通过正确选择其他阻抗，可以在 Z_1（以及被测对象）为任何给定值时将输出置为零。Z_1 的任何变化都会改变 V_{out} 的值，表明激励的变化。当然，人们还可以用电桥实现信号转换和温度补偿等更多应用。

11.6.1 灵敏度

可以首先通过求导来计算输出电压对某一阻抗变化的灵敏度：

$$\frac{dV_o}{dZ_1} = V_{\text{ref}} \frac{Z_2}{(Z_1+Z_2)^2} \quad \frac{dV_o}{dZ_2} = -V_{\text{ref}} \frac{Z_1}{(Z_1+Z_2)^2} \left[\frac{V}{\Omega}\right] \tag{11.33}$$

和

$$\frac{dV_o}{dZ_3} = -V_{\text{ref}} \frac{Z_4}{(Z_3+Z_4)^2} \quad \frac{dV_o}{dZ_4} = V_{\text{ref}} \frac{Z_3}{(Z_3+Z_4)^2} \left[\frac{V}{\Omega}\right] \tag{11.34}$$

求和并进行交叉相乘得出电桥灵敏度：

$$\frac{dV_o}{V_{\text{ref}}} = \frac{Z_2 dZ_1 - Z_1 dZ_2}{(Z_1+Z_2)^2} - \frac{Z_4 dZ_3 - Z_3 dZ_4}{(Z_3+Z_4)^2} \left[\frac{V}{V}\right] \tag{11.35}$$

该关系式表明，如果 $Z_1 = Z_2$，$Z_3 = Z_4$，则电桥是平衡的，而如果变化满足 $dZ_1 = dZ_2$ 和 $dZ_3 = dZ_4$，则输出变化为零。这是用来补偿传感器的温度变化和其他共模效应的基本思想。例如，假设压力传感器的阻抗为 $Z_1 = 100\Omega$，对温度的灵敏度为 $dZ_1 = 0.5\Omega/\text{℃}$。可以使用两个相同的传感器作为 Z_1 和 Z_2，但传感器 Z_2 不承受压力（它只与 Z_1 在相同的温度下）。Z_3 和 Z_4 是相等的，由相同的材料制成——通常是典型的简单电阻器。在这种情况下，传感器将不会因温度变化而产生输出，并且传感器会对温度变化进行适当的补偿。然而，如果压力变化，则输出会根据式（11.31）发生变化，因为阻抗 Z_1 随压力发生了变化。

如果电桥中的所有阻抗都是固定的，并且只有 Z_1 变化（为传感器），则 $dZ_2 = 0$，$dZ_3 = 0$，$dZ_4 = 0$，电桥灵敏度变为

$$\frac{dV_o}{V_{\text{ref}}} = \frac{Z_2 dZ_1}{(Z_1+Z_1)^2} \quad \text{或} \quad \frac{dV_o}{V_{\text{ref}}} = \frac{dZ_1}{4Z_1}\left[\frac{V}{V}\right], \quad Z_2 = Z_1 \tag{11.36}$$

这种类型的电桥，特别是带有电阻分支的电桥，是用应变计、压阻式传感器、霍尔元件、热敏电阻、力和压力传感器等进行传感的常用方法。使用该电桥可以方便地实现参考电压（归零）、温度补偿和其他共模噪声源的补偿。该电桥也非常简单，可以很容易地连接到放大器进一步处理。

采用两个对角元件作为传感器可以提高电桥的灵敏度。例如，假设我们希望使用应变计测量应变。我们可以使用两个应变计，而不是只用单个应变计（如图 11.38 中的 Z_1），并将它们放在电桥的斜臂上，在本例中为 Z_1 和 Z_4。这两个应变计暴露在相同的测量值下——也就是说，它们检测到的是完全相同的应变。如果从平衡电桥开始测量，那么在给定的应变下，Z_1

和 Z_4 将增加到 Z_1+dZ 和 Z_4+dZ（因为应变片是相同的，变化也将是相同的）。Z_2 和 Z_3 是电阻器，不随应变变化。此时，令 $Z_1=Z_2=Z_3=Z_4=Z_0$，由式（11.35）得

$$\frac{dV_o}{V_{ref}}=\frac{dZ}{2Z_0}\left[\frac{V}{V}\right] \tag{11.37}$$

请注意，这种方法产生的灵敏度是式（11.36）中给出的单个传感器的两倍。这种感测方法如图 11.39 所示。左侧的两个应变计都黏结到钢梁上，并测量相同的应变。右侧的两个电阻器也与钢梁相连，但它们不能测量任何数据。然而，它们与传感器处于相同温度下。

图 11.39　增加了灵敏度的电桥。Z_1 和 Z_4（左）感应钢梁中的应变，
Z_2 和 Z_3（右）是用来平衡电桥的电阻。注意黏结物质

还要注意，这种配置带来灵敏度提高的同时还带来了一个新问题：对温度变化的灵敏度也翻了一番。但更关键的是，无法使用通用的温度补偿方法，即使用两个相同的传感器，其中一个不进行传感。实际上，使用该原理的温度补偿要求电桥中的所有四个元件均为传感器（在本例中为四个相同的应变计），其中 Z_1 和 Z_4 感测应变，而 Z_2 和 Z_3 仅感测这四个传感器共有的温度。

通常在称重传感器中使用的一种更为灵敏的方法是使用四个相同的传感器，并使用电桥中所有四个传感器的电阻变化。这样产生的灵敏度是单个传感器的四倍（例如，参见习题 11.41），并产生温度补偿，因为所有传感器的温度变化都相同，所以温度不会改变电桥输出。

例 11.12：传感器温度变化的补偿

在例 6.2 中，我们计算了在可变温度环境下使用铂应变计（20℃下为350Ω）的温度影响。得到的结果如下：在参考温度（20℃）下，应变计的电阻从零应变时的350Ω变为2%应变时的412.3Ω。当温度从−50℃到800℃变化时，未施加应变的电阻从255.675Ω变化至1 401.05Ω，而当存在2%的应变时，电阻从301.185Ω变化至1 650.44Ω。

（a）说明如何使用电桥补偿温度影响。
（b）说明如果电桥设置正确，输出不会受到温度的影响。

(c) 在参考电压为 10V 的范围内（0%~2%应变）求电桥的输出。

解 （a）为了补偿温度影响，Z_1 和 Z_2 是两个相同的应变计（20℃时为350Ω）。Z_1 是传感应变计，而 Z_2 与 Z_1 放置在同一位置，但不会受到压力，确保两者将经历相同的温度变化。阻抗 Z_3 和 Z_4 是各为350Ω 的两个电阻，它们可以（有时就是）是与 Z_1 和 Z_2 相同的应变计。我们将假设它们在性质上是相同的，因此这些电阻器本身不会引入温度产生的误差。

注意： Z_1 和 Z_2 必须处于相同的温度（检测应变位置的温度）。Z_3 和 Z_4 通常处于环境温度，同样，为了将误差降至最低，它们应该处于相同的温度，尽管它们不是必须处于 Z_1 和 Z_2 的温度。配置如图11.40所示。

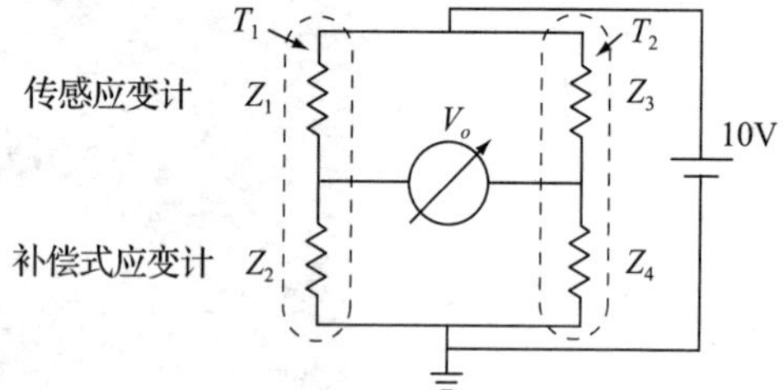

（b）确定温度没有影响的最好方法是使用式（6.7）中给出的应变计电阻的一般关系式，并将它代入式（11.31）。参考式（6.7），应变计受应变和温度影响产生的电阻为

$$R(\varepsilon,T) = R(1+g\varepsilon)[1+\alpha(T-T_0)] \ [\Omega]$$

同样的应变计只受温度的影响：

$$R(\varepsilon,T) = R[1+\alpha(T-T_0)] \ [\Omega]$$

图 11.40 桥梁中的温度补偿

其中 ε 是施加的应变，g 是应变系数，T_0 是参考温度，T 是感测温度，R 是应变计在 T_0 的标称电阻。桥的四个臂上的电阻是

$$Z_1 = R(1+g\varepsilon)[1+\alpha(T-T_0)] \ [\Omega]$$
$$Z_2 = R[1+\alpha(T-T_0)] \ [\Omega]$$
$$Z_3 = R \ [\Omega]$$
$$Z_4 = R \ [\Omega]$$

式（11.31）变为

$$V_o = V_{ref}\left\{\frac{R(1+g\varepsilon)[1+a(T-T_0)]}{R(1+g\varepsilon)[1+\alpha(T-T_0)]+R[1+\alpha(T-T_0)]} - \frac{R}{R+R}\right\}$$

$$= V_{ref}\left(\frac{1+g\varepsilon}{2+g\varepsilon} - \frac{1}{2}\right) \ [V]$$

显然，已经消除了温度的影响。

（c）为了计算该范围的输出，进行如下计算。

没有施加应变（零应变）：

在-50℃下：$Z_1 = 255.675\Omega$，$Z_2 = 255.675\Omega$，$Z_3 = 350\Omega$，$Z_4 = 350\Omega$。电桥是平衡的，输出为零。

在800℃下：$Z_1 = 1401.05\Omega$，$Z_2 = 1401.05\Omega$，$Z_3 = 350\Omega$，$Z_4 = 350\Omega$。电桥是平衡的，输出为零。

施加应变（2%应变）：

在-50℃下：$Z_1 = 301.185\Omega$，$Z_2 = 255.675\Omega$，$Z_3 = 350\Omega$，$Z_4 = 350\Omega$。电桥不平衡，输出为

$$V_o = 10 \times \left(\frac{301.185}{301.185+255.675} - \frac{350}{350+350} \right)$$
$$= 10 \times (0.54086 - 0.5) = 0.4086\text{V}$$

在800℃下：$Z_1 = 1650.44\Omega$，$Z_2 = 1401.05\Omega$，$Z_3 = 350\Omega$，$Z_4 = 350\Omega$。

电桥不平衡，输出为

$$V_o = 10 \times \left(\frac{1650.44}{1650.44+1401.05} - \frac{350}{350+350} \right)$$
$$= 10 \times (0.54086 - 0.5) = 0.4086\text{V}$$

正如预期的那样，输出与温度无关——它仅取决于应变。电桥输出从零应变时的0变化到2%应变时的0.4086V。使用前可能需要对它进行放大，但与温度无关。

此处讨论的方法可有效补偿共模效应（例如温度）。但是，它们不能消除传感器外部的误差，例如V_{ref}随着温度的变化。从式（11.31）及其在例11.12中的使用可以看出，电桥电压V_{ref}的任何变化都会改变输出。这些必须在电桥本身的构造中得到补偿。有许多技术可以实现此目的，但这超出了本文的范围（请参见例11.16）。通常，我们假定电桥本身已经得到了适当的补偿。

11.6.2 电桥输出

电桥的输出可能相对较小。例如，假设给电桥提供一个5V电源和一个热敏电阻$Z_4 = 500\Omega$（在0℃时），用于感测温度。假设电桥在0℃时平衡，其他三个电阻也为500Ω。这会使得在0℃时输出电压为零。为了便于讨论，假设在100℃时，热敏电阻减小至400Ω。此时的输出电压为

$$V_o = 5 \left(\frac{500}{500+500} - \frac{400}{500+500} \right) = 0.5\text{V}$$

大多数传感器的阻抗变化会小得多，因此需要进行某种放大。11.2节中讨论的运算放大器是一个理想的选择。图11.41显示了两种连接电桥的方法。在图11.41a中，输出电压直接连接在反相和同相输入之间。如果我们假设传感器的电阻的变化为$R_x = R_0(1+\alpha)$，则电桥的电压输出为

$$V_{out} \approx V_{ref} \frac{(1+n)V\alpha}{4} [\text{V}] \tag{11.38}$$

注意，该电路提供的放大倍数为$(1+n)$，但要求电桥上的电压是浮空的（即电桥的电源必须与放大器的电源分开）。图11.41b中的电桥电路和放大器不提供放大功能，而是将传感器置于反馈环路中，称为有源电桥，其输出为

$$V_{out} = V + \frac{\alpha}{2} [\text{V}] \tag{11.39}$$

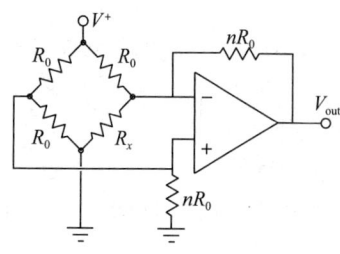

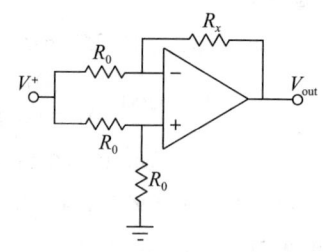

a）使用运算放大器放大电桥的输出　　　　b）主动桥。电桥元件用作放大器反馈的一部分

图 11.41　放大电桥电路

例 11.13：用于减小引线电阻和温度变化对输出影响的电桥电路

使用电阻温度检测器（Resistance Temperature Detector，RTD）和某些其他传感器的一个问题是，连接线的电阻会随温度变化。在某些传感器中，这可能不是问题，但是在电阻相对较低的电阻温度检测器中，这种变化可能会带来很大的误差。为了消除这种影响，一种常见的电阻温度检测器配置具有三根引线，如图 3.3b 所示。这允许在如图 11.42 所示的电桥中进行连接。电桥电阻的选择满足 $R_0 = R_2 = R_3 = R(0)$，其中 $R(0)$ 是电阻温度检测器在参考温度（通常为 0℃）时的电阻。还假定所有三根引线的长度相同，因此它们的电阻 R_l 相同。

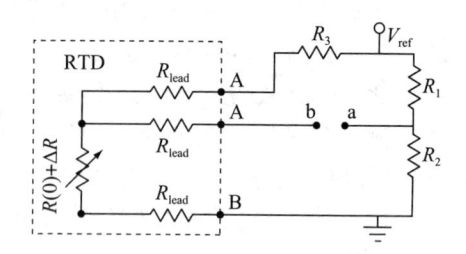

图 11.42　以电桥配置连接的三线 RTD

(a) 说明电桥测量可以减少但不能消除引线温度变化的影响。

(b) 说明如果能够单独测量 A-A 点之间的 RTD 导线的电阻，那么三线 RTD 结构可以消除引线电阻和温度变化的影响。

解　(a) 电桥的输出计算如下：

$$V_a = \frac{V_{ref}}{2} \text{ [V]}$$

$$V_b = \frac{V_{ref}}{R(0)+(R(0)+\Delta R)+2(R_l+\Delta R_l)}(R(0)+\Delta R+R_l+\Delta R_l)$$

$$= \frac{V_{ref}}{2R(0)+2R_l+2\Delta R_l+\Delta R}[(R(0)+R_l+\Delta R_l)+\Delta R] \text{ [V]}$$

或

$$V_b = \frac{V_{ref}(R(0)+R_l+\Delta R_l)}{2R(0)+2R_l+2\Delta R_l+\Delta R} + \frac{V_{ref}\Delta R}{2R(0)+2R_l+2\Delta R_l+\Delta R} \text{ [V]}$$

其中 R_l 是引线的电阻（较小），ΔR_l 是由于环境温度变化而引起的该电阻的变化，ΔR 是 RTD 电阻的变化。

在这一关系式中的第一项大约为 $V_{ref}/2$（在参考温度下正好为 $V_{ref}/2$，其中 $\Delta R = 0$）。因此，

V_{ba} 为

$$V_{ba} = V_b - V_a = \frac{V_{ref}\Delta R}{2R(0)+2R_l+2\Delta R_l+\Delta R}[\text{V}]$$

考虑一个数值示例：假设 RTD 的标称电阻为 $R_0 = 120\Omega$，并且 $\Delta R = 100\Omega$。每根连接线的电阻为 1Ω，并且由于温度变化而产生的电阻变化为 0.1Ω，对于 10V 参考电压可得

$$V_{ba} = \frac{10\times10}{240+2+0.2+10} = 0.39651\text{V}$$

如果我们假设引线的电阻为零：

$$V_{ba} = \frac{10\times10}{240+10} = 0.4\text{V}$$

误差为 $(0.4-0.39651)/0.4 = 0.008728$，或 0.8725%。

如果改为使用双线连接而不是电桥，则测得的总电阻为 122.2Ω，误差为 $2.2/120 = 0.01833$，即 1.833%。显然，三线连接旨在减小而不是消除引线电阻的影响。在本例中，误差减少了 52.5%。

（b）如果分别测量两个标记为 A-A 的连接之间的电阻（通过电桥测量或通过其他方式），则可以从 V_{ba} 一般关系式分母中的总电阻中减去该电阻。在点 A-A 之间测得的电阻包括温度对引线的影响，等于 $2R_l+2\Delta R_l$。减去该电阻后，电桥的输出为

$$V_{ba} = V_b - V_a = \frac{V_{ref}\Delta R}{2R(0)+\Delta R}[\text{V}]$$

结果显然不会受到引线的任何影响。

注意：由于消除的引线电阻是底部电阻和顶部电阻，而单独测量的导线电阻是两个顶部电阻，因此三根引线的长度必须相同，否则只能消除部分引线的影响。这种连接 RTD 的方法是最常见的补偿方法，并允许使用较长的引线。

11.7 数据传输

从传感器到控制器或从控制器到执行器的数据传输可以采用多种形式。如果传感器是无源传感器，那么它已经具有可用形式的输出，例如电压或电流。通常，直接测量此输出即可获得读数。在其他情况下可能更加复杂，例如电容式或电感式传感器并不能选择电压和电流——我们更多地会将传感器用作振荡器的一部分，该振荡器产生与激励成正比的频率。最重要的是，传感器通常可能位于远程位置。在这种情况下，既不能直接测量电压和电流，也不能将传感器作为电路的一部分（在振荡器中）。一般情况下需要在本地处理传感器的输出，再将结果传输给控制器。然后，控制器解释数据并将它转换为合适的形式。

理想的传输方法是在本地（传感器处）将传感器的输出转换为数字形式，然后将数字数

据发送到控制器。这种方法通常用于"智能传感器",因为它们具有必要的本地处理能力。在大多数情况下,这种类型的传感器都具有一个本地微处理器,并且既可以由控制器供电,也可以由自己的电源供电,例如板载电池。然后,可以通过常规线路甚至无线链路传输数字数据。由于数字数据不容易损坏,因此该方法既常见又非常有用。

但是,许多传感器都是模拟传感器,即使最终能够将它的输出转换为数字形式以供解释和使用,也并不总是能够在本地将电子器件集成起来。这可能是成本或运行条件(例如高温)造成的。例如在汽车中,单个中央处理器可以处理数十个传感器和执行器,从而使系统更经济化。即使该处理器可以为所有传感器提供电源和电子器件以数字化其数据,但这样做也是不现实的(实际上,出于安全考虑,某些传感器或传感器组可能具有自己的处理器)。在其他情况下,比如汽车中的氧传感器,该传感器在超出半导体温度范围的高温下工作,因此无法将电子器件直接集成到其中。在这种情况下,必须将模拟信号传输到控制器。针对这一目的已经开发了许多方法。接下来将讨论其中三种适用于电阻传感器和无源传感器的方法。

11.7.1 四线传输

在电阻发生改变的传感器中,例如热敏电阻和压阻传感器,必须提供外部电源并测量传感器两端的电压。如果是远程操作,那么电流可能会随着连接线的电阻而变化,并导致错误的读数。为了避免这种情况,可以使用图 11.43 中的方法。传感器由电流源 I 供电,由于电流源的内部阻抗非常高,因此该电流是恒定的。所以,传感器上的电压仅取决于其自身的电阻,与导线的长度及其电阻无关。第二对导线测量传感器两端的电压,并且因为电压表具有很高的阻抗,所以第二对导线中没有电流(理想情况下),从而得到准确的读数。这是一种常见的数据传输方法。基于霍尔元件的传感器可以使用非常类似的方法,其中电流源提供偏置电流,霍尔电压被单独测量。

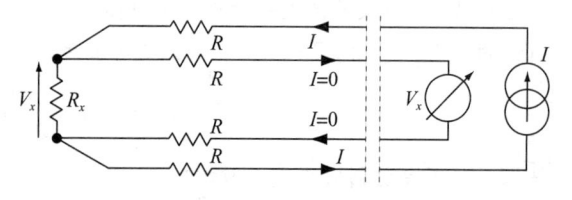

图 11.43 四线传输

例 11.14:消除电阻温度检测器中的误差

导线型电阻温度检测器(RTD)具有低电阻,通常在 $25\sim100\Omega$ 之间。它们附带有可以连接测量仪器的引线。由于这些引线(通常是铜)具有自己的电阻,并且它们的电阻会随温度的变化而变化,因此会在检测中引入误差。为了消除此问题,某些电阻温度检测器附带了四根引线(请参见图 3.3c)。图 11.43 中的连接可以消除引线引起的所有误差,即使引线的长度不相等。R_x 是电阻温度检测器在被感测温度下的电阻,R 代表每条延长线的电阻。电压表读取电阻温度检测器两端的电压,前提是其自身的阻抗基本上是无限大的。实际上,被测电阻可能有几兆欧,与电阻温度检测器的低电阻相比,它提供了几乎没有误差的读数。电流源必须尽可能保持恒定以消除电压读数的变化,因为 I 变化 $x\%$ 与 R_x 变化 $x\%$ 的效果相同,会引入 $x\%$ 的温度误差。

11.7.2 无源传感器的双线传输

大多数无源传感器以电压形式提供输出,由于测量电压几乎不涉及电流,因此有时使用一对简单的导线就可以远程测量输出电压。对于直流输出(例如热电偶)尤其如此。在大多数情况下使用双绞线,因为它会减少线路接收的噪声。在具有高阻抗的传感器中,基于双线连接中的固有噪声,这样做的风险要大得多。

11.7.3 有源传感器的双线传输

传感器(和执行器)数据传输的一种常见且已标准化的方法是使用 4~20mA 电流环。简单来说,修改传感器的输出以将回路中的电流从 4mA(对应于最小激励值)调制为 20mA(最大激励值),配置如图 11.44 所示。显然,必须修改传感器的输出以符合这一行业标准,这可能需要额外的电路。许多传感器都是按照这一标准制造的,因此用户只需要将传感器连接到双线制线路即可。电源取决于负载电阻和变送器的电阻,介于 12V 和 48V 之间。接口电路包括一种将最小和最大输出值设置为 4mA 和 20mA 的装置,这里由图 11.44 中的两个电位器指示。线路上传输的电流与线路的长度及其电阻无关。在控制器上处理跨负载电阻测得的电压,以提供必要的读数。大多数传感器都可以通过适当的电路安装 4~20mA 电流环。

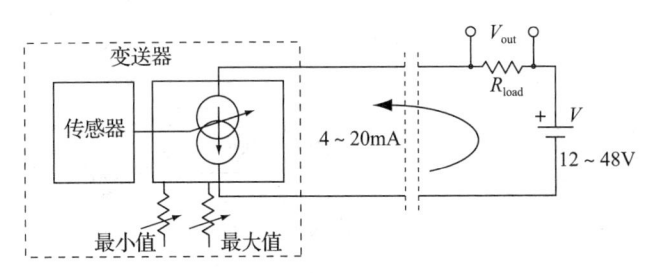

图 11.44 4~20mA 电流环数据传输

例 11.15:4~20mA 电流环

一种压力传感器被作为远程装置来检测用于气象目的的气压。所需范围在 750mbar(75kPa)到 1 200mbar(120kPa)之间。(地球上有记录的最低气压是在美国龙卷风期间记录的约 850mbar,最高气压是在蒙古记录的 1 086mbar。)压力传感器配备有 4~20mA 电流环。如果电流环校准正确,那么在 470Ω 负载电阻上测得的电压 V_{out} 的范围是多少(见图 11.44)?

解 校准意味着最小压力产生 4mA 的电流,最大压力产生 20mA 的电流。因此,电压范围是从 $V_{min} = 4 \times 10^{-3} \times 470 = 1.88V$ 到 $V_{max} = 20 \times 10^{-3} \times 470 = 9.4V$。这是一种方便的刻度,通常是为适应标准测量仪器而设计的。

注意:4~20mA 电流环的实际设计相当复杂,并且是特定于传感器的,因为它必须考虑传感器的传递函数。传感器(和执行器)通常带有可选的 4~20mA 电流环,特别是在工业应用中。

可以结合其他传输方法。例如,将六线传输与电桥电路一起使用,其中先前的四线方法

补充了两条额外的线,用于测量电桥本身的电压(请参见例 11.16),从而可以基于电桥的实际参考电压来校准输出,这样就消除了馈线电阻对输出的影响。

例 11.16:补偿电桥连接中源变化引起的误差

为了补偿长导线引起的电桥参考电压的误差,六线传输是必不可少的,特别是在电桥支路阻抗较低的情况下,因此电桥需要相对大的电流。考虑使用称重传感器测量力。称重传感器使用四个应变计,其中两个用于感应压缩应变,两个用于感应拉伸应变,如图 11.45 所示,箭头方向相反(R_1 和 R_3 被拉伸,R_2 和 R_4 被压缩,另见 6.3.4 节和图 6.11)。应变计是低阻抗器件,在此我们假定应变计未应变且应变系数为 2.5 时,普通应变计电阻为 120Ω。

(a) 使用如图 11.45a 所示的四线制,假设参考电压为 6V,线长为 100m,计算输出误差。假设所有导线的电阻均为 0.25Ω/m,并且所有导线的长度均相同。假设使用的是线性应变计,对于测量的载荷,拉伸应变计的应变为 +3%,压缩应变计的应变为 -3%。为了实现正确的测量,将压缩应变计预应变为 3%,也就是说,当不存在载荷时,拉伸应变计处于零应变,而压缩应变计为 3% 应变。

(b) 如果使用图 11.45b 中的六线连接,并与(a)中的假设相同,证明电桥输出与线长无关。

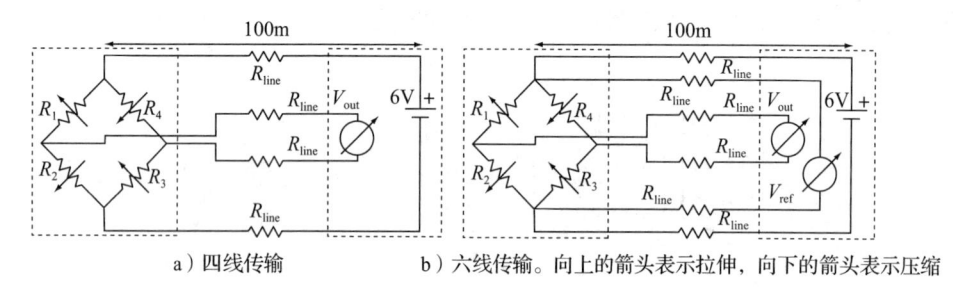

a)四线传输   b)六线传输。向上的箭头表示拉伸,向下的箭头表示压缩

图 11.45 称重传感器电路图

解 首先,我们需要计算电桥四个支路中的电阻。
对于拉伸应变计,应变为 3%。由式(6.5)得
$$R_1 = R_3 = 120(1+2.5 \times 0.03) = 129\Omega$$
对于压缩应变计,应变为零:
$$R_2 = R_4 = 120\Omega$$

(a) 在给定条件下,电桥的输出为

$$V_o = V_{ref}\left(\frac{R_3}{R_3+R_4} - \frac{R_2}{R_1+R_2}\right) = V_{ref}\left(\frac{129}{129+120} - \frac{120}{129+120}\right)$$
$$= V_{ref}(0.518 - 0.482) = 0.036 V_{ref} [\text{V}]$$

因为远程仪器唯一能测量的参考电压是电源电压(6V),所以预期输出为 0.036×6V = 0.216V。这是仪器期望的输出(即校准输出),因为仪器只能测量该电压。

然而,电桥的参考电压为

$$V_{ref} = \frac{V_s}{R_b + 2R_{line}} \times R_b$$

$$= \frac{6}{(120+129)/2 + 2 \times 0.25 \times 100} \times \frac{(120+129)}{2} = 4.2808 \text{V}$$

其中 R_b 是由平行的两条支路组成的电桥的电阻。因此，电压表测量的实际输出为

$$V_o = V_{ref} \left(\frac{R_3}{R_3+R_4} - \frac{R_2}{R_1+R_2} \right)$$

$$= 4.2808 \times \left(\frac{129}{129+120} - \frac{120}{129+120} \right) = 0.03614 \times 4.2808 = 0.1541 \text{V}$$

由于测得的电压较低，因此误差为 $(0.1541 - 0.216)/0.216 = -0.286$，或 -28.6%。

(b) 在六线电桥中，测量仪器测量的参考电压为 4.28V。因此，校准输出为 0.154V，这正是电压表所测量的。这里消除了电源线引起的误差。

当涉及执行器时，只有两种方式可以将电源传输到执行器。一种是使执行器靠近供电的电源，这意味着线路必须非常短。这在某些情况下（音频扬声器、打印机中的控制电动机等）是可能的，但在其他情况下是不切实际的，因为控制器和执行器之间必须保持一定的距离（工厂车间的机器人等）。在这种情况下，可以使用前面的一种方法来传输数据，但必须在执行器处本地产生或切换电源。即控制器现在发出有关电源电平、时序等命令，然后在本地执行这些命令以提供所需的电源。其中大部分通过两端的微处理器以数字方式完成。

11.7.4　数字数据传输协议和总线

当数字数据在传感器和处理器之间或处理器和执行器之间传输时，数据由多种可用的数据协议之一来处理。这些协议基于定义接口的标准，以便来自不同资源的各种设备可以相互通信。可用的协议包括通用串行接口（也称为 RS232 接口）、通用串行总线（USB）接口、并行接口（称为 IEEE 1284 接口）、控制器局域网（CAN）接口、串行外设接口（SPI）、通用异步收发器（UART）接口、双线接口（I^2C）等。这些协议旨在允许多个设备在一条"总线"上（即在一组导线上）连接和通信。总线中的导线数量因协议而异。例如，USB 有四根导线，两根用于电源，两根用于数据。并行总线可能有更多的导线，通常至少有 10 个。有些总线是专用的，而有些是通用的。例如，CAN 接口是专门考虑车辆条件的总线接口，例如增强抗干扰性的需要。这些接口的优点之一是设计者可以获取到用于实现这些接口以及进行协议转换的电子设备。带有接口的传感器和执行器是可获得的，并且通常提供了与控制器相连接的最快、最可靠的方式。

I^2C 和单线协议在传感器中应用广泛。I^2C 协议允许在两条线上连接多个设备。单线协议已在包括传感器在内的许多设备中变得非常流行。在此协议中，设备的电源以及往返设备的数据都通过单对导线传递，这使之成为一种有效且经济的长导线传感方法。术语"单线"在某种程度上具有误导性，因为实际上有两根线，它只是表示有一条导线和一条地线，或者两条导线上有两种功能（电源和数据）。

11.8 激励方法和电路

传感器和执行器通常必须由交流或直流电源供电。首先最重要的激励是电源电路。在许多传感器中,电源是由电池提供的,但其他许多传感器通过使用稳压或非稳压电路来依赖线路电源供电。此外,对电流源(如霍尔元件)和交流源(如 LVDT)的需求已在前面的章节中讨论过。这些电路会影响传感器的输出及其性能(精度、灵敏度、噪声等),是传感器和执行器整体性能的组成部分。

除了常见的使用电池为传感器和执行器供电之外,还有两种可用的通用电源。一种叫作线性电源,另一种叫作开关电源。此外,还有用于将电源从一个电平转换到另一个电平的 DC-DC 转换器,有时作为使用该电源的电路的一部分。也存在用于从直流源产生交流源的逆变器,但通常仅限于电源设备,因此也仅限于某些执行器,在此不进行讨论。

11.8.1 线性电源

一种稳压线性电源的结构如图 11.46 所示,包括一个交流电源(通常是线路电压)以及一种将该电压降低到所需电平的方法(变压器)。变压器后面是整流器,从交流电源产生直流电压,该电压经过滤波后被调节到最终所需的直流电平。这种情况下,通常会提供最终过滤器。这种类型的稳压电源在电路中非常常见,尤其是在功率要求不高的情况下。根据应用的不同,可能会去除某些模块。例如,如果电源是电池(例如,在汽车中),则变压器和整流器不相关,滤波可能没有那么重要。

图 11.46 一种稳压线性电源的结构

详情可见图 11.47 中的电路,这是一个稳压电源,能够在高达 1A 的输出电流下持续提供 5V 的电压。变压器将输入电压降低至 9V RMS,通过桥式整流器进行整流,并在 C_1 和 C_2 两端产生 $12.6V(9V\times\sqrt{2})$ 的电压。这两个电容器用作滤波器——大电容器减少了线路上的低频波动,小电容器提供了高频滤波。图中所示的稳压器是一个 5V 稳压器,会使自身两端的电压下降 7.6V,以保持输出恒定在 5V(整流器上还有一个小的电压降,因此稳压器上的电压略低于此处指示的值)。稳压器将对任何不低于 8V 的输入电压执行此操作,输出端的电容器也是滤波器。电流受到稳压器中电流及其两端电压产生的耗散功率的限制。还可以使用其他耗散功率更大或更小的稳压器,这些稳压器输出正的或负的标准电压(正或负),或者作为可调可变电压稳压器。分立元件稳压器几乎可以满足任何电压和电流要求。

该电路或类似电路是向许多传感器和执行器电路提供稳压直流电源的常用方式,其优点是简单、便宜,但也有严重的缺点。最明显的是它们又大又重,主要是因为需要处理输出功

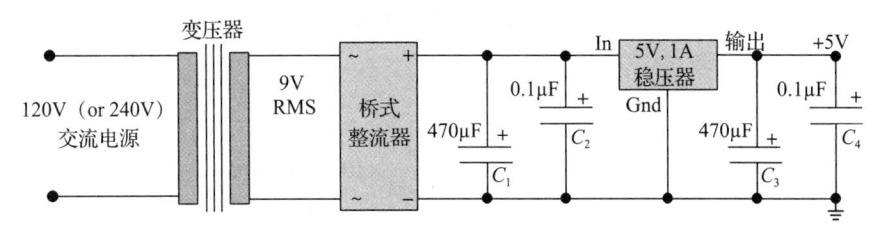

图 11.47 使用固定电压稳压器的 5V 稳压电源

率的变压器。此外，稳压器上耗散的功率不仅会损失，还会产生热量，而这些热量又必须通过热交换器散失，从而增加了线性电源的成本和体积。

例 11.17：线性电源——效率

考虑图 11.47 中的线性电源。稳压器 In 引脚上的直流电压必须至少比输出高 3V，也就是说，它必须至少为 8V，但可以高达 35V（取决于所用的稳压器）。该器件的额定输出为 1A、5V，最大耗散功率为 3W。

（a）在图 11.47 所示的条件下（即变压器提供 9V RMS），计算负载中允许的最大电流。计算该电流的电源效率。

（b）假设将变压器替换为 24V RMS 变压器，最大电流是多少？在最大电流下电源的效率是多少？

注意：1）效率是有用的输出功率除以变压器提供的输入功率。
2）在桥式整流器中，有两个与稳压器串联的二极管，每个二极管的压降约为 0.7V。

解 稳压器的输入电压是变压器提供的峰值电压减去桥式整流器中两个二极管的压降。效率主要由稳压器两端的压降决定，但二极管本身也有影响。

（a）在 RMS 电压为 9V 时，稳压器输入的电压为

$$V_{DC} = V_{RMS}\sqrt{2} - 2V_D = 9 \times \sqrt{2} - 1.4 = 11.33V$$

因此，稳压器两端的压降为 11.33-5=6.33V。由于稳压器的耗散功率不能超过 3W，因此最大电流为

$$I_{max} = \frac{P_{max}}{V_{drop}} = \frac{3}{6.33} = 0.474A$$

提供给负载的功率为 0.474×5=2.37W，变压器提供的输入功率为 0.474×9=4.266W。因此，效率为 55.5%。

（b）对于 24V RMS 的输入电压，峰值电压为

$$V_{DC} = V_{RMS}\sqrt{2} - 2V_D = 24 \times \sqrt{2} - 1.4 = 32.54V$$

此时稳压器两端的压降为 32.5-5=27.54V。因此，最大电流为

$$I_{max} = \frac{P_{max}}{V_{drop}} = \frac{3}{27.5} = 0.11A$$

稳压器的电流不能超过 110mA，否则会过热（这种类型的稳压器具有热关断功能，会断开负载以保护自身免受损坏）。

效率为

$$\text{eff} = \frac{I_{\max}V_{\text{out}}}{V_{\text{in}}I_{\text{in}}} \times 100 = \frac{0.11 \times 5}{24 \times 0.11} \times 100 = 20.83\%$$

注意：1）稳压器中的输入电流和输出电流被视为相同的。实际上，在稳压器的接地端有一个小电流（需要运行内部电路），进一步降低了效率。

2）效率在很大程度上取决于稳压器两端的电压降。当该电压降最小时，可获得最高效率。

3）正是这些低效率使得其他类型的电源更有优势，尤其是开关电源，尽管其电路更为复杂。

4）一些固定或可变的线性稳压器，称为"低压差"（low dropout，LDO）稳压器，仅需几分之一伏压降即可稳压，因此效率更高。

11.8.2 开关电源

提供直流电源的另一种方法是使用开关电源。开关电源依靠两个基本原理来消除线性电源的某些缺点，如图 11.48 所示。首先，去除电源变压器，直接对线路电压进行整流。像之前一样对该高压直流进行滤波。开关晶体管由方波驱动，方波导通时间为 t_{on}，关断时间为 t_{off}。接通时，电流流过电感器，并将电容器充电至取决于 t_{on} 的电压，t_{on} 越大，输出电压越高。当开关断开时，电感 L 中的电流通过负载放电，在关断时间内为它供电。通过对输出进行采样并更改占空比（t_{on} 和 t_{off} 之间的比率）以将输出增加或减少到所需值来稳定电压。占空比的这种变化等效于 PWM 发生器。

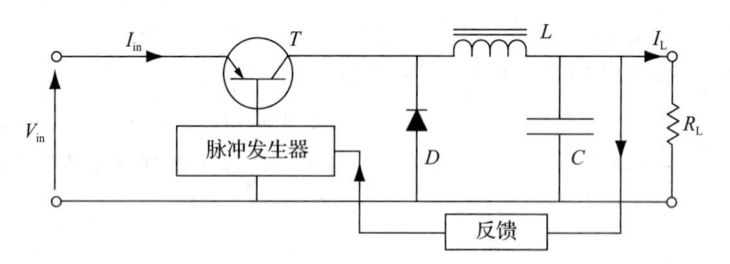

图 11.48 开关电源

在实际电源中还必须考虑其他因素。首先，必须分离或隔离输入（连接到线路）与输出。在线性电源中，这种隔离是通过电源变压器实现的。在开关电源中也可以由变压器来实现，但是现在变压器要小得多，并且在高频下工作。其次，在相对较高的频率上进行的开关会将噪声引入系统，必须先过滤掉此噪声，然后才能使用电源。线馈式开关电源包括一个线路输入滤波器，该滤波器由每条线路中的一个电感和两个电容器（一个在每个电感的线路侧，一个在每个电感的电源侧）组成，以防止高频噪声进入线路并可能影响连接到线路的其他设备。与大多数电路一样，图 11.48 所示的基本电路也有很多变体，但是这些变体对于理解基本电路的工作原理并不重要。开关电源的显著特征之一是输入电压可以在很宽的范围内变化，而对输出电压或效率没有实际影响。许多设备使用的普通轻型双电压电源就是这一特性的结果。

DC-DC 转换器是一种不同类型的开关电源，本质上是将直流电源转换成交流电压，然后通过变压器或借助电感器中的瞬态电压或将电容器充放电到所需的电平，然后整流回直流并进行调节。大多数情况下会将电池作为电源，但也可以使用整流交流电源。在许多情况下，这样做的目的是在可用电压水平低于或高于所需电压水平时以所需电压水平供电。例如，假设一种消费产品需要在单个 1.5V 电池上运行，由于大多数电子元件需要更高的电压，比如 3V，因此可以使用 DC-DC 转换器来满足这一需求。在大多数情况下，隔离不是问题，即使是也可以使用高频变压器来解决。DC-DC 转换器是包括传感电路在内的电子设备中的常见部件，有各种大小和电压水平，通常在必须更改电压水平时使用。

电感式 DC-DC 转换器可以通过图 11.48 理解。图 11.48 所示类型的 DC-DC 转换器的替代方案是电荷泵 DC-DC 转换器。电荷泵的概念是为一个电容器（或多个电容器）充电，然后开关电容器并将它与现有电源串联，从而使电源和电容器两端的总电压更高（大约高出两倍）。该过程可以重复，并且可以获得更高的电压。因此，该器件也称为电压倍增器。电荷泵这个名字表示电容器中的电荷将被转移，以完成电压转换，其原理如图 11.49a 所示。逆变驱动器由方波供电，因此当输入为 0 时，输出翻转到 V_{in}，反之，当输入为 1 时，输出翻转到 V_{out}。当驱动器的输出为低时，C_1 充电到 $V_{in}=V_D$，其中 V_D 是二极管两端的压降（硅二极管的压降约为 0.7V，肖特基二极管压降约为 0.3V）。电容器在半个周期内充电。在下一个半周期中，驱动器的输出是高电平，此时 C_1 的电势与驱动器的输出串联，电势 V_1 增加到 $2V_{in}-V_D$。这导致二极管 D_1 反向偏压，而 D_2 将 C_2 导通并充电到电势 $2V_{in}-2V_D$。通过电荷转移，能够有效地将电压 V_{in} 转换为更高的电压 $V_{out}=2V_{in}-2V_D$。可以添加额外的级将电压提高到所需的电平，每一级都由驱动器、电容器和二极管组成。然而，这种方法也有其局限性。首先，它不能提供太大的功率，因为所有的输出电流都来自输出电容器的放电（在本例中是 C_2）。其次，将电压提高到更高的水平受驱动器工作电压的限制。此外，不是 V_{in} 倍数（大约）的电压必须使用与图 11.47 中的固定电压稳压器类似的稳压器来产生。该稳压器还可以调节输出以防止负载电流引起的变化。尽管有一些严重的局限性，但该方法的简单性和组件的经济性使它成为一种对于低功耗设备尤其有用的方法。这种方法的效率并不比线性电源好，而且通常比基于电感的开关电源效率低。当需要在电路内产生更高的电压时，该方法特别有吸引力，同时它也可以用于低功率传感器和执行器。

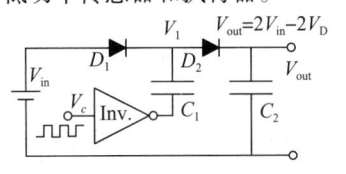

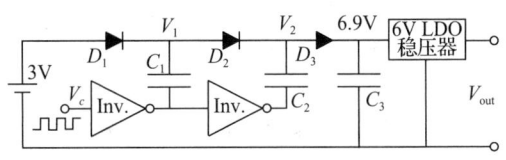

a）两级电荷泵开关电源　　b）三级电荷泵开关电源，可以从3V电池提供稳定的6V输出

图 11.49　稳压电荷泵开关电源

例 11.18：用于低功耗电池供电传感器的电荷泵开关电源

一种传感器需要 6V 电源，但必须使用 3V 电池供电。图 11.49b 给出了适合于此目的的稳压电荷泵开关电源。首先假设所有三个电容器均已放电，并且第一个驱动器的输入为高电平，则 C_1 通过 D_1 充电至 $V_{in}-V_D$，而 D_2 实际上断开（由驱动器 2 的高电平输出反向偏压）。当第一个驱动器的输入变为低电平时，其输出变为高电平，并在 C_2 上施加等于 $V_1=2V_{in}-V_D$ 的电势对其充电。D_3 也导通，C_2 充电至 $2V_{in}-2V_D$。接下来，输入再次变为高电平，驱动器 2 的输出变为高电平，电压 V_{in} 与 C_2 串联。此时电压 V_2 增加到 $3V_{in}-2V_D$，会将 C_3 充电至 $3V_{in}-3V_D$。只要电容器不放电，就不会再转移电荷，但是如果负载从 C_3 汲取电流，则系统会补充该电荷。在本例中，输出为 $3\times3-3\times0.7=6.9V$。稳压器必须是可以在输入和输出引脚之间的低压差下工作的 LDO 稳压器。要求电压差小于 0.1V 的低功率 LDO 稳压器很容易获得，使得该电路可以在电池放电及其电压降低时工作。负载电流由负载电阻和 C_3 通过负载的放电产生。如果电流过高，则输出可能会失调，因为 C_3 可能无法在提供较高电流的同时仍保持足够高的电荷水平以使电压维持在 6V 以上。还要注意，使用肖特基二极管会使输出增加到 $3\times3-3\times0.3=8.1V$，允许更大的输入裕度。例如，对于肖特基二极管，电池电压可以在失调之前降低至 2.33V。

11.8.3 电流源

在许多传感器中，恒定电流的产生是很重要的。例如，当使用霍尔元件时，输出与磁感应强度和电流成正比。在大多数情况下，电流必须保持恒定，以确保输出仅是磁感应强度的函数。使用不同方法生成恒定电流的复杂程度各不相同。显然，我们可以简单地将一个大电阻与相对低电阻的霍尔元件串联起来。在这样的配置中，电流不是恒定的而是稍微变化的，因为传感器的电阻低并且对总电阻的影响小。对于更高的精度要求需要更精确的电流生成方法。根据 FET 的特性可以构建一个简单的恒流源，如图 11.50a 所示。在该电路中，只要 FET 两端的电压高于其夹断电压（V_p）（FET 的基本特性），电流就恒定并且等于 $(V_{cc}-V_p)/R$。当然，夹断电压与温度有关，这是所有半导体器件都存在的问题。

向负载提供恒定电流的另一种简单方法如图 11.50b 所示。在该电路中，由于基极-发射极结两端的电压固定为 0.7V，并且齐纳电压固定为 V_z，因此齐纳二极管电压 V_z 在负载中产生的电流等于 $(V_z-0.7)/R_2$。由于齐纳二极管和基极-发射极结是相对立的，齐纳二极管上由温度引起的电压变化可以通过基极-发射极结上的电压变化进行补偿（请参见 11.8.4 节中有关参考电压的讨论），因此该电路更不易受温度变化的影响。

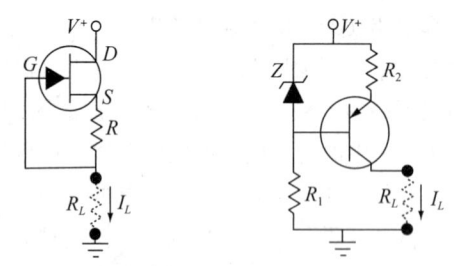

a）基于FET的恒流发生器　　b）齐纳控制的恒流发生器

图 11.50　向负载提供恒定电流的两种方法

更稳定的电路是所谓的电流镜电路，如图 11.51a 所示。这里，由 V_1/R_1 生成的电流 I_{in} 保持恒定。因为 T_1 中的基极电流很小，所以晶体管 T_3 中的集电极电流实际上等于 I_{in}。T_1 的基极两端的电压使通过负载的电流 I_L 等于 I_{in}，因此称为电流镜。只要 I_{in} 恒定，负载中的电流也将恒定。

基于运算放大器的电压跟随器的特性可用于产生恒定电流，如图 11.51b 所示。电压跟随器的输出为 V_i，电流为 V_i/R_1。为了使提供的电流比运算放大器可能提供的电流更大，晶体管是必需的。虽然还存在许多使用了不同特性的电路，但是前文中讨论的电路已经代表所涉及的基本原理。

a）电流镜恒流发生器　　b）基于电压跟随器的恒流发生器

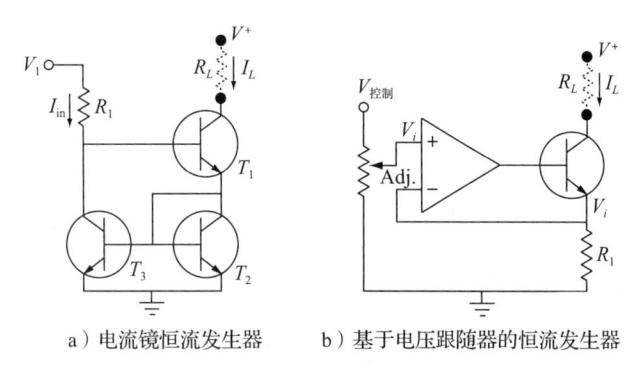

图 11.51　电流镜恒流发生器以及基于电压跟随器的恒流发生器

11.8.4　参考电压

一些传感器电路以及用于接口的电路要求一个恒定的参考电压。当然，稳压电源就是一个参考电压，但是这里所说的是一个通常为 0.5~2V 的恒定电压，提供的电流非常小（如果有的话），相对于电源变化、温度和外部影响是不变的，并用作其他电路的参考。这些参考电压必须在电源、温度等的预期波动下保持恒定。参考电压的使用是结合 A/D 转换器、D/A 转换器和电桥电路引入的。

最简单的参考电压是齐纳二极管，如图 11.52 所示。这是一个反向偏置的二极管，以结的击穿电压为偏置。电阻器限制电流，使二极管不会过热。只要不超过齐纳二极管的最大电流，它两端的电压就保持在击穿电压，并且除了由于温度变化而引起的变化以外，该电压是恒定的。这些二极管通常用于稳压和其他目的，例如图 11.50b 中的恒定电流发生器。但是，有一种特殊类型的齐纳二极管专门为参考电压应用而设计（称为参考齐纳二极管），其中击穿电压保持恒定，并且通过使用两个二极管（一个正向偏置和一个反向偏置）进行温度补偿（见图 11.53）。在正向偏置的二极管中，温度升高会降低正向电压（降低 ΔV 或约 2mV/℃），而在反向偏置的二极管中，电压升高的幅度大致相同。因此，总电压是恒定的（或几乎恒定）。这些二极管可提供低至约 3V 的固定电压。

另一种用于参考电压的器件是带隙基准，该器件优于齐纳二极管，可提供低至 0.6V 的电压。该器件作为分立元件存在，但通常也集成在微处理器和其他需要稳定参考电压的电路中。

市面上销售的参考电压二极管的标准电压范围为 1.2~100V。

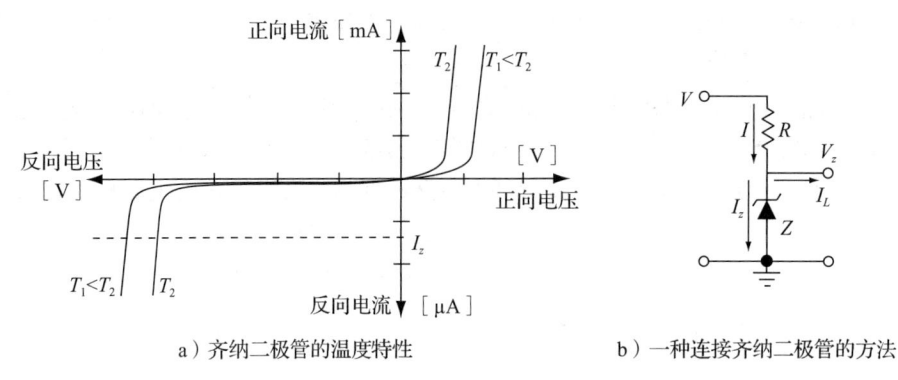

a）齐纳二极管的温度特性　　　　b）一种连接齐纳二极管的方法

图 11.52　基于齐纳二极管的参考电压

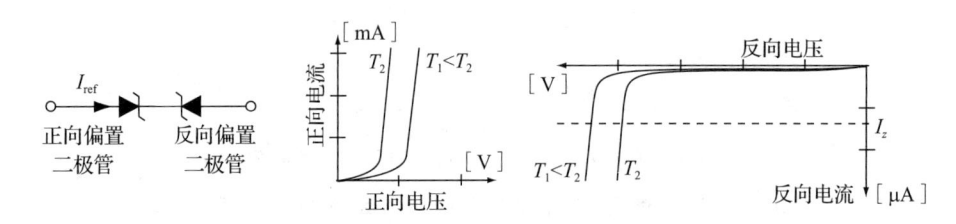

a）串联两个齐纳二极管　b）正向偏置二极管的I-V特性　c）反向偏置二极管的I-V特性

图 11.53　参考齐纳二极管具有温度稳定功能

11.8.5　振荡器

许多传感器和执行器需要随时间变化的电压或电流。例如，LVDT 需要频率为几千赫兹的正弦波源；磁场和涡流接近传感器使用幅度和频率恒定的交流电来产生与位置成比例的输出电压。实际上，所有基于变压器的传感器都必须使用交流电源，其他传感器需要特殊的波形，例如方波或三角波。除由 60Hz（或 50Hz）正弦线电压驱动的设备外，必须以正确的频率和所需的波形产生信号源。通常，必须对它们进行频率稳定和幅度调节，以使其成为有用的信号源。虽然有许多方法可以产生任何频率和波形的交流信号，但涉及的基本原理只有几个。其中最基本的是振荡器是一个不稳定的放大器。也就是说，从某个放大器开始，可以提供正反馈使其变得不稳定，从而使其振荡。第二个原理是必须通过以下两个方法之一迫使该不稳定电路在特定频率下振荡：采用 LC 谐振电路（或等效电路）或使用延迟反馈的方法。此外，必须通过使用这些或附加组件使电路以所需的波形振荡。

事实证明，产生方波要容易得多，但也可以产生正弦波。特别是，LC 振荡器通常是正弦波，而基于延迟（通常通过 RC 定时）的振荡器通常是方波。上述原理有许多用于特定应用的变体，在这里不可能讨论所有类型的振荡器，我们将描述几个具有代表性的电路，但也存在其他电路，这里所代表的电路既不是最重要的也不是最简单的。

1. 晶体振荡器

晶体振荡器基于切割并放置在两个电极之间的石英晶体或其他压电材料的固有谐振频率，

如图 11.54a 所示（实际器件如图 11.54b 所示，但可能有多种尺寸、形状和变体）。该器件具有图 11.55a 所示的等效电路，可以以两种不同的模式振荡。一种是串联振荡模式，另一种是并联振荡模式（参见 7.7 节中的讨论）。当连接在可以提供适当正反馈的电路中时，它将以晶体的谐振频率振荡，该频率完全取决于晶体的尺寸、组成以及振荡模式。在串联模式下，谐振频率为

$$f_s = \frac{1}{2\pi\sqrt{LC}}[\text{Hz}] \tag{11.40}$$

在并联模式下，谐振频率为

$$f_p = \frac{1}{2\pi\sqrt{LC[C_0/(C+C_0)]}}[\text{Hz}] \tag{11.41}$$

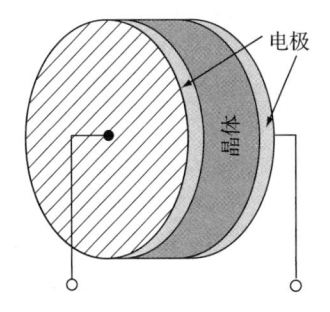

a）晶体振荡器中使用的晶体的基本结构　　b）1MHz的石英晶体。图中显示了一个电极；第二个电极通过半透明的石英部分可见。罐子被密封以防潮并保护设备（如图所示为老式晶体，可以看到构造细节）

图 11.54　晶体振荡器中晶体的基本结构以及实际器件

a）晶体的等效电路　　b）两个基本谐振频率

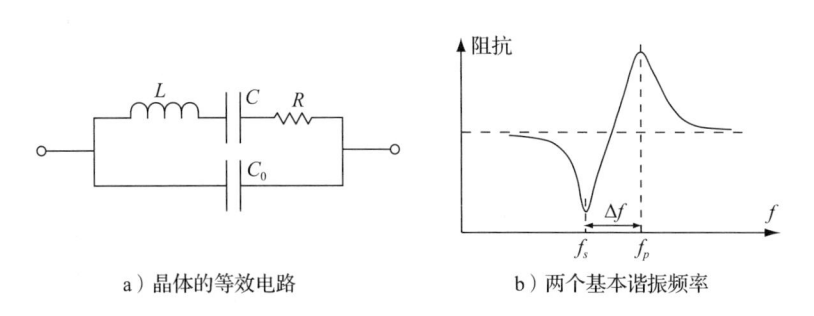

图 11.55　晶体的等效电路和两个基本谐振频率

一个简单的正弦振荡器如图 11.56a 所示。这里的电路细节并不重要，但重要的是要认识到，从输出到输入（集电极到基极）的反馈是由晶体提供的。输出频率由晶体控制，信号在集电极处获取。

提供方波的另一种方法是使用两个反相门，如图 11.56b 所示。由于门只能采取两种状态，因此输出将在 V_{cc} 和地之间摆动。正反馈由于门的延迟而延迟，并且频率也由晶体控制。这些振荡器可用于湿度传感器，其频率随湿度变化（通过改变晶体的质量），但是它们在产生

微处理器中的基本时钟频率或红外遥控器发出的信号方面同样可以很好地发挥作用。晶体可以在并联或串联模式下使用，频率范围从大约 32kHz（通常在时钟中使用）到大约 100MHz。也可以生成更高的频率，并且某些是可用的，但是在更高的频率下，表面声波（SAW）设备更有效且更常见（请参阅 7.9 节）。当使用 SAW 器件时，它们与晶体的连接非常相似。

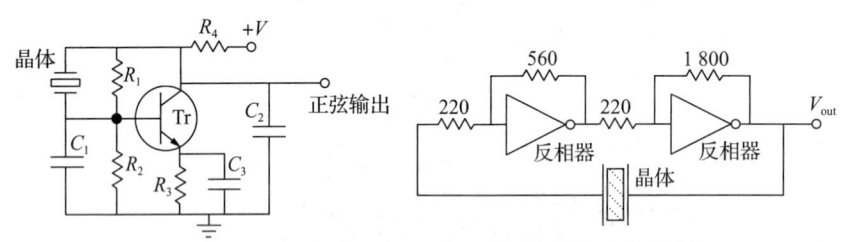

a）反馈电路中具有晶体的正弦晶体振荡器 b）一种基于反相门的方波振荡器，反馈回路中具有晶体，确保振荡所需的正反馈

图 11.56　正弦晶体振荡器和方波振荡器

2. LC 和 RC 振荡器

虽然频率稳定性较差，但振荡器可以很容易地由不需要晶体的分立或集成元件组成。图 11.57 和图 11.58 显示了基于反馈信号延迟的四个简单方波振荡器。图 11.57a 显示了一个具有奇数个反相器的"环"。通常，由于反相器个数为奇数，因此最后一个反相器的输出会与第一个反相器的输入冲突。然而，由于反相器在输入和输出之间表现出延迟，因此该环作为方波振荡器工作。假设每个反相器都具有一个 $\Delta t [s]$ 的内部延迟，并且进一步假设在给定时间内，第一个反相器的输入状态从零变为 V_0。经过一段时间 Δt 后，其输出从 V_0 变为零。再经过时间 Δt 之后，第二个反相器的状态从零改变为 V_0，最后，在 $3\Delta t$ 之后，第三个反相器的状态从 V_0 改变为零。此时将迫使第一个反相器更改状态，使得每个 $3\Delta t$ 之后输出都会更改状态。给定 N 个反相器，每个反相器都有一个延迟 Δt，则每个半周期的时间为 $N\Delta t$。因此，振荡频率为

$$f = \frac{1}{2N\Delta t} [Hz] \tag{11.42}$$

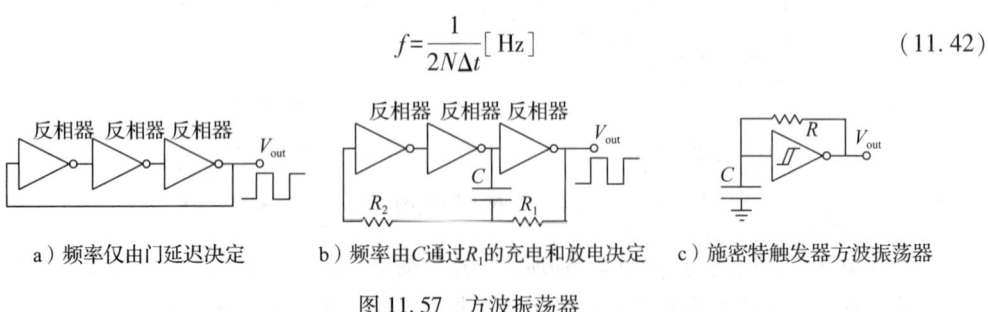

a）频率仅由门延迟决定　b）频率由 C 通过 R_1 的充电和放电决定　c）施密特触发器方波振荡器

图 11.57　方波振荡器

典型的反相器可能有 10ns 的延迟。对于三反相器环，频率为 16.67MHz。环中使用更慢的反相器或数量更多的反相器将产生更低的频率。

该振荡器非常简单，但是除了反相器的选择以外，它是不可控的。图 11.57b 显示了一

种更好的设计，它具有多种形式。此时通过对电容器 C 经电阻器 R_1 的充电和放电来控制延迟。所述设计产生方波的频率如下（详情请参见例 11.19）：

$$f = \frac{1}{2.197\, 2R_1 C}\, [\text{Hz}] \tag{11.43}$$

当输入电压升至约 $V_{cc}/2$ 以上时，将触发反相器，电阻器 R_1 和电容器 C 形成充电电路。首先假设左边的门为打开状态（输入为零，输出为 V_{cc}）。第二个门必须关闭，使其输出为零。此时电容器以时间常数 RC 充电，并且在时间 t_0 之后触发左边的门改变状态。此时输出为零，电容器通过 R_1 放电。充电和放电的总时间常数决定了频率。

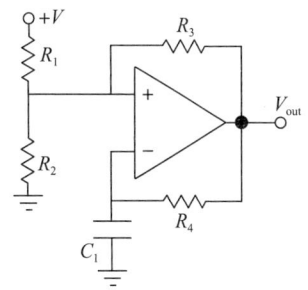

图 11.58　基于电容器充放电的方波振荡器

第三种方波振荡器更简单，如图 11.57c 所示。它由一个反向施密特触发器组成，当输入电压高于 V_h 时，该器件将输出从高电平翻转到低电平；当输入电压低于 V_h 时，将输出从低电平翻转到高电平。假设反相器的输入为低，则输出为高。电容器通过电阻器充电至电压 V_h，此时输出变为零，此过程所需的时间为 t_c。然后电阻器接地（输出为低电平），电容器通过电阻器放电，直到经过时间 t_2 之后电压达到 V_l 为止，此时输出变为高电平，并重复此过程。方波的频率是

$$f = \frac{1}{RC\,[\ln(V_l/V_0) + \ln(1 - V_h/V_0)]}\, [\text{Hz}] \tag{11.44}$$

图 11.58 中的电路有些相似。通过 R_3 的正反馈置前放大器改变状态的电平，R_4 和 C_1 构成充电/放电电路，假设 V_{out} 很高。现在，正输入将被设置为一个取决于 R_3、R_2 和 R_1 的值，C_1 通过 R_4 充电。当负输入端的电压超过正输入端的电压时，输出变为负，此时电容通过 R_4 放电，该电路不断重复这个过程（详见习题 11.52）。

例 11.19：方波反相器振荡器

分析图 11.57b 中的振荡器。假设反相器在大约 $V_{cc}/2$ 处改变状态，其中 V_{cc} 是反相器的电源电压。

（a）根据电容器的充电和放电，计算振荡器的频率。

（b）现在假设使用的反相器按如下方式更改输出状态：

（ⅰ）当输入为 $V_{cc}/2$ 时，从低到高。

（ⅱ）当输入为 $2V_{cc}/3$ 时，从高到低。

（c）讨论（a）和（b）中答案的结论。

解　（a）首先假设电容完全放电，第三个反相器的输出为 V_{cc}，输入为低电平。这意味着第一个反相器的输入为零，等效电路如图 11.59a 所示，电容器充电直到电压达到 $V_{cc}/2$。电阻 R_2 对电容器的充电和放电影响很小，因为流入最左侧反相器输入端的电流可以忽略不计，它的作用是触发第一个反相器。此时，反相器改变状态，等效电路如图 11.59b 所示。现在，电容器放电，直到 R_1 上的电压低于 $V_{cc}/2$ 为止，或者电容器上的电势从 $-V_{cc}/2$ 放电到 $V_{cc}/2$：

$$\left(V_{cc}+\frac{V_{cc}}{2}\right)e^{-t_1/R_1C}=\frac{V_{cc}}{2}\rightarrow e^{-t_1/R_1C}=\frac{1}{3}$$

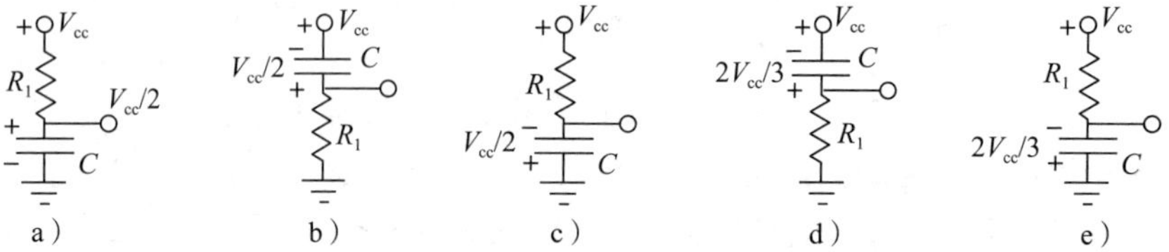

图 11.59　图 11.57b 中环形振荡器在振荡过程不同阶段的等效电路

对等式两边取自然对数得:

$$-t_1=R_1C\ln\left(\frac{1}{3}\right)\rightarrow t_1=1.0986R_1C$$

这是电路输出为低电平的时长。

现在，最左边的反相器的输入已降至 $V_{cc}/2$ 以下，所有三个反相器再次改变状态，最右边的反相器的输出再次变为高电平，如图 11.59a 所示，不同之处在于此时电容器已充电至 $V_{cc}/2$，等效电路如图 11.59c 所示。配置与上一步完全相同，所以此时时间为

$$t_2=1.0986R_1C$$

其中 t_2 是电路输出为高电平的时长。前面的序列无限重复，在 t_1 和 t_2 之间交替。只有在电路上电时，电容器才会初始充电至 $V_{cc}/2$，因为只有在那时电容器才会被完全放电。总时间是两次的总和，因此频率为

$$f=\frac{1}{t_1+t_2}=\frac{1}{2.1972R_1C}[\text{Hz}]$$

（b）严格按照（a）中的顺序，从完全放电的电容器和高电平输出开始；当输出变低时，电容器充电至 $2V_{cc}/3$；输出保持低电平，直到电容器从 $-2V_{cc}/3$ 放电至 $+V_{cc}/2$ 为止（见图 11.59d）：

$$\left(V_{cc}+\frac{2V_{cc}}{3}\right)e^{-t_1/R_1C}=\frac{V_{cc}}{2}\rightarrow e^{-t_1/R_1C}=\frac{3}{10}$$

或

$$-t_1=R_1C\ln\left(\frac{3}{10}\right)\rightarrow t_1=1.204R_1C$$

此时输出变为高电平并保持高电平，直到电容器从 $-V_{cc}/2$ 放电到 $+V_{cc}/3$ 为止（见图 11.59e）：

$$\left(V_{cc}+\frac{V_{cc}}{2}\right)e^{-t_2/R_1C}=\frac{V_{cc}}{3}\rightarrow e^{-t_2/R_1C}=\frac{1}{4.5}$$

或

$$-t_2=R_1C\ln\left(\frac{1}{4.5}\right)\rightarrow t_2=1.504R_1C$$

第 11 章　接口方法和电路　　199

得到的频率为

$$f=\frac{1}{t_1+t_2}=\frac{1}{(1.204+1.504)R_2C}=\frac{1}{2.708R_1C}[\text{Hz}]$$

还请注意，占空比从（a）中的 50%变为（1.504/2.708）×100 = 55.54%。

（c）变更反相器改变状态的触发电压会同时改变频率和占空比。电容器充电或放电的时间越长，即状态改变时的高电压和低电压之间的差异越大，频率越低。占空比定义为输出为高电平的时间与周期时间之比，具体取决于用于打开和关闭反相器的电压值。通过控制这些电压可以改变占空比。其他电路（如图 11.58 中的电路）在这方面做得更好，因为电压是完全可控的，而在反相器中，电压通常由反相器的内部电路定义，并且随反相器不同而存在差异。

正弦振荡器的例子如图 11.60a 和图 11.60b 所示，看起来更复杂，但重要的一点是它使用了以所需频率振荡的 LC 电路，并从输出向输入提供反馈。在图 11.60a 中，反馈是通过 L 的下半部分实现的，而在图 11.60b 中是通过 LVDT 线圈的下半部分实现的。这些电路将按以下频率振荡：

$$f=\frac{1}{2\pi\sqrt{LC}}[\text{Hz}] \tag{11.45}$$

其中，图 11.60a 中的 $C=C_1$，图 11.60b 中的 $C=C_1C_2/(C_1+C_2)$，L 是每个图中线圈的总电感。

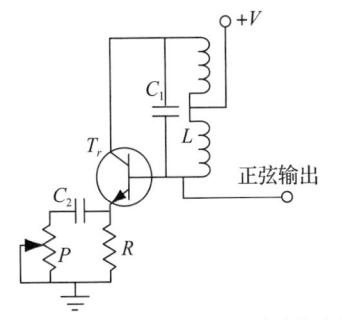

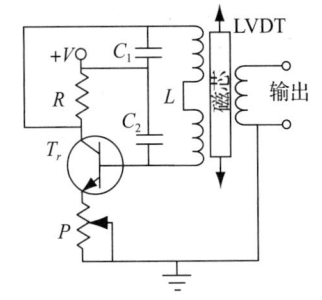

a）通过线圈下部提供反馈。该频率由集电极　　b）驱动 LVDT 的正弦 LC 振荡器。反馈是通过 LVDT 主要部分的
　　电路中的电感 L 和电容 C_1 决定　　　　　　　　下部提供的。决定振荡频率的电容 C 为串联的 C_1 和 C_2

图 11.60　正弦 LC 振荡器

这允许在几乎任何所需频率下设计振荡器，尽管在较高频率下，电容和电感必须很低，并且必须考虑杂散和寄生电容和电感的影响，因为它们会显著影响振荡频率和电路性能。

例 11.20：边缘检测和定位

在钢箔的工业生产中需要对箔片的边缘进行检测，以便能够在较高的速度下正确轧制产品。为此，使用由线圈和电容器组成的谐振电路（振荡器的一部分）来监控每个边沿，如图 11.61 所示。箔片居中时这两个振荡器产生相同的频率。如果箔片向右移动，振荡器 2 的频率降低，而振荡器 1 的频率增加。将这两个频率进行混频以产生二者频率之差，对于居中的箔片，输出为零；如果箔片向左或向右移动，则输出信号频率与中心位置的偏差成正比。将该信号馈送至控制器，控制器向执行器提供信号，执行器将钢带朝中心位置移动，直到频率差为零。假设相对于中心位置的小偏差为 k [mm]，每个线圈的电感的变化为 $k\Delta L$ [H]，其中 L 是没有钢箔时每个线圈的电感。

(a) 计算传感器的灵敏度（每毫米偏差的输出频率）。

(b) 计算并绘制 $L=500\text{nH}$、$C=0.001\mu\text{F}$ 和 $\Delta L=0.001L$ [H/mm] 时的灵敏度。

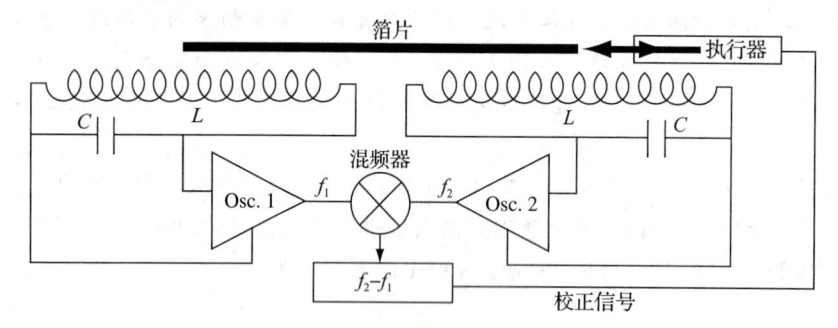

图 11.61 金属带边缘检测器

解 (a) 每个振荡器的谐振频率为

$$f=\frac{1}{2\pi\sqrt{LC}}\,[\text{Hz}]$$

如果箔片向左移动距离 k mm，则两个振荡器的频率变为

$$f_1=\frac{1}{2\pi\sqrt{(L+k\Delta L)C}} \quad f_2=\frac{1}{2\pi\sqrt{(L-k\Delta L)C}}\,[\text{Hz}]$$

混频器的输出为

$$\Delta f=f_2-f_1=\frac{1}{2\pi\sqrt{(L-k\Delta L)C}}-\frac{1}{2\pi\sqrt{(L+k\Delta L)C}}$$

$$=\frac{1}{2\pi\sqrt{LC}}\left[\frac{1}{\sqrt{1-0.001k}}-\frac{1}{\sqrt{1+0.001k}}\right]\,[\text{Hz}]$$

灵敏度为

$$s=\frac{d(\Delta f)}{dk}=\frac{0.001}{4\pi\sqrt{LC}}\left[\frac{1}{(1-0.001k)^{3/2}}-\frac{1}{(1+0.001k)^{3/2}}\right]\left[\frac{\text{Hz}}{\text{mm}}\right]$$

(b) 对于给定的值

$$s=\frac{0.001}{4\pi\sqrt{0.001\times10^{-12}\times500\times10^{-9}}}\left[\frac{1}{(1-0.001k)^{3/2}}-\frac{1}{(1+0.001k)^{3/2}}\right]$$

$$=3\,558\,882\left[\frac{1}{(1-0.001k)^{3/2}}-\frac{1}{(1+0.001k)^{3/2}}\right]\left[\frac{\text{Hz}}{\text{mm}}\right]$$

如图 11.62 所示，灵敏度几乎是线性的，约为 10.7kHz/mm。

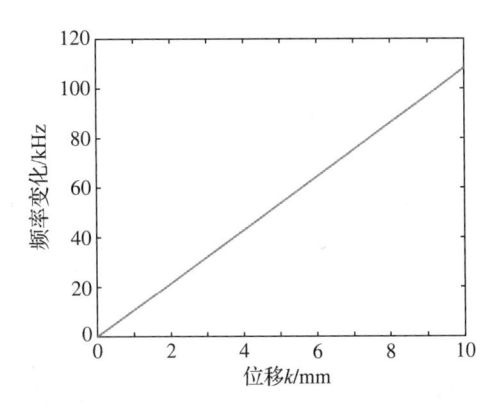

图 11.62　图 11.61 中传感器的传递函数

注意：1）向左或向右的偏差会产生相同的频率差。

2）对箔片位置的校正可以通过监测频率差并沿减小频率差的方向移动箔片来实现。

3）可以在执行器上增加一个小的迟滞，使其不能校正微小的偏差。

4）LC 振荡器不是很稳定，尽管假设在使用相同组件的情况下，它们的波动应该大致相等，并且任何共模变化都将被抵消。

11.9　能量收集

由于使用的组件和材料（如严重依赖 CMOS 设备和工艺），现代传感器在很大程度上已经发展成为低功耗设备。尤其是智能传感器，通常采用低功耗电子器件设计。另外，所有系统中连接的传感器数量都在增长，在许多情况下，它们分布在广阔的空间中。为这些传感器供电虽然不是传感领域最基本的问题，但却是系统设计的一个重要方面。此外，在电力稀缺或无法获取或需要独立于传统电源的情况下使用传感器引起了人们对替代电源问题的注意。在某些情况下，替代电源的使用取决于传感器及其用途。例如，连接到射频识别（Radio Frequency Identification，RFID）标签的传感器最方便的方法是由 RFID 本身供电，而 RFID 的用电通常从 RFID 阅读器获取。类似地，无线电灯开关中的无线发射器是以压电材料作为媒介，通过操作开关所需的机械动作来供电的。使用太阳能电池为远程系统以及计算器或远程数据记录器等常用设备供电是很常见的。所有这些（以及更多的）都依赖于从环境或与传感器或执行器操作相关的动作中的能量收集（也称为功率收集或能源提取）。能源提取不仅是为设备供电的一种替代方法，在许多情况下，它允许将设备的操作扩展到没有电源的位置，以减少对更换电池的依赖以及与之相关的问题，并提高能源效率。另外，除了太阳能电池、一些热传导发电机（Thermoelectric Generator，TEG）以及当机械动力随时可用的情况下，只有少量的能量可以使用，并且其提取可能会给设计带来巨大挑战。然而，在传感系统的设计中应考虑替代电源，并在合理的情况下使用。

能量收集的方法和来源有很多。在较高能量水平范围内有太阳能、热源、磁感应和一些机械源，能够提取相对较多的能量。较低水平的是电磁辐射、振动、声能和一些运动装置。但这些方法之间没有具体的区别。虽然振动和运动装置大多是低功率源，但电动汽车中基于运动的能源再生可以提供相当多的能量。同样，虽然太阳能电池可以产生大量电力，但室内使用的太阳能电池（如计算器中的太阳能电池）是非常低功耗的设备。

11.9.1 太阳能收集

太阳能可以称为最著名的发电方法，它利用光伏器件（太阳能电池）来产生大量的直流电（有关光伏二极管的讨论，请参见4.5.3节）。由于可以从太阳获得的能量非常多（根据地点和条件的不同，最高可达 $1.4 kW/m^2$），因此人们几乎可以依靠太阳产生任何所需的电能。事实上，太阳能发电场就是这么做的。为传感器供电的需求通常非常有限，小型太阳能电池就足够了。执行器则需要更多的能量，太阳能电池覆盖的面积也相应更大。在几乎所有可以想到的太阳能收集用途中，都需要一个电池和一个控制器来调节传感器/执行器的功率并储存能量。电池的大小必须适当，以便在没有阳光或阳光不足时提供所需的电力，控制器必须为电池充电并调节传感器或执行器的功率。尽管没有特定的要求，但使用太阳能电池为传感器和执行器供电最好是在条件已知和可预测的情况下通过固定装置完成。

11.9.2 热梯度能量收集

基于热梯度进行能量收集的方法已经使用了100多年，最早的热传导发电机可以追溯到19世纪80年代，甚至更早。这是因为早在1830年就有了热电偶（见3.3节）。然而，随着基于珀耳贴效应的TEG发展，这种方法才变得更加实用。此方法最初的用途是在太空中制冷和加热，但基于这种效应的发电机也很快就出现了。如今，这种方法被用于许多小型电力应用——从为植入式和可穿戴设备收集体温，到管道的阴极保护等远程装置。TEG通常由串联的半导体结组成，以提供必要的电压（见3.3.3节），它们通常需要 40~60℃ 的温度梯度。TEG设备在任何温差下都能产生有用的输出，但能量转换效率随着温度梯度的降低而降低。标准电池板是现成的，可以产生从几毫瓦到几百瓦的功率。大多数设备是在硅温度范围内（低于150℃）工作的，但也有设备在800℃左右工作。高温TEG设备的例子是基于热电偶的，例如在煤气炉中用于检测指示灯的热电偶。它们主要用作传感器，但在某些电器中，它们也可以操作指示灯或小阀门。基于碲化铋（Bi-Te）或钙锰（Ca-Mg）的TEG可以在350℃以上的温度下工作，这一特性使得这些（和其他）材料成为汽车排气系统中大功率收集的候选材料。TEG可以在高温下级联运行，并且可以与几乎任何热源一起使用，前提是能够保持适当的温度梯度且不超过最高工作温度。虽然TEG的效率很低（约10%），但当与废热一起使用时，它们提供了一种很有吸引力的发电方式。例如，在汽车的内燃机中，由燃料产生的能量有大约50%被浪费了，其中大部分在尾气和散热器中。如果其中任何一种能被回收，就可以为电力系统供电并提高整体转换效率。

11.9.3 磁感应和射频能量收集

这里有两种方法值得考虑。第一种方法本质上是无源（无源）的。人们可以通过电力线等低频源的感应或各种来源（包括电台和电视台、通信发射器等）产生的电磁波的高频辐射来获取电能。无源感应采集在特殊情况下非常有效，例如对于与电网相关的传感器和执行器，靠近电力线是一个优势。在大多数其他应用中，尤其是在使用高频源的情况下，即使使用相当大的天线（或线圈），能够收集到的功率通常也很小。尽管这种方法在一般情况下不能被忽视，但在需要可靠电源的特定应用中，特别是在必须随时提供电源的情况下，这种方法并不是可靠的选择。因此，第二种主动方法是比较实用的，这种方法基于两种基本电磁原理之一，其中每一种都有自己的优点。第一种是感应法，电源以类似变压器的结构耦合，初级提供电源，次级为负载供电（见 5.4.1 节）。变压器的频率可以相对较高，以减少所需线圈的尺寸。这一类方法的范围通常很短（最多几厘米），但可以提供大量的能量，已经被广泛应用于各种应用中，包括通过皮肤向植入式设备传递能量，最近还被引入包括手机和笔记本电脑在内的其他小型设备的无线充电中。该方法在工作频率为 124~150kHz 之间的 RFID 应用中也很常见（见 10.5.1 节）。在一些应用中，变压器作为一个简单的感应装置工作，但在更有效的实现中，它在谐振模式下工作。该方法相对简单，可推广应用到许多方向。对于微功率应用来说，线圈可以非常小，可以嵌入非导电结构元件中，可以封装，也可以分布在多个或非平整的表面上。

第二种方法是辐射法，依靠天线辐射和接收的功率。这种方法在范围超过 10m 的有源 RFID 中得到了广泛应用（见 10.6 节）。除此之外，它还在其他更重要的应用中得到了证明，其中包括为遥感器供电，以及在 20 世纪 60 年代早期的一项通过使用微波束为小型电动悬停平台供电的有趣试验。这一方法使用的频率通常很高，并且在美国由联邦通信委员会（FCC）作为工业、科学和医疗频率进行管理。例如，RFID 通常使用 13.56MHz，但其他频率（例如 433.92MHz、915MHz 和 2 450MHz）也可用于此目的（见 10.5.1 节）。

这两种方法都有各自的应用领域和优缺点。感应法从监管的角度来看限制较少，可以在低频下提供较多的能量，并且在概念上相对简单，但覆盖范围相对较小。

11.9.4 振动能量收集

另一种适合于某些传感应用的电源是通过使用压电器件感应振动来获得能量的，这种电源所能够提供的电量通常很小，并且有时是断断续续的。这种电源的应用包括发动机的振动，桥梁、飞机机身和结构受到风荷载产生的振动，波浪运动产生的振动，甚至是行走引起的振动。然后通过适当的机电耦合（例如压电效应和电磁耦合）将这些环境源转换为可用电能。为了从低水平源中收集可用的能量水平，需要让收集设备适应环境条件和环境能量的频谱特性，以及机电耦合所产生的电气负载。基于振动的能量收集系统的设计通常涉及在主振动结构上提高一个次级附加质量。从主部件到次部件的能量转移导致两者之间的相对位移，然后可以通过机电耦合来产生电能。例如，由于桥梁结构构件的弯曲而产生的振动可以通过压电条直接转化为电能。另一个例子是线圈中的永磁体由于行走或波动而产生的有节奏地运动。有效的收集系统通常以谐振方式运行，以最大化相对位移，从而最大化输出功率。

当然，还有许多其他方法用于能量收集，包括商用设备，如专为特定应用（比如淋浴时的水温显示）而设计的小型风力涡轮机或内联水轮发电机。其他方法则是基于可获得的气体（比如生物分解产生的气体）或者运动（例如行走）。任何能源都可以以某种方式利用，由于功率要求相对较低，其中许多都适用于传感器和执行器的供电。能量收集方法与传感器和执行器的耦合是一个持续发展的主题，主要的好处是独立于连接的电源或电池，此外还有运行成本、简单性和可靠性方面的好处。在某些情况下，能量收集器与设备是集成在一起的，可以制造在智能传感器或执行器的封装中。没有哪一种方法是普遍适用的，但无论何时何地，在传感器和执行器的设计和操作中都应该考虑到能量收集方法。可在极低电压下工作的开关电源等以及专门为低电压、低功率工作设计的其他电子元件也支持能量收集。

11.10 噪声与干扰

本节将讨论传感器中的噪声。从广义上讲，噪声可以理解为任何不属于所需信号的其他所有信号，也就是说，任何不代表激励的信号都可称为噪声。人们普遍认为必须尽可能地降低噪声（由于噪声不能完全消除，因此这里不采用消除噪声的说法）。然而，比消除噪声更重要的是在传感器或执行器的设计和规格中适当考虑噪声的影响。例如，假设一个温度传感器电压变化为 $10\mu V/℃$，对于一个测量较为精准的微伏计，如果能够可靠测量 $1\mu V$ 的电压，那么连接温度传感器后，分辨率为 $0.1℃$。但是，如果噪声（所有来源）为 $2\mu V$，则可以假设只有高于噪声水平的信号才是有用的，而低于 $2\mu V$ 的任何信号都是无用的。因此，温度传感器的分辨率不能超过 $0.2℃$。在许多情况下，状况会更糟，因为噪声只能被粗略估计。当信号被放大时，噪声也会被放大，而放大器本身也会添加自己的噪声。显然，即使噪声很小，也不能忽视它的存在。

噪声的来源有很多，种类也有很多。我们通过将来自外部的噪声和传感器固有的噪声分开来区分两大噪声类型——固有噪声和干扰。

11.10.1 固有噪声

固有噪声是传感器内部的许多影响因素造成的，有些是可以避免的，有些是固有的。传感器中的主要噪声源之一是电阻器件中的热噪声或约翰逊噪声。噪声功率密度通常写为

$$e_n^2 = 4kTR\Delta f\,[\mathrm{V}^2] \tag{11.46}$$

其中 k 是玻耳兹曼常数（$k = 1.38 \times 10^{-23} \mathrm{J/K}$），$T$ 是温度 $[k]$，R 是电阻 $[\Omega]$，Δf 是带宽 $[\mathrm{Hz}]$。例如，这种噪声存在于简单的电阻器中，如果电阻值很高，那么噪声可能非常大。约翰逊噪声在很宽的频率范围内是相当恒定的，因此通常称为白噪声。注意单位，e_n 实际上是一个电压。在某些情况下，式（11.46）除以 Δf 得到噪声功率密度，单位为 V^2/Hz。式（11.46）中提出了控制这种噪声的一般方法：低温、低电阻和小带宽。

第二类固有噪声是散粒噪声，当直流电流 I 流过半导体器件时，半导体中会产生散粒噪声。电子和原子随机碰撞产生的噪声如下所示：

$$i_{sn} = 5.7 \times 10^{-4} \sqrt{I \Delta f} \, [\text{A}] \tag{11.47}$$

虽然 I 是直流电流，但是噪声却取决于所考虑噪声的带宽 Δf。显然，在考虑噪声的情况下，优先选择较低的电流。

第三类固有噪声源是粉红噪声，与白噪声不同，粉红噪声在低频时具有更高的能量密度。对于倾向于在低频（缓慢变化的信号）下工作的传感器来说，这是一个不得不考虑的问题。粉红噪声的噪声谱密度为 $1/f$，并且在低频时，它可能比其他噪声源都大。

即使噪声是恒定的，噪声水平也很难测量。由于它在本质上不是一般的谐波，因此其均方根值甚至峰值很难确定，更何况噪声分布不是恒定的（通常是高斯分布），因此，在缺乏精密测量的情况下，我们只能估计噪声水平。

11.10.2 干扰

到目前为止，传感器或执行器中最大的噪声源来自传感器外部环境，并会与传感器和执行器本身耦合，这种类型的噪声称为干扰。干扰源可能很多，最为人所知的可能是电源，包括来自电源的瞬变耦合、静电放电和来自所有电磁辐射系统（发射器，电力线，几乎所有携带交流电、闪电甚至来自地外源的设备和仪器）的射频噪声。然而，干扰也可以是机械的，表现为振动、重力变化、加速度和其他形式，特别是涉及机械传感器时。其他来源有热源（来自温度变化和导体中的塞贝克效应）、电离源、由湿度变化引起的误差，甚至还有化学源。由于电路设计和材料使用不当，在传感器元件的布局或与其相连的电路中会引入一些误差。通常，电噪声源称为电磁源（包括静电放电和闪电），这种噪声往往和电磁干扰屏蔽或电磁兼容性问题一同考虑。

在某些情况下，噪声很容易识别。例如，在 60Hz 电气系统中，尤其是包含长电线的系统，常见噪声为由电源线引起的 120Hz 噪声（在 50Hz 电气系统中为 100Hz）。这种噪声也是时间周期性噪声的一个很好的例子。其他噪声源，特别是在瞬时源或随机源的情况下很难识别，因此也很难矫正。

噪声，特别是干扰噪声，可能对不同的传感器产生不同的影响。最简单的是加性影响（另见 2.2.5 节），即噪声被直接添加到信号中。其中的重点是噪声与信号无关，只是被加进了信号中。因此，由于线性噪声趋向于恒定，因此它在低电平信号下影响更大。例如，温度变化引起的漂移取决于温度，而不是信号电平。这种类型的噪声可以通过使用两个传感器的差压传感器来最小化，其中一个传感器接受激励，而两个传感器都受相同外部噪声的影响，将两者相减可以消除或者至少最小化噪声。

另一种类型的噪声是刚性的，也就是说，噪声对信号的调制效应会随着信号的增长而增长。这种噪声通常在较高的信号电平下更为明显。如前所述，可通过使用两个传感器来最小化噪声，但此时不是减去参考传感器的输出，而是将感应传感器的输出除以参考传感器的输出（见 2.2.5 节）。假设测量了一个激励（例如，压力），并且由于温度变化 ΔT 而产生的噪声存在且为刚性的。假设传递函数为 $V=(1+N)V_s$，其中 N 是噪声函数，一个传感器同时感测激励和噪声，产生的输出 V_1 为激励的函数：

$$V_1 = (1+\alpha\Delta T)V_s \; [\text{V}] \tag{11.48}$$

第二个传感器只感测温度并产生电压 V_2：

$$V_2 = (1+\alpha\Delta T)V_0 \; [\text{V}] \tag{11.49}$$

这里假设 V_0 为常数（即它仅取决于温度变化），则

$$\frac{V_1}{V_2} = \frac{V_s}{V_0} \tag{11.50}$$

由于 V_0 与感测到的激励无关，因此该比率也与噪声无关。这称为辐射测量方法，最适合这种类型的噪声。

除了降低传感器处的噪声外，在噪声到达传感器之前降低噪声是明智的并且通常是最有效的。要做到这一点，我们需要了解噪声到达传感器的方式。就电噪声而言，实际上只有四种方式：

1）噪声可以通过直接电阻耦合进入传感器，其中噪声源与传感器共用一条电阻通路。该电阻可能是连接传感器的电阻，也可能是通过传感器主体的电阻。也就是说，传感器与噪声源没有电绝缘。解决方案是将噪声源（通常是载流导体，如电源线）与传感器隔离开来。通常，这需要传感器是电浮空的。

2）第二种方式是电容耦合。由于电容存在于任意两个导体之间，电容耦合是非常常见的。任何两根导线、连接器、金属条或焊盘都可能产生杂散电容，从而导致耦合。通常，这些电容很小，所以它们的交流阻抗很高。这意味着电容耦合只有在更高的频率时才会成为需要考虑的问题。然而，有些传感器本来就使用小电容，尤其是电容式传感器，任何电容耦合都可能过高，从而导致传感器无法准确感应。在这种情况下，必须对传感器进行静电屏蔽，使它不受可能耦合噪声的源的影响。静电屏蔽通常是使用一个薄导电片，有时是一个导电网，包住保护区域并接地（连接到参考电位），实际上是使噪声源对地短路。一个示例如图 11.63 所示，耦合电容短路，但这也会在受保护的设备和屏蔽之间产生新的电容。然而，噪声信号为零（或大大降低）。通向传感器的电缆也必须屏蔽，但最重要的一点是屏蔽必须处于恒定电位。例如，屏蔽电缆后将其两端接地，一端接在传感器的静电屏蔽上，另一端接在控制器的主体上，甚至接在同一屏蔽上的两个不同位置，都会立即产生一个闭合的电流回路，该回路本身也可能会产生噪声。

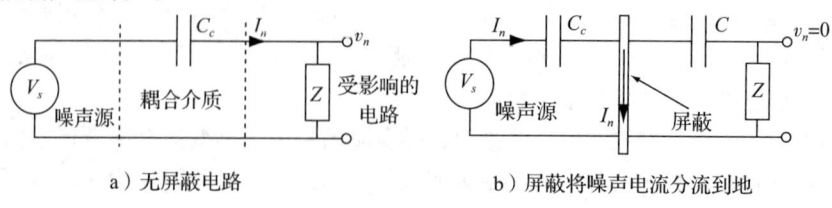

a）无屏蔽电路　　b）屏蔽将噪声电流分流到地

图 11.63　静电屏蔽

3) 第三种类型的耦合是电感性的。电感耦合是载流导体之间的一个特殊问题，例如电源线和传感器导体之间，尤其是通向传感器的导线。例如，来自电源线的 100Hz 或 120Hz 噪声通常通过电感耦合连接到传感器。针对这种问题的解决方案是双重的。对于高频源，导电屏蔽像静电屏蔽一样，应该包裹进出传感器的导体，同轴电缆的使用就是这样一个例子。这是基于衰减的思想（见 9.4 节），简单地利用了导体中高频场的衰减。如果噪声信号的频率很低，则需要磁屏蔽。这通常是用一个相对较厚的铁磁屏蔽（盒）去包裹受保护的设备，以引导低频（或直流）磁场远离传感器来实现。如 5.4.1 节所述，接近传感器通常使用这种类型的屏蔽。

4) 第四种电噪声干扰传感器（并能在较小程度上干扰执行器）通过辐射进行干扰。这是由于任何携带交流电的导体实际上都是一个发射天线，而任何其他导体都能成为接收天线。如果导体是回路的一部分，回路中会感应到电流。无线电和电视发射器等发射源产生的此类噪声特别大，但任何交流源都可能产生这种噪声。这种噪声的减少主要依赖于减少导线的长度和减少线圈的大小（面积）。屏蔽在减少辐射干扰方面也非常有效，因为许多干扰存在于高频环境下。同时其他必须遵守的一般预防措施包括在电路和电源中使用去耦电容器（降低电源的交流阻抗），以及将通向设备的两根电线绞合以减小它们形成的回路面积。如果同轴电缆使用得当，则可以减少或消除大多数辐射干扰。解决许多噪声问题的一种常见方法是引入接地层———一块在电路板下的金属片（例如印制电路板下的导电片或多层印制电路板上的导电层）。这有助于减少电路的电感，从而将有效地减少电感耦合和辐射干扰。

机械噪声，特别是振动产生的噪声，通常可以通过隔离来消除或降低，但在某些传感器中，如压电传感器，任何力（由于加速度）都会产生读数误差。这些误差可以通过使用前面描述的差分或辐射测量方法来补偿。

除了这些噪声源之外，还有许多其他的噪声源。例如，不同金属之间的任何接头都会变成热电偶，并在路径中引入信号。这称为塞贝克噪声，可能会影响传感器的读数。在大多数情况下，这可能不是一个大问题，但当传感器感测温度或将这个信号添加到激励信号中时就会产生较大的问题。总而言之，噪声是一个既难以解决又极不明确的问题。通常，噪声源的寻找取决于前期探查工作和实验。

11.11 习题

放大器

11.1 放大器的设计。热电偶产生的电压在其感测量程内的变化范围为 $0 \sim 100 \mu V$，显示所需的输出电压在 $0 \sim 5V$ 之间。采用开环输入阻抗为 $10 M\Omega$ 且开环增益为 10^6 的运算放大器进行放大。设计一个电路来产生所需的输出，包括所需的电阻。

11.2 减法放大器。如图 11.64 所示，反相放大器和非反相放大器可以组合成一个单元，以获得减法器，即获得 V_a 和 V_b 之间的差值。

(a) 证明如果 $R_1=R_2=R_3=R_4$，电路产生的输出为 $V_{out}=V_a-V_b$。为此，首先设 $V_a=0$ 并计算只有 V_b 时的输出。然后设 $V_b=0$ 并计算由 V_a 产生的输出。将两个输出叠加给出所需的结果。回想之前的介绍，输入运算放大器的电流假定为零。

(b) 如何修改电路以获得输出 $V_{out}=5(V_a-V_b)$？

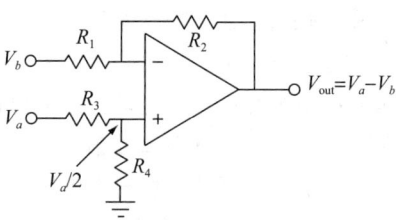

图 11.64　一个减法放大器

11.3 运算放大器输入电阻的影响。 一个在温度为 25℃ 时阻值大小为 1kΩ，材料常数为 3 200K 的热敏电阻用于感测车辆中的温度。为了减少自热的影响，它由一个 0.2mA 的电流源供电（电流源产生一个恒定的电流，而不考虑负载，并且具有非常高的输入阻抗）。预期温度范围为 0~50℃。由于输出必须反相，因此使用反相运算放大器放大从热敏电阻获得的信号。电路如图 11.65 所示。

(a) 计算放大器输入电阻在 50℃ 时引入的温度误差。

(b) 在此范围内误差什么时候最大？为什么？

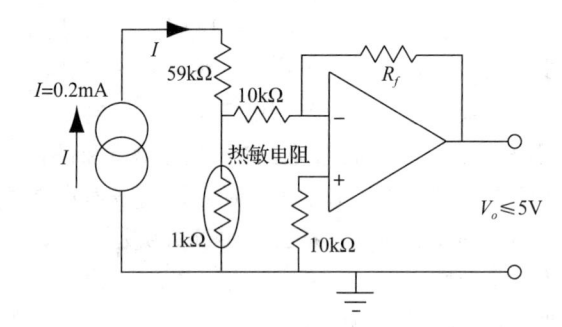

图 11.65　一个用于放大热敏电阻上电压的运算放大器

电压跟随器

11.4 电压跟随器的使用。 再次考虑例 11.1。

(a) 如果在输入端添加电压跟随器（即麦克风连接到电压跟随器的输入端，电压跟随器输出端连接到图 11.7 中第一个放大器的输入端），则计算图 11.7 中电路的输入和输出阻抗。使用例 11.1 中的放大器数据。

(b) 如果电压跟随器连接在电路的输出端（即电压跟随器的输入端连接到图 11.7 中的输出端，电压跟随器的输出端成为电路的新输出端），则计算图 11.7 中电路的输入和输出阻抗。使用例 11.1 中的放大器数据。

(c) 这些更改是否足以证明其中一种配置或两种配置都是合理的？

11.5 反相电压跟随器。 电压跟随器是一个同相放大器。说明如何使用两个放大器建立一个反相电压跟随器。证明只要选择合适的元件，那么新电路的输入、输出阻抗与同相电压跟随器的相当。

11.6 **减法器**。请写出如何使用仪表放大器使两个电压 V_a 和 V_b 相减并获得差值 V_a-V_b。使用图 11.9 中的基本电路作为启动电路，其中 $R_1=R_2=R_3=R_4=10\mathrm{k}\Omega$，$R_G=1\mathrm{k}\Omega$。说明如何将输入电压连接到仪表放大器，以获得完全等效 V_a-V_b 的输出。

11.7 **一个单运放减法器**。考虑图 11.64，其中 $R_1=R_2=R_3=R_4=10\mathrm{k}\Omega$。假设两个输入电压 V_a 和 V_b 的内阻可以忽略不计。
   (a) 证明输出等于 V_a-V_b。
   (b) 讨论输入源 V_a 和 V_b 输入阻抗，以及对该电路可能产生的影响。
   (c) 如何修改电路，使从两个输入端看到的均为高阻抗？

11.8 **加法放大器**。运算放大器可以用来将输入相加。考虑图 11.66 所示的电路，其中必须将三相电压相加。
   (a) 说明该电路实际上是一个加法器。
   (b) 对于给定的电路，找到电阻 R_1 和 R_2 合适的组合，使得输出 $V_{out}=V_1+V_2+V_3=3.8\mathrm{V}$。

11.9 **反相求和加法器**。图 11.66 所示为具有相同输出的求和放大器。说明如何建立一个反相求和放大器，以产生输出 $V_{out}=-(V_1+V_2+V_3)$。

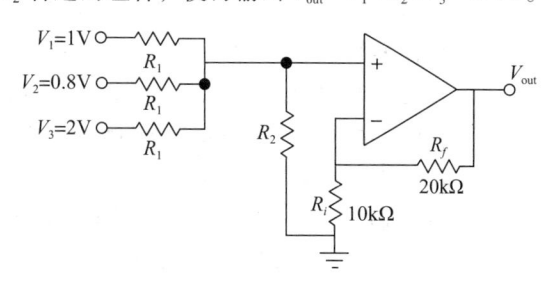

图 11.66 具有相同输出的求和放大器

11.10 **分贝在多级电压放大器中的应用**。当需要高放大倍数时，通常不可能用单级放大来实现，原因有很多。例如，一个简单的晶体管放大器通常被限制为大约 100 或更少的放大倍数。更复杂的放大器（如运算放大器）由于带宽要求，也被限制在合理的低放大倍数。因此，多级放大器是必要的，其中一级的输出被馈送至下一级作为输入。假设需要一个放大倍数（通常称为增益）为 120dB 的高频放大器，且每个放大器的放大倍数在 1~50 之间，那么所需的最小放大器数量是多少？它们的放大倍数是多少？解是唯一的吗？

比较器

11.11 **交流信号数字化：占空比控制**。在例 11.3 中，设 $R_1=10\mathrm{k}\Omega$，$R_2=20\mathrm{k}\Omega$ 和 $R_3=40\mathrm{k}\Omega$，计算在输出处获得的脉冲宽度和占空比。解释如何修改脉冲宽度和占空比。

11.12 **增量显示**。如图 11.67 所示，比较器可用于设计增量显示。将 N 个比较器按图 11.67 所示连接，正输入端全部连接在一起，形成一个与电压 V_{in} 连接的单个输入。负输入端连接一系列电阻，每个电阻阻值为 R（共有 $N+1$ 个电阻）。每个比较器的输出通过限流电阻器驱动一个 LED。给定电压 $V=12\mathrm{V}$。
   (a) 请说明当 V_{in} 从 0 变化到 $V^+=12\mathrm{V}$ 时 LED 会发生什么情况。
   (b) 计算每个 LED 点亮或熄灭时的输入电压（V_{in}）。
   (c) 如果所有比较器的输入极性都颠倒，会发生什么情况？

（d）如果前 P 个比较器按图 11.67 所示连接，但其余（$N-P$ 个比较器）的输入是反相的，会发生什么情况？

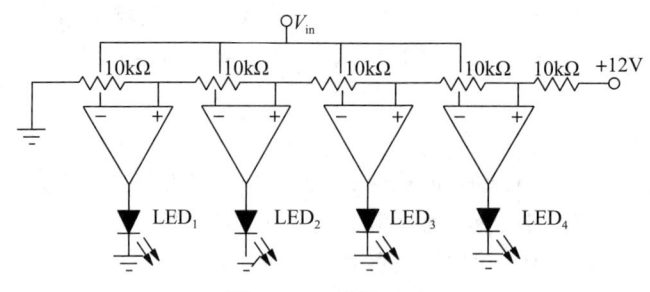

图 11.67　增量显示

11.13 电子恒温器。一个小型试验箱必须保持在 80℃±0.5℃ 的恒定温度，使用图 11.68 中的电路进行此操作。热敏电阻用作温度传感器，与比较器一起构成恒温器，增加晶体管以提供加热元件所需的大电流。NTC 热敏电阻的材料常数为 3 500K，20℃ 时的电阻为 10kΩ。假设热敏电阻的简单模型足够精确，材料常数与温度无关，并且为了获得最佳性能，在参考电压设置为 6V 时进行开关操作。

(a) 选择电阻器 R_1，R_2，R_3 和 R_4 以满足恒温器的要求。

(b) 假设现在只使用标准电阻器来实现恒温器。电阻值在 $10x$，$12x$，$15x$，$18x$，$22x$，$27x$，$33x$，$39x$，$47x$，$56x$，$68x$ 和 $82x$ 中可选，其中 $x = 10^n$，$n = -1$，0，1，2，3，4，5 和 6。如果将电阻器选择为与仍允许电路工作的标准电阻器最接近的值，则计算开启和关断温度。

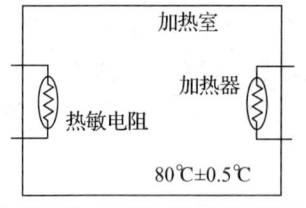

a）显示有加热器和热敏电阻的腔室　　b）控制电路

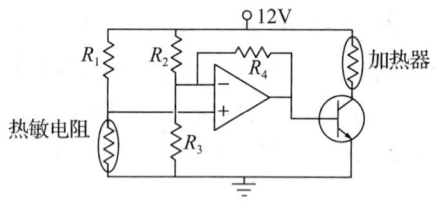

图 11.68　腔室内温度的控制

11.14 在比较器中使用迟滞。汽车中的电子点火装置使用霍尔元件和旋转凸轮产生点火脉冲（见图 5.37）。霍尔元件的输出在 0~0.8V 之间呈正弦变化，四缸四循环发动机转速为 3 000rpm。首先将信号放大至 12V 的峰值，然后使用图 11.14b 中电路的迟滞比较器对它进行数字化（另见例 11.3）。

(a) 计算并绘制 $R_1 = R_2 = 10\text{k}\Omega$ 且 $R_3 = 100\text{k}\Omega$ 时得到的信号。

(b) 计算并绘制 $R_1 = R_2 = 10\text{k}\Omega$ 且 $R_3 = 10\text{k}\Omega$ 时得到的信号。

(c) 从（a）和（b）中的结果得出了什么结论？

功率放大器

11.15 直流电动机控制器。 如图 11.69 所示，小型直流电动机可通过使用简单的 A 类放大器进行控制。电动机的速度与电流成线性比例，当电动机中的电流为 450mA 时，可达到 6 000r/min 的最大额定转速。晶体管的增益为 50，饱和电流为 500mA，基极电流为 10mA，基极和发射极之间的电压降为 0.7V。使用线性电位器控制电动机的速度，假设晶体管增益在这里使用的电流范围内是恒定的。计算并绘制作为电位器滑块位置函数的电动机速度，假设滑块角度在 0~300° 之间变化。转速在 0~6 000r/min 之间时，电位器电阻的范围是多少？

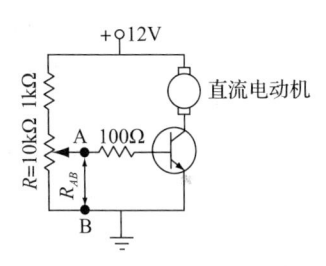

图 11.69　直流电动机控制器

11.16 功率放大器——LED 调光器。 LED 灯由三个串联的白色 LED 组成，如图 11.70 所示，打开每个 LED 所需的电压降为 3.3V。改变电阻 R 来控制通过 LED 的电流，电阻 R 在 0 到 1kΩ 之间变化。假设晶体管在基极和发射极之间的电压为 0.7V 时导通，在电压低于 0.7V 时关断。假设晶体管是一个完美的开关（开启时电阻为零，关闭时电阻为无穷大，进入基极的电流可以忽略不计）。在以下条件下，计算提供给 LED 的平均功率，它为 R 的函数：

(a) 电源为正弦形式，振幅为 3V，频率为 50Hz（见图 11.70a）。

(b) 电源为 1.5V 直流电池（见图 11.70b）。

注意：平均功率是电源一个周期内的总功率。

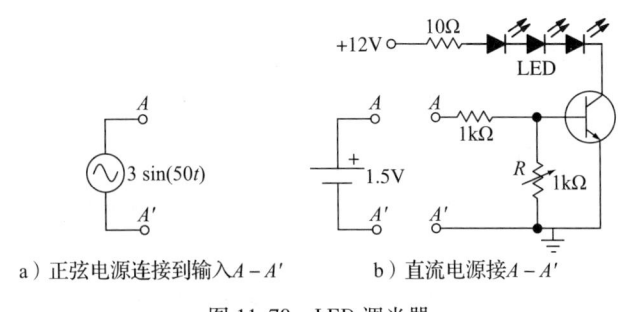

a）正弦电源连接到输入 $A-A'$　　　b）直流电源接 $A-A'$

图 11.70　LED 调光器

PWM 和 PWM 放大器

11.17 PWM 双向电动机控制器。 利用图 11.16b 中的 PWM 原理和图 11.17b 中的 H 桥，可以双向控制直流电动机的速度。

(a) 绘制脉冲示意图，并说明如何使用单个 PWM 发生器控制速度和改变旋转方向，

PWM 发生器作为一个独立单元提供。

(b) 请说明如何修改电桥电路以实现电动机的制动。要制动电动机，只需将它与地短接或与 V^+ 轨短接即可，请解释这些连接是如何影响制动的。

11.18 **PWM 电动机控制器**。考虑图 11.18 中的配置。直流电动机连接至 12V 时，转速为 10 000r/min（空载转速）；电源电压为 $V^+=12V$，时序电路产生振幅为 8V、频率为 240Hz 的三角波；一个 10kΩ 的线性电位器控制比较器的正输入。

(a) 计算并绘制电动机转速以电位器的位置为变量的函数。假设电动机速度与电压呈线性关系，MOSFET 的"导通"电阻可以忽略不计。

(b) 讨论时序源频率的影响，它如何影响系统的性能？

11.19 **PWM LED 调光器**。调光器使用 PWM 控制 LED。LED 的工作电压为 12V，使用 9 个 LED，每组 3 个，如图 11.71 所示。每个 LED 需要 3.3V 电压才能开启，额定功率为 1W。每组 LED 都与一个电阻器 R 串联，以确保 LED 上的电压不会超过额定电压。PWM 控制器在 10% 和 90% 占空比之间工作。忽略 MOSFET 中的功率损耗，计算：

(a) MOSFET 所需的最小额定电流。

(b) 灯的最小和最大平均功率输出。

(c) 电阻 R 的值及其额定功率。

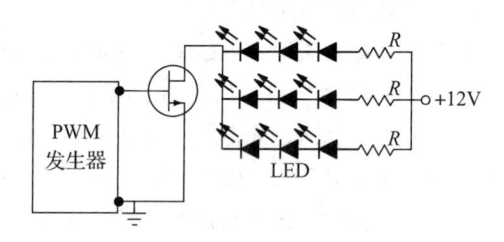

图 11.71 PWM LED 调光器

数字电路

11.20 **多输入或门**。说明如何使用如下逻辑门电路实现四输入或（OR）门。

(a) 只用两输入与非（NAND）门。

(b) 只用两输入或非（NOR）门。

11.21 **多输入异或门**。现在需要建立一个三输入异或（XOR）门，具有输入 A 和 B 的双输入异或门的异或函数可以写为 $A \oplus B = A\bar{B} + B\bar{A}$：

(a) 验证函数 $A \oplus B = A\bar{B} + B\bar{A}$ 能生成双输入异或门的真值表。

(b) 写出三输入异或门的输出。

(c) 说明如何使用与非（NAND）门实现三输入异或门。

11.22 **门延迟及其影响**。三个相同的信号分别施加到图 11.23c 中三输入与（AND）门的输入端和图 11.24b 中三输入与门的输入端。信号为脉冲周期为 100ns、占空比为 50% 的重复脉冲；每个门的延迟为 20ns。

(a) 对比图 11.23b 和 11.24a 中三输入门的输入信号，计算并绘制输出信号。

(b) 你能从（a）的结果中得出什么结论？

(c) 说明如何通过添加门来改善输出信号，使得三个信号具有相同的延迟。

11.23 逻辑门作为数字开关。逻辑门可以用来切换信号。使用与非门：

(a) 设计一种开关，可以根据命令信号 C 将输入定向到两个输出中的一个。如果 $C = 0$，那么输入出现在线 A 上，但不出现在线 B 上。如果 $C = 1$，那么输入出现在线 B 上，但不出现在线 A 上。

(b) 设计一个具有两个输入 A 和 B、一个输出 O 和一个命令线 C 的开关。如果 $C = 0$，则线 A 上的信号出现在输出 O，而如果 $C = 1$，则线 B 上的信号出现在输出 O。

11.24 一个 4 位串行输入、并行输出（SIPO）移位寄存器。图 11.25 中的移位寄存器是 SISO 移位寄存器。说明如何使用 SISO 寄存器组成 SIPO 移位寄存器，但只有在数据输入寄存器后，输出才可用。也就是说，如何在所有数据都已移入之后并行地获得输出，而不是在此之前获得？

11.25 电子定时器/计数器。考虑构建一个电子时钟/定时器，以 24 小时格式显示小时数、分钟和秒。输入信号为 60Hz，来自市电输入。为了实现这一点，使用了能够计数到 $2^4 = 16$ 的 4 位计数器（这些计数器作为单独的集成电路可以买到）。电路必须能够以 1 秒（每秒一个脉冲）、1 分钟（每分钟一个脉冲）、1 小时（每小时一个脉冲）和 24 小时（每 24 小时一个脉冲）的间隔产生脉冲。

(a) 所需 4 位计数器的最少数量是多少？

(b) 说明必须如何修改 4 位计数器才能产生必要的信号。

A/D 和 D/A 转换器

11.26 V/F 转换器。图 11.29 给出了 V/F 转换器，它使用一个单极性放大器，工作电压为 5V。施密特触发反相器也在 5V 下工作，并在 2.5V 左右改变输出。也就是说，当输入电压上升到 2.6V 以上时，其输出变为零；当输入电压下降到 2.4V 以下时，其输出变为 5V（该迟滞对电路的工作至关重要，并由反相器上的迟滞符号表示）。此处给出了以下变量：电阻 $R = 100\text{k}\Omega$，电容 $C = 0.001\mu\text{F}$，以及一个 MOSFET 开关，其内阻在栅极加正向电压时为 250Ω，而栅极为零时看作无穷大。电路其他部分都假定为理想元件。

(a) 求输入电压 V_{in} 和输出电压频率之间的关系。

(b) 描述输入电压为 2V 时的输出电压，即给出波形（振幅、频率和占空比）。

(c) 波形"导通"部分的宽度由哪些组件决定？波形"关断"部分的宽度又由哪些组件决定？

(d) 讨论如何改变频率范围以及这种改变的限制是什么。

11.27 V/F 转换器。一种 V/F 转换器如图 11.72 所示，其工作方式如下：电容器 C 通过电阻 R_1 和 R_2 充电，

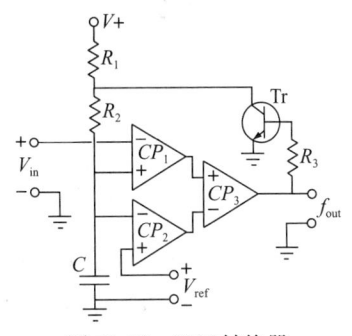

图 11.72 V/F 转换器

参考电压施加在 CP_2 的正输入端。最初，CP_2 的输出是高电平，因为电容器是被放电的。当电容器充电至超过 V_{ref} 时，其输出变为低电平。如果电容器的电压高于 V_{in}，则 CP_1 为高电平；如果电压低于 V_{in}，则 CP_1 为低电平。因此，最初，CP_3 的输出为低电平并且晶体管不导通。当电容电压上升到 V_{in} 以上时，CP_1 的输出变为高电平，CP_3 输出变为高。此时晶体管导通，电容器通过 R_2 放电，一直持续到电容器上的电压低于 V_{ref}，这时 CP_3 的输出复位为零，充电过程重新开始。这里我们假设比较器有一个小的内部迟滞，使得 CP_1 在 $V_{in}=V_{ref}+\Delta V$ 时状态变为高电平，在 $V_{in}=V_{ref}-\Delta V$ 时状态变为低电平，并且 CP_2 在 $V_{in}=V_{ref}+\Delta V$ 时状态变为低电平，在 $V_{in}=V_{ref}-\Delta V$ 时也为低，但在两者相等时状态不会发生变化。同样的迟滞也适用于 CP_3。给定图中的元件，并假设一个理想晶体管（即它充当一个完美的开关）和理想比较器，求出：

(a) 电容器上的波形，该波形为输入电压 V_{in} 的函数。

(b) 输出频率和占空比，均为输入电压 V_{in} 的函数。

(c) 计算当参数为以下各项时的输出频率和占空比范围：$2.5V<V_{in}<7.5V$，$V_{ref}=0.75V$，$V^+=12V$，$\Delta V=0.1V$，$R_1=R_2=1k\Omega$，$C=0.01\mu F$。

11.28 V/F 转换器的实验评估。通过改变输入电压以及测量输出频率，对类似于图 11.30b 所示的 V/F 转换器进行了实验评估，结果见下表。

(a) 绘制数据并求出转换器的灵敏度 [Hz/V]。

(b) 求出关于数据线性最佳拟合的最大非线性。将线性化传递函数的灵敏度与 (a) 中的灵敏度进行比较。

V_{in}/V	2.75	3.0	3.25	3.5	3.75	4.0	4.25	4.5	4.75	5.0	5.25
f_{out}/Hz	14 760	16 210	17 804	19 374	21 005	22 628	24 252	25 937	27 570	29 220	30 941
V_{in}/V	5.5	5.75	6.0	6.25	6.5	6.75	7.0	7.25	7.5	7.75	8.0
f_{out}/Hz	32 602	34 278	35 993	37 680	39 357	41 077	42 788	44 458	46 131	47 858	49 466

11.29 10 位 A/D 转换器。微处理器中的 10 位逐次逼近 A/D 转换器以微处理器的时钟周期（2.5MHz）工作，其参考电压为微处理器的 5V 电源。假设每个操作（设置或测试一位）需要一个周期。使用图 11.32 作为指导，并根据此处给出的 10 位 A/D 转换和数据回答以下问题：

(a) 绘制 4.35V 模拟输入对应的输出序列，并导出数字输出。

(b) 完成转换需要多长时间？

(c) 假设参考电压不稳定并降到 4.95V，那么此时输出是什么？对于相同的输入电压（4.35V），由于参考电压的这种变化而产生的误差是多少？

11.30 使用一个 12 位 D/A 转换器的 14 位 A/D 转换器。假设要构造一个 14 位逐次逼近 A/D 转换器，但只有 12 位 D/A 转换器可用。假设 D/A 从字中转换出 12 位，并忽略最后两位，参考电压为 5V。

(a) 解释为什么最终实际效果是一个 12 位 A/D 转换器。

(b) 计算 4.92V 模拟输入时的数字输出。

(c) 相比于设想中的 14 位转换器产生的额外误差是什么？

11.31 **3 位快速 A/D 转换器**。使用德摩根定理设计 3 位快速 A/D 转换器的优先级编码器，如图 11.33 所示。

(a) 使用与非门。

(b) 使用或非门。

11.32 设计一个 3 位快速 ADC，其中参考梯形网络连接到比较器的正输入端，而所有负输入端与要转换的模拟输入信号并联，参考电压为 3.2V。

(a) 需要多少比较器和电阻？请画出电路。

(b) 为转换器编写真值表。

(c) 利用德摩根定理，使用两输入与非门设计所需的优先级编码器。

(d) 利用德摩根定理，使用两输入或非门设计所需的优先级编码器。

11.33 设计一个 4 位快速 ADC，其中参考梯形网络连接到比较器的负输入端，而所有正输入端与要转换的模拟输入信号并联，参考电压为 3.2V。

(a) 需要多少比较器和电阻？请画出电路。

(b) 为转换器编写真值表。

(c) 利用德摩根定理，使用两输入与非门设计所需的优先级编码器。

(d) 利用德摩根定理，使用两输入或非门设计所需的优先级编码器。

11.34 **4 位 D/A 转换器**。给出一种基于电阻网络的 4 位 D/A 转换器的结构。

(a) 为电阻器选择合理的值，并在 10V 的工作电压下显示数字值 1101 的输出。

(b) 如果转换器在 5V 下工作，模拟电压阶跃是多少？

11.35 **14 位 D/A 转换器**。在许多应用中，D/A 转换器需要产生接近高分辨率模拟信号的输出。在再现数字音频或合成信号时，模拟失真必须非常低。考虑设计用于再现数字音频的 14 位 D/A 转换器。给出基于电阻网络的 D/A 转换器的结构。

(a) 为电阻器选择合理的值，并显示数字值 11010100110110 的输出。

(b) 如果转换器在 5V 下工作，那么模拟电压阶跃是多少？

(c) 在 (b) 中计算的步长可被视为信号中的幅度失真或噪声。以满量程的百分比计算转换引入的噪声水平。

(d) 计算数字信号的动态范围和模拟信号的动态范围。

11.36 **D/A 转换误差**。电阻网络 D/A 转换器依靠电阻网络完成转换，电阻器的值和这些值的变化必然会在转换中引入误差。考虑 $R = 10\text{k}\Omega$ 的 4 位 D/A 转换器（参考图 11.34、图 11.35 和例 11.10）。

(a) 绘制转换器的结构，并求出数字输入 1001 的模拟输出。

(b) 假设由于生产问题，所有标记为 R 的电阻减少到 8kΩ，所有标记为 $2R$ 的电阻减少到 16kΩ。计算模拟输出和误差。

(c) R 为 10kΩ，$2R$ 为 20kΩ，除了第一个连接到同相输入端的 $2R$ 电阻，其他的从

20kΩ 减少到 19.9kΩ（减少 0.5%）。计算输出和误差。

(d) 所有标记为 R 的电阻阻值减少 0.5%（每个为 9 950Ω），而所有标记为 $2R$ 的电阻器为 20kΩ。计算输出和误差。

(e) 讨论（a）到（d）中的结果。

11.37 **10 位 PWM D/A 转换器**。如图 11.36 所示，10 位 PWM 用作 D/A 转换器。PWM 设置为当所有输入为"0"时，输出脉冲宽度为零（即没有输出脉冲）。当所有输入为 1（可能的最高数值输入）时，输出脉冲宽度为 100%（即输出为直流）。对于任何其他值，输出脉冲宽度与输入成比例，PWM 信号的频率为 1kHz。

(a) 绘制数字输入 1001101111 的 PWM 输出，占空比是多少？

(b) 如果脉冲高度为 5V，计算数字输入 1100010011 的模拟电压 V_{out}。

(c) 对于 5V 的 PWM 脉冲高度，模拟信号中的预期误差是多少？

电桥电路

11.38 **电桥灵敏度**。如果 $Z_1=Z_2=Z_3=Z_4=Z$，并且 Z_2 和 Z_3 都是传感器，其电阻由于激励的变化而减小了 dZ，求图 11.38 中电桥的灵敏度。另外两个阻抗是不随激励而改变的电阻。

11.39 **不平衡电桥的灵敏度**。以图 11.73 中的电桥为例，在这个电桥中，两个 RTD 被用作传感器对温度进行感测，但电桥不平衡。假设两个传感器都因单位温度变化而变化（增加）2%，计算电桥的灵敏度。

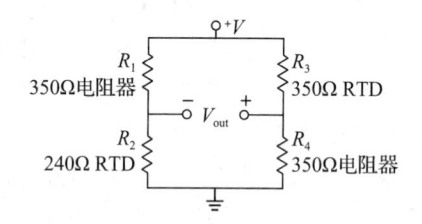

图 11.73 不平衡电桥

11.40 **改进的电桥电路**。一个改进的电桥电路如图 11.74 所示。

(a) 计算输出电压。

(b) 除了 R_2 增加一个小的变化值 ΔR，其他电阻值都相同，$V_{01} \neq V_{02}$，计算输出电压 V_{out}。

(c) 除了 R_2 增加一个小的变化值 ΔR，其他电阻值都相同，$V_{01} = V_{02} = V_0$，计算输出电压 V_{out}。

(d) 如果除 R_2 和 R_3 增加较小值 ΔR 外，所有电阻值都相同，$V_{01} = V_{02} = V_0$，则计算输出电压 V_{out}。

(e) 如果 $V_{01} \neq V_{02}$，计算（d）中的误差。

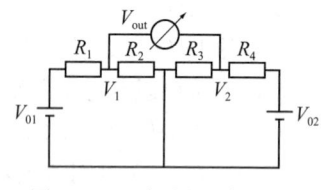

图 11.74 改进的电桥电路

11.41 **四传感器电桥**。电桥的四个支路都可以作为传感器来增加输出，从而提高灵敏度。以图 11.75 所示的力传感器为例，通过使用四个应变计感测弯曲梁中的应变来测量力。上面两个应变计处于拉伸状态，而下面两个处于压缩状态。为了使下面的应变计能够感测压缩应变，必须对它进行预应变，如果最初四个传感器是相同的，则在施加预应力后，电桥不平衡。这可以通过在电桥电路中引入偏置来解决，或者通过对预应力传感器使用具有不同标称电阻的传感器来解决,以便在不施加任何力的情况下,所有四个传感器都具有相同的电阻。为了解决这个问题,假设电桥在没有施力的情况下是平衡的。在这些条件下,假设四个传感器完全相同,证明电桥的灵敏度是单传感器电桥灵敏度的四倍。

注意:此结构还提供了温度补偿,因为四个传感器的温度相同。

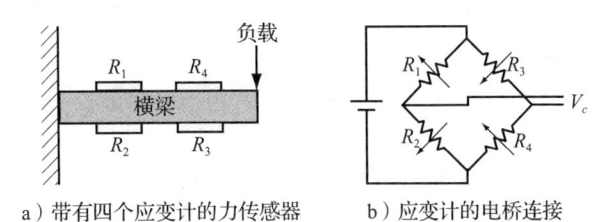

图 11.75 力传感器示例

11.42 电桥中的温度和引线补偿。考虑习题 11.41 中的电桥电路。
  (a) 证明只要四个传感器温度相同,输出不受温度变化的影响。
  (b) 计算传感器的引线电阻对输出的影响。假设所有连接传感器的引线长度相同,但四个传感器的电阻不同。
  (c) 证明如果所有传感器的电阻相同且引线长度相同,则传感器的引线电阻对输出没有影响。
  (d) 证明只要 R_1 和 R_2 温度相同,则引线电阻相同,只要 R_3 和 R_4 温度相同(但与 R_1 和 R_2 不同),则引线电阻相同(但 R_1 与 R_2 和不同),输出不受温度和引线电阻的影响。

线性电源

11.43 线性稳压器的最大效率。考虑图 11.47 中的稳压结构。
  (a) 假设电源电压可以变化±10%,在最大电流为1A 时,稳压器可能有的最大效率是多少?忽略桥式整流器的作用。如何做到这一点?
  (b) 为了提高效率,用新一代 LDO 稳压器代替原稳压器,在与(a)相同的条件下,只需要 250mV 的电压降。假设稳压器除了电压降之外额定功率相同,此时最大的功率是多少?我们如何修改电路来实现它?

11.44 线性稳压器的效率。对于图 11.47 中的设计,得到的效率是负载电流的函数。忽略除二极管和串联稳压器中的损耗以外的所有损耗,证明效率与电流无关。

开关电源

11.45 电荷泵电源。一个五级电荷泵电源(见图 11.49)是由 1.5V 电池供电的反相器构成的。为了最大限度地提高输出和效率,该电路采用肖特基二极管,其电压降为 0.2V。

反相器的开关频率为100Hz，电容为0.1μF。
(a) 计算电路由1.5V电池供电时能够产生的输出电压。
(b) 如果在输出端连接一个3.3V LDO以调节电压，并且LDO的电压降为100mV，则计算稳压器可以产生并能够保持负载电压为3.3V的最大电流。假设反相器的开关时间足够慢（10ms），足以使电容器充满电。
(c) 如果开关频率为1kHz，那么（b）的答案是什么？

11.46 **开关电源中的电压控制**。开关电源如图11.76所示，PWM发生器以10kHz的频率产生脉冲，脉冲宽度等于
$$t_{on} = 10+16V_o \quad t_{off} = 90-16V_o \ [\mu s]$$
输出电压由电位器 R 控制。
(a) 通过将电位器从0kΩ变为1kΩ，计算可获得的输出电压范围。
(b) 解释电路如何工作以及输出是如何调节的。
(c) 假设输出电压为5V，负载为1A，计算MOSFET的损失功率。

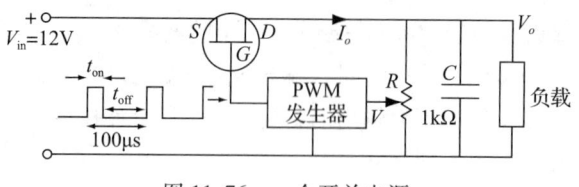

图11.76 一个开关电源

11.47 **应用于太阳能电池的线性电源**。一种线性电源被设计用于将太阳能电池板连接到一个需要在3.3V稳压下工作的电路上。稳压器需要比稳压电压高3V的输入电压才能正确调节，电池的功率密度为1 100W/m²，太阳能电池板由20个电池串联而成，每个电池的面积为10cm²，工作温度为25℃时的暗电流为10nA，量子吸收效率为30%。假设照射在电池上的光平均波长为550nm（有关太阳能电池的讨论，见4.5.3节），假设太阳能电池具有线性 I-V 特性，计算：
(a) 电源停止稳压前所能提供的最大电流。
(b) 稳压器的最大效率，即输送到负载的功率与入射到太阳能电池板上的功率之比。
(c) 如果使用只需要50mV电压降的LDO稳压器，则（a）和（b）中的答案是什么？

LC 和 RC 振荡器

11.48 **LVDT 振荡器**。图11.60b所示的LVDT振荡器具有以下元件：$C_1 = C_2 = 0.1\mu F$，$R = 10k\Omega$，$V^+ = 6V$，并具有1∶1的变压比（即初级匝数等于次级匝数）。当动铁心与线圈居中且晶体管产生的电流为10mA时，LVDT线圈的电感为150mH。测量输出频率作为位移的指示。
(a) 计算振荡器的谐振频率。
(b) LVDT的最大线性范围为±20mm。如果线圈电感在最大位移下的最大变化为12%，

计算振荡器的频率范围和 LVDT 的灵敏度。

11.49 **环形反相器振荡器**。CMOS 反相器具有与工作电压线性相关的输入-输出延迟。在 V_{cc} = 15V 时延迟为 8ns，在 V_{cc} = 3V 时延迟为 17ns。构建了一个具有 7 个反相器的环形振荡器。

(a) 计算振荡器频率（为 V_{cc} 的函数），以及在给定 V_{cc} 范围内的最小和最大频率。

(b) 假设由于电压不稳，V_{cc} 变化了 5%。在两个限值（15V 和 3V）下，能够预测的频率变化占"正确"频率的百分比是多少？

11.50 **施密特触发振荡器**。考虑图 11.57c 中的施密特触发振荡器。使用的施密特触发器在输入电压等于 $V_{cc}/3$ 和 $2V_{cc}/3$ 时改变状态。对于电阻 R = 10kΩ 和电容 C = 0.001μF：

(a) 计算振荡频率。

(b) 计算占空比（即输出高电平的时间长度与脉冲宽度之间的比率）。

11.51 **施密特触发振荡器**。考虑图 11.57c 中的施密特触发振荡器。使用的施密特触发器在输入电压为 0.8V 和 1.6V 时改变状态，工作电压 V_{cc} 为 5V。对于电阻 R = 33kΩ 和电容 C = 4.7μF：

(a) 计算振荡频率。

(b) 计算占空比（即输出高电平的时间长度和脉冲宽度之间的比率）。

11.52 **基于运算放大器的方波振荡器**。如图 11.58 所示：

(a) 计算振荡器频率及其占空比。

(b) 选择元件以获得在 10kHz 下工作的振荡器。

噪声和干扰

11.53 **运算放大器中的白噪声**。在音频系统中使用运算放大器来处理带宽为 20kHz 的音频信号。放大器的开环输入电阻为 800kΩ，开环增益为 200 000。放大器有两种模式：一种是反相放大器，另一种是同相放大器，两者的增益都是 200。假设放大器的输入可以充当一个电阻器。

(a) 如果输入端未连接任何电路，则计算在环境温度（30℃）下反相放大器输出端的白噪声电平。反馈电阻（图 11.6a 中的 R_f）为 200kΩ，R_i 为 1kΩ。

(b) 如果输入端未连接任何电路，则计算在环境温度（30℃）下反相放大器输出端的白噪声电平。反馈电阻（图 11.6b 中的 R_f）为 199kΩ，R_i 为 1kΩ。

11.54 **噪声对霍尔元件传感器的影响**。霍尔元件传感器用于检测低强度的交流磁场。为此，霍尔系数为 0.02 且芯片厚度为 0.1mm 的半导体霍尔元件按图 5.36 所示连接。为了完成检测，通过元件的电流为 5mA，并在传感器两端测量霍尔电压。

(a) 计算传感器对磁场的灵敏度，以及在考虑噪声的情况下，对于频率为 60Hz 的正弦磁感应强度，能够可靠检测到的最低磁感应强度。

(b) 为了提高灵敏度，传感器中的电流增加到 20mA。考虑到噪声，此时的灵敏度是多少，能可靠检测到的最低磁场是多少？

第 12 章
微处理器接口

感官知觉和大脑

大脑是神经系统的中心，是身体的终端处理器。它由大约 1 000 亿个神经元组成，具有从推理和思考到记忆和自我意识等诸多功能。大脑也是处理大部分感觉数据和运动"指令"的中心（一些感觉数据在包括脊柱在内的神经节中处理）。大脑的许多功能只能通过外在的表现来理解，人们对有些功能的认知也仅仅停留在假设阶段。像自我意识、思想观念，甚至情感，都无法用神经元的相互作用来解释。但其他的包括感知和运动在内的功能都与大脑的特定结构有关，因此可以被很好地解释。

大多数神经元位于大脑皮层，这是一层覆盖大脑的厚层，具有特征性的褶皱结构。大脑皮层是分层的，这种结构称为四个叶：额叶（在头的前面顶部）、顶叶（在额叶后面朝向后脑）、颞叶（在两侧）和枕叶（处于后脑并在顶叶的后部）。根据细胞的结构和功能，我们可以将大脑皮层更精细地划分为许多区域，每个区域都与身体的特定功能有关。在纵向上，大脑被分成两半，彼此大致相等，并且具有重复的结构和功能。作为一个整体，大脑的左侧控制着身体的右侧，反之，大脑的右侧控制着身体的左侧。在大脑皮层下面还有其他结构，包括丘脑、下丘脑、海马体、小脑（在后脑下部）、脑干和胼胝体（连接大脑各部分的一大束神经）。

在功能上，主要有三个区域。第一种是感觉性的，包括丘脑和部分脑叶。视觉区位于枕叶，听觉区位于颞叶，体感区位于顶叶。味觉和嗅觉与脑干及其上方区域有关。第二个区域主要是运动性的，包括额叶后部与脑干和脊髓。大脑皮层的其余部分则似乎参与了更复杂的思维、感知和决策功能。

随着大脑中对应区域的发展，有些人的某些感觉功能比其他人更加发达，而其他感觉区域似乎更加原始。从各区域与脑干的关联程度可以看出，大脑的视觉区域可能是最发达的纯粹感觉区域，而负责嗅觉的部分似乎更原始。运动功能遵循同样的模式，有些功能（如手）更加发达，而有些运动功能则是自主的，由脊髓控制。

12.1 引言

在第 1 章中，我们指出传感器是控制器的输入设备，执行器是控制器的输出设备。因为控制器同时涉及传感器和执行器，因此我们需要聚焦于控制器的输入和输出进行相关的讨论。

"控制器"的构成因应用程序而异。在某些情况下，控制器可能只是一个开关、逻辑电路或放大器。在其他情况下，它可能是一个复杂的系统，可能包括计算机和其他类型的处理器，例如数据采集和信号处理器。然而，更多的时候，我们选择的是微处理器。因此，我们将在这里集中讨论微处理器如何作为一个通用的、灵活的、可重构的控制器，以及传感器和执行器与之联系的方式。事实上，微处理器通常称为微控制器，但与传感器和执行器一样，很难将它们归为一个简单的类别。什么是微处理器？微处理器与计算机或微型计算机之间的区别是什么？如何找到微处理器区别于其他处理器的特征？排除上述这些主观问题的话，微处理器对于一个人的意义可能与一台功能完备的计算机对于一个人的意义相当。

就我们的目的而言，微处理器可以视为一个独立的、自足式的单片微型计算机。为此，它必须有一个中央处理器（CPU）、非易失性存储器和程序存储器，以及输入和输出功能。具有这些特性的结构可以用一些方便的编程语言编程，并且可以通过输入/输出（I/O）端口与外部环境进行交互，除此之外还有其他一些细节上的要求。显然，作为一个独立的系统，微处理器必须是相对简单且相当小巧的，因此它的内存、处理能力和速度、寻址范围，当然还有可以与之交互的 I/O 设备的数量都是有限的。与计算机不同，设计人员必须能够访问微处理器的大部分器件——总线、内存、寄存器和所有 I/O 端口。简而言之，微处理器是一个具有灵活特性的组件，工程师可以对它进行配置和编程以执行一项或一系列任务。这些任务的限制只有两个：微处理器的物理局限性和设计者的想象力（或能力）。

然而，讲到这里，我们还并未对什么构成了微处理器这个基本问题还并未进行充分解释。因此，我们以 8 位微处理器为例进行讨论，因为它们是最简单的微处理器，通常用于传感器/执行器系统，并且它们是所有微处理器的代表（16 位和 32 位微处理器也常用，但接口涉及的原则基本相同）。即使在微处理器中，也使用了许多架构。架构这部分内容对这里的讨论不太重要，但我们主要以哈佛架构为主，因为它具有简单性、灵活性和流行性等特点。这种架构虽然很常见，但作为例子来讨论再合适不过了。

12.2 作为通用控制器的微处理器

在下面的章节中，我们将讨论微处理器作为通用控制器的要素，重点是那些对接口很重要的部分。架构、寻址、时钟和速度、编程、内部设备、内存、I/O、外围设备和通信将是本章的主题，即对微处理器的接口方面进行讨论。讨论将尽可能保持一般性，也就是说，我们将尽量不选择特定的微处理器或制造商。然而，在示例中一些必要的讨论可能会涉及与特定制造商的微处理器系列相关联的特定术语。同样，这些术语会尽可能地通用，不需要读者知道其制造商或特定型号。读者应将这些例子视为其他微处理器的代表，并理解其他微处理器可以通过不同的方式实现相同的功能或类似的功能。尽管不同的型号和不同的制造商生产的微处理器在具体情况下可能有所不同，但本文所讨论的问题将是一般性的，并在适当的情况下适用于所有微处理器。

12.2.1 架构

大约有二十多家微处理器制造商提供了不同架构的微处理器。在这里，我们只简单地描述一种流行的架构，即在许多微处理器中使用的哈佛架构。这种架构主要有用于程序存储和操作数存储的独立总线以及一个小的指令集。这种流水线结构允许在执行另一个操作时检索数据。也就是说，每个周期由检索第 $n+1$ 条指令和执行第 n 条指令组成。总线宽度因制造商和微处理器尺寸而异。图 12.1 展示了特定设备的总线架构。数据总线是 8 位的，因此称为 8 位微处理器。处理器可将 64KB 的程序加载到 16 位指令总线上的程序存储器中，并可在 15 位程序地址上寻址 $2^{15}=32K$ 条指令。它可以在 12 位操作数地址总线上访问多达 $2^{12}=4\,096B$ 的操作数内存，不过通常操作数内存的一小部分是为处理器保留的，用户无权访问它。我们应该注意的是，总线的限制通常高于实际设备支持的限制。例如，图 12.1 所示的设备可以访问 4 096B 的操作数内存，这并不意味着它具有该内存量，只是这是该设备的可能上限。

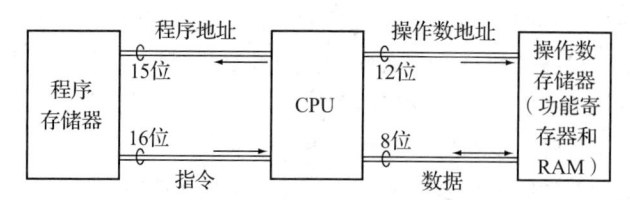

图 12.1 8 位哈佛结构微处理器的总线结构

不同的总线宽度取决于不同设备的大小和特性。具有 512B 内存的小型微处理器只需要 9 位程序地址总线（$2^9=512$），而具有 128KB 的大型设备则需要 17 位程序地址总线（$2^{17}=128KB=131\,072B$）。指令总线宽度必须等于或大于程序地址总线宽度。对于 8 位微处理器，数据总线宽度保持 8 位。

8 位微处理器的架构支持地址空间前 8 位的直接寻址和所有内存空间的间接寻址（可变指针寻址）。该架构包括一个具有相关状态位的 CPU 和一组特殊功能寄存器。后者包含控制 I/O 端口所需的所有寄存器、所有其他外围设备（如比较器、A/D 转换器、PWM 模块等）以及定时器、状态指示等，所有这些都可供用户使用。这种架构还提供了用户可写寄存器。因为微处理器的设计是为了响应特定的需求，所以对微处理器进行满足这些需求的修改并不罕见，即使这需要偏离基本的架构。因此，来自同一系列的各种处理器可以具有更大或更小的指令集以满足处理器的需要。大多数微处理器都是精简指令集计算设备，且它的指令集大约在 30~150 条指令之间变化。

微处理器中的内存也能适应其使用场景所带来的特殊需求。在低端需求中，人们可以找到只有 256B 内存的微处理器，然而，除了设备的物理尺寸和一些制造商认为的商业优势之外，对高端设备并没有具体的限制。在大多数情况下，微处理器具有易失性和非易失性存储器。外设的数量也因设备而异。一些小型设备可能根本不包括外设，而较大的设备可能包括几十个外设，包括比较器、定时器、A/D 转换器、捕获/比较单元、PWM、通信端口等其他有用的功能，并且通常是同一外设的多个单元。

微处理器通过 I/O 引脚与外界进行通信和交互，这些引脚数量有 4~100 个，甚至更多。封装引脚数量有 6~100 个，甚至更多。除此之外，设备也有多种不同的配置（双列直插式封装、各种表面贴装封装、模具等）。

12.2.2 寻址

8 位微处理器的字长为 8 位。这意味着 0~255 之间的整数数据可以直接表示。以上任何内容都必须通过变量点寻址来间接寻址。为了寻址内存，通常需要一个较长的字。大多数微处理器有 10 位（1KB）、12 位（4KB）、14 位（16KB）或 16 位（64KB）内存地址，但较长的地址可用于较大的内存。微处理器中的寻址通常意味着程序寻址。也就是说，程序内存包含要运行的程序，并且通过该程序的指令进行寻址。当然，也有数据寻址，但与程序内存相比，数据内存通常非常小。程序存储器的大小决定了一个程序能运行多长时间，在很大程度上决定了微处理器能完成什么任务。本质上，程序内存定义了可以做什么，并限定了接口程序的复杂性。由于微处理器本质上在各个方面（包括寻址空间）都很"小"，因此高效的编程和内部资源的高效利用是微处理器应用的一个标志。

12.2.3 执行速度

另一个比较重要的问题是处理器的速度。大多数微处理器以 1~100MHz 的振荡速度工作。在许多（但不是全部）微处理器系列中，振荡器被内部分频以生成时钟，即指令周期；也就是说，执行指令所需的时间比振荡器速度慢，典型的指令时钟值在 1~20MHz 之间（每条指令 1μs~50ns）。但速度不仅仅是时钟或振荡器频率的函数，任务的执行方式对执行速度有很大的影响。例如，假设需要将模拟电压与参考电压进行比较，以检测模拟电压何时大于或小于参考电压。可以想象，使用 A/D 转换器将两个电压转换为数字表示，并作为程序的一部分执行比较。但是 A/D 转换需要相当多的指令。如果有比较器，则可以直接比较两个电压（在一个或两个时钟周期内），而无须进行转换，从而加快任务的执行。

微处理器的基本时间单位是时钟周期。时钟周期对于接口问题有重大影响。无论多么简单的指令，都不可能在一个周期内完成。接口需要一个程序来运行，因此即使是最简单的任务也需要一些指令，从而需要几个周期来执行。执行时间的限制也会引入误差，我们在连接传感器和执行器时必须考虑这些误差。例如，如果以 1MHz 运行的微处理器需要 30 条指令来激活接口与微处理器的连接从而关闭指定设备，并且如果每条指令在一个周期内执行，则关闭该设备至少需要 30μs。这种延迟在一些情况下是重要的，这在包含执行器的系统设计中必须考虑。

12.2.4 指令集和编程

微处理器有时包含一个小的指令集，有不超过三个简单的指令。这些指令被用来满足对设备编程的普遍需求，允许个人将指令以不同方式结合，在特定设备基本限制内执行任何可以实际执行的操作。这些指令包括逻辑指令（AND、OR、XOR 等）、移动和分支指令（允许将数据移出和移入寄存器以及有条件和无条件分支)、位指令(允许对操作数中的单个位进行操作,例如将位设置为零)、算术指令,例如加法和减法、子程序调用,以及其他与微处理器性能有关的指令,如复位、休眠和中断。有些指令是面向位的,有些是面向字节(寄存器)的,有些是面向文字和控制操作的。表12.1列出了微处理器各种类型的指令的说明和一些示例。有限的指令集意味着用户不能凭直觉进行任意操作。例如,将一个数字乘以2的最简单方法是将寄存器的内容向左移动一个位置,而将它除以2则需要向右移动一个位置。另外,将一个数乘以6需要将数字向左移一位,先实现乘以2的效果,然后再将结果本身相加三次。

表 12.1　微处理器中的指令

指令	示例	说明
逻辑指令	与、或、异或、求1、2的补码	有些生成进位并设置其他标志以供后续使用
整数运算指令	加、减	生成进位和其他标志
计数和条件分支	增量、减量、减量/跳过、单位测试/跳过	这些是创建循环和从循环中分支的主要方法。跳过是基于某些检测的条件
清除和设置操作	清除寄存器、清除看门狗定时器、清除位、设置位	允许操作寄存器和寄存器内的位
无条件分支	GOTO、返回、中断返回	GOTO是一种通用分支指令。返回用于在子例程执行后返回
移动指令	移动到或移出寄存器	允许为操作存放数据
其他指令	无操作、休眠	
移位指令	左移、右移	数字左移或右移(通过进位)

注: 1. 显然,对于更多具体的微处理器,还会存在更多的指令和专门的使用指令。
　　2. 一系列标志在指令完成时被设置/重置。这些可能表示操作是否导致零值或负值,或者8位寄存器是否溢出(进位)。它们在内部或由程序员使用。
　　3. 大多数操作需要一个周期来完成(例如,逻辑和数学指令)。有些可能需要两到三个周期(例如分支指令)。
　　4. 清除看门狗定时器是为了防止看门狗定时器定期重置程序。定时器也可以完全禁用,但在正常操作下,它的目的是确保程序不会在非预期的指令或循环中"卡住"。数据在内存中的位置由编译器决定,用户不知道确切的细节。

在8位微处理器中,基本单元是8位,也就是说,数据存储在8位寄存器中,面向字节的指令对8位字进行操作。例如,可以对两个8位变量进行运算并将结果存储在8位寄存器中。但是很显然,当两个8位变量相加或者当一个8位变量乘以另一个变量时,结果可能大于8位。CPU可以检测到这一点,并通过设置一个进位标志提醒用户。如果微处理器期望使用超过8位的变量,那么程序员可以定义由两个8位寄存器组成的变量,将第一个寄存器的8位作为低字节(变量的前8位),第二个寄存器的8位作为高字节(变量的第9~16位)。这种方法在允许微处理器对更大的数据值进行操作的同时,增加了资源(寄存器)的使用和执行时间,以及程序的复杂性和长度,因此应该谨慎使用。在合理的情况下,可以选择16位、32位或64位微处理器。当需要16位时,由于考虑到可能产生的进位或溢出的问题(见习题12.2),每个8位操作数将被分别处理。CPU生成标记来指示特定的条件,程序员可以在编程中使用这些标记。这些标记包括检测为负或零结果、溢出以及其他结果,并且不同系列的微处理器标志可能有所不同。

微处理器要执行其功能，必须进行编程。也就是说，我们必须针对任务提供一系列的说明。微处理器执行基于机器语言的操作，即一系列可由 CPU 执行的数字操作码（opcode）。实际上，直接发出机器语言指令是不现实的，这一过程是由编程语言完成的。我们可以用汇编编程语言或高级语言（如 C 语言）来完成。汇编语言的指令和流程最接近于机器语言，在机器语言中，每条指令都是按顺序执行的，用户可以完全控制所有步骤的每一个细节。这种语言用一组特定微处理器的助记符（指令）编写，并生成 CPU 所需的操作码，然后将操作码序列加载到微处理器上，以完成编程序列。程序员可以选择使用高级语言进行编程。大多数情况下，它们都是 C 语言的变体，通过编译器可以生成特定于微处理器的操作码。这种方法的优点是效率高，并且操作者并不需要担心代码如何在内部进行操作。例如，一个算术操作，$c=a+b$，产生一系列操作码，这些操作码从内存中获取数据、执行加法并将结果放入内存。操作如何执行，生成什么操作码，以及数据在内存中的位置是由编译器决定的，用户并不知道确切的细节。

例 12.1：在微处理器上编程和执行

作为程序的一部分，必须执行以下操作：$a=6b+c$，其中 b 和 c 是整数。假设数字足够小，所有结果都可以在 8 位内完成，而不会溢出寄存器，那么寄存器将显示如何完成此操作，以及 1MHz 时钟操作所需的时间。假设每条指令占用一个时钟周期。使用 $b=17$ 和 $c=59$ 进行计算。

解 结果显然非常简单，对于给定的数值，$a=161$。但是微处理器不能直接计算出结果。相反，它将执行以下操作。在程序开始的某个地方，这三个变量被分配给三个寄存器，然后可以由 CPU 读写。

1) 将 b 的值移入工作寄存器 w：$w=00010001$（17）。
2) 将 w 的每一位向左移动一个位置：$w=00100010$（34）。
3) 将 w 的内容移回寄存器 b：$b=00100010$（34）。
4) 将 b 和 w 相加，结果保留在 w：$w=01000100$（68）中。
5) 再次加上 b 和 w：$w=01100110$（102）。
6) 将 w 的内容移动到 b：$b=01100110$（102）。
7) 将 c 和 w 的值相加，结果保留在 w：$w=10100001$（161）中。
8) 将结果从 w 移到寄存器 a：$a=10100001$（161）。

经过八个周期后，结果存放在寄存器 a，并且可以被用于任何需要它的地方，例如在屏幕上显示它或使用它执行附加操作。完成这样的操作需要 $8\mu s$（假设不需要其他操作）。

高级语言（如 C）只需要一行代码，如下所示：

$$a=6\times b+c$$

当然，变量 a、b 和 c 必须首先在程序开始时声明为整数。

图 12.2 显示了上述操作的流程图。这里描述的简单程序不需要流程图，但是在大多数情况下，流程图是编程过程中必要的步

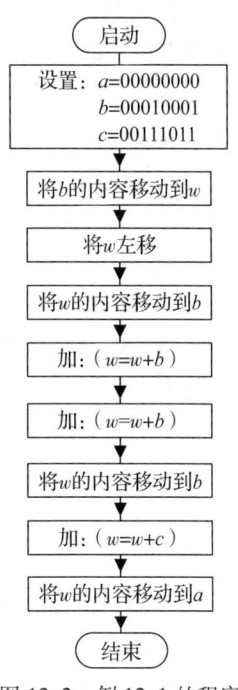

图 12.2 例 12.1 的程序流程图

骤。它作为一个"路线图",在寻找程序错误时能够发挥重要的作用,因为编程是一个没有指南就很难明确整体思路的编码过程。流程图可能非常详细,但也可能只是一个使用逻辑的草图,也可能由多个相互关联的图表组成。

注意:这个例子非常简单,虽然不是用汇编语言编写的,但是每一行对应一条指令。实际上,有些指令可能需要一个以上的周期来执行,并且可能需要向分支添加指令,以检查值是否溢出等。

12.2.5 输入和输出

输入和输出由封装上可用的引脚来定义。微处理器通常限制在大约100个引脚(6、8、14、18、20、28、32、40、44、64和100个引脚是常见的)。两个引脚用于为设备供电,例如,一个18引脚设备的I/O引脚不能超过16个。其中一些可用于其他目的,例如振荡器或通信,因此通常可用于I/O功能的引脚较少。然而,即使是一个普通的微处理器也会有大量的引脚可用于I/O。例如,一个6引脚微处理器可能有多达4个I/O引脚,而一个64引脚的处理器可能有超过48个I/O引脚。I/O引脚被分组为不同端口,每个端口可寻址为8位字,因此每组最多有8个引脚。不同的端口可以具有不同的属性,并且可以执行不同的功能。几乎无一例外,I/O端口是三态的,使I/O引脚可以用作输入、输出或悬空。大多数I/O引脚都是数字的,但有些可以配置为模拟(在软件中实现)的。I/O引脚可以提供或吸收相当大的电流,通常在20~25mA的范围内。这不足以驱动许多执行器,但它可以通过开关、继电器和放大器来直接或间接驱动低功率设备。I/O端口通常分配给寄存器,并且可以通过类似处理变量的方式进行寻址、更改和操作。但端口具有其他属性。其中最重要的一点是,它们可以在处理器处于休眠模式时保持其状态。微处理器可以在端口上发出一个输出信号,然后进入休眠模式,保持输出不变,并且耗电很少。当然,要更改端口,必须将处理器从休眠模式中唤醒。I/O端口(虽然不一定是所有端口或端口中的所有引脚)也可以在发生更改时发出中断。也就是说,当被设定为输入的I/O引脚上的电压发生变化时,会向处理器发出中断,从而将它从休眠中唤醒,以处理输入上的变化,或者中断当前任务以执行更高优先级的任务。此功能对于功耗和功能来说同样重要。输入引脚也可以在内部(在软件中)被"上拉",这意味着输入引脚现在通过一个大电阻连接到电源(大多数是3.3V或5V直流电源,通常表示为V_{dd})。实际效果是,该引脚被设置在V_{dd},并且当连接该引脚和地的开关闭合时,引脚可以检测到输入的变化。虽然这是一个通用功能,但它不仅可以连接开关、小键盘和键盘,还可以与电阻传感器一起使用。

例12.2:有人进入时自动亮灯

许多公共场所只有在有人在场时才需要照明,但出于安全考虑,即使有人可能不想开灯,灯也必须打开。在这种情况下,使用基于无源红外(PIR)传感器运动检测的自动系统打开灯并保持一段时间的打开状态,在这段时间过后如果未再次检测到运动,则灯光被关闭。

PIR 传感器检测人员进入时产生的热量变化（见 4.8 节和例 4.11）。当有人进入时，PIR 传感器检测进入人员发出的红外辐射，并产生小电压 ΔV，同时必须将它放大以产生可用电压。图 12.3a 给出了实现原理图。选择放大器是为了确保当检测到有人时，放大器的输出饱和，也就是说，放大器在开环模式下工作，实际上只有 0 和 V_{dd} 两种状态。此外，由于 PIR 传感器具有高阻抗，因此放大器的输入阻抗必须高。优先选择低漂移场效应晶体管（FET）作为输入放大器，它允许在标记为 1 的引脚上使用数字输入。为了最大限度地降低功耗，处理器处于休眠模式，并且引脚设置为"更改时中断"。当有人进入时，引脚 1 上的电压从 0 变为 5V，在中断之后，打开处理器，启动程序。灯泡通过将输出引脚 2 设置为高来打开。晶体管导通，继电器开灯。晶体管是必要的，因为微处理器不能提供足够的电流来打开继电器。定时器启动并计数到时间 T_0（5 分钟）。

如果在 5 分钟的时间间隔内未检测到任何其他运动，则灯将关闭（通过关闭输出引脚 2）。然后处理器进入"休眠"状态以节省电量。

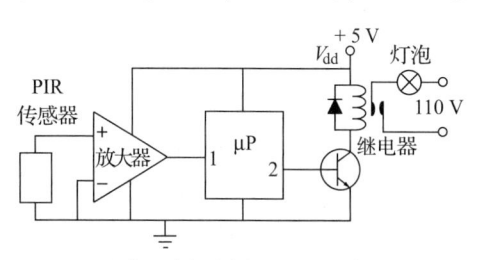

a）进入时自动亮灯的电路示意图

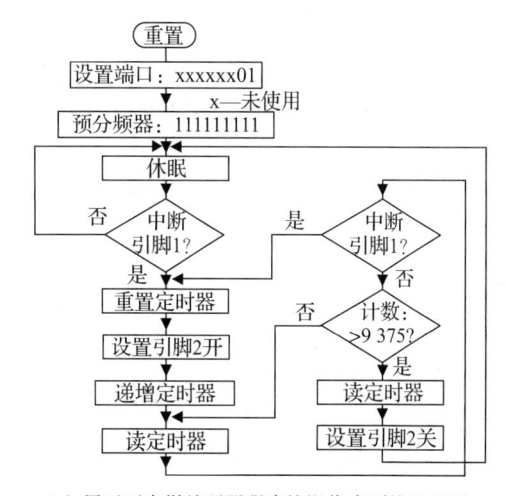

b）用于开发微处理器程序的操作序列的流程图

图 12.3　自动亮灯系统电路示意图及开发流程图

还要注意继电器线圈上二极管的使用。它的目的是在继电器关闭时保护晶体管免受过大的瞬态电流的影响。图中所示二极管被内置于许多金属氧化物半导体场效应晶体管（MOSFET）以及一些功率晶体管中。继电器还用于将微处理器的低压电路与操作灯泡所需的高压电路隔离。

下面是一个简化的助记符指令序列，它允许处理器对传感器做出反应并控制灯光。序列的流程图如图 12.3b 所示。

1）声明：
(a) 引脚 1 设置为数字输入，引脚 2 设置为数字输出（DO）。
(b) 振荡器设置为可能的最小频率，假设有一个 32kHz 的振荡器（见下面的计算），在内部除以 4 可以获得一个 8kHz 的时钟。
(c) 使用了可用的最大预分频数——将时钟除以 256（见注意 2）。

2）开始。

3）将处理器设置为休眠模式。在引脚 1 上检测到中断之前，不会发生任何事情。

4）如果检测到中断，则退出休眠并进入以下循环。

（a）重置定时器（见注意3）。
（b）将输出引脚设置为打开（电压为5V，继电器打开）。
（c）读取定时器寄存器（定时器计数并随着时钟的运行而不断更新）。
（d）是否检测到中断？
（ⅰ）是：转到4a重新开始计数。
（ⅱ）否：继续。
（e）是否达到5min（300s；见下文）的计数？
（ⅰ）是：重置定时器，关闭针脚2（灯熄灭），转到步骤3并等待下一个输入。
（ⅱ）否：转到4c。

一些数据：使用32kHz振荡器（一些微处理器上提供的标准频率），内部除以4后，时钟周期为8kHz。周期时间为125μs。在预分频器之后，计数器/定时器的时间步长为

$$\Delta t = 125 \times 256 = 32\,000\,\mu s$$

定时器以32ms的增量计数。因此，5min计时要求的计数器/定时器计数为

$$N = \frac{5 \times 60}{0.032} = 9\,375$$

用二进制数表示是10010010011111，需要14位数字来表示。因此，需要的是一个16位计数器/定时器（可在微处理器或内置软件中使用）。计数结束时，16位寄存器将读取0010010010011111。当达到阈值（由软件检测）时，指示灯关闭，处理器进入休眠状态。

注意：1）在这种类型的应用中，用低频振荡器使得计数相对较低是比较好的。

2）大多数微处理器都有一个预分频器，它将时钟频率除以可以在软件中定义的比率。通常，预分频器可以从除以2调整到除以256（8位）。下一节将进一步讨论预分频器。

3）在8位处理器中，即使有16位计数器/定时器可用，操作也是8位的。因此，检测计数是否已达到分两步进行。首先，测试高字节（8个最高有效位）。如果匹配，则测试低字节，如果两者都匹配，则指示灯熄灭。或者，可以忽略低字节，并在高字节匹配或计数为9 344时关闭指示灯。这将在299s后，即距离5min仅差1s时关闭灯。定时器将在下一节中讨论。

12.2.6 时钟和定时器

微处理器必须具有定义指令周期的定时机制。这是由内部或外部振荡器完成的。通常，RC振荡器用于内部振荡，而晶体是最常见的在外部设置频率的方法（这需要专用引脚或使用两个I/O引脚）。该频率通常在内部分频来定义基本的周期时间。此外，微处理器有内部定时器，由用户控制，用于各种需要计数和定时的功能。位处理器中至少要有一个计数器可用，但较大的微处理器可以有四个或更多的定时器，其中一些是8位定时器（对于8位微处理器）和一些16位定时器。当看门狗定时器"卡住"在一个不工作的模式时，可以用于重置处理器。定时器计数到一个固定值，如果达到这个设置的固定值，它将重新启动程序。微

处理器中的定时器是一种专用寄存器，通常通过预分频器（用户在软件中设置的分频器）与时钟相连。寄存器可以读取，可以重置，并且可以溢出以指示寄存器已满。分频系数是由软件控制的（即分频系数可以设置，通常为 2～256，中间增量取决于微处理器）。有些微处理器还具有后分频功能，或者在某些情况下，用户可以选择预分频或后分频。当然，如果定时器不可用，或者需要额外的定时器，再或者需要更长的定时器时，则可以在软件中创建定时器。

例 12.3：发电机频率控制

120V 交流便携式发电机必须以固定的 60Hz 频率运行。频率由发电机的转速调节。为了产生速度控制所需的反馈信号，一个小型微处理器测量频率并产生与频率变化成比例的信号。现在展示如何尽可能地使用处理器的内部组件来实现这一点。给定的微处理器以 10MHz 的频率工作，在内部除以 4 以产生内部时钟。微处理器有一个内部比较器和一个参考电压，可以通过划分电源电压为 16 个相等的电平来设置。微处理器还有一个 12 位 A/D 转换器和一个 8 位定时器。如果使用比较器或 A/D 转换器，8 位 I/O 端口可以设置为数字输入或输出，也可以设置为模拟输入或输出。引脚可以单独设置。预分频器可以设置在 2～256 之间，也可以不使用。

发电机的输出通过变压器和简单的 5V 调节器为微处理器供电，如图 12.4a 所示。齐纳二极管（电阻器将二极管中的电流限制在 5mA RMS 以下）对交流电压进行采样，并生成具有适当振幅（5V）和极性的方波。采样的交流电压为 9V RMS（峰值为 12.7V）。注意，尽管脉冲本身比半个周期窄，但两个连续脉冲上升沿的间隔正好是一个周期（见图 12.4b）。因此，这里的基本原则是测量两个连续脉冲上升沿之间的时间。图 12.4c 中的流程图显示了感应频率变化和控制速度的可能方法。程序检测脉冲的上升沿并对时钟计数，直到检测到第二个上升沿。此时，从寄存器中读取时钟周期值并与 60Hz 周期时间进行比较。如果计数时间较短，则频率过高，O/P-2 的指令会使发动机减速。如果计数太长，则频率太低，通过来自 O/P-1 的指令加速发动机。通过无限重复该过程来连续控制频率。

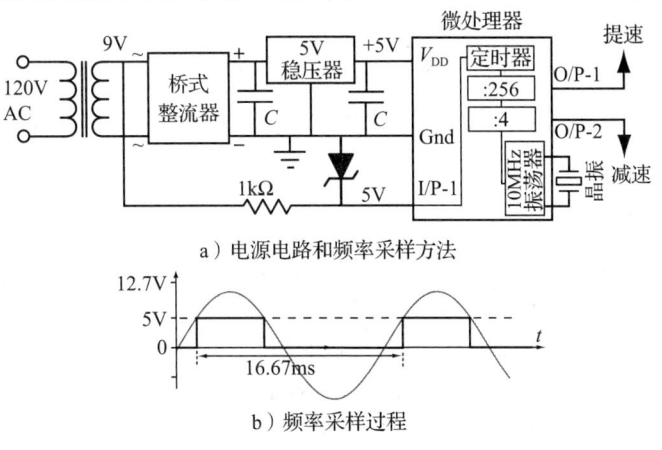

a）电源电路和频率采样方法

b）频率采样过程

图 12.4　发动机驱动发电机的频率控制

c）程序流程图

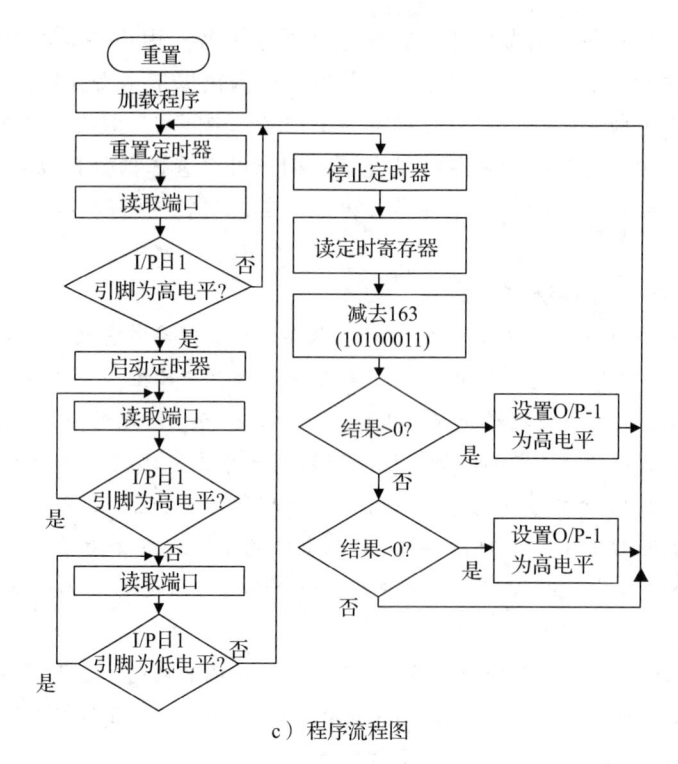

图 12.4　发动机驱动发电机的频率控制（续）

在内部，时钟以 10/4 = 2.5MHz 的频率运行。因此，时钟周期为 $1/2.5\times10^6 = 0.4\mu s$。分频器将时钟分频 256 倍，所以定时器的频率为 9 765Hz。或者说，脉冲宽度为 $102.4\mu s$。也就是说，每过 $102.4\mu s$，定时器计数加 1。

60Hz 信号的宽度为 16.67ms。这意味着一个周期后计数器的计数将为 16.67/0.102 4 = 163，二进制形式为 10100011。将定时器的值与它进行比较，如果定时器的值较高，发动机需要加速，如果较低，则需要减速。

注意：变压器不仅是为了将电压降低到易于操作的水平，也是出于对电路安全的考虑。流程图中给出了完成频率变化感知所需的基本步骤，但程序本身比图表所示的要详细得多。

12.2.7　寄存器

指令的执行以及对微处理器功能的控制，包括寻址，都是通过寄存器来完成的。微处理器中有两种类型的寄存器。第一种类型称为特殊用途、特殊功能或保留寄存器，专用于处理器。这类寄存器用于设置和控制各种功能，例如端口、振荡器、标记、状态指示等所有外围设备以及用户不可用的一些内部功能。大多数寄存器可供用户使用，并可在给定参数内修改以改变用途。例如，要将 I/O 端口中的某个引脚设置为输出，则必须将该 I/O 引脚的特定位设置为零。类似地，为了读取 I/O 引脚上的状态，相应的端口寄存器就像数据寄存器一样被读取。第二类寄存器称为通用寄存器，用作（易失性）存储器。编程中使用的变量是以类似于计算机程序中定义变量的方式分配给这些寄存器的，只是在使用寄存器时，变量是按地址分配给特定寄存器的。寄存器空间非常有限。一些小型微处理器可能只有少数几个寄存器可供一般使用，而其他较大的设备可能有数百个寄存器，但大部分情况下，微处理器中的寄存器数量相对较少。因此，只要多个变量彼此不冲突（不能同时使用），将它们赋给一个特定的寄存器来重复使用程序中的寄存器空间并不罕见。

12.2.8 存储器

大多数现代微处理器包含三种类型的存储器：加载程序的程序存储器、数据存储器（随机存取存储器或 RAM）和带电可擦可编程只读存储器（EEPROM），只有非常小的微处理器除外。由于微处理器作为控制器使用，因此程序内存通常是最大的，根据具体设备的不同，从小于 256B 到大于 256KB 不等。在大多数情况下，存储器是闪存的，这意味着它可以随意重写，并且是非易失性的（程序在重写或擦除之前会一直保留），因此可以断开电源而不会丢失程序。数据存储器通常非常小，可能是程序存储器的一小部分（即八分之一或更少），并且在掉电时不保留数据。它可以用于执行期间的中间数据保留。EEPROM 是一种非易失性可重写存储器，主要用于在执行过程中写入数据，并在处理器关闭时保留数据。存储器被认为是只读存储器（ROM），因为它不能被外部写入，微处理器只有通过程序才能改变其中的数据。EEPROM 在很多情况下都很重要。它可以用来保留程序所需的数据，如查找表，但也可以在执行过程中动态写入，并将数据保留以备将来使用。这可以是简单的数字或代码，也可以是保留在其中的输入记录，例如发生事件的时间和日期。例如，EEPROM 可以保留车门打开的时间和日期，或者车辆行驶最后 20s 的参数，这些数据在发生事故时可以当作"黑匣子"使用（另见例 12.4）。

例 12.4：汽车中的速度感应和里程表——EEPROM 的使用

汽车的速度是通过计算驱动轮的转数来感知的。在大多数情况下，这仅意味着计算传动轴上齿轮的齿数，并将该齿数与给定车轮直径的速度相关联。每公里的转弯次数也是已知的，它定义了行驶的距离。在本例中，假设车轮每转一圈有 20 个脉冲，即在车轮驱动轴上放置一个有 20 个齿的齿轮，车轮直径为 75cm。

图 12.5 给出了系统的示意图。一个由磁铁支撑的霍尔元件计算经过它的齿数。霍尔元件的输出是模拟信号，类似于正弦信号。将它连接到内部比较器的正输入端，比较器的负输入连接到内部参考电压。因此，每当霍尔元件的输出高于参考电压时，比较器的输出变高，当正输入低于参考电压时，比较器的输出变低，从而将霍尔元件的输出数字化。内部定时器对这些脉冲进行计数，以便在一段时间内显示速度。可能的计数如下：车轮直径为 0.75m，因此周长（WC）为

$$WC = 2\pi \frac{d}{2} = \pi \times 0.75 = 2.3562 \text{m}$$

由于每圈有 20 个脉冲，因此每米的脉冲数为

$$\frac{20}{2.3562} = 8.48825$$

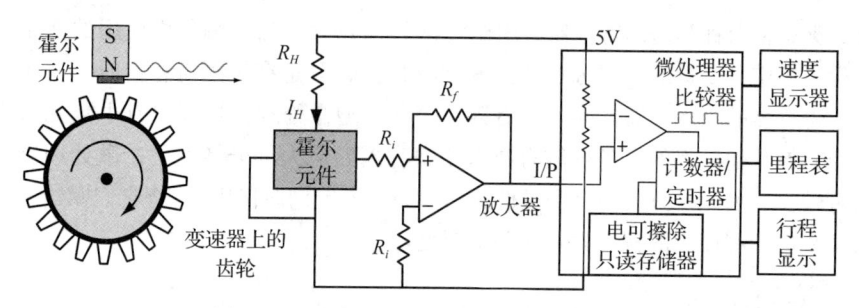

图 12.5　汽车中数字速度表/里程表的部件

速度通常以千米每小时进行显示。假设时间基准为 1s，即计数器对脉冲序列采样 1s 时间长度。计数为 8.488 25 脉冲每秒表示车辆在 1s 内移动了 1m，或其速度为 1m/s。更准确地说，1 计数每秒表示 1/8.488 25 = 0.117 8m/s，或 0.424km/h。微处理器可以执行这些计算，根据需要进行缩放并输出，然后每秒更新速度（通常需要更快地更新）。当然，可以根据需要来选择时间采样以获得必要的更新率。速度更新后，定时器复位，新的计数开始。

里程表通常每 0.1km 更新一次。也就是说，当第二个计数器（更新定时器）对脉冲进行计数，每次达到更新值（UV）时，读取 EEPROM 中的里程表值，递增 0.1，并保存回 EEPROM 以更新 EEPROM 和显示器。更新计数值为

$$UV = \frac{100}{2.3562} \times 20 = 849$$

更新后，更新定时器被重置，计数重新开始。图 12.5 所示的显示器可以通过串行或并行端口连接，这取决于微处理器上引脚的需要和可用性。通常，串行通信被用来显示那些有自己的嵌入式微处理器并且能够进行串行通信的单元。

12.2.9　电源

大多数微处理器的工作电压在 1.8~6V 之间。有些电压范围更有限（例如，2.7~5.5V），而有些则可以在更高的电压下工作。大多数微处理器基于互补金属氧化物半导体（CMOS）技术。这意味着这种微处理器功耗适中，但与频率和电压有关。时钟频率越高，功耗越高。功率还取决于处理器的功能以及在给定时间内的工作模块。用户可以通过选择频率、操作模式和特殊功能（如中断、唤醒和休眠）来控制功耗。这些考虑必须与电路的要求相协调，而且通常必须达成妥协。有时，达成妥协很容易，电路可能需要连续工作，中断不是一个选项，这意味着处理器不能设置为休眠。在其他情况下，处理器必须以其最大频率运行。但通常情况下，处理器的参数由设计者决定。如果功耗是一个考虑因素，例如在使用电池工作时，我们应首先选择降低工作频率。在最低实际频率下运行不仅降低了功耗，还减少了高频发射和受其他设备干扰的问题。尽管此处的限制相对严格，但也应当考虑工作电压。然而，在 3V 而不是 5V 下工作，除了为电池操作提供方便的电压外，使用 3V 电压大大降低了功耗。几乎所有的微处理器都有多种休眠模式，其中一种应该适用于大多数情况。在休眠模式下，微处理

器的功耗在毫安范围内，有时低于存储电池的自放电水平。

由于这些灵活的选择，我们拥有设计可以长期使用电池运作的微处理器接口电路的可行性，它们有时能维持几年的时间。然而，应该记住，功耗只是电路设计中的一个参数，它对电路施加了限制。例如，在低电压下操作也可能需要在较低频率下操作，或者可能使振荡器不太准确。它改变 D/A 转换器的参考电压，并改变输入输出的电压和电流。所有这些都必须在设计中加以考虑。

例 12.5：用于保险箱的电池操作键盘锁中关于电源的注意事项

键盘锁是进入受限空间（无论是建筑物还是保险箱）的常见机制。这里讨论的系统包括一个数字电话键盘，其特点是数字 0~9 加上 * 和 # 符号。打开/锁定保险箱的电路示意图如图 12.6 所示。这些键位被分为三列四行，每一个键都是一列与一行相交处的一个开关。按键连接相应的列和行。

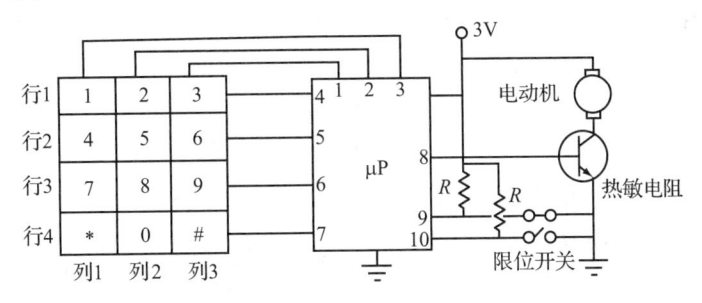

图 12.6 一个键盘控制锁

微处理器检测按键，识别按下的数字/符号，并将它与存储的代码进行比较。编程是通过输入一个由固定数字和 * 组成的代码来完成的。在此之后，输入代码后接 # 将打开保险箱（如果已锁定）或将其锁定（如果已打开）。微处理器打开一个小型齿轮直流电动机以关闭或打开锁，并且还有两个限位开关，允许微处理器在锁定或解锁过程结束时关闭电动机（通过标记为 8 的输出引脚）。所示电路通常处于休眠模式，消耗电池约 8μA 的电流，其中包括电阻器 R 中的电流。当输入一个代码时，电流增加到一个取决于电池电压和微处理器时钟频率的值。包括输入代码，然后电动机打开或关闭在内的循环平均长度为 6s。

（a）通过改变微处理器的电压和时钟频率，对图 12.6 中的键盘锁进行了功耗测试，测试结果如下所示。估计电压在 2V 和 5V 之间时，电路（不带电动机）在 16MHz 时的电流消耗。

电压	10MHz	2MHz	300kHz	80kHz
5V	2.7mA	0.84mA	237μA	108μA
4V	2.1mA	0.65mA	186μA	76μA
3V	1.3mA	365μA	140μA	56μA
2.5V	1.01mA	312μA	122μA	46μA
2V	0.66mA	205μA	102μA	37μA

(b) 如果电路平均每天工作 12 次（24 小时），并且使用 2 节 AA 电池，电池容量为 2 800mA·h，电池串联连接（3V）。如果电动机消耗 100mA，需要 2.4s 的时间去锁定或解锁，则计算在 20MHz 频率下电池的持续时间。

(c) 如果微处理器在 20MHz 和 80kHz 时从不空转（即从不进入休眠模式），那么电路在（b）中的条件下能运行多长时间？

解 (a) 由于只有 10MHz 频率以下电流消耗的数据，因此需要从现有数据推断。通过绘制数据，可以明显看出，当频率超过 2MHz 时，电流呈线性增加（或多或少）（见图 12.7），因此，可以通过此规律推断获得 16MHz 时的电流。使用 10MHz 和 2MHz 的值，我们计算图 12.7 中线性曲线的斜率为

$$\Delta = \frac{I_{10}-I_2}{10-2}$$

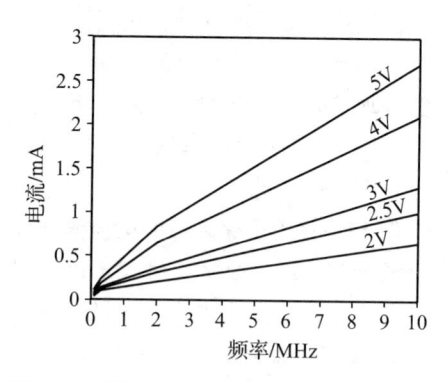

图 12.7 图 12.5 中电路的电流消耗在不同工作电压下是频率的函数

其中 I_{10} 是 10MHz 时的电流，I_2 是 2MHz 时的电流。由于斜率假定为常数，我们写出：

$$\Delta = \frac{I_{16}-I_{10}}{16-10} \rightarrow I_{16} = I_{10} + \Delta(16-10) = I_{10} + \frac{I_{10}-I_2}{10-2}(16-10)\,\text{mA}$$

现在，使用表中的值。

在 2V 时，$I_{16} = 0.66 + \frac{0.66-0.205}{8} \times 6 = 1.001\,\text{mA}$

在 2.5V 时，$I_{16} = 1.01 + \frac{1.01-0.312}{8} \times 6 = 1.533\,\text{mA}$

在 3V 时，$I_{16} = 1.3 + \frac{1.3-0.365}{8} \times 6 = 2.0\,\text{mA}$

在 4V 时，$I_{16} = 2.1 + \frac{2.1-0.65}{8} \times 6 = 3.187\,\text{mA}$

在 5V 时，$I_{16} = 2.7 + \frac{2.7-0.84}{8} \times 6 = 4.095\,\text{mA}$

(b) 使用 (a) 中的公式，在 20MHz 和 3V 下的预期电流为

$$I_{20} = 1.3 + \frac{1.3-0.365}{8} \times 10 = 2.469\,\text{mA}$$

为了评估当前的消耗量，我们计算了每天消耗的平均电量。然后，我们将电池的当前容量除以 1 天内的平均消耗量，得到的结果即为电池为电路供电的天数。

空闲消耗（电路处于休眠模式）为 $8\mu A$。以 1 天为基础，即 $8 \times 24 = 192\mu A \cdot h$，或 0.192mA·h/天。电路开启 $6 \times 12/3\,600 = 0.046\,7$h，消耗 $(6 \times 12/3\,600) \times 2.469 = 0.049\,38$ mA·h/天。

电动机消耗 $100 \times 12 \times 2.4/3\ 600 = 0.8\text{mA} \cdot \text{h}/$天。每天的总消耗量是三个值的总和，即 $1.041\ 38\text{mA} \cdot \text{h}/$天。电池为电路供电的天数为

$$N = \frac{2\ 800}{1.041\ 38} = 2\ 688.74\ \text{天}$$

这是 7 年 4 个月 12 天。大多数电池的保质期只有 6~10 年，但这一计算表明，微处理器本身通常不会妨碍低功耗电路的设计，而低功耗电路可以在相对较小的电池上工作数年。事实上，这里所示电路的限制因素是电动机。

(c) 现在微处理器一直开着。

在 20MHz 时，需要 $24 \times 2.469 + 0.8 = 60.056\text{mA} \cdot \text{h}/$天。电路可以运行

$$N = \frac{2\ 800}{60.56} = 46.6\ \text{天}$$

在 80kHz 时，微处理器需要 $24 \times 0.056 + 0.8 = 2.144\text{mA} \cdot \text{h}/$天。电路可以运行

$$N = \frac{2\ 800}{2.144} = 1\ 306\ \text{天}$$

相当于 3 年 6 个月 28 天。

12.2.10 其他外围设备和功能

如上文所述，微处理器必须有特定的模块（CPU、振荡器、内存和 I/O），但除此之外它还可以有更多的模块。很明显，在微处理器的发展过程中它们最适合的应用都需要某些共同的功能。虽然这些功能可以在外部提供，但显然可以制作一个在内部包含部分功能的更灵活的设备。因此，许多微处理器包括比较器（用于数字化目的）、A/D 转换器、捕获和比较（CCP）模块、脉宽调制（PWM）发生器和通信接口。许多微处理器上提供一个或两个比较器，有些可能有更多的比较器。根据微处理器的不同，通常在多个通道（4~16 个或更多）中提供 8 位或 10 位（有时为 12 位）的 A/D 转换器。在某些处理器上 PWM 通道（通常在 1~8 个之间）也很常见。串行接口，如通用异步收发器（UART）、通用同步/异步收发器（USART）、串行外围接口（SPI）、双线接口（I^{2}C）、推荐的标准串行接口（RS-232）和通用串行总线（USB）端口，可在许多微处理器上使用，有些提供多个接口，这些接口全部由用户控制。其他功能，如模拟放大器，甚至射频收发器，有时被集成在专用设备的芯片内。用于这些功能的 I/O 是数字 I/O（例如，用于通信）或模拟 I/O（用于 A/D 转换器和比较器）。所有外设都可以通过数据总线使用。

与微处理器中的其他所有功能一样，这些外围设备和通信协议可供用户使用。其中，通信协议的独特之处在于它们使用 I/O 引脚与外部世界进行通信。微处理器必须能够与外界进行多种用途的通信。首先是加载程序的需求。由于程序，特别是高级语言的程序，需要编译器，因此不能直接在微处理器上编写，必须加载到微处理器上。类似地，微处理器收集或生成的数据很少能存储在微处理器本身上，它必须被下载到存储设备或计算机上。通信的第三个要求是微处理器必须与其他设备（计算机、其他微处理器、控制单元、收发器等）连接。

标准接口的可用性允许用户使用相对简单的接口方式，而无须为此目的编写软件。在引脚数最少的小型微处理器上，可能找不到任何通信接口。在这些情况下，某些引脚用于上传程序，但之后引脚恢复其编程功能。如果有足够的引脚可用于专用通信，那么用户可以对标准通信协议进行编程或上传现有程序来进行通信。在更大的微处理器上，可能有两个或更多的专用通信接口，带有用于该目的的引脚。针对应用选择微处理器时，除了考虑内存空间、速度 I/O 引脚之外，还应兼顾所需的模块以及通信接口。

12.2.11 程序和可编程性

微处理器只有在可以被编程的情况下才有用。编程语言和编译器就是为此而设计的。微处理器编程的基本方法是使用汇编语言，但是微处理器的编程经常是通过使用更高级的语言来完成的，其中 C 语言及其变体是最主要的。它们基于标准的 C 编译器（如 ANSI C），并经过修改以产生可加载到微处理器上的可执行模块。除了少数的例外，微处理器可以在电路中进行编程，允许在电路建成后进行更改或对处理器进行编程或重新编程。微处理器是为整数运算而设计的，因此，控制微处理器部分的编程，特别是顺序控制，是简单且具有逻辑性的。然而，浮点操作和计算要么不可能实现，要么是困难而烦琐的。它们也往往需要相当长的时间和存储空间，因此只有在绝对必要的情况下才应该尝试。原因是，在一些大型计算机上为优化浮点运算而在硬件中构建的许多算法必须在微处理器上从头开始编程。此外，8 位架构对于这些类型的操作不是很有效。浮点运算属于计算机领域，完成这些是 CPU 的部分工作。但是，有专门为微处理器设计的整数库和浮点库，这些库是免费提供的。如有必要应利用这些工具进行运算，因为它们已经被优化过了。浮点运算只适用于较大的微处理器，因为它们需要比较大的内存空间。

12.3 传感器和执行器接口的通用要求

第 11 章讨论了传感器和执行器相连接的一般方法以及接口所需的电路。在本节中，我们将回顾并讨论一些针对微处理器接口的特殊方法。第 11 章中的许多方法都可以直接使用，但在某些情况下，微处理器会提出附加要求或放宽某些要求。此外，传感器和微处理器的交互方式也是非常独特的。微处理器可用于监控传感器，并以特定的方式连续记录并处理数据。同时，它也可以执行某些后台功能。微处理器也可能是传感算法的一部分。它可以存储校准数据、传递函数、查找表和传感器正常工作所需的其他信息。它可以启动感测模式，如范围变化、校准、关机、唤醒、预热、温度控制和补偿等。它还可以用于阻止传感器的数据在稳定之前被输出。微处理器也可以在轮询模式下工作，在这种模式下，它可以根据需要连续或以固定的时间间隔或以不规则的时间间隔读取传感器的输出。在微处理器不读取传感器数据的期间，可以执行其他功能，但此时传感器的输出不可用。这段时间可能很短（微秒），或者根据需要或实际情况而定。轮询模式是一种常见的操作模式，因为微处理器非常适合在这种模式下操作。大多数微处理器的速度够快使得几乎所有传感器都可以在足够短的间隔内进行轮询，以此很好地跟踪传感器的输出。

另一个有用的操作模式是中断模式。这种模式中，传感器或其他事件发出中断信号，然后信号启动微处理器的操作。一种非常常见的操作模式是微处理器处于休眠模式或进行其他操作时，忽略它监视的传感器或执行器。然后，当发出中断信号时，微处理器继续读取传感器的输出。中断可以按规律间隔（定时）启动，也可以由传感器的输出启动。例如，当传感器输出超过给定值（或低于某个值）时，可以发出中断。根据传感器和微处理器的不同，这种操作可能需要额外的电子元件，或者也能直接发出。中断甚至可以由操作者或单独的传感器（如光或温度传感器）或执行器的反馈以外部形式发出。这样的可能性很多。当然，对传感器的此类分析同时也适用于执行器。

下面将对除操作模式之外接口需要考虑的其他一些常见问题进行讨论。

12.3.1 信号电平

使用微处理器从传感器获取数据和控制执行器的优势主要在于微处理器提供的灵活性。根据传感器的输出，微处理器可以直接读取数据并对数据进行处理，或者当板上有模拟模块（比较器、A/D 转换器等）时，使用它进行数据处理，或必须为此提供外部电路。传感器和执行器对微处理器的要求源于它们产生的信号类型、信号电平以及频率。在大多数情况下，信号是低电压、低功耗的，但这不是通用的。例如，压电设备产生的电压可能远高于微处理器所能处理的电压，而电动机和磁性执行器的功率需求几乎总是超过微处理器能提供的功率。由于 CMOS 器件固有的高阻抗输入，微处理器可以很好地处理电压源，但不能处理电流源。因此，输出电压的传感器可以直接读取，但有时也许需要衰减器。在某些情况下，需要放大器将传感器的输出带入微处理器的输入范围。类似地，输出为交流信号（方波或正弦）的大多数传感器可以直接被读取，同样可能需要衰减或放大。然而，能够进行取样的频率是存在限制的，这将在下一步讨论。我们在使用时必须特别注意输入信号的极性。微处理器不能处理极性反转的信号，因此，任何输入信号都必须处于零到电源电压（V_{dd}）之间。如有必要，我们还必须引入额外的电路来适当地转换信号。

12.3.2 阻抗

如果一个传感器或执行器在信号电平方面可以直接连接到微处理器，我们仍然要考虑到 I/O 端口的阻抗。当一个引脚被设置为输入时，它就变成了高阻抗输入，阻抗大约为几兆欧。通常，在输入模式下，流入引脚的电流小于 1μA。当与低输出阻抗的传感器连接时，这种输入模式是理想的。因此，许多传感器，包括电阻、霍尔效应和磁性传感器，只要电压电平合适，就可以直接连接。但有些传感器不能直接连接。其中最典型的就是那些输出为电流的传感器。这些电流必须首先转换成电压（见例 12.6）。更困难的是高阻抗传感器的连接问题，如电容传感器和热释电传感器。其中一些传感器的阻抗范围为 10~50MΩ，对于这些传感器，微处理器的输入端在电路中表现出高负载状态，这是不能接受的。在这种情况下，可以在微处理器外部使用上一章中讨论的电路之一（例如，电压跟随器）。具有 FET 输入级的运算放大器是实现这一需求的理想选择。

例 12.6：电流传感器的接口

微处理器需要测量设备中电源供应的电流，作为设备电源管理系统的一部分，并计算和显示电源供电状态。电源以汽车电池形式供电，在 5V 的恒定电压下，预计可向负载提供高达 500mA 的电流。需要使用微处理器在两个范围内对电流进行数字监控和显示。微处理器工作电压为 5V，有 12 位 A/D 转换器，我们要求系统能够在两个量程内进行感应。在 A 量程内，微处理器必须能够以 10mA 的增量进行测量，而在 B 量程内，微处理器必须能够以 0.5mA 的增量进行测量。

解 如前所述，微处理器无法直接测量电流。因此，小电阻 R 与负载串联，微处理器使用其 A/D 转换器测量该电阻上的电压，如图 12.8 所示。转换器的分辨率为 $5/2^{12} = 1.22\text{mV}$。这意味着要以 10mA 的增量检测到 500mA，我们需要 50 个 1.22mV 的增量。也就是说，通过感测电阻器的最大电压降为 $50 \times 1.22 = 61\text{mV}$。电阻为 $R = 0.061/0.5 = 0.122\Omega$。在量程 B 中，我们必须能够测量 $500/0.5 = 1\,000$ 个 1.22mV 的增量。这意味着通过传感电阻器的电压必须为 1.22V，电阻必须为 $R = 2.44\Omega$。

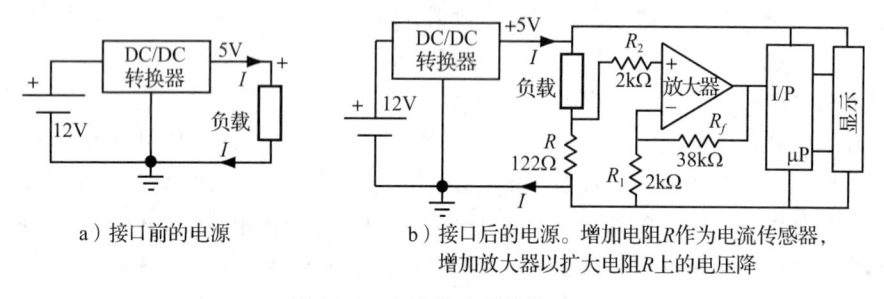

a) 接口前的电源

b) 接口后的电源。增加电阻 R 作为电流传感器，增加放大器以扩大电阻 R 上的电压降

图 12.8 电流传感器的接口

这看起来相当简单，但是在实践中，A 量程的解决方案我们可以接受，而 B 量程的解决方案则不可以。在第一种情况下，串联电阻的电压降仅为 0.061V，因此对供电设备几乎没有影响，然而在第二种情况下，电压降是 1.22V，这在输出电压占比中比较明显。即使从传感电阻器的功率损失的角度来看，电阻消耗了 0.61W 的功率也是不可接受的。因此，有必要将此电阻降低到可接受的程度，降低电压，然后放大电压以达到所需的分辨率。

选择电阻为 $R = 0.122\Omega$，并添加一个增益为 20 的同相运算放大器，如图 12.8b 所示。这将微处理器输入端的最大电压提升至 $0.061 \times 20 = 1.22\text{V}$。使用图 12.8b 中的配置，增益如下 [见式 (11.7)]：

$$A_v = 1 + \frac{38}{2} = 20$$

当然，没有理由不使用例如 60 倍的增益并将电压增加到 3.66V。事实上，这样做的好处是允许 A/D 转换器在远离其最低范围的情况下工作，从而提高精度。或者，更高的增益将允许更小的电阻，因此这对负载的影响更小。量程 A 和 B 之间的选择是通过在内部使用适当的程序进行控制实现的。微处理器还可以感测电源电压以计算用电量并直接监测电池。然后它可以警告用户，或者在电池电量不足时关闭设备以保护负载。

例 12.7：微处理器连接大气电荷传感器

天气预报和保护生命财产的一个重要途径是监测大气电荷，或者说是监测产生这种电荷的大气电场强度。由于电场随天气条件而变化，因此它能够很好地表征天气情况，特别是闪电出现的可能性。晴天时电场强度可低至 100V/m，而在雷暴之前和发生期间，电场强度可增加至 10^6V/m 以上。可检测和量化这些电场的传感器如图 12.9 所示。它由一个导电板组成，与地面一起形成一个微小的电容器。电容器上的电压是电场强度的函数，极板上的电荷是电压和电容的函数［见式 (5.1)］。虽然电容和电荷都可以计算，但这里主要关注接口问题。

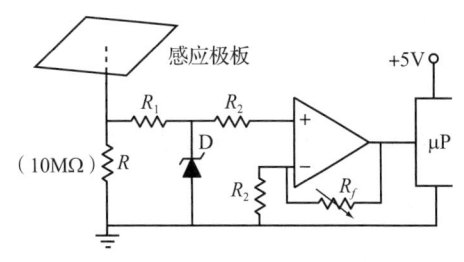

图 12.9 大气电荷传感器的接口。此实现假定感应极板上的电荷为正电荷（有关感应极板上的负电荷，请参阅习题 12.13）

我们面临的第一个问题是，给定一个导电板，比如说，在离地 2m 的地方，它的最小电位（在晴朗的天气条件下）是 200V，而当天气转为暴风雨时，它的电位会增加到数千伏。这样看使用微处理器似乎不是最好的方法。然而，如果把极板连接到微处理器的输入端，我们就在电容器上有效地连接了一个电阻，此时电容器基本上是"短路"的，显示出接近于零的电压。为了解决这个问题，我们在微处理器中读取输入之前，使用了一个带有 FET 输入的运算放大器。这样做有两个效果，首先，它的输入电阻约为 100MΩ，它足够低，可以将极板上的电压（相对于地）降低到微处理器允许范围内的值。如果电压过高，可将电阻（R）接地以降低极板上的电压。其次，它允许人们调整放大倍数，以适应微处理器的允许范围（在大多数情况下为 0~5V）。反馈电阻将调整到"暴风雨"条件下的最大读数。输入端的齐纳二极管确保电压不能超过 5V，以保护电路。

考虑以下数据：电场强度垂直于地面，10cm×10cm 尺寸的极板平行于地面，电容为 330pF。板上的电荷密度如下所示：

$$\rho_s = \varepsilon_0 E \, [\text{C/m}^2]$$

其中 ε_0 是空气的介电常数（8.854×10^{-12}F/m），E 是电场强度 [V/m]。电路元件有 R_2 = 10kΩ 和 R_f = 15kΩ。

(a) 计算晴天条件下微处理器输入端的电压（E = 200V/m）。
(b) 如果电场强度增加到 5kV/m，读数是多少？
(c) 计算传感器停止响应的最大电场强度。

注意：使用内部 A/D 转换器在微处理器中读取电压，按比例缩放，并以方便的单位显示，例如电场、电荷的单位，甚至可以用"晴朗""多变""暴风雨"等单位显示，以符合预测的天气条件。

所述配置假设极板上的电荷为正（即电场强度指向远离极板的方向）。习题12.13讨论了极板上带负电荷的相同配置。在任何情况下，我们都应该记住，微处理器上和内部的任何位置的电位相对于地都必须是正的。接口问题的一大难点便是确保这种正电压条件。

解 （a）极板上的电荷数是电荷密度乘以极板面积（假设表面均匀）：

$$Q = \rho_s S = \varepsilon_0 E S \, [\text{C}]$$

给定极板的电容，极板上的电压由式（5.1）得出：

$$V = \frac{Q}{C} = \frac{\varepsilon_0 E S}{C} \, [\text{V}]$$

根据给定的值，我们有

$$V = \frac{\varepsilon_0 E S}{C} = \frac{8.854 \times 10^{-12} \times 200 \times 0.1 \times 0.1}{330 \times 10^{-12}} = 0.053\,7\text{V}$$

这个电压现在被同相放大器放大。放大器的增益［见式（11.7）］为

$$A_v = 1 + \frac{R_f}{R_2} = 1 + \frac{15}{10} = 2.5$$

微处理器输入引脚的电压为

$$V_{in} = 0.053\,7 \times 2.5 = 0.134\text{V}$$

（b）当电场增加到5kV/m时，我们得到

$$V = \frac{\varepsilon_0 E S}{C} = \frac{8.854 \times 10^{-12} \times 5\,000 \times 0.1 \times 0.1}{330 \times 10^{-12}} = 1.341\text{V}$$

由于放大的倍率保持不变，因此输入端的电压为

$$V_{in} = 1.341 \times 2.5 = 3.354\text{V}$$

（c）随着电场的增大，微处理器上的电压也随之增大。但由于齐纳二极管的压降不能上升到5V以上，因此电路所能显示的最大大气电场是用相同的关系式计算的，从最大输入电压开始，如下所示：

$$V_{max} = A_v \frac{\varepsilon_0 E_{max} S}{C} = 5\text{V}$$

或

$$E_{max} = \frac{V_{max} C}{A_v \varepsilon_0 S} = \frac{5 \times 330 \times 10^{-12}}{2.5 \times 8.854 \times 10^{-12} \times 0.1 \times 0.1} = 7\,454\text{V/m}$$

大于该值时，输入电压保持恒定。随着大气电场强度从0V/m增加到7 454V/m时，微处理器处的电压从0V线性增加到5V。这足以表明风暴即将来临。

12.3.3　频率和频率响应

大多数传感器和执行器都是相对较慢的设备，不太可能在速度或频率响应方面给微处理器带来问题。但是有许多传感器，虽然它们自己的响应足够慢，但它们是振荡电路的一部分，振荡电路产生的频率高于微处理器的。例如，假设测量压力的声表面波（SAW）传感器工作

频率为 10MHz。这不是一个异常高的频率，因为频率越高，传感器的灵敏度和分辨率就越高。但是如果我们使用一个循环时间为 0.1μs 的微处理器，并且假设至少需要十条指令来读取和处理一个引脚上的输入，显然这个微处理器无法测量传感器的频率。事实上，任何频率高于 0.5MHz 的信号都有可能被错误地读取。当然，可以将输入信号的频率除以 100（必须在外部进行），但这会降低传感器的灵敏度，从而不能满足目标的需求。或者可以使用 F/V 转换器，然后通过 A/D 转换器测量产生的电压。诸如此类的过程可能会由于两种转换而引入误差，这些误差是在传感误差的基础上产生的。有时，人们关注的是测量频率的变化，而不是频率本身，在这种情况下，可能需要额外的电路将一个频率与另一个频率相减，然后才能使用微处理器测量频率差。当频率较高时，唯一令人满意的解决方案是使用能够测量高频信号的外部频率计数器，然后使用频率计数器的数字输出作为微处理器的输入。在这种情况下，辅助电路比微处理器本身要复杂得多，也昂贵得多。然而，微处理器上的某些单元的运行速度可能比前面的例子表现得要快。例如，捕获和比较（CCP）模块可以解析到小于 10ns，但是这些模块通常捕获内部定时器的输出，因此最适合于输出操作（例如显示）。此外，虽然大多数微处理器运行速度不是特别快（正常情况最高约为 40MHz 的时钟速度），但也有一些可以通过增加制造成本来换取速度的提升。然而，请读者记住，我们的分析在这里局限于低级微处理器。当然存在很多更快的处理器可以使用，也有单板计算机，或者最终上升到整个计算机或计算机系统。

例 12.8：石英晶体微量天平

微量天平是一种石英晶体，它以相对较高的频率谐振，其上镀有电极，通常采用金材质。由外部质量引起的电极质量的任何增加都将导致谐振频率的变化（见 8.7 节和例 8.7）。微天平根据谐振器的频率变化测量单位面积的质量。基于式（8.17），频率的偏移 Δf 为

$$\Delta f = \frac{\Delta m}{C_m} [\text{Hz}]$$

式中，Δm 是单位面积晶体的质量变化 $[\text{g/cm}^2]$，C_m 是质量敏感系数 $[\text{ng}/(\text{cm}^2 \cdot \text{Hz})]$。考虑一个灵敏度为 $5\text{ng}/(\text{cm}^2 \cdot \text{Hz})$，在 18MHz 共振的微天平。传感器用于检测电极上涂层物质的质量。该传感器的电极面积为 1.5cm^2，用于测量达 100μg 的质量。我们有两种选择。一种是测量绝对频率，另一种是只测量频率的变化。

第一种选择对微处理器并不适用。当基频（零质量时）为 18MHz 时，对应于 $1/18 \times 10^6 = 55.55 \times 10^{-9}$s 或 55.55ns 的周期。直接测量这个频率需要比这个周期短得多的时钟周期，而这样的微处理器并不存在。此外，测量的最大质量的频率变化为

$$\Delta f = \frac{100 \times 10^{-6}/1.5}{5 \times 10^{-9}} = 13\,333\text{Hz}$$

频率变化很明显，但与基频相比变化很小，这意味着必须非常准确地测定频率。另一方面，频率的变化很容易测量，故在这里用作测量实际谐振频率的替代方法。

该替代方案如图 12.10 所示。两个相同的晶体同时振荡，将第一个晶体的频率减去第二个晶体的频率作为频率差。结果一开始是零频率。现在，将第一个晶体用作质量传感器。当质

量从 0μg 变为 100μg 时，输出将从 0 变为 13 333Hz。需要测量的最短时间是一个周期，或 75μs（1/13 333 = 75×10⁻⁶）。10MHz 的时钟周期（0.1μs 每周期）能够准确确定输入频率的周期时间。使用例 12.3 中所描述的过程测量时间，灵敏度为 133.33Hz/μg，呈线性。微处理器可以通过使用例如存储在 EEPROM 中的查找表来缩放测量的时间，以适当的单位显示输出。

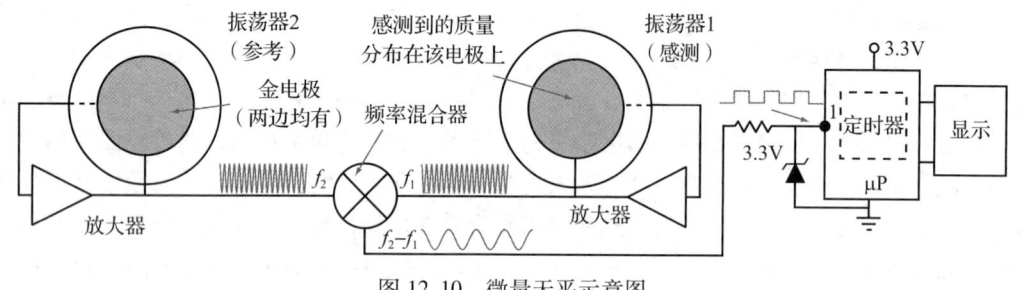

图 12.10 微量天平示意图

12.3.4 输入信号调节

微处理器功率和信号要求对传感器和执行器的接口设置一些限制。由于微处理器的工作电压在 1.8V 和 6V 之间（5V 和 3.3V 是最常见的电压），因此传感器的信号也必须在这个范围内。为了实现这一点，通常需要放大、衰减、缩放信号、改变信号偏移量以及信号转换。这些定义如下。

1. 偏置

偏置是传感器输出变化所依赖的直流信号。这在传感器中很常见，我们可以从图 12.11a 中的电路中理解。这里，12V 电源向热敏电阻提供电流，传感器感测热敏电阻两端的电压。假设热敏电阻的阻值在 20℃ 时为 500Ω，变化为 5Ω/℃，当温度从 0℃ 变化到 100℃ 时，此传感器的电阻将从 400Ω 变化到 900Ω。感测到的电压在 20℃ 时为 12×500/1 500 = 4V，在 0℃ 时为 12×400/1 400 = 3.428V，在 100℃ 时为 12×900/1 900 = 5.684V。虽然电压的变化很小（只有 2.256V），但这一数值非常适合输入微处理器，但它含有 3.428V 直流信号，使其信号有部分超过微处理器能够处理的 5V 水平。这可以用很多方法来解决。一种是完全消除直流信号。这可以通过仪表放大器来实现，例如，向反相输入提供 3.428V，向非反相输入提供信号，并将放大设置为 1。根据需要，输出电压将在 0~2.256V 之间。通过增加固定电阻器的值，我们也

a) 连接到微处理器的简单温度传感电路   b) 消除交流信号的直流偏置

图 12.11 简单温度传感电路及消除交流信号的直流偏置

可以简单地将信号降低到可接受的水平，例如，将固定电阻器的阻值增加到 1 500Ω。有了这个电阻，电压从 2.526V 变化到 4.5V。或者，电源电压可以从 12V 降低到 10V。在任何一种情况下，电压的变化都会变小（通过热敏电阻的电流变小），但微处理器的电压要求得到满足。

如果传感器的输出是一个相当高频率的交流信号，例如由音频麦克风或声表面波谐振器产生的信号，那么任何直流偏移都可以通过将电容器与微处理器的输入串联而消除。这将消除直流分量，但会导致更大的问题，如图 12.11b 所示。交流信号现在从某个负值 $-V_p$ 转到正值 $+V_p$，但微处理器不能接受负电压。根据信号所代表的内容和要测量的内容，电路可以通过使用二极管去除负值部分。在这种情况下，所需要的只是测量频率。有时也会做与之相反的事情，也就是说，对于双极性信号，我们可以添加等于信号中间电平的直流信号以消除负极性。

消除直流偏置的一个有效方法是使用电桥，在适当的电平上进行平衡。例如，使用与图 12.11a 相同的热敏电阻，连接到电桥中，如图 12.12 所示。在给定电阻的情况下，对于相同的电源电压（热敏电阻的阻值从 400Ω 变为 900Ω），输出电压从 0℃ 时的 0V 变为 100℃ 时的 2.3V。该电路还允许通过将左下电阻器的值减小到适当的值来设置适当的偏移量，例如 1V（将它减小到 285.7Ω 时将正好增加 1V 偏移量）。但需要注意的是，12V 电源必须是浮空的，

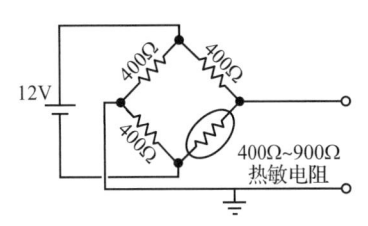

图 12.12　图 12.11a 中传感器的桥式连接

也就是说，它不能与电桥输出所连接的电路来自同一个电源。通常，如上文所述，使用电阻器降低电压的简单方法或电桥配置是优选的。

例 12.9：向传感器信号添加直流偏置

高温可编程恒温器通过在微处理器周围使用铂电阻温度检测器（RTD）来实现。RTD 的电阻在 20℃ 时为 240Ω，在 0℃ 时电阻温度系数为 0.003 926/℃。要求恒温器在 350℃ 时关闭，在低于关闭温度的温度下打开（实际上，这会引入迟滞，使比较器不会在设定点快速开关）。微处理器在 V_{dd} =5V 下工作，这里的思路是使用内部比较器和内部参考电压来完成必要的功能。许多微处理器要么有固定的参考电压，要么有基于电源电压的参考电压。在大多数情况下，16 个电压分辨率的参考电压会定义在 0V 和 V_{dd} 之间，或某个定值 V_0 和 V_{dd} 之间。模式选择在软件中完成。为了简单起见，我们将使用第一个选项。

可能的实现方式如图 12.13a 所示。使用电桥是因为它允许在比较器正极引脚处调整电压。电桥由 5V 电源供电，与微处理器的 5V 电源分开。负极引脚内部连接到参考电压。我们需要设定参考电压使得比较器在 350℃ 时从关闭状态变为打开状态。为此，我们必须首先根据式（3.4）计算 RTD 在 350℃ 时的电阻：

$$R(T)=R_0[1+\alpha(T-T_0)][\Omega]$$

式中，R_0=240Ω 是 T_0=20℃ 时的电阻，α 是铂电阻的温度系数，表示为 0.003 926/℃。由于系数是在 0℃ 时给出的，因此我们必须首先计算 RTD 在 0℃ 时的电阻：

$$R(0)=240[1+0.003\ 926\times(0-20)]=221.155\ 2\Omega$$

a）可编程恒温器的实现

b）微处理器程序流程图

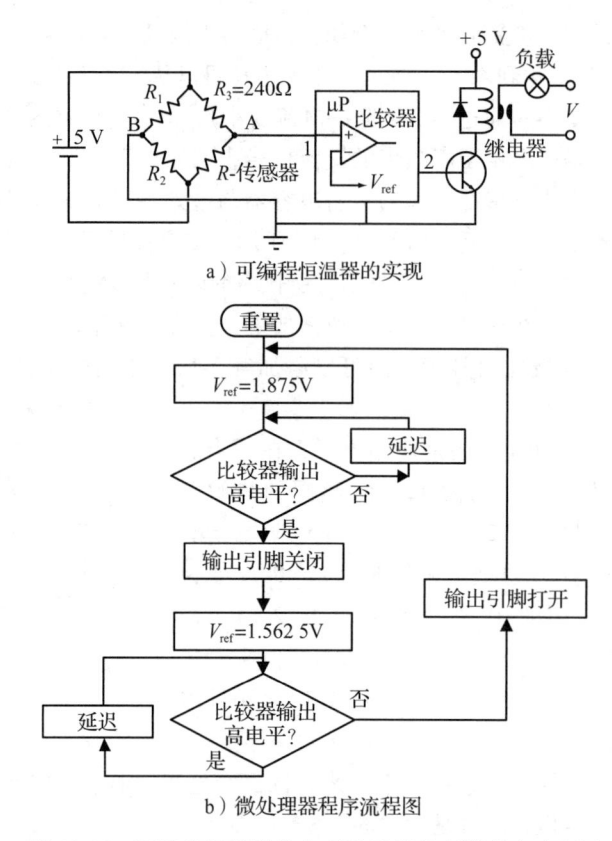

图 12.13 可编程恒温器的实现以及微处理器程序流程图

因此，350℃时的电阻为

$$R(350) = 221.1552[1+0.003926\times(350-0)] = 525.045\Omega$$

如果我们在平衡电桥温度为 20℃（所有电阻都相同，等于 240Ω）时开始，电桥 A 点的电压在 350℃时将是

$$V_{in} = \frac{5}{525.045+240}\times 525.045 = 3.4315V$$

B 点的电压为 2.5V，因为 R_1 和 R_2 都等于 240Ω。A、B 两点的电压差值，即 3.4315−2.5 = 0.9315V，是比较器正输入引脚处的电压。内部参考电压必须被设置为此值。现在，比较器负输入的可能参考值只能以 5/16 = 0.3125V 的增量设置。此时最接近的值是 3×0.3125 = 0.9375V。这看起来很接近了，但还不够，因为此时恒温器将无法在所需温度下工作。为了解决这个问题，我们可以通过改变电阻 R_1 和 R_2 来抵消这个差异。但是由于微处理器的输入必须始终为正，因此 B 点的电压应降至 2.5V 以下；否则，在 20℃时，输入将为负值。因此，我们将参考电压设置为 3×0.3125 = 0.9375V，电压偏置设置为 0.9375−0.9315 = 0.006V。这是通过将点 B 点的电压偏置降至 2.5−0.006 = 2.494V 来实现的。为此，我们写出

$$\frac{5}{R_1+R_2}R_2 = 2.494 \rightarrow R_2 = 0.099\,52R_1$$

通过选择一个电阻，例如 $R_1 = 300\Omega$，我们得到 $R_2 = 298.56\Omega$。更实际的解决方案是使用可变电阻器（电位器），例如最大为 500Ω 的电位器，并调整它，使 B 点（电位器的中心抽头）的电压为 2.494V。

如果温度下降，我们希望恒温器能够调回较低的温度。这是通过将参考电压降低来实现的，即降低到 $0.937\,5-0.312\,5=0.625$V（通过在软件中调整），并允许比较器在达到该参考电压时切换到低电压。我们认为：由于 B 点的电压为 2.494V，开和关将在 0.625V 下发生，所以 A 点的电压必须为 $2.494+0.625=3.119$V。因此，RTD 电阻必须为

$$3.119 = \frac{5}{R+240} \times R \rightarrow R = \frac{240 \times 3.119}{5-3.119} = 397.96\Omega$$

现在使用式（3.4），其中 T 为未知值：

$$397.96 = 221.155\,2[1+0.003\,926 \times (T-0)]$$

$$\rightarrow T = \left(\frac{397.96}{221.155\,2}-1\right) \times \frac{1}{0.003\,926} = 203.63 ℃$$

也就是说，电子恒温器将在 350℃ 时关闭，在 203.63℃ 时打开。图 12.13b 中的流程图显示了如何在软件中实现这一点。

注意，在实际中，通断温度之间的较大差异通常是不可接受的，在这种情况下，可以采用不同的方法来解决这个问题，例如在外部引脚上设置第二参考电压。我们可以通过改变恒温器开和关的参考电压来对恒温器进行重新编程。

2. 缩放

微处理器的输入可以通过适当的电阻网络（信号衰减）或放大信号（比例因子大于 1）对两种形式对信号进行缩放。第 11 章讨论了信号放大。然而缩小信号虽然简单，但如果不使用放大器就会出现很多问题。电阻网络很可能会变为传感器的负载，除非其内部电阻很低。在前面讨论的热敏电阻的情况下，假设我们需要将电压变化降低到 5V 以下。如图 12.14 所示，我们可以添加电阻分压器。假设连接输出的微处理器不从电阻网络中提取电流，图 12.14 中的分压器在相同温度范围内产生 1.5V 和 2.298V 之间的输出。通过适当的校准，这种方法可以将输出衰减到作为微处理器输入时可被接受的水平。或者，可以将图 12.14 中的串联电阻器提高到更高的值（12.3.4 节中显示的 $1\,500\Omega$ 是足够的）。这个方法更好，而且更简单。如果传感器具有高内阻，则可以在传感器和分压器之间连接隔离用的单位增益放大器（电压跟随器），使得分压器并不以负载形式作用在传感器上（见例 12.10）。

如果信号是交流的，我们也可以使用变压器，以根据需要在变压器中选择匝数比来减少（或增强）信号。但这种方法并不常用，因为变压器比较大，需要相对较大的电流，同时也可

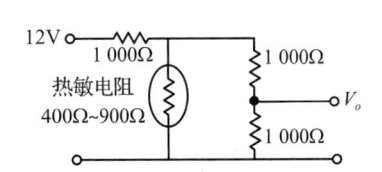

图 12.14 通过分压器降低传感器上的输出电压以匹配微处理器所需的输入

能是非线性的,其频率响应可能会引入失真。除了少数情况外,这种方法在传感器中是不太合适的。

例 12.10:超声波停车"雷达"

安装在车辆后保险杠上的超声波驻车传感器使用发射器发送波束,接收器检测车辆后面物体的反射,以防止损坏车辆。在大多数情况下,使用单个超声换能器,并在脉冲回波模式下从发射切换到接收(见7.7节)。到最近物体的距离由反射波束的强度决定(因此俗称"雷达")。该装置可以测量10cm~2m的距离,并通过一系列哔哔声警告驾驶员,随着车辆靠近物体,哔哔声的强度会增加。超声波接收器的输出是一个40kHz的信号,其振幅从2m处的0.1V(峰值)变化到10cm处的12V(峰值)。这里我们假设这些电压是直接从超声波传感器获得的(通常超声波传感器的输出相当低,但这取决于发射器信号和距离)。下面演示如何将传感器连接到3.3V下运行的微处理器。

解 一种方法是检测信号的峰值,并用该峰值校准距离。此外,传感器和微处理器的信号电平必须匹配。传感器的输出阻抗很高,任何负载都可能降低输出。合适的电路如图 12.15 所示。我们首先在传感器的输出端使用电压跟随器,以确保它不受负载电路影响(见11.2.3节)。然后通过一个二极管和一个电容器来检测峰值(二极管用来确保在微处理器需要时输出当为正)。电容器负载为一个相对较大的电阻 $R = R_1 + R_2$,使得电容器以一定的速率放电,以便在输入信号峰值减小时跟随峰值。根据超声信号的频率选择时间常数 RC,使其长于一个周期(25μs)。例如,250μs 的时间常数应该是合适的。假设电容为 1nF。这使得电阻 R 为

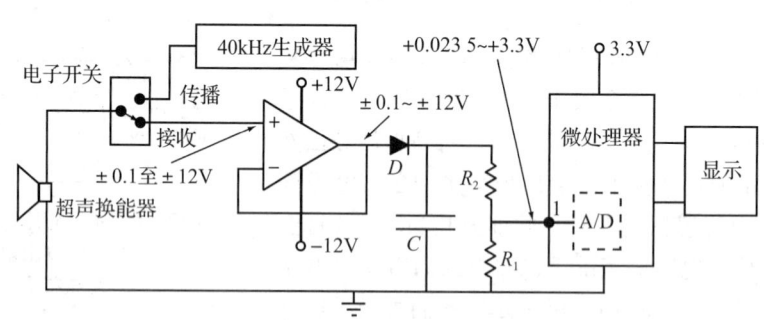

$$R = \frac{RC}{C} = \frac{250 \times 10^{-6}}{1 \times 10^{-9}} = 250\,000\Omega$$

图 12.15 脉冲回波停车雷达

通过将电阻 R 分为 R_1 和 R_2,我们可以确保当 R 上的电压在 0V 和 12V 之间变化时,R_2 上的电压在 0V 和 3.3V 之间变化。

这些电阻器的选择如下:

$$\frac{12}{R_1+R_2} \times R_2 = 3.3 \rightarrow R_1 = \frac{3.3}{8.8}R_2\,[\Omega]$$

和

$$R_1 + R_2 = 250\text{k}\Omega$$

解方程得

$$R_1 = 68.75\text{k}\Omega \quad R_2 = 181.25\text{k}\Omega$$

现在，微处理器的输入电压将从0.0275V（距离为2m）变化到3.3V（距离为10cm）。然后使用内部A/D转换器对模拟输入进行数字化，并根据输入在内部进行缩放以产生输出。除了发出嘟嘟声或其他形式的声音外，微处理器的输出还可以在屏幕上显示实际距离，以便更准确地确定距离。

注意：电阻器R_1和R_2可能难以作为标准部件获得。在这种情况下，可以用一个250kΩ的电位器来代替它们，调整电阻值以产生正确的输出，或者，也可以将它们改为其他值，因为所选的时间常数是任意的。为了简单起见，我们忽略了二极管上的电压降（硅二极管为0.7V，肖特基二极管为0.3V）。还应记住，其他替代该方案是存在的。

3. 隔离

有时需要对传感器或执行器的信号进行电气隔离。当传感器直接与较高电压接触或电压必须浮空（即不接地）时，可能需要进行隔离。执行器可能需要在比微处理器高得多的电压下工作，所以信号隔离在这种情况下是必要的。在交流系统中，例如在线性可变差动变压器（LVDT）中，有时可以使用变压器进行隔离。在信号是数字的或已经数字化的情况下，光耦合器可能是一种有效的方法。在光耦合器中，传感器的输出改变LED的光强度，LED操作光电二极管或光电晶体管以产生与光强度成比例的信号（见图12.16）。由于LED需要的功率可能比传感器所能提供的更多，因此需要某种增压器，例如运算放大器形式的电压跟随器。耦合器的输出可以连接到微处理器，取决于电压电平和阻抗的匹配。通过直接从微处理器引脚驱动LED，光耦合器可以与执行器一起使用。在这种情况下，光电晶体管将由执行器的电源驱动。该信号可用于操作/控制执行器。光耦合器是标准组件，提供高达几千伏的特殊隔离。即便如此，当使用附加组件时，我们必须考虑它们对整体性能（精度、噪声、灵敏度等）的影响。

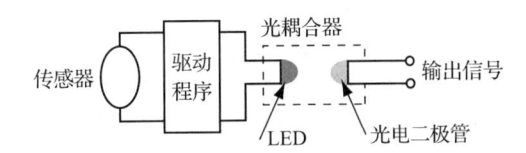

图12.16 通过光耦合器耦合。如果传感器不能提供所需的电流，则需要驱动器通过LED来增加电流

在某些情况下，隔离可以通过其他方式实现。例如，如果需要微处理器来打开和关闭高压电源（建筑物中的灯具或炉子鼓风机中的电动机），我们可以通过继电器（机械或电子形式）来实现。在这些情况下，实际的高压开关与继电器的低压驱动隔离。当然，根据继电器的电气要求，它可能需要通过晶体管或MOSFET驱动，因为微处理器的直接驱动能力有限。在其他一些情况下，传输数据的形式提供了一种固有的隔离。其中一个例子是通过光纤传输，这个过程类似于光隔离器，只是光纤以光学方式连接LED和光电晶体管。当然，人们可以在微处理器和任何需要隔离的传感器/执行器之间选择红外链路或无线链路。

4. 负载

任何连接到传感器的东西都代表负载。微处理器也不例外，但由于它们的输入阻抗很高，许多传感器可以直接连接，而不用担心微处理器的负载问题。当然，这条规则也有例外，我们也看到过一些高阻抗电容传感器的例子，它们需要额外的接口电路，比如电荷放大器或设计合理的 FET 输入电压跟随器。在任何情况下，我们都必须仔细分析传感器上的负载效应以及它对灵敏度、量程和响应的影响。

12.3.5 输出信号

微处理器 I/O 端口的输出电压与处理器的电源电压水平相同（通常为 1.8~6V）。I/O 引脚可以驱动到负载中的最大电流取决于负载的连接方式，但每个 I/O 引脚的最大电流为 20~25mA。这可以用来直接驱动小负载，但对于许多应用，必须通过适当的电路来提高功率。有时，当电压水平合适时，只需要增加电流，但在其他情况下，电流和电压都必须改变。例如，我们可能需要驱动一个 12V 的直流电动机，消耗微处理器输出的 1A 电流。在讨论如何做到这一点之前，我们需要首先讨论与 I/O 引脚直接驱动电源相关的问题。

最常见的 I/O 引脚类型的简化电路如图 12.17a 所示。除了驱动电路，它还包括保护二极管。从负载驱动的角度来看，有两种选择。一种是将负载连接到 V_{dd} 和 I/O 引脚之间，如图 12.17b 所示，称为漏模式。另一种是将它连接在 I/O 引脚和接地之间，如图 12.17c 所示，称为源模式。两者在功能上是等价的，但驱动器在这两种模式下具有不同的特性。图 12.17b 中的配置具有较低的内部阻抗（通常约 70Ω），因此可以驱动比图 12.17c 中更大的负载。在后者中，内部阻抗约为 230Ω，因此可以提供较小的电流。漏模式中电流典型值为 25mA，源模式中为 20mA。这种差异是由于两种类型的 MOSFET 的内阻造成的（P 型 MOSFET 具有更高的内阻）。即使不考虑这种差异，内阻也是与负载串联的，我们在计算负载中的电流和负载两端的电压时必须考虑内阻。这些 I/O 端口可以直接驱动许多设备。小型扬声器和蜂鸣器、LED、小型继电器等通常在此模式下驱动。

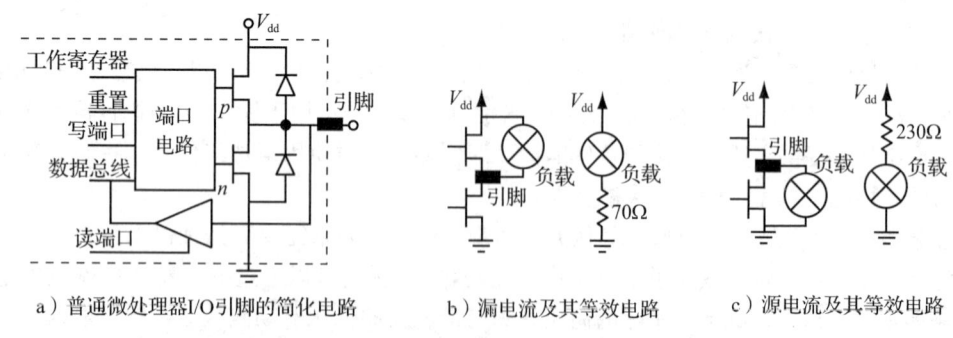

a）普通微处理器 I/O 引脚的简化电路　　b）漏电流及其等效电路　　c）源电流及其等效电路

图 12.17　常见微处理器 I/O 引脚的简化电路及不同电流下的等效电路

一般来说，除了小型继电器外，输出引脚不足以直接驱动电感性负载。电感性负载在关闭时能够产生比较大的电流峰值。对于可直接驱动的小负载，无须对这些尖峰进行保护，因为跨引脚连接的二极管（见图 12.18）就是用于此目的的。

前面的考虑假设负载与微处理器需要相同的电压。但情况并非总是如此，为了解决这个

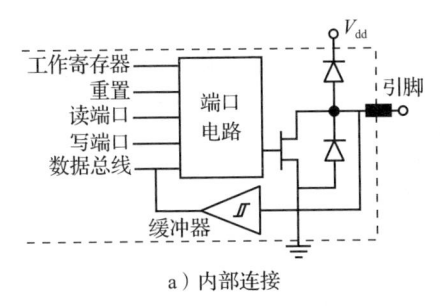

a）内部连接   b）负载与开漏输出引脚的连接，V_L 可以大于 V_{dd}

图 12.18　开漏输出引脚

问题，微处理器至少应该包括一些开路输出，如图 12.18a 所示。负载连接如图 12.18b 所示。电压 V_L 可以大于微处理器的最大电压（V_{dd}）。在大多数情况下，V_L 最高可达 14V（$V_{dd} \leq$ 6.5V），因为这是微处理器编程所用的最大典型电压。但是，电流不能超过 25mA。

如果需要更多的电力，还必须提供一个外部电路。其中一些电路在第 11 章（功率放大器）中进行了讨论；其他电路是由 I/O 引脚驱动的简单外部功率晶体管或 MOSFET，可能来自内部 PWM 源。同样，重要的是要遵守前面讨论过的所有规则。不能超过引脚的输出功率，如果需要隔离，则必须使用适当的隔离电路。在输出的情况下，使用光耦合器非常有效，因为输出引脚可以很容易地直接驱动耦合器中的 LED。一些 I/O 引脚被指定为 PWM 输出。之前的讨论也适用于 PWM 输出。

微处理器引脚的输出可以有多种形式，但最明显和最简单的是开关式的直流输出，也就是说，输出值为高或低。例如，一个 I/O 引脚可能被驱动为高电平保持 5s，然后转为低电平以闪烁 LED 或打开电路 5s，这是最常见的模式。有时采用的第二种方法是在软件中生成一个恒定频率或可变频率的波形，并用该波形驱动输出。例如，在生成报警模式或数据串时，或者在适当的设计下，生成基本的音乐曲调（音乐和语音通常由更复杂的信号处理器生成）时，这种方法是有用的。第三种方法是 PWM 模式。在 PWM 模式下，输出通过内部模块产生。该模块产生一个固定频率的方波，其占空比由软件控制。PWM 模块是通用的，可以在许多应用中使用，但它们是为了调制负载中的输出功率，包括开关电源、电动机速度控制等。实际上，它们就是简单的 D/A 模块。

通常，PWM 是更通用的模块（称为捕获/比较/PWM 模块）的一部分。在捕获/比较模式下，它是一个输入模块，能够捕获事件并将它与内部计时或外部事件进行比较。在 PWM 模式中，用户定义 PWM 的周期（即频率）。然后，可以根据需要将占空比从零到 PWM 周期进行改变。分辨率可高达 14 位，但这因处理器和 PWM 频率而异。

例 12.11：功耗考虑

微处理器上输出引脚的输出电流被限制在 25mA 是为了避免输出驱动电路中的功耗过大导致微处理器过热。假设微处理器有 5 个 I/O 端口，每个端口有 8 个引脚。4 个端口的引脚被设置为输出引脚，每个端口以 20mA 的电流驱动一个 LED。计算微处理器中消耗的功率：

（a）如果所有引脚都在源模式下连接，并且所有引脚都已打开。

（b）如果所有引脚都在漏模式下连接，并且所有引脚都已打开。

解 功率损耗是由驱动 MOSFET 的内阻引起的。在源模式下，电阻为 230Ω，而在漏模式下，电阻为 70Ω（见图 12.17）。

（a）每个端口有 8 个引脚，以便驱动 32 个引脚。总电流为

$$I = 32 \times 20 = 640 \text{mA}$$

在源模式下耗散的功率为

$$P = 32 \times I^2 \times R = 32 \times (0.02)^2 \times 230 = 2.944 \text{W}$$

（b）在漏模式下，电阻仅为 70Ω。所需电流与（a）中的相同：

$$I = 32 \times 20 = 640 \text{mA}$$

消耗的能量是

$$P = 32 \times I^2 \times R = 32 \times (0.02)^2 \times 70 = 0.896 \text{W}$$

相比源模式，此功率要低得多。然而，微处理器还是不能消耗那么多能量。因此，即使每个引脚可以携带高达 25mA，但这并不意味着所有引脚可以同时这样做。所以，微处理器允许的总电流被限制在 200mA 以下。如果需要驱动更多电流或更多引脚，则必须使用外部电路。

12.4 误差

误差的问题在本书中已经讨论了，前文的重点放在传感器和执行器的误差上。在第 11 章中，我们还提到了这样一个事实：任何用于接口的电路都必然会在系统的总体误差中增加自身的误差。微处理器也不例外。然而，由于它是一个数字设备（除了比较器和 A/D 模块），因此误差通常来自数字系统引入的与设备分辨率相关的误差。其他误差是 I/O 引脚上的采样过程造成的。下面将介绍这些误差。

12.4.1 分辨率误差

分辨率涉及微处理器中的许多不同问题。在诸如 A/D 转换器之类的单位中，它指的是输入中可作为不同值读取的最小增量。例如，参考电压为 5V 的 10 位 A/D 转换器的分辨率为

$$\frac{5}{1\,024} = 4.88 \text{mV}$$

在转换传感器的输出时，只能以 4.88mV 的增量区分输出。这表示误差为 $(4.88 \times 10^{-3}/5) \times 100 = 0.1\%$。也许，这是可以接受的，但它可能高于许多传感器的误差。14 位 A/D 转换器的分辨率可降到 0.3mV，但 14 位 A/D 转换器在微处理器中并不常见。

然后是参考电压本身的问题。在微处理器中，A/D 转换器的参考电压通常来自电源。参考电压中的任何误差都会增加系统的总误差。

在数学函数中，有关分辨率的术语指的是最低有效位（LSB）。显然，数字系统无法在 LSB 之外解析。例如，假设外部 A/D 转换器的输出是 10 位，其分辨率定义为 1 位。如果我们

在 8 位寄存器中读取，把最后两位舍弃就会有效地将分辨率降低 2 位。当然，除非有充分的理由，否则人们不会刻意这样做。

在 PWM 模块中，分辨率定义为

$$\text{PWM}_{\text{res}} = \frac{\log(f_{\text{osc}}/f_{\text{PWM}})}{\log(2)} \tag{12.1}$$

这是对脉宽调制（PWM）频率的测量（给定一个恒定的 f_{osc}，这里指微处理器的时钟频率）。PWM 频率越低，分辨率越高。

分辨率中的另一个重要问题与微处理器的计算有关。微处理器的基本计算模式是定点计算（整数计算）。每次寄存器溢出时，都会产生进位，但对于整数位宽为 8 位的微处理器，只有 0~255 之间的整数可以直接表示。更多的时候，在子程序中会使用 16 位、24 位甚至 32 位，这会严重限制其他应用程序的可用内存。但即使是 16 位，代表的最大整数也只是 65 535，任何大于该值的数字都将被截断。当需要大量计算时，这些误差（有时称为舍入或截断误差）会是一个无法避免的问题。当需要处理小数时，微处理器通常使用定点运算来处理这些小数，并且会再次发生超出可表示值的截断。为了克服这些问题，我们已经开发了一些可以免费使用的特殊数学程序，包括对整数和浮点的运算。它们可以通过结合更精确的算法和特殊的编程技术来帮助减少误差，但不能将误差完全消除。

例 12.12：A/D 转换器有限分辨率引起的误差

霍尔元件用于产生 50mV/T 的霍尔电压（见 5.4.2 节），并用于测量 0.1~1T 之间的磁场。霍尔元件的输出通过微处理器内部的 10 位 A/D 转换器进行数字化，如图 12.19a 所示。微处理器在 3.3V 下工作，A/D 转换器使用 3.3V 电源作为基准。

（a）根据磁场计算微处理器读数的误差。

（b）为了减少误差，建议先将电压放大 60 倍，如图 12.19b 所示，然后将信号数字化。随着磁场的变化，微处理器的读数有什么误差？

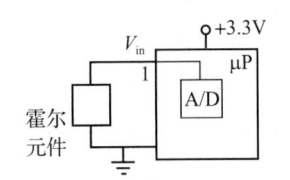

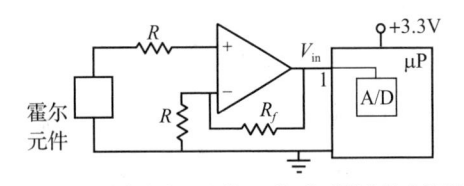

a）直接连接到微处理器的磁场传感器　　b）在微处理器读取电压之前，磁场传感器的输出被放大

图 12.19　连接到微处理器的磁场传感器以及用于放大电压的电路

解　（a）A/D 转换器的分辨率 ΔV 为

$$\Delta V = \frac{3.3}{1\ 023} = 0.003\ 225\ 8\text{V}$$

由于 A/D 转换器只能以 ΔV 为增量读取数据，因此不同点的误差不一样。为了计算误差，我们计算输入量程内的 A/D 转换器的读数，如图 12.20a 所示。请注意，梯形曲线以 ΔV 表示

数字化。误差计算如下：

$$\text{error} = \frac{V_{in} - V_{A/D}}{V_{in}} \times 100$$

其中，V_{in} 是 A/D 转换器输入端的电压，$V_{A/D}$ 是 A/D 转换器输出端的等效数字化值。误差如图 12.20b 所示。注意，在输入电压的所有值都是整数增量时，误差为零。误差存在于两个相邻整数增量电压值之间，并且在下一个整数增量之前达到最大值。最大误差出现在输入为最小值时，并随着输入的增加而逐渐减小。在此例中，当输入为 $2\Delta V$（6.45mv）以下时，误差最大可能为 50%，在输入为 $15\Delta V$（48.38mv）时，误差为 6.5%。这些误差非常大，实际使用时一般不能接受。

(b) 放大器必须是一个同相放大器，以确保输入引脚的电压是正的。为了产生 60 倍的放大倍数，因此微处理器的最大输入电压为 3V，我们使用式（11.7），写出

$$A = 1 + \frac{R_f}{R} = 60$$

或

$$R_f = 59R$$

两个电阻可能的值为 $R = 10\text{k}\Omega$ 和 $R_f = 590\text{k}\Omega$。在这些值的情况下，微处理器的输入从 $0.005 \times 60 = 0.3V$（磁场为 0.1T）到 $0.05 \times 60 = 3V$（磁场为 1T）不等。

利用（a）中的误差公式，我们得到图 12.20c。图 12.20c 和图 12.20b 表征了相同的规律，但现在的误差范围最大为 0.75%~0.1%，这是一个人们容易接受的误差范围。

如 11.5 节所示，A/D 转换器在更高范围内更精确（另请参见图 12.23）。

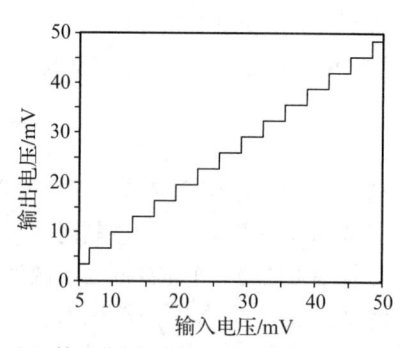

a) 以输入电压为变量，10位A/D转换器的输出为函数的图像，显示数字输出中的量化（此处显示为电压而不是数字表示）

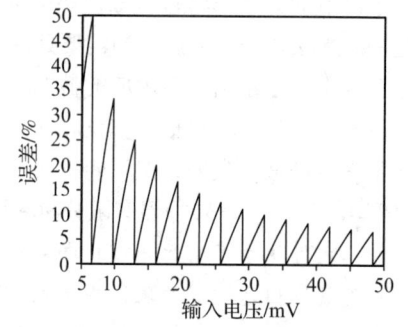

b) 图12.19a中电路的输入电压带来的误差变化

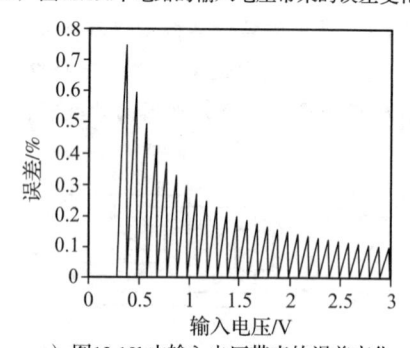

c) 图12.19b中输入电压带来的误差变化

图 12.20　不同条件下输入电压与输出电压或误差的关系图

12.4.2　计算误差

微处理器被设计成通用控制器，而不是计算机。也就是说，计算并不是它们运行时的主要考虑因素。尽管如此，计算数值的需求还是会有，即使微处理器处理计算并不是特别有效，

但还是能够处理基本的计算。除了简单的二进制加法和减法，其余的计算必须在软件中完成，并且需要使用由用户编写的程序，或者程序通常由制造商提供。许多有用且有效的例程可以从各种来源获得。这些例程包括整数、定点整数和浮点运算。然而，用户应该小心使用非整数运算，尤其是浮点运算，这些运算需要用到比整数运算更多的资源，并且需要对数字进行近似和截断，从而导致误差的引入，而整数运算更快、更精确。通常，只有在绝对必要时才选择定点或浮点运算。

只要变量和结果有可用的字长表示，那么微处理器中的整数计算就是精确的。如果需要，在8位微处理器上可以使用多个8位字，这样就可以相对容易地进行较大范围的计算（详见附录C）。但在实际应用中，经常需要使用非整数。我们能够很容易地想到，两个整数做除法会产生一个分数，或者需要用分数比例因子来缩放一个整数（或分数）。或者说，我们简单地假设微处理器需要在内部计算中使用π。在计算机、计算器和手工计算中，这是通过使用尾数和指数的浮点数来处理的（例如，π=3.14E00）。因为微处理器没有足够的资源来进行浮点计算，所以使用定点运算来处理小数，使用两个整数，一个表示数字的整数部分，另一个表示分数部分。关于二进制整数和二进制定点数使用的完整描述见附录C。

除了资源问题和定点计算比整数计算慢这一事实之外，我们还必须考虑另一事实，即定点计算会引入误差。举例来说明这个问题，假设一个人需要执行10/9除法。在整数运算中，结果是1（误差为10%）。如果我们把数字表示成一个分数，那么误差取决于我们保留的分数部分的位数。我们可以把10/9写成1.1或1.11或1.111 111 11，但是所有这些写法都是不精确的，并会在计算中引入误差。当然，在微处理器中，计算是以二进制数形式完成的，但上述原理也适用。例如，如果分数使用8位，则可以表示的最小值是1/256=0.039，这比0.111 111 1大3.5%。这种误差是很明显的。人们可以通过增加分配给分数的位数来减少误差，但必须意识到微处理器上可用的资源是有限的，同时也要考虑完成计算所需的时间。

例12.13：计算误差

RTD与微处理器相连，如图12.21所示。微处理器（引脚1）的输入电压在0℃时为0.21V，在100℃时为1.35V（即电桥在0℃时的偏置电压为0.21V）。电桥电压通过内部10位的A/D转换器（参考电压为5V）转换为数字形式。微处理器的输出必须使用串行端口将数据发送到显示器，显示器将数据转换为十进制显示。

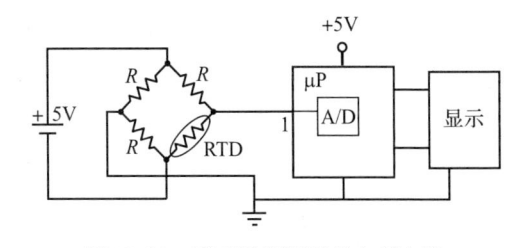

图12.21 用于温度测量的电桥电路

(a) 使用最少的资源，计算输入电压到正确的显示值的转换。

(b) 如果显示器只能显示两位小数，则以(a)中满量程的百分比计算温度读数的误差。

解 为了正确显示，我们首先必须消除通过A/D转换器读取输入电压后的偏移。然后，必须调整读取的电压范围，以便输出能够落在适当的范围内（0~100℃）。

(a) A/D转换器为10位。也就是说，转换器的分辨率是

$$\Delta V = \frac{5}{1\,023} = 0.004\,887\,585\text{V}$$

也就是说，在 0℃时，经过 A/D 转换器转换后的读数为 $r_0 = 1\,023 \times 0.21/5 = 43$。用二进制表示为 0000000 0001011。这是用两个 8 位字写成的，原因很快就会说明。这必须乘以 ΔV，才能得到电压的数字表示。如果是十进制格式，则可以得到

$$r = 43\Delta V = 43 \times 0.004\,887\,585 = 0.21\text{V}$$

这必须由微处理器使用定点操作来完成。由于微处理器输入端的电压小于 2V，表达式的整数部分不需要大于 1 位。因为我们处理的分数可能很小，所以我们将对每个值使用两个 8 位二进制数。在这种情况下，我们需要表示 ΔV，为了确保精度，我们使用 1 个整数位和 15 个分数位。我们把 $r_0 = 43$ 写成整数，ΔV 写成二进制小数。它们的二进制形式如下：

r: 00000000 00101011 ΔV: 0 00000000 10100000

每个数字使用两个字节的数据。现在通过一系列移位操作将其相乘，并按如下方式相加（见附录 C）：

```
        0000000010100000 ×
        0000000000101011
        0000000010100000 +
        0000000010100000
        0000000111100000 +
        0000000010100000
        0000000110111100000 +
        0000000010100000
       0000110101111000000
1位整数     15位小数
```

如果我们将它转换回十进制格式，则得到 0.209 960 937 5（而不是精确值 0.21）。

在 100℃时，$r_0 = 1023 \times 1.35/5 = 276$。用二进制表示成 00000001 00010100（至少需要 9 位，因此需要使用两个 8 位字）。也必须乘以 ΔV，才能找到电压的数字表示：

$$r = 276\Delta V = 276 \times 0.004\,887\,585 = 1.348\,973\,46\text{V}$$

为了计算数字格式的 r，我们将 ΔV 乘以 r_0：

```
        0000000010100000 ×
        0000000100010100
        0000000010100000
        0000000010100000 +
        0000000010100000
        0000000101010000000 +
        0000000010100000
        00000001010110010100000
1位整数     15位小数
```

在十进制格式中，这等于 1.347 656 25，接近 1.35 这个准确值。

现在，我们从 1.35V 中减去 0.21V。这是用二进制的补码法则完成的：减去的数字表示为反码（所有的 0 变成 1，所有的 1 变成 0）。然后，我们在结果上加 1，再加上正数（见附录 C）。0.21V 的二进制数反码为

$$\boxed{1}\boxed{1}\boxed{1}\boxed{0}\boxed{0}\boxed{1}\boxed{0}\boxed{1}\ \boxed{0}\boxed{0}\boxed{0}\boxed{1}\boxed{1}\boxed{1}\boxed{1}\boxed{1}$$

加上 1，不考虑进位（如果有的话），我们得到一个 -0.21 的表示：

```
1110010100011111+
0000000000000001
1110010100100000
```

现在将它添加到 1.35V 的二进制表示中，用以消除偏置：

```
1110010100100000+
1010110010000000
1001000110100000
```

用十进制表示是 1.137 695 3。也就是说，正确的电压应在 0V 和 1.14V 之间变化，尽管由于表示精度有限，实际值为 0 和 1.137 695 3。

为了缩放输入，使其能够代表温度，我们注意到对于输入范围 1.14V，输出范围必须为 100℃。因此，输入必须按 $s=100/1.14=87.719\,298\,245\,6$ 进行缩放。此值必须以定点格式表示。由于值 87 至少需要 7 位二进制格式，因此我们使用 8 位表示整数，8 位表示小数：

$$\boxed{0}\boxed{1}\boxed{0}\boxed{1}\boxed{0}\boxed{1}\boxed{1}\boxed{1}\cdot\boxed{1}\boxed{0}\boxed{1}\boxed{1}\boxed{1}\boxed{0}\boxed{0}\boxed{0}$$

现在，将这个值乘以消除偏置后的输入电压。为了获得显示读数，我们将之前的值乘以比例因子 s，得到：

```
              1001000110100000×
              0101011110111000
              0000000000000000+
             1001000110100000
             1001000110100000
            1101101001110000000+
            1111111011010110000000
           1001000110100000
           1101000101010110000000
           1111111011010110000000
          1001000110100000
          1000011101100010110000000
         1001000110100000
         1001001101011000000000+
         1001000110100000
        1101011111100001011000000+
        0110001111001100 00010110000000
        8位整数   8位小数
```

注意，由于这两个数字在其对应的分数部分中有 15 位和 8 位，因此乘法后的分数中总共有 23 位。我们使用其中的前 8 个作为分数，截断最后 15 个。因此，100℃ 的表示为 0110001111001100。十进制格式是 99.796 875。微处理器的读数范围在 0℃ 和 99.796 875℃ 之间。

(b) 由于显示器只能显示两个小数点，对于 100℃ 只能显示为 99.79℃。在 0℃ 时，显示器显示0.00，这里的偏置并不精确，因为零值是通过减去自身得到的。请注意，显示并不四舍五入到最接近的整数，它只是截断分数。当然，如果这被认为是重要的，那么我们可以在软件中进行改正。从结果看误差很小。在（a）中，0℃时的误差为零，100℃时的误差为[(99.79-100)/100]×100=-0.21%。这个误差很小，并远低于传感器中可能出现的误差。但是，我们必须考虑这个误差被叠加到系统中其他误差的可能性。

12.4.3 采样和量化误差

误差的另一个来源是采样，它不像分辨率误差定义得那么好。这种误差的存在源于这样一个事实：任何输入都必须被读取（或采样），而且这种采样不是连续的，也不是以固定的速率进行的。相反，它是在程序中定义的，并且取决于逻辑（即程序员的意图）和执行时间。采样理论认为，如果一个信号的采样频率是它最高频率的两倍，那么这个信号就可以被精确地重构。这当然是理论上的限制，在实践中，更快地采样是必要的。此外，假定它为单色信号（即无谐波）。在数字设备中，采样本身是数字化的或量化的，也就是说，我们永远不能以精确的电平值来采样信号，而是以所用的 A/D 转换器来增量采样。在两个采样点之间，信号保持不变，我们依此得到模拟信号的阶梯形表示。一般来说，模拟信号在采样和量化方面都容易受到误差的影响。数字信号不容易受到量化误差的影响，因为幅度是固定的，但是它们容易受到采样误差的影响，特别是因为它们含有丰富的谐波。例如，假设传感器系统被设计为每 $100\mu s$ 采样一次，则需要 100 条指令来执行端口读取指令（读取本身只需要一个或最多两个周期，但在实际执行读取之前，程序可能涉及许多其他比较、检查、计算等步骤）。对于 $0.1\mu s$ 处理器（40MHz 四分频或者 10MHz 不分频），总时间将为 $110\mu s (100×0.1+100)$。在指令所需的 $10\mu s$ 时间内，传感器可能来回变化，而处理器却"看不到"这些变化。当然，这并不像人们想象的那么严重，因为大多数传感器都相当慢，并且有办法缓解这个问题（参见例 12.14）。这里的要点首先是由于微处理器上的时钟，采样不能以任意小的间隔进行，其次，程序运行会影响这些误差。在上面讨论的示例中，更好的编程可以将指令周期数减少到 20，从而减少总延迟和由于这些延迟引起的误差。模拟信号的量化将结合 A/D 转换器进一步讨论。

例 12.14：采样误差

微处理器用于读取来自数字电容传感器的数字信号。信号的频率根据被测对象而变化，最大频率为 1kHz，占空比为 50%。微处理器通过测量时间来确定信号的频率。假设输入信号的采样频率为 10kHz，即一个周期的时间为 1ms，每 $100\mu s$ 采样一次。根据以下情况计算测定频率时的误差。

（a）如果只测量脉冲为高电平时的半个周期（可以这样做，以便处理器可以在下一个半周期中执行其他操作）。

（b）如果对整个周期进行采样。

解 我们需要注意，前文提到过，微处理器将采样的输入保留到下一次采样，只有在信号发生变化时才进行更改。在频率最高的时候误差值最大。

(a) 考虑图 12.22。第一个采样点（表示为 1）被读取为逻辑 1。该信号被保留到下一个采样点，而下一个采样点的值恰好也是 1。这一直持续到采样点 6。这也是 1，并一直保留到采样点 7 的时刻，此时电平值为 0。因此，脉冲宽度被读取为 $6×100\mu s$，并且由于我们假设信号占空比为 50%，因此微处理器读取的周期时间为 $1\,200\mu s$，频率为

$$f = \frac{1}{1\,200\times10^{-6}} = 833.33\text{Hz}$$

这样采样的误差很大：

$$\text{error} = \frac{833.33-1\,000}{1\,000}\times100\% = 16.67\%$$

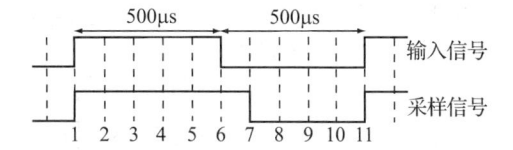

图 12.22　对输入引脚上的信号值进行采样。采样点编号显示在图的底部

(b) 从图 12.22 可以明显看出，在采样点 11 处，信号再次上升至 1，因此整个周期的计数时间为 $1\,000\mu s$。微处理器正确读出频率为 1kHz。在这种情况下假设采样发生时，采样信号等于 1。如果读数为 0，则需要额外采样，总时间为 $1\,100\mu s$。这种情况下的误差为 10%。

显然，上述简单的计算并没有考虑到由于程序步骤或采样而导致的延迟，这些步骤或采样是无法预测的，它们不会在准确的时间内发生。我们要尽量以最高的实际速率对信号进行采样。此外，最好至少取样一个周期。有时，在确定频率之前，我们可以连续地或单独地对多个周期进行采样，从而在更长的时间内平均误差。

12.4.4　转换误差

微处理器的组件并不完美，所有组件都会受到温度变化、漂移和制造变化的影响。任何操作，特别是转换，都会引入误差。如果使用带有内部参考电压的内部比较器，参考电压的实际值将影响到微处理器的输出。

例如，如果参考电压明面上为 0.6V，但可以在 $0.595\sim0.605$V 之间变化，则将在实际值而不是 0.6V 参考值处进行比较。类似地，A/D 转换器除了上面讨论的分辨率问题外，还会因内部电路、温度变化和参考电压的变化而引入误差。再看前面讨论的 10 位 A/D 转换器，参考电压为 5V，2.5V 输入应产生数字输出 1000000000，或等效的十进制值 512。但是假设它产生一个二进制为 1000000011 的十进制数 515，结果误差为 0.29%〔$(3/1\,024)\times100\%$〕。这些误差不会是固定的常数，它还取决于转换的值，值越低，误差越大（参见例 12.15）。微处理器中的每个内部元件都在数据表中罗列，通过以最小值和最大值百分比的形式表示预计的误差，如果是 A/D 转换器，则以位表示。例如，A/D 转换器中的误差可以指定为 ±1 位。

例 12.15：转换误差

微处理器中的 12 位 A/D 转换器要经过一个测试，当输入电压从 0 到 5V 变化，我们读取转换器的数字输出，并与用精确电压表测量的给定输入的预期数字输出进行比较。误差计算如下：

转换器的数字输出满量程为 $2^{12} = 4\,096$，输入满量程为 5V，参考电压为 5V。

由给定的模拟输入（Analog Input，AI）产生的数字输出被读取并转换为数字等效（Digital Equivalent，DE）。我们将误差计算为

$$\text{error} = \left| \frac{(DE/4\,096) \times 5V - AI}{AI} \right| \times 100\%$$

这给出了在任何输入电压下误差的绝对值（以百分比表示）。12 位 A/D 转换器的误差如图 12.23 所示，随着输入电压的增加，误差减小。

实验还表明，如果需要 A/D 转换，最好使用电压值更高的传感器输出。如果传感器的输出很低，最好在数字转换之前放大它的输出。还要注意的是，即使在较高的输入电压下，误差也不是很小，在某些情况下，误差可能比传感器本身的误差大。这种说法针对在微处理器中的通用转换器。当然，具有温度补偿和稳定基准的更好的 A/D 转换器是可用的，并且可以在微处理器外部使用。

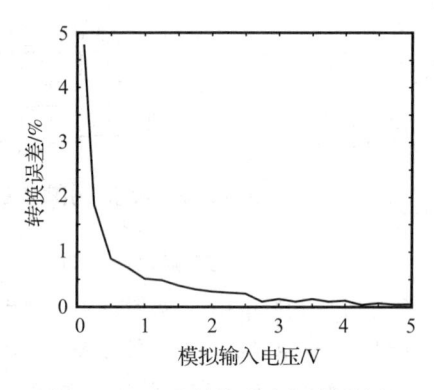

图 12.23　A/D 转换误差与被转换的模拟电压的函数关系

12.5　习题

指令

12.1　微处理器指令的使用。 说明处理器计算 $e = (a \times b + c \times d)/2$ 必须遵循的顺序，其中 $a = 2$，$b = 4$，$c = 12$，$d = 8$。

12.2　8 位微处理器上的 16 位操作。 两个 16 位变量表示为 $a = 7\,542$ 和 $b = 28\,791$，并在 8 位微处理器中操作。

（a）说明如何计算和存储 $c = a + b$。

（b）演示如何计算和存储 $8a$。

（c）计算 (a) XOR (b) 的结果。

（d）计算 (a) AND (b) 的结果。

12.3　微处理器上的逻辑操作。 空调系统使用适当混合的冷热空气来维持由温度传感器测量的设定温度。为了执行这些操作，微处理器测量温度 T，并将其放入寄存器中，在使用 8 位 A/D 转换器执行 A/D 转换后，我们称之为 t。用户输入所需温度 s 作为 8 位数据。

两个阀门由单独的输出控制，根据需要打开热空气（H）或冷空气（C）。正常情况下，两个阀门都是关闭的。

(a) 说明通过控制两个阀来控制温度所需的顺序。

(b) 说明控制温度所需的顺序，使 C 阀在高于寄存器 s 中值约 1℃ 处打开，H 阀在 s 中的设定点处打开。

(c) 如果预计的温度范围是 0~100℃，那么设定温度的步骤是什么？

输入和输出

12.4 **电动机的控制**。当按下开关至少 3s 时，需要打开一个小型直流电动机，运行电动机 10s，然后将其关闭。画出示意图和流程图，假设微处理器可以计算操作过程中所需的时间。要求在电动机打开时按下开关不产生效果。

12.5 **灯具控制**。一个房间有两个由单个开关操作的灯具。按下开关时，灯 1 接通。再次按下开关时，灯 1 关闭，灯 2 打开。第三次按下可同时打开两盏灯。继续操作开关会重复该顺序。要关闭灯时，必须按住开关 5s。画出一个包含输入和输出引脚的示意图，并绘制一个流程图来完成控制。假设有一个内部方法来计算 5s 时间。

时钟和定时器

12.6 **数字超声波测距**。一种简单而准确的距离传感方法是用超声波发射器（执行器）发射超声波脉冲，用超声波接收器（传感器）检测目标反射的脉冲。由于空气中的声速相对较慢（$v=331\text{m/s}$），超声波传播到目标和返回的时间 t 很好地指示了距离。距离 d 计算为 $d=vt/2$ 并显示。

(a) 画一个示意图来说明如何使用微处理器来实现这一点，并解释其操作。确定必要的部件。

(b) 写下完成测量所需的基本操作顺序。

(c) 绘制测量顺序的流程图。使用 40kHz 发射器/接收器和 16MHz 处理器，无须内部分频。

(d) 讨论测量中可能出现的误差来源和减小误差的方法。

12.7 **微处理器的时间限制**。微处理器的工作频率相对较低，通常低于 50MHz。因此，基本的时钟时间限制了可处理的应用或限制了传感的精度。考虑一个自动对焦相机，它使用红外线光束自动将镜头对焦范围限制在 0.5~10m。

(a) 如果试图测量光束从相机到被摄体和从被摄体到被摄体的传播时间，对内部时钟的要求是什么？假设处理器至少需要 10 个周期来测量时间。空气中的光速是 $3\times10^8\text{m/s}$。

(b) 根据（a）中的结果，这种方法可行吗？

12.8 **高频测量**。以 20MHz 频率运行的微处理器以分频系数 4 来产生基本时钟频率。微处理器用于测量信号发生器的频率，最大频率为 1GHz，最小频率为 200MHz。测量通过检测脉冲输入中的上升沿实现，此处通过计数八个脉冲并检测第八个脉冲的上升沿来完成。由于微处理器无法检测到比其时钟脉冲宽度短的脉冲，因此我们首先使用计数器将输入除以 2^8 来进行分频。

(a) 微处理器在最小和最大频率下的标称频率读数是多少？

(b) 在最大和最小频率下，信号发生器能被检测到的频率的最小增量是多少？

(c) 信号发生器频率的测量误差范围是多少？

功耗和电量估计

12.9 轮胎压力传感：功率考虑。 使用压力传感器感测轮胎内的压力，并将压力从轮胎内传输至安装在车辆上的接收器。传感器、发射器、微处理器和其他任何附加电路由一个容量为 2 800mA·h 的 3V 电池（两个 AA 电池串联）供电。假设微处理器在工作时消耗 5mA 电流，在休眠模式下消耗 5μA 电流。压力传感器及其相关电路在运行期间消耗 3.5mA，在关闭时不消耗能量，而变送器在传输期间需要 20mA，在关闭时也不消耗。由于电池不易更换，因此要求系统在轮胎使用寿命内不更换电池（通常为 7 年）。为解决这一难题，需要添加一个低功率振荡器，如图 12.24 所示，该振荡器可打开和关闭微处理器，以便每 2min 采集一次数据并以 0.5s 的间隔传输。在此过程中，从压力传感器采集数据需要 200ms，传输需要 300ms。振荡器工作持续消耗 12μA 的电流。

(a) 计算系统在没有任何降功率技术的情况下可以运行多长时间（即如果系统的所有组件始终处于开启状态）。

(b) 描述如何使用所添加的低频振荡器来降低系统的整体功率需求。

(c) 演示并描述压力传感器和变送器应如何连接，以便它们在微处理器进入休眠状态前关闭，在微处理器唤醒后打开。

(d) 按照所提出的方法，电池能使用多久？

(e) 你能推荐一些额外的节能技术吗？

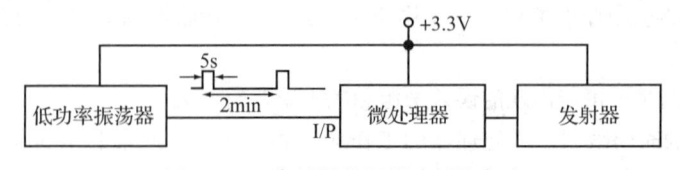

图 12.24 降低微处理器功耗的方法

12.10 电量预估计算。 遥控发射器中的微处理器在休眠模式下消耗电流 6μA，在正常工作模式下平均消耗 5.4mA。发射器本身在开启时消耗 28mA，不使用时消耗为 0。该装置由一个 500mA·h 的纽扣电池供电。当按下发送开关时，微处理器和发射器遵循以下顺序：

1) 微处理器唤醒后需要 540μs 才能传输数据。在这段时间后发射器打开，数据传输 24ms，然后发射器关闭。

2) 如果已释放传输开关，则微处理器在传输完成 300μs 后进入休眠状态。系统总是完成已启动的传输。

3) 如果尚未松开开关，则重复 1 中的过程，直到松开按钮。

(a) 如果开关按下平均持续 0.5s，遥控开启器平均每天使用 12 次，计算电池寿命。假设 1 中的顺序将被完成，然后是 2，即使按钮被提前松开。

(b) 如果微处理器被编程为不管按下按钮多长时间都只发送两次传输，那么电池的寿命是多少？设在第二次传输结束时，仍需要 540μs 的启动时间和 300μs 的关闭时间。

12.11 **由电池驱动的执行器的功耗**。图 12.6 中的键盘锁经过修改，可以在没有电动机的情况下作为一种解锁门的方法。取而代之的是，使用一个小的电磁阀来释放弹簧加载的杠杆。一旦松开操纵杆，就可以用手打开车门。当车门关闭时，操纵杆处于待命状态并锁定车门，为下一次打开做好准备。

(a) 对于 2V、3V、4V 和 5V 的工作电压，估计 1MHz 和 16MHz 下电路的电流消耗 [mA]（不带阀门）。使用最小二乘近似法并将结果与直接插值或外推法进行比较（见例 12.5）。使用例 12.5 表格中的数据。

(b) 阀门需要 350mA 才能运行，并在 450ms 内释放操纵杆。如果微处理器和阀门使用容量为 1 900mA·h 的 3V 电池工作，则计算电池的持续时间。微处理器的工作频率为 1MHz，在操作阀门之前需要 8s 时间拨码。平均每天开关门 20 次。

12.12 **降功率技术**。微处理器可以在其任何输出引脚上提供 25mA 的最大电流，但总电流不超过 200mA。它有 4 个端口，每个端口有 8 个引脚，其中 24 个引脚用于驱动 LED。要求所有 LED 同时可见。为确保不超过最大电流，需要以足够高的速率打开和关闭 LED，以便在我们看来，它们像是连续打开的，并确保平均电流不超过 200mA。平均电流是最大电流乘以其占空比。LED 以每秒 16 次或更快的速度打开和关闭将被视为持续点亮。

(a) 请展示如何在不超过当前限制的情况下同时显示所有 24 个 LED。如果一个端口中的所有引脚必须一起切换，那么有哪些方法可以打开和关闭 LED？切换速率是多少？

(b) 如果每个引脚使用与 LED 串联的电阻器将最大电流限制在 15mA，计算每个 LED 中的平均电流。每个端口中的所有 LED 只能同时打开或关闭，并且任何时刻只能打开一个端口。

(c) 为了补偿由于开关导致的强度降低，将 LED 中的电流增加到引脚允许的最大值。计算此条件下每个 LED 的平均电流。每个端口中的所有 LED 只能同时打开或关闭，并且任何时刻只能打开一个端口。

阻抗和接口

12.13 **电荷传感器接口：负电荷**。例 12.7 假设图 12.9 中极板上累积的电荷为正电荷。说明将电路转换为感测负电荷所需的更改方案。讨论这些修改对传感器系统性能的影响。

12.14 **电能表**。设计一个电能表来测量和显示汽车收音机所消耗的能量。假设消耗量随时间、收音机播放的内容及其音量而变化。你只能使用给收音机供电的电线。使用微处理器测量瞬时消耗量，以 $1s[W·h]$ 的间隔显示消耗量，同时计算汽车整个使用寿命的累积能耗。微处理器的工作电压为 5V，而收音机的工作电压为 12V。预计最大电流为 2.5A。

(a) 说明选择的传感器和接口电路。
(b) 讨论并选择时钟频率和必要的内部元件。
(c) 编写测量和显示过程的详细流程图。

12.15 **pH 值测量计的接口**。pH 值测量计在阻抗匹配方面有一些严格的要求，需要非常高的阻抗接口电路。在微处理器辅助 pH 值测量计中，要求从 pH 传感器端看出的阻抗至少为 $100M\Omega$，并且在数字化之前微处理器看到的输出应在 0V 和 5V 之间变化，对应的 pH 值在 1 到 14 之间变化。pH 膜使用银/氯化银（Ag/AgCl）参考膜，参考电压为 0.197V。该装置预计在 25℃ 下运行。内部提供 10 位 A/D 转换器。

(a) 设计必要的电路和接口元件。说明输出如何直接显示 pH 值。
(b) 计算仪器的分辨率。
(c) 讨论此设计中涉及的问题以及每个问题导致的后果。

频率和响应

12.16 **频率测量**。在例 12.8 中，必须准确测量微量天平的频率偏移。微处理器工作在 10MHz（时钟频率），并且内部包括所有必要的模块，包括定时器。

(a) 演示如何使用微处理器测量频率，讨论可能的测量方法及其相对优势。
(b) 用必要的电路画一张图，并为测量过程写一个流程图。
(c) 列出测量中可能的误差来源，并根据你的设计估计这些误差。

12.17 **模拟金属探测器**。模拟金属探测器如图 12.25 所示。设置两个相同的 LC 振荡器并用一个简单的混频器将二者的频率相减。混频器的输出是频率差，如果 $f_1 \geq f_2$，差为 f_1-f_2，如果 $f_2 \geq f_1$，则差为 f_2-f_1。同样，初始频率 f_1 和 f_2 也使用该公式。所示的可变电容器用于平衡振荡器，以便在没有金属的情况下，两个频率相同且等于 400kHz。当检测到铁磁性金属物品时，感应线圈（上部）的电感会增加，而如果金属是非磁性的，则会减少，从而使探测器能够区分这两种类型。用微处理器测量频率差，并指示三个参数：（1）检测金属铅的平衡振荡器；（2）被检测金属是否为铁磁性；（3）被检测金属是否为非铁磁性。

(a) 绘制微处理器和任何必要的电路来完成这项工作。
(b) 定义所需的时钟频率和频率测量过程。
(c) 写一个流程图，显示如何设置各种显示器，以及如何检测哪个频率（f_1 或 f_2）更高。

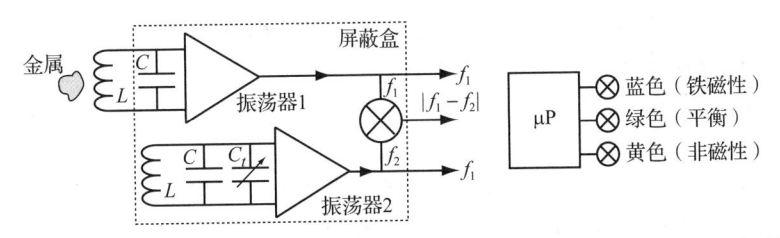

图 12.25　模拟金属探测器。微处理器的连接只是示意图，也就是说，可能需要额外的电路

12.18 **数字金属探测器**。习题 12.17 中的金属探测器可以修改为数字金属探测器。虽然振荡器仍然是模拟的，但它们的输出是使用第 11 章中讨论的任意方法来进行数字化的。示意图如图 12.26 所示。振荡器与图 12.25 中的振荡器相同。
(a) 选择一种信号数字化方法，为微处理器产生合适的信号。
(b) 演示微处理器如何测量频率，以及在给定微处理器时钟周期的情况下，这些频率的限制是什么。
(c) 讨论这种设计的灵敏度及其局限性。

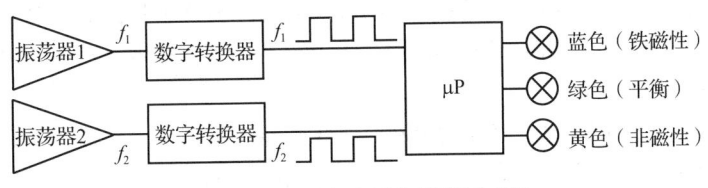

图 12.26　数字金属探测器示意图

缩放、偏置和误差

12.19 **电源电压变化引起的误差**。在例 12.9 中，将电源电压（V_{dd}）作为参考电压，并划分为 16 个电平。再次考虑例 12.9 中的数据。
(a) 假设现在微处理器的电源电压变化了 5%。由于电源电压的变化，开启和关闭温度有什么误差？电桥由独立电源供电，不受影响。
(b) 假设 V_{dd} 在 5V 时保持不变，但是电桥电压变化了 5%。由于电桥供电电压的变化，打开和关闭温度有什么误差？

12.20 **1kHz 正弦信号的合成**。微处理器被用来合成一个 1kHz 的正弦信号来驱动扬声器作为报警系统的一部分。为此，使用 8 位外部电阻式梯形 D/A 转换器来生成波形。微处理器的工作电压为 5V，但正弦信号的振幅必须为 15V（峰值到峰值的变化介于 +15V 和 −15V 之间）。D/A 转换器的设置使得当数字信号出现在其 8 个数字输入端时，等效模拟电压出现在 D/A 转换器的输出引脚上。转换需要 20μs。
(a) 说明必要的电路，包括接口所需的任何组件。
(b) 绘制流程图，显示转换所需的主要步骤。说明生成信号所需的数字值序列以及如何获得这些值。

(c) 如果未进行滤波，则画出 D/A 转换器输出上获得的波形。

(d) 基本 1kHz 信号的最大纹波是多少。

12.21 **缩放和偏移数据**。要求必须使用在 3.3V 下运行的微处理器对振幅（峰值）为 5V 的 50Hz 正弦信号进行数字化。结果以数值的形式显示在屏幕上，从信号的零交叉点开始以 2ms 的间隔检测信号，一个完整的显示将包含整个周期的振幅。每一个周期都会进行更新，以查看信号如何变化。

(a) 设计一个电路来完成所需的目标，连同所需的接口电路。

(b) 绘制流程图，显示所有重要步骤和注意事项。

(c) 在屏幕上列出显示电压，假设 A/D 转换器为 10 位，显示器仅显示数据的（十进制）等效值。

假设正弦信号关于 0V 对称，唯一可用的电源是为微处理器供电的 3.3V。接口所需的所有电路必须在该电压下工作。

12.22 **硬件和软件缩放**。红外传感器的设计工作电压为 12V，同时需要与 3.3V 的微处理器连接，以感应红外光强度。该传感器有一个内部放大器，可为要测量的红外范围产生 0~8V 的输出。放大器可以提供 2mA 的最大电流而不影响其性能。放大器的输出必须使用内部 10 位 A/D 转换器进行数字显示，增量为 5%。后者显示 0~100 的值，以指示相对输入红外光强度。

(a) 请展示一个用于以下操作的电路：将传感器连接到微处理器，并保护微处理器不受其输入端过电压的影响。

(b) 画出满足显示要求的流程图，也就是说，要在输出引脚上提供显示所需量程内正确值的数字信号。

12.23 **使用电桥进行信号缩放**。电桥的功能之一是允许信号缩放。考虑到运算放大器的输出电压在 −15V 和 +15V 之间变化，设计一个电桥来产生 −2.5V 和 +2.5V 之间的信号。

输出信号和电平

12.24 **控制更高的电压设备**。微处理器的工作电压为 3.3V。然而，用微处理器控制低功率蜂鸣器时，蜂鸣器必须在 12V 以下工作。

(a) 演示如何仅使用微处理器的内部设施来实现这一点。

(b) 演示如何使用外部组件完成此操作。

(c) 讨论与这两种方法相关的问题。

12.25 **办公室灯光控制**。为了节约能源，有人提议用小型微处理器控制办公室的灯光。办公室内部分为两个部分，有两扇门，每扇门通向一个部分。这两部分由一扇敞开的门连接起来。

(a) 展示如何完成以下功能：

- 当有人进入办公室时，打开办公室两个独立部分的灯。

- 最后一个人离开办公室 30s 后关灯。
- 如果某个区域内有足够的环境光，请防止打开该区域内的灯。

(b) 说明所需的各种组件及其接口方式。

12.26 输出引脚的漏模式和源模式。输出引脚连接到 100Ω 的负载。引脚的输出为 1kHz 的方波。微处理器的工作电压为 5V。在漏模式下，引脚上的内阻为 75Ω，在源模式下为 230Ω。

(a) 计算源模式下引脚的输出电压，并将其与空载输出进行比较。

(b) 计算漏模式下引脚的输出电压，并将其与空载输出进行比较。

误差和分辨率

12.27 A/D 转换。在微处理器应用中，需要将 4.6V 模拟输入数字化，然后将数字结果乘以 2.7。A/D 转换器的参考电压为 5V。

(a) 请演示如何使用内部 12 位 A/D 转换器进行数字化。

(b) 使用定点算法编写乘法所需的程序段，整数部分使用 8 位，小数部分也使用 8 位。

(c) 估计由于转换和计算而预期的最大误差。

12.28 数字系统的分辨率。麦克风的输出在 0~100μV 之间变化。信号必须用数字形式来记录。这里提出了两种方法：（1）直接用 A/D 转换器记录信号；（2）将信号放大后数字化。

(a) 在方法 1 中，如果与数字转化误差相关的噪声不能超过 1%，则在 5V 下工作的 A/D 转换器的模数转换分辨率必须是多少？

(b) 在方法 2 中，考虑到噪声随信号放大，但假设放大不会增加额外的噪声，思考如何放大是合适的，A/D 的分辨率必须是多少才能达到之前相同的误差水平？

12.29 误差是设计中不可避免的部分。尽管要尽可能地避免或最小化所有类型的误差，但即使存在误差也可以通过设计来最小化或消除它们带来的影响。考虑使用铂应变计感测力，该应变计在 20℃ 时的标称电阻为 350Ω，应变系数为 5.1。为了简化测量，使用图 12.27 中的电路直接测量传感器两端的电压。电阻 R 也为 350Ω。传感器的量程为 20 000N（在零和最大 20 000N 之间），产生 0% 和 3% 之间的应变。放大器用于确保微处理器的输入在最高应变下为 5V。在放大之后，输入电压使用微处理器内部的 10 位 A/D 转换器进行数字化。

(a) 计算传感器的分辨率。

(b) 使用的铂级电阻热系数等于 0.003 95。计算对输出无影响的最大温度变化。

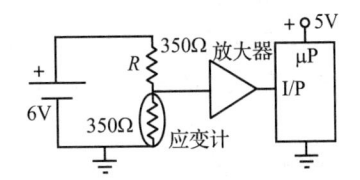

图 12.27 应变计与微处理器的连接

12.30 **微处理器上的定点运算和误差**。在 8 位微处理器中，$c=a+b$ 这样的求和操作是必要的，假设 a 和 b 在 0 和 1 之间变化。使用 8 位微处理器计算 $a=0.2$ 和 $b=0.9$ 以及计算中产生的误差。为每个变量分配一个 8 位字。

12.31 **计算误差**。作为微处理器计算例程的一部分，需要计算 $c=a\times b$，假设 $a=5.23$ 和 $b=17.96$。定义计算过程，找出结果的实际数值表示以及所涉及的误差。数据的表示只能用 8 位字或多个 8 位字来完成。

12.32 **电压传感器/监视器：计算误差**。汽车中的微处理器用于监控电池，并在仪表板上以数字方式显示其电压（以及其他功能）。在设计电路时，对蓄电池电压进行了测量，发现在不施加负载（标称电压）的情况下，蓄电池电压为 12V。充电时，电压升至 14.7V，满载时（灯亮，发动机熄火），电压为 11.4V。设计一个电路，用以检测蓄电池电压并用两个小数点的形式显示。计算三个测量值的预计误差。微处理器有一个内部 8 位 A/D 转换器，可用于设计中，并在 5V 稳压电源下工作。

12.33 **计算误差**。RTD 与微处理器相连，如图 12.21 所示。RTD 感测温度范围为 $-50\sim150$℃。微处理器（引脚 1）的输入电压在 50℃时为 0V，在 150℃时为 1.85V。使用内部 10 位 A/D 转换器将电桥电压转换为数字形式，参考电压为 3.3V。微处理器的输出必须使用串行端口发送数据，并将数据转换为十进制显示。显示器为开尔文刻度。由于微处理器的资源有限，不能容纳大于 16 位的数字。

(a) 使用最少的资源将输入电压转换成正确的值，以 K 为单位显示。计算输入为 -50℃、0℃ 和 150℃时的输出。

(b) 如果显示器只能显示两位小数，则以（a）中满量程的百分比计算温度读数的误差。

12.34 **减少采样误差**。微处理器用于测量在额定 100MHz 频率下工作的大规模声表面波谐振器的频率。传感器的灵敏度为 1 800Hz/μg。微处理器的时钟频率为 40MHz。为了能够测量频率，在信号到达微处理器之前，首先将传感器的输入频率除以 100。通过检测信号的上升沿或下降沿来测量该信号。假设启动定时器需要 8 个时钟周期，在检测边沿后停止定时器需要四个时钟周期，信号边沿的检测需要两个时钟周期：

(a) 如果微处理器对输入信号进行计时，则找出频率测量中的误差。

(b) 为了最小化（a）中的误差，建议对微处理器上得到的信号进行 256 个周期的计时。测得的频率误差是多少？

(c) 在（a）和（b）条件下，系统的有效灵敏度是多少？

12.35 **A/D 转换器中的转换误差**。微处理器中包含一个工作电压为 5V 的 10 位 A/D 转换器。A/D 转换器的规格表明，转换精度在转换器的整个量程范围内为 ± 1 位。当输入电压从 $0\sim5V$ 变化时，计算并绘制误差占输入电压的百分比。

12.36 **限制噪声的转换**。在例如数字音频的一些应用中，需要使用高分辨率 A/D 转换来减少量化误差，从而再现更好质量的音频。考虑一个输入电阻为 $1M\Omega$ 的 CMOS A/D 转换器。连接到它的音频源也有 $1M\Omega$ 的内阻。该系统在 30℃ 的温度下工作。计算 A/D 转换器的最高实际分辨率，假设有一个完美的音频源（无内部噪声）。假设音频带宽为 20kHz，并且 A/D 转换器在 3.3V 的电压下工作。

12.37 **视频记录中的量化误差**。来自 CCD 的视频信号在 0~3.3V 之间变化，并使用 18 位 A/D 转换器进行数字量化。假设从模拟信号到数字信号进行无噪声、无误差的转换，则需要执行以下运算：

(a) 计算信号中的量化误差。

(b) 如果 CCD 的对比度为 4 000∶1（即最亮和最暗的可显示值之间的比率），那么数字化信号在屏幕上显示时的等效对比度是多少？对比度是由 CCD 限制还是由 A/D 转换器限制？

附　　录

附录 A　最小二乘多项式与数据拟合

最小二乘多项式或多项式回归是一种将多项式拟合到一组数据的方法。假设有一个 n 个点 (x_i, y_i) 的集合，我们希望将其拟合为以下形式的多项式：

$$y(x) = a_0 + a_1 x + a_2 x^2 + \cdots + a_m x^m \tag{A.1}$$

通过一组数据传递多项式的意思是选择一组系数以在全局意义上最小化函数 $y(x)$ 的值与点 $y(x_i)$ 处的值之间的距离。这是通过最小二乘法来实现的，首先定义"距离"函数：

$$S = \sum_{i=1}^{n} (y_i - a_0 - a_1 x_i - a_2 x_i^2 - \cdots - a_m x_i^m)^2 \tag{A.2}$$

为了最小化该函数，我们计算函数关于每个未知系数的偏导数并将其设为零。对于第 k 个系数（$k = 0, 1, 2, \cdots, m$），可以写为

$$\frac{\partial S}{\partial a^k} = -2 \sum_{i=1}^{n} x_i^k (y_i - a_0 - a_1 x_i - a_2 x_i^2 - \cdots - a_m x_i^m) = 0 \tag{A.3}$$

或

$$\sum_{i=1}^{n} x_i^k (y_i - a_0 - a_1 x_i - a_2 x_i^2 - \cdots - a_m x_i^m) = 0 \tag{A.4}$$

对所有 m 个系数重复这一步骤得到 m 个方程，从中可以估计系数 $a_0 \sim a_m$。我们在这里说明如何推导一阶（线性）和二阶（二次）多项式最小二乘拟合的系数，因为它们是最常用的形式。仍假设有前面提到的 n 个数据点 (x_i, y_i)。

A.1　线性最小二乘数据拟合

多项式是一阶的：

$$y(x) = a_0 + a_1 x \tag{A.5}$$

最小二乘形式为

$$S = \sum_{i=1}^{n} (y_i - a_0 - a_1 x_i)^2 \tag{A.6}$$

取关于 a_0 和 a_1 的偏导数得

$$\sum_{i=1}^{n} x_i^0 (y_i - a_0 - a_1 x_i) = 0 \tag{A.7}$$

与

$$\sum_{i=1}^{n} x_i^1 (y_i - a_0 - a_1 x_i) = 0 \tag{A.8}$$

将这些式子展开更便于计算,可以写为

$$n a_0 + a_1 \sum_{i=1}^{n} x_i = \sum_{i=1}^{n} y_i \tag{A.9}$$

与

$$a_0 \sum_{i=1}^{n} x_i + a_1 \sum_{i=1}^{n} x_i^2 = \sum_{i=1}^{n} x_i y_i \tag{A.10}$$

式(A.9)和式(A.10)可以写成方程组:

$$\begin{bmatrix} n & \sum_{i=1}^{n} x_i \\ \sum_{i=1}^{n} x_i & \sum_{i=1}^{n} x_i^2 \end{bmatrix} \begin{Bmatrix} a_0 \\ a_1 \end{Bmatrix} = \begin{Bmatrix} \sum_{i=1}^{n} y_i \\ \sum_{i=1}^{n} x_i y_i \end{Bmatrix} \tag{A.11}$$

可以求解 a_0 和 a_1,结果为

$$a_0 = \frac{\left\{\sum_{i=1}^{n} y_i\right\}\left\{\sum_{i=1}^{n} x_i^2\right\} - \left\{\sum_{i=1}^{n} x_i\right\}\left\{\sum_{i=1}^{n} x_i y_i\right\}}{n \sum_{i=1}^{n} x_i^2 - \left\{\sum_{i=1}^{n} x_i\right\}^2} \tag{A.12}$$

$$a_1 = \frac{n \sum_{i=1}^{n} x_i y_i - \left\{\sum_{i=1}^{n} x_i\right\}\left\{\sum_{i=1}^{n} y_i\right\}}{n \sum_{i=1}^{n} x_i^2 - \left\{\sum_{i=1}^{n} x_i\right\}^2}$$

得到这些系数后,式(A.5)即为对数据 x_i 的线性拟合(一阶多项式拟合),并被称为线性最佳拟合或线性最小二乘拟合。

A.2 抛物线最小二乘拟合

首先从二阶多项式开始

$$y(x) = a_0 + a_1 x + a_2 x^2 \tag{A.13}$$

最小二乘形式为

$$S = \sum_{i=1}^{n} (y_i - a_0 - a_1 x_i - a_2 x_i^2)^2 \tag{A.14}$$

取关于 a_0、a_1 和 a_2 的偏导数得

$$\sum_{i=1}^{n} x_i^0 (y_i - a_0 - a_1 x_i - a_2 x_i^2) = 0 \tag{A.15}$$

$$\sum_{i=1}^{n} x_i^1 (y_i - a_0 - a_1 x_i - a_2 x^2) = 0 \qquad (A.16)$$

与

$$\sum_{i=1}^{n} x_i^2 (y_i - a_0 - a_1 x_i - a_2 x^2) = 0 \qquad (A.17)$$

同样展开这些式子，有

$$na_0 + a_1 \sum_{i=1}^{n} x_i + a_2 \sum_{i=1}^{n} x_i^2 = \sum_{i=1}^{n} y_i \qquad (A.18)$$

$$a_0 \sum_{i=1}^{n} x_i + a_1 \sum_{i=1}^{n} x_i^2 + a_2 \sum_{i=1}^{n} x_i^3 = \sum_{i=1}^{n} x_i y_i \qquad (A.19)$$

$$a_0 \sum_{i=1}^{n} x_i^2 + a_1 \sum_{i=1}^{n} x_i^3 + a_2 \sum_{i=1}^{n} x_i^4 = \sum_{i=1}^{n} x_i^2 y_i \qquad (A.20)$$

虽然我们可以像之前一样继续计算系数 a_0、a_1 和 a_2，但是此时表达式变得过于复杂而无法处理。更实用的方法是将三个方程写成矩阵：

$$\begin{bmatrix} n & \sum_{i=1}^{n} x_i & \sum_{i=1}^{n} x_i^2 \\ \sum_{i=1}^{n} x_i & \sum_{i=1}^{n} x_i^2 & \sum_{i=1}^{n} x_i^3 \\ \sum_{i=1}^{n} x_i^2 & \sum_{i=1}^{n} x_i^3 & \sum_{i=1}^{n} x_i^4 \end{bmatrix} \begin{Bmatrix} a_0 \\ a_1 \\ a_2 \end{Bmatrix} = \begin{Bmatrix} \sum_{i=1}^{n} y_i \\ \sum_{i=1}^{n} x_i y_i \\ \sum_{i=1}^{n} x_i^2 y_i \end{Bmatrix} \qquad (A.21)$$

为了求解系数，首先计算各种和，然后继续求解方程组。一旦得到式（A.21）中的系数，（A.13）即为数据 x_i 的二阶最小二乘拟合。

还要注意，从式（A.21）矩阵中移除第三行和第三列结果会得到式（A.5）所示的线性最佳拟合，其中系数由式（A.12）计算。

对高阶多项式的扩展是显而易见的，只是在式（A.21）中给矩阵增加了下一个项。k 阶的近似表示可以写成

$$\begin{bmatrix} n & \sum_{i=1}^{n} x_i & \sum_{i=1}^{n} x_i^2 & \cdots & \sum_{i=1}^{n} x_i^k \\ \sum_{i=1}^{n} x_i & \sum_{i=1}^{n} x_i^2 & \sum_{i=1}^{n} x_i^3 & \cdots & \sum_{i=1}^{n} x_i^{k+1} \\ \sum_{i=1}^{n} x_i^2 & \sum_{i=1}^{n} x_i^3 & \sum_{i=1}^{n} x_i^4 & \cdots & \sum_{i=1}^{n} x_i^{k+2} \\ \vdots & \vdots & \vdots & & \vdots \\ \sum_{i=1}^{n} x_i^k & \sum_{i=1}^{n} x_i^{k+1} & \sum_{i=1}^{n} x_i^{k+2} & \cdots & \sum_{i=1}^{n} x_i^{2k} \end{bmatrix} \begin{Bmatrix} a_0 \\ a_1 \\ a_2 \\ \vdots \\ a_{k+1} \end{Bmatrix} = \begin{Bmatrix} \sum_{i=1}^{n} y_i \\ \sum_{i=1}^{n} x_i y_i \\ \sum_{i=1}^{n} x_i^2 y_i \\ \vdots \\ \sum_{i=1}^{n} x_i^k y_i \end{Bmatrix} \qquad (A.22)$$

最后，请注意，只有对于有限数目的点才能手工计算系数，大多数情况下，像 MATLAB 这样的计算工具是很有用的。

附录 B　热电参考表

最常见热电偶的热电参考表如下所示。对于每种类型的热电偶，我们首先给出一般多项式，然后是系数表，以及正向使用和逆向使用的显式多项式。正向多项式的输出以微伏（μV）为单位，逆向多项式的输出以摄氏度（℃）为单位。下标 90 表示所使用的标准［在本例中为 1990 年的国际温度标准（ITS-90）］。

B.1　J 型热电偶（铁/铜）

多项式：

$$E = \sum_{i=0}^{n} c_i (t_{90})^i \, [\mu V]$$

系数表：

温度范围/℃	−210~760	760~1 200
C_0	0.0	2.964 562 568 1×10^5
C_1	5.038 118 781 5×10^1	−1.497 612 778 6×10^3
C_2	3.047 583 693 0×10^{-2}	3.178 710 392 4
C_3	−8.568 106 572 0×10^{-5}	−3.184 768 670 1×10^{-3}
C_4	1.322 819 529 5×10^{-7}	1.572 081 900 4×10^{-6}
C_5	−1.705 295 833 7×10^{-10}	−3.069 136 905 6×10^{-10}
C_6	2.094 809 069 7×10^{-13}	
C_7	−1.253 839 533 6×10^{-16}	
C_8	1.563 172 569 7×10^{-20}	

显式多项式表示：

−210~760℃

$E = 5.038\,118\,781\,5 \times 10^1 T^1 + 3.047\,583\,693\,0 \times 10^{-2} T^2 - 8.568\,106\,572\,0 \times 10^{-5} T^3 +$
$1.322\,819\,529\,5 \times 10^{-7} T^4 - 1.705\,295\,833\,7 \times 10^{-10} T^5 +$
$2.094\,809\,069\,7 \times 10^{-13} T^6 - 1.253\,839\,533\,6 \times 10^{-16} T^7 +$
$1.563\,172\,569\,7 \times 10^{-20} T^8 \, [\mu V]$

760~1 200℃

$E = 2.964\,562\,568\,1 \times 10^5 - 1.497\,612\,778\,6 \times 10^3 T + 3.178\,710\,392\,4 T^2 -$
$3.184\,768\,670\,1 \times 10^{-3} T^3 + 1.572\,081\,900\,4 \times 10^{-6} T^4 -$
$3.069\,136\,905\,6 \times 10^{-10} T^5 \, [\mu V]$

逆向多项式：

$$T_{90} = \sum_{i=0}^{n} c_i E^i \, [\text{℃}]$$

系数表：

温度范围/℃	−210~0	0~760	760~1 200
电压范围/μV	−8 095~0	0~42 919	42 919~69 553
C_0	0.0	0.0	−3.113 581 87×10^3
C_1	1.952 826 8×10^{-2}	1.952 826 8×10^{-2}	3.005 436 84×10^{-1}
C_2	−1.228 618 5×10^{-6}	−2.001 204×10^{-7}	−9.947 732 30×10^{-6}
C_3	−1.075 217 8×10^{-9}	1.036 969×10^{-11}	1.702 766 30×10^{-10}
C_4	−5.908 693 3×10^{-13}	−2.549 687×10^{-16}	−1.430 334 68×10^{-15}
C_5	−1.725 671 3×10^{-16}	3.585 153×10^{-21}	4.738 860 84×10^{-21}
C_6	−2.813 151 3×10^{-20}	−5.344 285×10^{-26}	
C_7	−2.396 337 0×10^{-24}	5.099 890×10^{-31}	
C_8	−8.382 332 1×10^{-29}		
误差范围/℃	0.03~−0.05	0.04~−0.04	0.03~−0.04

显式多项式表示：

−210~0℃

$$T_{90} = 1.952\,826\,8 \times 10^{-2} E^1 - 1.228\,618\,5 \times 10^{-6} E^2 - 1.075\,217\,8 \times 10^{-9} E^3 -$$
$$5.908\,693\,3 \times 10^{-13} E^4 - 1.725\,671\,3 \times 10^{-16} E^5 -$$
$$2.813\,151\,3 \times 10^{-20} E^6 - 2.396\,337\,0 \times 10^{-24} E^7 -$$
$$8.382\,332\,1 \times 10^{-29} E^8 \,[\,℃\,]$$

0~760℃

$$T_{90} = 1.952\,826\,8 \times 10^{-2} E^1 - 2.001\,204 \times 10^{-7} E^2 + 1.036\,969 \times 10^{-11} E^3 -$$
$$2.549\,687 \times 10^{-16} E^4 + 3.585\,153 \times 10^{-21} E^5 - 5.344\,285 \times 10^{-26} E^6 +$$
$$5.099\,890 \times 10^{-31} E^7 \,[\,℃\,]$$

760~1 200℃

$$T_{90} = -3.113\,581\,87 \times 10^3 + 3.005\,436\,84 \times 10^{-1} E^1 - 9.947\,732\,30 \times 10^{-6} E^2 +$$
$$1.702\,766\,30 \times 10^{-10} E^3 - 1.430\,334\,68 \times 10^{-15} E^4 +$$
$$4.738\,860\,84 \times 10^{-21} E^5 \,[\,℃\,]$$

B.2 K型热电偶（铬/铝）

多项式：

$$E = \sum_{i=0}^{n} c_i (t_{90})^i \,[\,\mu V\,]$$

当处于0℃以上时，该多项式的形式为 $E = \sum_{i=0}^{n} c_i (t_{90})^i + \alpha_0 e^{\alpha_1 (t_{90} - 126.968\,6)^2} \,[\,\mu V\,]$。

系数表：

温度范围/℃	−270~0	0~1 372
C_0	0.0	−1.760 041 368 6×10^1
C_1	3.945 012 802 5×10^1	3.892 120 497 5×10^1
C_2	2.362 237 359 8×10^{-2}	1.855 877 003 2×10^{-2}
C_3	−3.285 890 678 4×10^{-4}	−9.945 759 287 4×10^{-5}
C_4	−4.990 482 877 7×10^{-6}	3.184 094 571 9×10^{-7}
C_5	−6.750 905 917 3×10^{-8}	−5.607 284 488 9×10^{-10}
C_6	−5.741 032 742 8×10^{-10}	5.607 505 905 9×10^{-13}
C_7	−3.108 887 289 4×10^{-12}	−3.202 072 000 3×10^{-16}
C_8	−1.045 160 936 5×10^{-14}	9.715 114 715 2×10^{-20}
C_9	−1.988 926 687 8×10^{-17}	−1.210 472 127 5×10^{-23}
C_{10}	−1.632 269 748 6×10^{-20}	
α_0		1.185 976×10^2
α_1		−1.183 432×10^{-4}

显式多项式表示：

−270~0℃

$$E = 3.945\,012\,802\,5\times10^1 T^1 + 2.362\,237\,359\,8\times10^{-2} T^2 - \\ 3.285\,890\,678\,4\times10^{-4} T^3 - 4.990\,482\,877\,7\times10^{-6} T^4 - \\ 6.750\,905\,917\,3\times10^{-8} T^5 - 5.741\,032\,742\,8\times10^{-10} T^6 - \\ 3.108\,887\,289\,4\times10^{-12} T^7 - 1.045\,160\,936\,5\times10^{-14} T^8 - \\ 1.988\,926\,687\,8\times10^{-17} T^9 - 1.632\,269\,748\,6\times10^{-20} T^{10}\,[\mu V]$$

0~1 372℃

$$E = -1.760\,041\,368\,6\times10^1 + 3.892\,120\,497\,5\times10^1 T^1 + 1.855\,877\,003\,2\times10^{-2} T^2 - \\ 9.945\,759\,287\,4\times10^{-5} T^3 + 3.184\,094\,571\,9\times10^{-7} T^4 - \\ 5.607\,284\,488\,9\times10^{-10} T^5 + 5.607\,505\,905\,9\times10^{-13} T^6 - \\ 3.202\,072\,000\,3\times10^{-16} T^7 + 9.715\,114\,715\,2\times10^{-20} T^8 - \\ 1.210\,472\,127\,5\times10^{-23} T^9 + 1.185\,976\times10^2 \times \\ e^{-1.183\,432\times10^{-4}(T-126.968\,6)^2}\,[\mu V]$$

逆向多项式：

$$T_{90} = \sum_{i=0}^{n} c_i E^i\,[℃]$$

系数表：

温度范围/℃	−200~0	0~500	500~1 372
电压范围/μV	−5 891~0	0~20 644	20 644~54 886
C_0	0.0	0.0	−1.318 058×10^2
C_1	2.517 346 2×10^{-2}	2.508 355×10^{-2}	4.830 222×10^{-2}

			(续)
C_2	-1.1662878×10^{-6}	7.860106×10^{-8}	-1.646031×10^{-6}
C_3	-1.0833638×10^{-9}	-2.503131×10^{-10}	5.464731×10^{-11}
C_4	-8.9773540×10^{-13}	8.315270×10^{-14}	-9.650715×10^{-16}
C_5	-3.7342377×10^{-16}	-1.228034×10^{-17}	8.802193×10^{-21}
C_6	-8.6632643×10^{-20}	9.804036×10^{-22}	-3.110810×10^{-26}
C_7	-1.0450598×10^{-23}	-4.413030×10^{-26}	
C_8	-5.1920577×10^{-28}	1.057734×10^{-30}	
C_9		-1.052755×10^{-35}	
误差范围/℃	$0.04\sim-0.02$	$0.04\sim-0.05$	$0.06\sim-0.05$

显式多项式表示：

$-200\sim0$℃

$$T_{90}=2.5173462\times10^{-2}E^1-1.1662878\times10^{-6}E^2-1.0833638\times10^{-9}E^3-$$
$$8.9773540\times10^{-13}E^4-3.7342377\times10^{-16}E^5-$$
$$8.6632643\times10^{-20}E^6-1.0450598\times10^{-23}E^7-$$
$$5.1920577\times10^{-28}E^8\ [\ ℃\ ]$$

$0\sim500$℃

$$T_{90}=2.508355\times10^{-2}E^1+7.860106\times10^{-8}E^2-2.503131\times10^{-10}E^3+$$
$$8.315270\times10^{-14}E^4-1.228034\times10^{-17}E^5+$$
$$9.804036\times10^{-22}E^6-4.413030\times10^{-26}E^7+$$
$$1.057734\times10^{-30}E^8-1.052755\times10^{-35}E^9\ [\ ℃\ ]$$

$500\sim1\,372$℃

$$T_{90}=-1.318058\times10^2+4.830222\times10^{-2}E^1-1.646031\times10^{-6}E^2+$$
$$5.464731\times10^{-11}E^3-9.650715\times10^{-16}E^4+$$
$$8.802193\times10^{-21}E^5-3.110810\times10^{-26}E^6\ [\ ℃\ ]$$

B.3 T型热电偶（铜/康铜）

多项式：

$$E=\sum_{i=0}^{n}c_i(t_{90})^i\ [\ \mu V\ ]$$

系数表：

温度范围/℃	$-270\sim0$	$0\sim400$
C_0	0.0	0.0
C_1	3.8748106364×10^1	3.8748106364×10^1

(续)

C_2	4.419 443 434 7×10^{-2}	3.329 222 788 0×10^{-2}
C_3	1.184 432 310 5×10^{-4}	2.061 824 340 4×10^{-4}
C_4	2.003 297 355 4×10^{-5}	-2.188 225 684 6×10^{-6}
C_5	9.013 801 955 9×10^{-7}	1.099 688 092 8×10^{-8}
C_6	2.265 115 659 3×10^{-8}	-3.081 575 877 2×10^{-11}
C_7	3.607 115 420 5×10^{-10}	4.547 913 529 0×10^{-14}
C_8	3.849 393 988 3×10^{-12}	-2.751 290 167 3×10^{-17}
C_9	2.821 352 192 5×10^{-14}	
C_{10}	1.425 159 477 9×10^{-16}	
C_{11}	4.876 866 228 6×10^{-19}	
C_{12}	1.079 553 927 0×10^{-21}	
C_{13}	1.394 502 706 2×10^{-24}	
C_{14}	7.979 515 392 7×10^{-28}	

显式多项式表示:

-270~0℃

$$\begin{aligned}E = &3.874\,810\,636\,4\times10^{1}T^{1}+4.419\,443\,434\,7\times10^{-2}T^{2}+\\&1.184\,432\,310\,5\times10^{-4}T^{3}+2.003\,297\,355\,4\times10^{-5}T^{4}+\\&9.013\,801\,955\,9\times10^{-7}T^{5}+2.265\,115\,659\,3\times10^{-8}T^{6}+\\&3.607\,115\,420\,5\times10^{-10}T^{7}+3.849\,393\,988\,3\times10^{-12}T^{8}+\\&2.821\,352\,192\,5\times10^{-14}T^{9}+1.425\,159\,477\,9\times10^{-16}T^{10}+\\&4.876\,866\,228\,6\times10^{-19}T^{11}+1.079\,553\,927\,0\times10^{-21}T^{12}+\\&1.394\,502\,706\,2\times10^{-24}T^{13}+7.979\,515\,392\,7\times10^{-28}T^{14}\,[\mu V]\end{aligned}$$

0~400℃

$$\begin{aligned}E = &3.874\,810\,636\,4\times10^{1}T^{1}+3.329\,222\,788\,0\times10^{-2}T^{2}+\\&2.061\,824\,340\,4\times10^{-4}T^{3}-2.188\,225\,684\,6\times10^{-6}T^{4}+\\&1.099\,688\,092\,8\times10^{-8}T^{5}-3.081\,575\,877\,2\times10^{-11}T^{6}+\\&4.547\,913\,529\,0\times10^{-14}T^{7}-2.751\,290\,167\,3\times10^{-17}T^{8}\,[\mu V]\end{aligned}$$

逆向多项式:

$$T_{90} = \sum c_i E^i \,[℃]$$

系数表:

温度范围/℃	-200~0	0~400
电压范围/μV	-5 603~0	0~20 872
C_0	0.0	0.0
C_1	2.594 919 2×10^{-2}	2.592 800×10^{-2}

(续)

C_2	$-2.131\,696\,7\times10^{-7}$	$-7.602\,961\times10^{-7}$
C_3	$7.901\,869\,2\times10^{-10}$	$4.637\,791\times10^{-11}$
C_4	$4.252\,777\,7\times10^{-13}$	$-2.165\,394\times10^{-15}$
C_5	$1.330\,447\,3\times10^{-16}$	$6.048\,144\times10^{-20}$
C_6	$2.024\,144\,6\times10^{-20}$	$-7.293\,422\times10^{-25}$
C_7	$1.266\,817\,1\times10^{-24}$	
误差范围/℃	$0.04\sim-0.02$	$0.03\sim-0.03$

显式多项式表示：

$-200\sim0$℃

$$T_{90}=2.594\,919\,2\times10^{-2}E^1-2.131\,696\,7\times10^{-7}E^2+$$
$$7.901\,869\,2\times10^{-10}E^3+4.252\,777\,7\times10^{-13}E^4+$$
$$1.330\,447\,3\times10^{-16}E^5+2.024\,144\,6\times10^{-20}E^6+$$
$$1.266\,817\,1\times10^{-24}E^7\,[\,℃\,]$$

$0\sim400$℃

$$T_{90}=2.592\,800\times10^{-2}E^1-7.602\,961\times10^{-7}E^2+$$
$$4.637\,791\times10^{-11}E^3-2.165\,394\times10^{-15}E^4+$$
$$6.048\,144\times10^{-20}E^5-7.293\,422\times10^{-25}E^6\,[\,℃\,]$$

B.4 E型热电偶（铬/康铜）

多项式：

$$E=\sum_{i=0}^{n}c_i(t_{90})^i\,[\,\mu V\,]$$

系数表：

温度范围/℃	$-270\sim0$	$0\sim1\,000$
C_0	0.0	0.0
C_1	$5.866\,550\,870\,8\times10^1$	$5.866\,550\,871\,0\times10^1$
C_2	$4.541\,097\,712\,4\times10^{-2}$	$4.503\,227\,558\,2\times10^{-2}$
C_3	$-7.799\,804\,868\,6\times10^{-4}$	$2.890\,840\,721\,2\times10^{-5}$
C_4	$-2.580\,016\,084\,3\times10^{-5}$	$-3.305\,689\,665\,2\times10^{-7}$
C_5	$-5.945\,258\,305\,7\times10^{-7}$	$6.502\,440\,327\,0\times10^{-10}$
C_6	$-9.321\,405\,866\,7\times10^{-9}$	$-1.919\,749\,550\,4\times10^{-13}$
C_7	$-1.028\,760\,553\,4\times10^{-10}$	$-1.253\,660\,049\,7\times10^{-15}$
C_8	$-8.037\,012\,362\,1\times10^{-13}$	$2.148\,921\,756\,9\times10^{-18}$

(续)

C_9	-4.397 949 739 1×10^{-15}	-1.438 804 178 2×10^{-21}
C_{10}	-1.641 477 635 5×10^{-17}	3.596 089 948 1×10^{-25}
C_{11}	-3.967 361 951 6×10^{-20}	
C_{12}	-5.582 732 872 1×10^{-23}	
C_{13}	-3.465 784 201 3×10^{-26}	

显式多项式表示：

−270~0℃

$$E = 5.866\,550\,870\,8 \times 10^1 T + 4.541\,097\,712\,4 \times 10^{-2} T^2 - \\ 7.799\,804\,868\,6 \times 10^{-4} T^3 - 2.580\,016\,084\,3 \times 10^{-5} T^4 - \\ 5.945\,258\,305\,7 \times 10^{-7} T^5 - 9.321\,405\,866\,7 \times 10^{-9} T^6 - \\ 1.028\,760\,553\,4 \times 10^{-10} T^7 - 8.037\,012\,362\,1 \times 10^{-13} T^8 - \\ 4.397\,949\,739\,1 \times 10^{-15} T^9 - 1.641\,477\,635\,5 \times 10^{-17} T^{10} - \\ 3.967\,361\,951\,6 \times 10^{-20} T^{11} - 5.582\,732\,872\,1 \times 10^{-23} T^{12} - \\ 3.465\,784\,201\,3 \times 10^{-26} T^{13} [\mu V]$$

0~1 000℃

$$E = 5.866\,550\,871\,0 \times 10^1 T + 4.503\,227\,558\,2 \times 10^{-2} T^2 + \\ 2.890\,840\,721\,2 \times 10^{-5} T^3 - 3.305\,689\,665\,2 \times 10^{-7} T^4 + \\ 6.502\,440\,327\,0 \times 10^{-10} T^5 - 1.919\,749\,550\,4 \times 10^{-13} T^6 - \\ 1.253\,660\,049\,7 \times 10^{-15} T^7 + 2.148\,921\,756\,9 \times 10^{-18} T^8 - \\ 1.438\,804\,178\,2 \times 10^{-21} T^9 + 3.596\,089\,948\,1 \times 10^{-25} T^{10} [\mu V]$$

逆向多项式：

$$T_{90} = \sum_{i=0}^{n} c_i E^i [\mu V]$$

系数表：

温度范围/℃	−200~0	0~1 000
电压范围/μV	−8 825~0	0~76 373
C_0	0.0	0.0
C_1	1.697 728 8×10^{-2}	1.705 703 5×10^{-2}
C_2	-4.351 497 0×10^{-7}	-2.330 175 9×10^{-7}
C_3	-1.585 969 7×10^{-10}	6.543 558 5×10^{-12}
C_4	-9.250 287 1×10^{-14}	-7.356 274 9×10^{-17}
C_5	-2.608 431 4×10^{-17}	-1.789 600 1×10^{-21}
C_6	-4.136 019 9×10^{-21}	8.403 616 5×10^{-26}

（续）

C_7	-3.4034030×10^{-25}	-1.3735879×10^{-30}
C_8	-1.1564890×10^{-29}	1.0629823×10^{-35}
C_9		-3.2447087×10^{-41}
误差范围/℃	$0.03\sim-0.01$	$0.02\sim-0.02$

显式多项式表示：

$-200\sim0$℃

$$T_{90} = 1.6977288\times10^{-2}E^1 - 4.3514970\times10^{-7}E^2 - 1.5859697\times10^{-10}E^3 - 9.2502871\times10^{-14}E^4 - 2.6084314\times10^{-17}E^5 - 4.1360199\times10^{-21}E^6 - 3.4034030\times10^{-25}E^7 - 1.1564890\times10^{-29}E^8\;[℃]$$

$0\sim1\,000$℃

$$T_{90} = 1.7057035\times10^{-2}E^1 - 2.3301759\times10^{-7}E^2 + 6.5435585\times10^{-12}E^3 - 7.3562749\times10^{-17}E^4 - 1.7896001\times10^{-21}E^5 + 8.4036165\times10^{-26}E^6 - 1.3735879\times10^{-30}E^7 + 1.0629823\times10^{-35}E^8 - 3.2447087\times10^{-41}E^9\;[℃]$$

B.5　N 型热电偶（镍/铬-硅）

多项式：

$$E = \sum_{i=0}^{n} c_i(t_{90})^i\;[\mu V]$$

系数表：

温度范围/℃	$-270\sim0$	$0\sim1\,300$
C_0	0.0	0.0
C_1	2.6159105962×10^1	2.5929394601×10^1
C_2	$1.0957484228\times10^{-2}$	$1.5710141880\times10^{-2}$
C_3	$-9.3841111554\times10^{-5}$	$4.3825627237\times10^{-5}$
C_4	$-4.6412039759\times10^{-8}$	$-2.5261169794\times10^{-7}$
C_5	$-2.6303357716\times10^{-9}$	$6.4311819339\times10^{-10}$
C_6	$-2.2653438003\times10^{-11}$	$-1.0063471519\times10^{-12}$
C_7	$-7.6089300791\times10^{-14}$	$9.9745338992\times10^{-16}$
C_8	$-9.3419667835\times10^{-17}$	$-6.0563245607\times10^{-19}$
C_9		$2.0849229339\times10^{-22}$
C_{10}		$-3.0682196151\times10^{-26}$

显式多项式表示：

$-270 \sim 0\ ℃$

$$E = 2.615\,910\,596\,2 \times 10^1 T^1 + 1.095\,748\,422\,8 \times 10^{-2} T^2 -$$
$$9.384\,111\,155\,4 \times 10^{-5} T^3 - 4.641\,203\,975\,9 \times 10^{-8} T^4 -$$
$$2.630\,335\,771\,6 \times 10^{-9} T^5 - 2.265\,343\,800\,3 \times 10^{-11} T^6 -$$
$$7.608\,930\,079\,1 \times 10^{-14} T^7 - 9.341\,966\,783\,5 \times 10^{-17} T^8\ [\mu V]$$

$0 \sim 1\,300\ ℃$

$$E = 2.592\,939\,460\,1 \times 10^1 T^1 + 1.571\,014\,188\,0 \times 10^{-2} T^2 +$$
$$4.382\,562\,723\,7 \times 10^{-5} T^3 - 2.526\,116\,979\,4 \times 10^{-7} T^4 +$$
$$6.431\,181\,933\,9 \times 10^{-10} T^5 - 1.006\,347\,151\,9 \times 10^{-12} T^6 +$$
$$9.974\,533\,899\,2 \times 10^{-16} T^7 - 6.086\,324\,560\,7 \times 10^{-19} T^8 +$$
$$2.084\,922\,933\,9 \times 10^{-22} T^9 - 3.068\,219\,615\,1 \times 10^{-26} T^{10}\ [\mu V]$$

逆向多项式：

$$T_{90} = \sum_{i=0}^{n} c_i E^i\ [℃]$$

系数表：

温度范围/℃	$-200 \sim 0$	$0 \sim 600$	$600 \sim 1\,300$	$0 \sim 1\,300$
电压范围/μV	$-3\,990 \sim 0$	$0 \sim 20\,613$	$20\,613 \sim 47\,513$	$0 \sim 47\,513$
C_0	0.0	0.0	$1.972\,485 \times 10^1$	0.0
C_1	$3.843\,684\,7 \times 10^{-2}$	$3.868\,96 \times 10^{-2}$	$3.300\,943 \times 10^{-2}$	$3.878\,327\,7 \times 10^{-2}$
C_2	$1.101\,048\,5 \times 10^{-6}$	$-1.082\,67 \times 10^{-6}$	$-3.915\,159 \times 10^{-7}$	$-1.161\,234\,4 \times 10^{-6}$
C_3	$5.222\,931\,2 \times 10^{-9}$	$4.702\,05 \times 10^{-11}$	$9.855\,391 \times 10^{-12}$	$6.952\,565\,5 \times 10^{-11}$
C_4	$7.206\,052\,5 \times 10^{-12}$	$-2.121\,69 \times 10^{-18}$	$-1.274\,371 \times 10^{-16}$	$-3.009\,007\,7 \times 10^{-15}$
C_5	$5.848\,858\,6 \times 10^{-15}$	$-1.172\,72 \times 10^{-19}$	$7.767\,022 \times 10^{-22}$	$8.831\,158\,4 \times 10^{-20}$
C_6	$2.775\,491\,6 \times 10^{-18}$	$5.392\,80 \times 10^{-24}$		$-1.621\,383\,9 \times 10^{-24}$
C_7	$7.707\,516\,6 \times 10^{-22}$	$-7.981\,56 \times 10^{-29}$		$1.669\,336\,2 \times 10^{-29}$
C_8	$1.158\,266\,5 \times 10^{-25}$			$-7.311\,754\,0 \times 10^{-35}$
C_9	$7.313\,886\,8 \times 10^{-30}$			
误差范围/℃	$0.03 \sim -0.02$	$0.03 \sim -0.01$	$0.02 \sim -0.04$	$0.06 \sim -0.06$

显式多项式表示：

$-200 \sim 0\ ℃$

$$T_{90} = 3.843\,684\,7 \times 10^{-2} E^1 + 1.101\,048\,5 \times 10^{-6} E^2 + 5.222\,931\,2 \times 10^{-9} E^3 +$$
$$7.206\,052\,5 \times 10^{-12} E^4 + 5.848\,858\,6 \times 10^{-15} E^5 +$$
$$2.775\,491\,6 \times 10^{-18} E^6 + 7.707\,516\,6 \times 10^{-22} E^7 +$$
$$1.158\,266\,5 \times 10^{-25} E^8 + 7.313\,886\,8 \times 10^{-30} E^9\ [℃]$$

0~600℃
$$T_{90} = 3.868\,96\times10^{-2}E^1 - 1.082\,67\times10^{-6}E^2 + 4.702\,05\times10^{-11}E^3 -$$
$$2.121\,69\times10^{-18}E^4 - 1.172\,72\times10^{-19}E^5 +$$
$$5.392\,80\times10^{-24}E^6 - 7.981\,56\times10^{-29}E^7\,[\,℃\,]$$

600~1 300℃
$$T_{90} = 1.972\,485\times10^1 + 3.300\,943\times10^{-2}E^1 - 3.915\,159\times10^{-7}E^2 +$$
$$9.855\,391\times10^{-12}E^3 - 1.274\,371\times10^{-16}E^4 +$$
$$7.767\,022\times10^{-22}E^5\,[\,℃\,]$$

0~1 300℃
$$T_{90} = 3.878\,327\,7\times10^{-2}E^1 - 1.161\,234\,4\times10^{-6}E^2 + 6.952\,565\,5\times10^{-11}E^3 -$$
$$3.009\,007\,7\times10^{-15}E^4 + 8.831\,158\,4\times10^{-20}E^5 -$$
$$1.621\,383\,9\times10^{-24}E^6 + 1.669\,336\,2\times10^{-29}E^7 -$$
$$7.311\,754\,0\times10^{-35}E^8\,[\,℃\,]$$

B.6 B型热电偶［铂（30%）/铑-铂］

多项式：

$$E = \sum_{i=0}^{n} c_i (t_{90})^i\,[\,\mu V\,]$$

系数表：

温度范围/℃	0~630.615	630.615~1 820
C_0	0.0	$-3.893\,816\,862\,1\times10^3$
C_1	$-2.465\,081\,834\,6\times10^{-1}$	$2.857\,174\,747\,0\times10^1$
C_2	$5.904\,042\,117\,1\times10^{-3}$	$-8.488\,510\,478\,5\times10^{-2}$
C_3	$-1.325\,793\,163\,6\times10^{-6}$	$1.578\,528\,016\,4\times10^{-4}$
C_4	$1.566\,829\,190\,1\times10^{-9}$	$-1.683\,534\,486\,4\times10^{-7}$
C_5	$-1.694\,452\,924\,0\times10^{-12}$	$1.110\,979\,401\,3\times10^{-10}$
C_6	$6.229\,034\,709\,4\times10^{-16}$	$-4.451\,543\,103\,3\times10^{-14}$
C_7		$9.897\,564\,082\,1\times10^{-18}$
C_8		$-9.379\,133\,028\,9\times10^{-22}$

显式多项式表示：

0~630.615℃
$$E = -2.465\,081\,834\,6\times10^{-1}T + 5.904\,042\,117\,1\times10^{-3}T^2 - 1.325\,793\,163\,6\times10^{-6}T^3 +$$
$$1.566\,829\,190\,1\times10^{-9}T^4 - 1.694\,452\,924\,0\times10^{-12}T^5 +$$
$$6.229\,034\,709\,4\times10^{-16}T^6\,[\,\mu V\,]$$

630.615~1 820℃

$$E = -3.893\,816\,862\,1 \times 10^3 + 2.857\,174\,747\,0 \times 10^1 T^1 - 8.488\,510\,478\,5 \times 10^{-2} T^2 +$$
$$1.578\,528\,016\,4 \times 10^{-4} T^3 - 1.683\,534\,486\,4 \times 10^{-7} T^4 +$$
$$1.110\,979\,401\,3 \times 10^{-10} T^5 - 4.451\,543\,103\,3 \times 10^{-14} T^6 +$$
$$9.897\,564\,082\,1 \times 10^{-18} T^7 - 9.379\,133\,028\,9 \times 10^{-22} T^8\,[\,\mu V\,]$$

逆向多项式：

$$T_{90} = \sum_{i=0}^{n} c_i E^i\,[\,\mu V\,]$$

系数表：

温度范围/℃	250~700	700~1 820
电压范围/μV	291~2 431	2 431~13 820
C_0	9.482 332 1×10^1	2.131 507 1×10^2
C_1	6.997 150 0×10^{-1}	2.851 050 4×10^{-1}
C_2	-8.476 530 4×10^{-4}	-5.274 288 7×10^{-5}
C_3	1.005 264 4×10^{-6}	9.916 080 4×10^{-9}
C_4	-8.334 595 2×10^{-10}	-1.296 530 3×10^{-12}
C_5	4.550 854 2×10^{-13}	1.119 587 0×10^{-16}
C_6	-1.552 303 7×10^{-16}	-6.062 519 9×10^{-21}
C_7	2.988 675 0×10^{-20}	1.866 169 6×10^{-25}
C_8	-2.474 286 0×10^{-24}	-2.487 858 5×10^{-30}
误差范围/℃	0.03~-0.02	0.02~-0.01

显式多项式表示：

250~700℃

$$T_{90} = 9.482\,332\,1 \times 10^1 + 6.997\,150\,0 \times 10^{-1} E^1 - 8.476\,530\,4 \times 10^{-4} E^2 +$$
$$1.005\,264\,4 \times 10^{-6} E^3 - 8.334\,595\,2 \times 10^{-10} E^4 +$$
$$4.550\,854\,2 \times 10^{-13} E^5 - 1.552\,303\,7 \times 10^{-16} E^6 +$$
$$2.988\,675\,0 \times 10^{-20} E^7 - 2.474\,286\,0 \times 10^{-24} E^8\,[\,℃\,]$$

700~1 820℃

$$T_{90} = 2.131\,507\,1 \times 10^2 + 2.851\,050\,4 \times 10^{-1} E^1 - 5.274\,288\,7 \times 10^{-5} E^2 +$$
$$9.916\,080\,4 \times 10^{-9} E^3 - 1.296\,530\,3 \times 10^{-12} E^4 +$$
$$1.119\,587\,0 \times 10^{-16} E^5 - 6.062\,519\,9 \times 10^{-21} E^6 +$$
$$1.866\,169\,6 \times 10^{-25} E^7 - 2.487\,858\,5 \times 10^{-30} E^8\,[\,℃\,]$$

B.7 R型热电偶 [铂（13%）/铑-铂]

多项式：

$$E = \sum_{i=0}^{n} c_i (t_{90})^i\,[\,\mu V\,]$$

系数表：

温度范围/℃	$-50\sim1\,064.18$	$1\,064.18\sim1\,664.5$	$1\,664.5\sim1\,768.1$
C_0	0.0	$2.951\,579\,253\,16\times10^3$	$1.522\,321\,182\,09\times10^5$
C_1	$5.289\,617\,297\,65$	$-2.520\,612\,513\,32$	$-2.688\,198\,885\,45\times10^2$
C_2	$1.391\,665\,897\,82\times10^{-2}$	$1.595\,645\,018\,65\times10^{-2}$	$1.712\,802\,804\,71\times10^{-1}$
C_3	$-2.388\,556\,930\,17\times10^{-5}$	$-7.640\,859\,475\,76\times10^{-6}$	$-3.458\,957\,064\,53\times10^{-5}$
C_4	$3.569\,160\,010\,63\times10^{-8}$	$2.053\,052\,910\,24\times10^{-9}$	$-9.346\,339\,710\,46\times10^{-12}$
C_5	$-4.623\,476\,662\,98\times10^{-11}$	$-2.933\,596\,681\,73\times10^{-13}$	
C_6	$5.007\,774\,410\,34\times10^{-14}$		
C_7	$-3.731\,058\,861\,91\times10^{-17}$		
C_8	$1.577\,164\,823\,67\times10^{-20}$		
C_9	$-2.810\,386\,252\,51\times10^{-24}$		

显式多项式表示：

$-50\sim1\,064.18$℃

$$E = 5.289\,617\,297\,65\,T^1 + 1.391\,665\,897\,82\times10^{-2}\,T^2 - 2.388\,556\,930\,17\times10^{-5}\,T^3 +$$
$$3.569\,160\,010\,63\times10^{-8}\,T^4 - 4.623\,476\,662\,98\times10^{-11}\,T^5 +$$
$$5.007\,774\,410\,34\times10^{-14}\,T^6 - 3.731\,058\,861\,91\times10^{-17}\,T^7 +$$
$$1.577\,164\,823\,67\times10^{-20}\,T^8 - 2.810\,386\,252\,51\times10^{-24}\,T^9\,[\mu V]$$

$1\,064.18\sim1\,664.5$℃

$$E = 2.951\,579\,253\,16\times10^3 - 2.520\,612\,513\,32\,T^1 + 1.595\,645\,018\,65\times10^{-2}\,T^2 -$$
$$7.640\,859\,475\,76\times10^{-6}\,T^3 + 2.053\,052\,910\,24\times10^{-9}\,T^4 -$$
$$2.933\,596\,681\,73\times10^{-13}\,T^5\,[\mu V]$$

$1\,664.5\sim1\,768.1$℃

$$E = 1.522\,321\,182\,09\times10^5 - 2.688\,198\,885\,45\times10^2\,T^1 + 1.712\,802\,804\,71\times10^{-1}\,T^2 -$$
$$3.458\,957\,064\,53\times10^{-5}\,T^3 - 9.346\,339\,710\,46\times10^{-12}\,T^4\,[\mu V]$$

逆向多项式：

$$T_{90} = \sum_{i=0}^{n} c_i E^i\,[℃]$$

系数表：

温度范围/℃	$-50\sim250$	$250\sim1\,200$	$1\,064\sim1\,664.5$	$1\,664.5\sim1\,788.1$
电压范围/μV	$-226\sim1\,923$	$1\,923\sim13\,228$	$11\,361\sim19\,769$	$19\,769\sim21\,103$
C_0	0.0	$1.334\,584\,505\times10^1$	$-8.199\,599\,416\times10^1$	$3.406\,177\,836\times10^4$
C_1	$1.889\,138\,0\times10^{-1}$	$1.472\,644\,573\times10^{-1}$	$1.553\,962\,042\times10^{-1}$	$-7.023\,729\,171$
C_2	$-9.383\,529\,0\times10^{-5}$	$-1.844\,024\,844\times10^{-5}$	$-8.342\,197\,663\times10^{-6}$	$5.582\,903\,813\times10^{-4}$
C_3	$1.306\,861\,9\times10^{-7}$	$4.031\,129\,726\times10^{-9}$	$4.279\,433\,549\times10^{-10}$	$-1.952\,394\,635\times10^{-8}$

(续)

C_4	$-2.270\,358\,0\times10^{-10}$	$-6.249\,428\,360\times10^{-13}$	$-1.191\,577\,910\times10^{-14}$	$2.560\,740\,231\times10^{-13}$
C_5	$3.514\,565\,9\times10^{-13}$	$6.468\,412\,046\times10^{-17}$	$1.492\,290\,091\times10^{-19}$	
C_6	$-3.895\,390\,0\times10^{-16}$	$-4.458\,750\,426\times10^{-21}$		
C_7	$2.823\,947\,1\times10^{-19}$	$1.994\,710\,146\times10^{-25}$		
C_8	$-1.260\,728\,1\times10^{-22}$	$-5.313\,401\,790\times10^{-30}$		
C_9	$3.135\,361\,1\times10^{-26}$	$6.481\,976\,217\times10^{-35}$		
C_{10}	$-3.318\,776\,9\times10^{-30}$			
误差范围/℃	0.02~-0.02	0.005~-0.005	0.001~-0.000 5	0.002~-0.001

显式多项式表示：

$-50\sim250$℃

$$T_{90}=1.889\,138\,0\times10^{-1}E^1-9.383\,529\,0\times10^{-5}E^2+1.306\,861\,9\times10^{-7}E^3-$$
$$2.270\,358\,0\times10^{-10}E^4+3.514\,565\,9\times10^{-13}E^5-$$
$$3.895\,390\,0\times10^{-16}E^6+2.823\,947\,1\times10^{-19}E^7-$$
$$1.260\,728\,1\times10^{-22}E^8+3.135\,361\,1\times10^{-26}E^9-$$
$$3.318\,776\,9\times10^{-30}E^{10}\,[\,℃\,]$$

$250\sim1\,200$℃

$$T_{90}=1.334\,584\,505\times10^1+1.472\,644\,573\times10^1E^1-1.844\,024\,844\times10^{-5}E^2+$$
$$4.031\,129\,726\times10^{-9}E^3-6.249\,428\,360\times10^{-13}E^4+$$
$$6.468\,412\,046\times10^{-17}E^5-4.458\,750\,426\times10^{-21}E^6+$$
$$1.994\,710\,146\times10^{-25}E^7-5.313\,401\,790\times10^{-30}E^8+$$
$$6.481\,976\,217\times10^{-35}E^9\,[\,℃\,]$$

$1\,064\sim1\,664.5$℃

$$T_{90}=-8.199\,599\,416\times10^1+1.553\,962\,042\times10^{-1}E^1-8.342\,197\,663\times10^{-6}E^2+$$
$$4.279\,433\,549\times10^{-10}E^3-1.191\,577\,910\times10^{-14}E^4+$$
$$1.492\,290\,091\times10^{-19}E^5\,[\,℃\,]$$

$1\,664.5\sim1\,768.1$℃

$$T_{90}=3.406\,177\,836\times10^4-7.023\,729\,171E^1+5.582\,903\,813\times10^{-4}E^2-$$
$$1.952\,394\,635\times10^{-8}E^3+2.560\,740\,231\times10^{-13}E^4\,[\,℃\,]$$

B.8 S型热电偶 [铂（10%）/铑-铂]

多项式：

$$E=\sum_{i=0}^{n}c_i(t_{90})^i\,[\,\mu V\,]$$

系数表：

温度范围/℃	−50~1 064.18	1 064.18~1 664.5	1 664.5~1 768.1
C_0	0.0	$1.329\,004\,450\,85\times10^3$	$1.466\,282\,326\,36\times10^5$
C_1	$5.403\,133\,086\,31$	$3.345\,093\,113\,44$	$-2.584\,305\,167\,52\times10^2$
C_2	$1.259\,342\,897\,40\times10^{-2}$	$6.548\,051\,928\,18\times10^{-3}$	$1.636\,935\,746\,41\times10^{-1}$
C_3	$-2.324\,779\,686\,89\times10^{-5}$	$-1.648\,562\,592\,09\times10^{-6}$	$-3.304\,390\,469\,87\times10^{-5}$
C_4	$3.220\,288\,230\,36\times10^{-8}$	$1.299\,896\,051\,74\times10^{-11}$	$-9.432\,236\,906\,12\times10^{-12}$
C_5	$-3.314\,651\,963\,89\times10^{-11}$		
C_6	$2.557\,442\,517\,86\times10^{-14}$		
C_7	$-1.250\,688\,713\,93\times10^{-17}$		
C_8	$2.714\,431\,761\,45\times10^{-21}$		

显式多项式表示：

−50~1 064.18℃

$$E = 5.403\,133\,086\,31\,T^1 + 1.259\,342\,897\,40\times10^{-2}T^2 - 2.324\,779\,686\,89\times10^{-5}T^3 + \\ 3.220\,288\,230\,36\times10^{-8}T^4 - 3.314\,651\,963\,89\times10^{-11}T^5 + \\ 2.557\,442\,517\,86\times10^{-14}T^6 - 1.250\,688\,713\,93\times10^{-17}T^7 + \\ 2.714\,431\,761\,45\times10^{-21}T^8\,[\mu V]$$

1 064.18~1 664.5℃

$$E = 1.329\,004\,450\,85\times10^3 + 3.345\,093\,113\,44\,T^1 + 6.548\,051\,928\,18\times10^{-3}T^2 - \\ 1.648\,562\,592\,09\times10^{-6}T^3 + 1.299\,896\,051\,74\times10^{-11}T^4\,[\mu V]$$

1 664.5~1 768.1℃

$$E = 1.466\,282\,326\,36\times10^5 - 2.584\,305\,167\,52\times10^2 T^1 + 1.636\,935\,746\,41\times10^{-1}T^2 - \\ 3.304\,390\,469\,87\times10^{-5}T^3 - 9.432\,236\,906\,12\times10^{-12}T^4\,[\mu V]$$

逆向多项式：

$$T_{90} = \sum_{i=0}^{n} c_i E^i\,[\mu V]$$

系数表：

温度范围/℃	−50~250	250~1 200	1 064~1 664.5	1 664.5~1 768.1
电压范围/μV	−235~1 874	1 874~11 950	10 332~17 536	17 536~18 693
C_0	0.0	$1.291\,507\,177\times10^1$	$-8.087\,801\,117\times10^1$	$5.333\,875\,126\times10^4$
C_1	$1.849\,494\,60\times10^{-1}$	$1.466\,298\,863\times10^{-1}$	$1.621\,573\,104\times10^{-1}$	$-1.235\,892\,298\times10^1$
C_2	$-8.005\,040\,62\times10^{-5}$	$-1.534\,713\,402\times10^{-5}$	$-8.536\,869\,453\times10^{-6}$	$1.092\,657\,613\times10^{-3}$
C_3	$1.022\,374\,30\times10^{-7}$	$3.145\,945\,973\times10^{-9}$	$4.719\,686\,976\times10^{-10}$	$-4.265\,693\,686\times10^{-8}$
C_4	$-1.522\,485\,92\times10^{-10}$	$-4.163\,257\,839\times10^{-13}$	$-1.441\,693\,666\times10^{-14}$	$6.247\,205\,420\times10^{-13}$

(续)

C_5	1.88821343×10^{-13}	$3.187963771\times10^{-17}$	$2.081618890\times10^{-19}$
C_6	$-1.59085941\times10^{-16}$	$-1.291637500\times10^{-21}$	
C_7	8.23027880×10^{-20}	$2.183475087\times10^{-26}$	
C_8	$-2.34181944\times10^{-23}$	$-1.447379511\times10^{-31}$	
C_9	2.79786260×10^{-27}	$8.211272125\times10^{-36}$	
误差范围/℃	0.02~-0.02	0.01~-0.01	0.0002~-0.0002	0.002~-0.002

显式多项式表示：

$-50\sim250$℃

$$T_{90} = 1.84949460\times10^{-1}E^1 - 8.00504062\times10^{-5}E^2 + 1.02237430\times10^{-7}E^3 - 1.52248592\times10^{-10}E^4 + 1.88821343\times10^{-13}E^5 - 1.59085941\times10^{-16}E^6 + 8.23027880\times10^{-20}E^7 - 2.34181944\times10^{-23}E^8 + 2.79786260\times10^{-27}E^9\ [℃]$$

$250\sim1\,200$℃

$$T_{90} = 1.291507177\times10^1 + 1.466298863\times10^{-1}E^1 - 1.534713402\times10^{-5}E^2 + 3.145945973\times10^{-9}E^3 - 4.163257839\times10^{-13}E^4 + 3.187963771\times10^{-17}E^5 - 1.291637500\times10^{-21}E^6 + 2.183475087\times10^{-26}E^7 - 1.447379511\times10^{-31}E^8 + 8.211272125\times10^{-36}E^9\ [℃]$$

$1\,064\sim1\,664.5$℃

$$T_{90} = -8.087801117\times10^1 + 1.621573104\times10^{-1}E^1 - 8.536869453\times10^{-6}E^2 + 4.719686976\times10^{-10}E^3 - 1.441693666\times10^{-14}E^4 + 2.081618890\times10^{-19}E^5\ [℃]$$

$1\,664.5\sim1\,768.1$℃

$$T_{90} = 5.333875126\times10^4 - 1.235892298\times10^1E^1 + 1.092657613\times10^{-3}E^2 - 4.265693686\times10^{-8}E^3 + 6.247205420\times10^{-13}E^4\ [℃]$$

附录 C 微处理器上的计算

在下文中,我们将探讨一些与微处理器上的整数和定点计算相关的问题。因为在 8 位微处理器的环境中很少采用浮点运算作为接口,所以我们不讨论浮点计算。

C.1 数字在微处理器上的表示

C.1.1 二进制数:无符号整数

在内部,微处理器将所有变量表示为二进制整数,即以 2 为基数的整数。整数可以是无符号的(即正数)或可以是有符号的(可以是正的或负的)。一个正十进制数,比如四位数 3 792,利用数字 0~9,可以表示为

$$3\ 792 = 3\times 10^3 + 7\times 10^2 + 9\times 10^1 + 2\times 10^0 \tag{C.1}$$

与十进制相似,二进制或以 2 为基数的整数使用数字 0 和 1。比如,8 位无符号整数 10011011 可以表示为

$$\begin{aligned} 10011011 &= 1\times 2^7 + 0\times 2^6 + 0\times 2^5 + 1\times 2^4 + 1\times 2^3 + 0\times 2^2 + \\ & \quad 1\times 2^1 + 1\times 2^0 \\ &= 128+0+0+16+8+0+2+1 = 155 \end{aligned} \tag{C.2}$$

式(C.2)中的表示还显示了如何将数字从一种进制转换为另一种进制。对于此处所示的特定情况,十进制等效值为 155。

要把一个二进制数转换成十进制数,只需将式(C.2)中的乘积相加即可。要将十进制数转换为二进制数,我们可以通过两种简单的方法实现。一种方法是基于除以 2。将十进制数除以 2,如果能够整除,则将最低有效位(Least Significant Bit,LSB)写为"0"。如果不能整除,则将其写为"1",然后将商再次除以 2,直到商为零。再次使用数字 3 792,可以写为

$$\begin{aligned}
3\ 792/2 &= 1\ 896\ ----0 \\
1\ 892/2 &= 948\ -----0 \\
948/2 &= 474\ -----0 \\
474/2 &= 237\ -----0 \\
237/2 &= 118\ -----1 \\
118/2 &= 59\ ------0 \\
59/2 &= 29\ ------1 \\
29/2 &= 14\ ------1 \\
14/2 &= 7\ -------0 \\
7/2 &= 3\ -------1 \\
3/2 &= 1\ -------1 \\
1/2 &= 0\ -------1
\end{aligned} \tag{C.3}$$

数字表示为 111011010000,需要 12b。

由式（C.3）可以联想到一种更简单的方法。找到该数字下最大的 2 的幂，然后从十进制数中将其减去。对于最高有效位（Most Significant Bit，MSB），将与该幂指数对应的数位设置为"1"。找出适合余数的下一个最大的 2 的幂，然后将其减去。将相应的数位设置为"1"，以此类推，直到余数为零。所有其他数位均为零。在本例中，最大的 2 的幂是 $2^{11} = 2\,048$，则数位 12 为"1"，余数为 1 744。此时不超过 1 744 的最大幂为 $2^{10} = 1\,024$，则数位 11 为"1"，余数为 720。下一个最大的 2 的幂为 $2^9 = 512$，数位 10 为"1"，余数为 208。下一个最大的 2 的幂为 $2^7 = 128$，余数为 80。数位 8 为"1"，但由于没有使用 $2^8 = 256$，所以数位 9 为"0"。继续该过程，我们得到与上述相同的表示 111011010000。

C.1.2 有符号整数

在十进制中，我们用负号表示负数（整数或分数），但在数字系统中没有负号。在通用记数法中，负整数被视为正整数，MSB 用作符号位。如果 MSB 为"0"，则该数被认为是正数，而如果为"1"，则该数为负数。例如，有符号整数 01000101 是一个正数，相当于 69。有符号整数 11000101 为负，相当于 −59。为了理解该记数法，我们将两个整数写成如下形式：

$$
\begin{array}{|c|c|c|c|c|c|c|c|} \hline 0 & 1 & 0 & 0 & 0 & 1 & 0 & 1 \\ \hline -2^7 & -2^6 & -2^5 & 2^4 & 2^3 & 2^2 & 2^1 & 2^0 \\ \hline \end{array} \quad \begin{array}{|c|c|c|c|c|c|c|c|} \hline 1 & 1 & 0 & 0 & 0 & 1 & 0 & 1 \\ \hline -2^7 & -2^6 & -2^5 & 2^4 & 2^3 & 2^2 & 2^1 & 2^0 \\ \hline \end{array} \tag{C.4}
$$

第一个整数为

$$
\begin{aligned}
01000101 &= 0 \times (-2^7) + 1 \times 2^6 + 0 \times 2^5 + 0 \times 2^4 + 0 \times 2^3 + \\
&\quad 1 \times 2^2 + 0 \times 2^1 + 1 \times 2^0 \\
&= 0 + 64 + 0 + 0 + 0 + 4 + 0 + 1 = 69
\end{aligned}
$$

第二个整数为

$$
\begin{aligned}
11000101 &= 1 \times (-2^7) + 1 \times 2^6 + 0 \times 2^5 + 0 \times 2^4 + 0 \times 2^3 + \\
&\quad 1 \times 2^2 + 0 \times 2^1 + 1 \times 2^0 \\
&= -128 + 64 + 0 + 0 + 0 + 4 + 0 + 1 = -59
\end{aligned}
$$

由于符号位不能用作有符号整数表示的一部分，因此可以表示的数字范围是 −128~+127，或者一般是从 $-2^{n-1} \sim 2^{n-1} - 1$，而无符号数字的范围是 0~255 或 $0 \sim 2^n - 1$，其中 n 是表示中的位数。

负整数使用 2 的补码（2s complement）方法表示，如下所示：

1）从负数的正值开始。也就是说，我们需要找到数字 −A 的表示形式，并从二进制格式的 A 开始。

2）计算 A 的 1 的补码（1s complement）。二进制整数的 1 的补码是通过用 1 替换所有 0 以及用 0 替换所有 1（包括符号位）得到的。

3）在 1 的补码上加"1"得到 2 的补码。

例如，假设我们需要写整数 −59。首先把 59 写成 00111011，1 的补码是 11000100，加 1 等于 11000101。这显然是一个负数，其值如前所述为 −59。

在表示有符号整数时，我们使用了一个"保留的"符号位，但在这个过程中，可以表示的值的范围被严重缩小了，这对于 8 位整数的影响尤其大。为了缓解这一问题，微处理器采取了略有不同的策略。有符号和无符号数字都使用 8 位（或 16 位微处理器中的 16 位），因此有符号整数和无符号整数的整数范围是相同的。不同寄存器中的两个额外位用于指示进位和借位。当进位置 1 时，表示加法功能使寄存器溢出，而当借位置 1 时，则发生下溢，表示负数。从负数表示的角度来看，这与使用 9 位寄存器表示 8 位有符号整数是一样的。

C.1.3 十六进制数

二进制数对于计算特别有用，因为微处理器（和计算机）中使用的硬件可以非常容易地表示两种状态。在计算机之外使用二进制表示的主要缺点是数字很长。在编程和显示时，使用与基数 2 相关的更高基数的记数方案更方便。满足此要求的两个不同表示是八进制（基数 8）和十六进制（基数 16）记数方案。在微处理器中，十六进制表示法是最常用的，该方案使用数字 0-9 加上 A(=10)、B(=11)、C(=12)、D(=13)、E(=14) 和 F(=15)。在十六进制中，LSB 乘以 16^0，接着一位乘以 16^1，然后是 16^2，以此类推。3 792 可以写成

$$3\ 792 = 14 \times 16^2 + 13 \times 16^1 + 0 \times 16^0$$

因此，3 792 的十六进制格式表示为 ED0。前面讨论的二进制数的减法方法也适用于这里，但有明显的修改。

C.2 整数运算

因为微处理器是为数字控制设计的，所以它们只能处理二进制整数。这意味着首先整数计算在微处理器中是"自然的"，其次，任何其他格式的计算都必须适应二进制整数环境。

整数计算是精确的，也就是说，只要能够在分配的位数内完成，就不会因舍入误差而损失精度。例如，如果分配 8 位给无符号整数，则可以表示的最大值是 255。只要计算所需的所有数以及结果都小于 255，结果就是准确的。再比如，分配 16 位允许的整数范围为 $0 \sim 2^{16} - 1 = 65\ 535$。

如果还必须使用负数，例如在执行减法时，则必须使用有符号整数。因为 MSB 通常用于符号指示，所以 16 位有符号整数表示将使用 15 位数来表示整数，允许表示的整数范围为 $-2^{15} \sim 2^{15} - 1$ 或 $-32\ 768 \sim +32\ 767$（微处理器如何处理负整数请参见 C.1.2 节）。这也显示了整数计算的主要缺点——其动态范围很小，即可以表示的数字范围很小。基于这个原因，计算机使用浮点数，其特征在于尾数和指数。通过使用短的尾数和指数可以描述任何数字，但数字通常是被截断的，因此浮点计算并不准确。

C.2.1 二进制整数的加法和减法

微处理器中的基本算术运算是将两个二进制整数相加。几乎所有其他数学运算都必须依赖于加法以及逻辑运算。值得注意的例外情况是乘以和除以 2 的幂，因为这可以通过逻辑向左移位（向左移一位将数字乘以 2）或向右移位（每次移位将数字除以 2）来实现。

加法的执行与十进制相同，不同之处在于 1+1 会产生进位 1，即 1+1 = 10 和 1+1+1 = 11（即 1+1+进位 = 11，而 1+进位 = 10）。对于两个 8 位有符号整数，A = 00110101 和 B = 00111011，有

$$00110101 + 00111011 = 01110000 \quad (53 + 59 = 112)$$

在本例中，所有三个值都小于 255，并且不会产生进位。但假设 B = 01111011(123)：

$$00110101+01111011=10110000 \quad (53+123=176)$$

结果的符号位应该是"1",但是因为两个整数都是正的,所以结果不能是负的,因此得到的整数被正确地解释为176。

假设现在我们想要从 A=01111011(53) 中减去 B=00110101(123)。首先,我们必须写出 -B 的值,这样我们才能执行 A+(-B) 操作。按如下方法得到-B:

10000100,B 的 1 的补码

10000100+1=10000101,B 的 2 的补码

这就等于-123(即-128+4+1+-123)。

现在,我们将 B 的 2 的补码与 A 相加:

$$00110101+10000101=10111010 \quad (53-123=-70)$$

这显然是一个负数,等于-128+32+16+8+2=-70,可以使用十进制数进行验证。请注意,由于我们执行减法,因此符号位不能被解释为进位,只能被视为符号。

C.2.2 乘法和除法

二进制数的乘法和除法遵循与十进制数乘法相同的原理。在手动计算中使用的简单长乘法和长除法可以适用于二进制数,并且实际上比在十进制运算中更容易。然而,术语"long"在二进制乘法和除法中具有特别明确的含义。因为二进制数很长(与等值的十进制数相比),长乘法和长除法的过程需要大量的步骤。因此,微处理器和计算机要么在特殊硬件中执行这些操作,要么使用比长乘法或长除法效率高得多的优化算法来执行。但是,为了了解所涉及的原理,我们将通过模拟手动乘法/除法来查看此过程。

C.2.2.1 二进制整数乘法

乘法是通过一系列不需要任何特殊硬件的移位和加法操作实现的。考虑两个 8 位无符号整数 A=10110011(179) 和 B=11010001(209) 的乘法,结果是 37411 或 1001001000100011。

```
        10110011×
        11010001
        10110011+
       10110011_____
       101111100011+
      10110011_____
     1110001010 0011+
    10110011_____.
  1001001000100011
```

这种计算与普通长乘法的不同之处在于,计算了中间和,并且被乘数不乘以零,而是向左移一位。乘法过程需要将被乘数放入一个长度是自身两倍的变量中(本例中为16位,以允许移位),中间结果也放在一个16位整数中,乘数保持不变(8位)。乘法只需将被乘数向左移位,并将其与先前计算的中间结果相加即可。

算法如下:

1)将被乘数放入 16 位寄存器(M 寄存器)。
2)将中间结果寄存器(I 寄存器)置零。
3)如果 MSB 为"1",则将 M 和 I 寄存器相加,结果放入 I 寄存器。

4）如果 MSB 为"0"，则将 M 寄存器向左移位 1 位。

5）设置 STEP=2 并从 STEP 位开始扫描乘数器寄存器。

6）如果 bit#=STEP 为"0"，则将 M 寄存器向左移位 1 位。

7）如果 bit#=STEP 为"1"，则将 M 寄存器向左移位 1 位，并将其添加到 I 寄存器。

8）递增 STEP。

9）如果 STEP=9，跳转到 STOP。否则跳转到步骤 6。

10）STOP。结果保存在 I 寄存器中。

应该注意的是，结果是原始整数的两倍长。算法本身需要 8 次移位和 8 次加法以及更长的字长，但不需要其他类型的操作。这显然是一种比加法或减法慢得多的算法。如前所述，这是一种用于阐明该过程的"最坏情况"的算法。实际的乘法算法比这复杂得多，需要的运算也少得多。

这里我们假设整数是无符号的。如果是有符号的，则乘法是这样完成的：首先将所有负整数变成其正等价物，将没有符号位的整数相乘，然后根据两个被乘数的符号计算乘积的符号。如果乘积为负，则按照 C.1.2 节中的讨论将其转换为负数表示。

C.2.2.2 二进制整数除法

无符号整数的长除法类似于十进制数的长除法，并产生商和余数。和乘法一样，除法是通过一系列的右移和减法来完成的（减法本身是通过加法来完成的）。考虑将被除数 A=11101110（238）除以除数 B=00001001（9）。因为我们在这里讨论的是整数除法（26×9+4=238），所以预期的结果是 26（商），余数为 4。先了解一下图 C.1a 中的除法是有启发意义的，因为该方法是手动完成的。首先，除数与被除数最左边位对齐。如果除数小于其上面的数字组成的数，则从其上面的（4）位数字中减去除数，得到一个余数，在本例中等于 101，商的 MSB 置为 1。如果不是这种情况，则不执行减法，商的 MSB 保持为 0。接下来，我们将被除数的下一位数字（从左起第 5 位数字）放到余数的右侧，生成 1011。现在我们从中减去除数，得到一个等于 10 的余数，商的下一位数字变成 1（商现在是 11）。将被除数的第 6 位数字下移到余数，使其变成 101，这个数比除数小。因此，商的下一位数字是 0，并且不会进行减法。将第 7 位数字下移，余数变成 1011。减去除数后得到的余数等于 10，商变成 1101。最后一位下移到余数，使其变为 100。因为这个数比除数要小，所以商变为 11010（26），余数为 100（4），跟预期结果相同。现在来看图 C.1b，此方法使用 8 位整数产生了相同的结果，使用的算法如下所示：

```
      11010|11101110              11010|11101110
            1101↓                       10010000
             101↑↑                      01011000
             1001↓↓                     00010110
              1011↓                     00010010
              1001↓                     00000100
               100                      00001001
                                        00000100
```

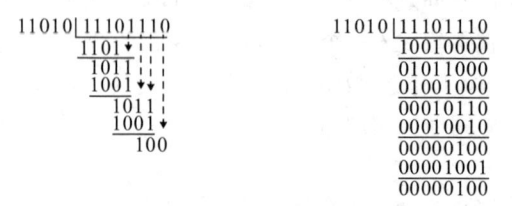

a）长除的手动过程　　　　　b）微处理器上的等效长除

图 C.1　长除的手动过程和使用八位整数的微处理器上的等效长除

1）被除数（DD 寄存器）和除数（DR 寄存器）各在一个 8 位寄存器中。创建两个额外的寄存器：商（Q 寄存器）和余数（R 寄存器）。

2）将 Q 和 R 寄存器清零。

3）将 DR 寄存器向左移位，直到消除所有前导零，使得 MSB 为"1"。将必需的移位次数保存为数字 n。

4）从 DD 寄存器的前 n 位中减去 DR 寄存器的前 n 位。如果结果为负，则将 Q 寄存器的第 n 位置为"0"，并忽略此次相减。

5）如果步骤 4 中的减法得到一个正值，则将该值放在 R 寄存器中，并将 Q 寄存器中的第 n 位置 1。

6）将 DR 寄存器向右移一位，并递增 n（$n=n+1$）。

7）将 R 寄存器中的第 n 位设置为与 DD 寄存器中的第 n 位相等。

8）从 R 寄存器中减去 DR 寄存器。如果该值为负，则将 Q 寄存器中的第 n 位设置为 0，并忽略此次相减。如果 $n=8$，则跳转到步骤 10。否则，跳转到步骤 6。

9）如果 R−DR>0，则将 Q 寄存器中的第 n 位置为 1。如果 $n=8$，跳转到步骤 10。否则，跳转到步骤 6。

10）Q 寄存器中即为商，R 寄存器中即为余数。

这是一个很长的算法，可以在软件中实现，但却是一种低效执行除法的方式。然而，该算法确实佐证了如前所述的一个事实，即除法可以仅使用移位和加法来实现。

C.3 定点运算

在某些情况下必须使用小数。例如，可能需要求两个整数的比值，或将输入电压按非整数值缩放到微处理器中，或将固定的偏移量添加到结果中。在微处理器中，通常使用定点运算来完成这些操作，因为它比使用各种资源中既定例程的浮点运算需要更少的资源。

定点运算的基本思想是用隐含放置在整数内固定位置的基数点来处理单个数的整数和小数部分。这样可以在只对整数进行操作的同时表示小数。考虑如下所示的 8 位无符号数以及与每个数位相关的权重：

$$\boxed{\begin{array}{|c|c|c|c|c|c|c|c|} \hline 1 & 1 & 0 & 0 & 1 & 1 & 0 & 1 \\ \hline 2^7 & 2^6 & 2^5 & 2^4 & 2^3 & 2^2 & 2^1 & 2^0 \\ \hline \end{array}}$$

该数字代表十进制值 205。我们可以很容易地说它代表值 205.0，但是这意味着我们在数字的末尾放了一个小数点（通常我们称之为基数点）。假设现在我们把小数点向左移一位，得到值 20.5。在十进制格式中，可以写成 $2\times10^1+0\times10^0+5\times10^{-1}$。实际上，这个数字已经被除以 10，或者更恰当地说，按 10^{-1} 被缩放。类似地，如果我们在二进制数 11001101 的第 4 位和第 5 位之间放置一个基数点，得到 1100.1101。按照十进制数的示例，表示形式变为

$$\boxed{\begin{array}{|c|c|c|c|c|c|c|c|} \hline 1 & 1 & 0 & 0 & 1 & 1 & 0 & 1 \\ \hline 2^3 & 2^2 & 2^1 & 2^0 \bullet & 2^{-1} & 2^{-2} & 2^{-3} & 2^{-4} \\ \hline \end{array}}$$

该数字代表值 12.812 5，实际上是 $205/2^4=205\times2^{-4}=12.812\,5$。因此，定点数通常被称为

比例整数。请注意，数字本身没有变化，但数位的权重已按 10^{-4} 被缩放。

该表示的问题在于整数只能在 0000~1111（或 0~15）之间变化，而小数可以在 0000~1111（或 0~0.937 5，分辨率为 1/16）之间变化。如果我们希望将有符号数表示为定点数，则前一个示例中的整数将减少 1 位，并且只能表示 0~7（000~111）之间的数字。显然，为了使该方法有用需要更多位。在 8 位微处理器中，自然的选择是整数使用 8 位，小数也使用 8 位，可以表示 0~255.996 095 75 之间的无符号数和 -127.996 095 75~127.996 095 75 的有符号数。当然，也可以使用 12 位作小数、4 位作整数或适合当前应用的任意组合。然而，微处理器制造商提供的大多数例程中每个部分使用 8（或 16）位。其他任意组合可能需要用户自行编写，通常是作为需要时调用的子程序。

所有对定点数的运算都与对任何整数的运算一样，基数点显然是允许的。加法和减法与有符号或无符号整数的加减相同。例如，两个无符号定点数 A = 11010010.11010101（210.832 031 25）与 B = 01000101.0011101（69.238 281 25）之和为

$$
\begin{array}{r}
1101001011010101+ \\
0100010100111101 \\
\hline
(1)0001100000010010
\end{array}
$$

结果是 00011000.00010010，进位为 1。在十进制表示中，结果是 24.070 312 5 和相当于 256 的进位。十进制结果为 280.073 125 = 24.070 312 5+256。显然，结果需要 9 位整数而不是 8 位，但总和是正确的。需要注意的要点是，这两个数被视为任意两个整数，并且基点不会影响为得到结果而执行的操作。有符号定点数的处理方式与有符号整数相同。

定点数的乘法和除法也遵循与整数相同的处理过程，但基数点必须调整。例如，两个 16 位定点数相乘，每个定点数有 8 位整数和 8 位小数，结果是一个 16 位整数和 16 位小数，必须被截断为总共 16 位。如果整数可以容纳 8 位，则精度不会有任何损失，否则必须使用更多的比特。举个例子，假设要求 A = 00000100.11101110（4.929 687 5）和 B = 00010010.00111010（18.226 562 5）的乘积，乘法遵循与十进制乘法相同的规则：

$$
\begin{array}{r}
0000010011101110 \times \\
0001001000111010 \\
\hline
0000000000000000+ \\
0000010011101110 \\
0000010011101110+ \\
0000010011101110 \\
0000110011101100+ \\
0000010011101110 \\
0000100000000101100+ \\
0000010011101110 \\
0000100111011111100+ \\
0000010011101110 \\
0000101011110011100+ \\
0000010011101110 \\
\hline
0000000001011001\,1011001111101100
\end{array}
$$

16 位整数 | 16 位小数

00000000 01011001 | 11011001 11101100
8 位整数 | 8 位小数

结果为
$$c = 0000000001011001 \cdot 1101100111101100$$

乘法的结果是小数为 16 位，整数为 16 位。8 个最低有效位必须从小数中移除，8 个最高有效位必须从整数中移除，因为即使每个部分都用 16 位处理内部乘法，每个表示也只有 8 位可用。因此，结果是

$$c = 01011001 \cdot 11011001 = 89.847\,656\,25$$

由于小数部分被截断，因此这个结果是不准确的，正确的结果应该是 89.851 257 324 2（误差约为 0.8%）。请注意，小数的截断会导致精度损失，但整数的截断就不会，前提是乘积的整数部分可以容纳 8 位。如果不能，那么结果是错误的，因为 MSB 将被截断。

参考答案①

第8章

8.1 182.462g/km

8.2 (a) O_2: 23.22% N_2: 75.75% Ar: 1.29% CO_2: 0.046%

(b) O_2: 8.72mol/m³ N_2: 32.49mol/m³ Ar: 0.39mol/m³ CO_2: 0.0125mol/m³

(c) O_2: 1.05×10²⁵ 个/m³ N_2: 3.914×10²⁵ 个/m³ Ar: 2.35×10²³ 个/m³ CO_2: 7.53×10²¹ 个/m³

8.3 (a) 9.523

(b) 17.3

(c) 38 677kJ/m³

(d) 与（a）和（b）相同

(e) 29 230kJ/m³

8.4 (a) 44.007 9g/mol (b) 24.312g/mol (c) 44.007 9g/eq (d) 12.156g/eq

8.5 (a) 980ppm (b) 533ppm

8.6 0V(含氧量20.9%)~31.1mV(含氧量4%)

8.7 18.372kΩ, $s = -3\,187.96 P^{-1.111\,973\,76}$ [Ω/ppm]

8.8 (a) $s(15\text{ppm}) = -69.16$Ω/ppm, $s(75\text{ppm}) = -0.46$Ω/ppm

(b) $d\sigma = 12.66 \times 10^{-3}$(S/m)/℃

8.9 (a) 0.229 5V (b) $s = -3.927\,6/P_{\text{steel}}$ [V/%]

8.10 14.67mV（开），8.18mV（关）

8.12 (a) -0.413~0.354V (b) 0.034~0.047PH/℃

8.13 4.65

8.14 4.6

8.15 $C = 2.9 \times 10^{-5}$mol/L

8.16 136mV

8.17 (a) -0.124V (b) -1.63%

---

① 完全版部分答案有误，翻译过程中进行了更正。——译者注

参考答案   295

8.18 (a) 19.05~30.69℃ (b) 5.283 3~5.291℃/(mmol/L)
     (c) 范围 10.456~8.322kΩ，量程 2.134kΩ，$s = -26.834e^{2227/T}/T^2$ [kΩ/K]

8.19 (a) 3.7℃/(糖分浓度) (b) 1 233Ω

8.20 $s = 0.034\ 4\Omega/(\%\text{LEL})$

8.21 (a) 51.12°~64.31° (b) 51.12°

8.22 (a) 66.5°，52.59° (b) 73.56°

8.23 (a) 9 892 570Hz (b) 547.5μm/y

8.24 (a) $C = 17.700\ 3 + 0.014\ 28\text{RH}$ [pF] (b) 0.014 28pF/%RH

8.25 (a) $s = 35.699 \times \dfrac{10^{0.660\ 77 + 7.5t/(237.3+t)}}{273.15+t}\left[\dfrac{\text{pF}}{\%\text{RH}}\right]$

   (b) 50℃时为 10.21pF/%RH　58℃时为 14.67pF/%RH

   (c) $s = 8.925 \times \dfrac{10^{0.660\ 77 + 7.5t/(237.3+t)}}{273.15+t}\left[\dfrac{\text{pF}}{\%\text{RH}}\right]$，50℃时为 2.55pF/%RH，58℃时为 3.67pF/%RH

8.26 57.6%

8.27 $\text{DPT} = \dfrac{237.3[0.660\ 77 - \lg(10^{1.427\ 815}\text{RH}/100)]}{\log_{10}(10^{1.427\ 815}\text{RH}/100) - 8.160\ 77}$ [℃]

8.28 (a)

相对湿度/%	0	10	20	40	60	80	90
吸收的质量 20℃/μg	0	15.85	41.72	98.64	179.5	295.29	424.99

(b)

相对湿度/%	0	10	20	40	60	80	90
吸收的质量 60℃/μg	0	15.09	32.7	73.67	126.5	194.78	237.18

8.29 8.88%

8.31 (a) $s = \dfrac{30\ 628.52}{p_{\text{ws}}} \times 10^{\frac{156.8+8.160\ 77\text{DPT}}{237.3+\text{DPT}}}\left[\dfrac{156.8+8.160\ 77\text{DPT}}{(237.3+\text{DPT})^2} + \dfrac{8.160\ 77}{237.3+\text{DPT}}\right]\left[\dfrac{\%\text{RH}}{℃}\right]$

   (b) $\Delta\text{RH} = \dfrac{100}{10^{0.660\ 77+7.5T_a/(237.3+T_a)}} \times$
      $(10^{(156.8+8.160\ 77(T_d+\Delta T_d))/(237.3+T_d+\Delta T_d)} - 10^{(156.8+8.160\ 77T_d)/(237.3+T_d)})$ [%]

8.32 $\text{RH} = 100\dfrac{10^{(156.8+8.160\ 77T_d)/(237.3+T_d)}}{10^{0.660\ 77+7.5T_a/(237.3+T_a)}}$ [%]

8.33 (a) 0.343 6kW (b) 43.5%，12.34% (c) 2.586L/h

8.34 (a) 240g (b) 111 818Pa (c) 217.76g，120 011Pa

8.35 (a) 7.35L (b) 8.16L (c) 1.76MPa 和 2.87MPa

8.36 (a) 1.66μΩ (b) 227mA

8.37　(a) 107 279s(29h 48min)　(b) 13.4MW·h　(c) 778.589kg　(d) 333.872kg

8.38　(a) 4 094.36W　(b) 1.746kg　(c) 0.983kg

第9章

9.1　300MHz 时为 1.24×10^{-6}eV　300GHz 时为 1.24×10^{-3}eV

9.2　30×10^{15}Hz 时为 124.071eV，30×10^{18}Hz 时为 124.071keV，30×10^{34}Hz 时为 124.071×10^{16}keV

9.3　16 200J

9.4　(a) 0.924nA　(b) 2年，2个月

9.5　41.57nA

9.6　26.79mg/m²

9.7　(a) 4.32×10^{-10}Ci

9.8　(a) 1：4.185keV　2：3.788keV　3：64.513keV　4：58.403keV
　　　(b) 1：1 167 对　2：1 056 对　3：14 562 对　4：13 183 对

9.9　787.3nA

9.10　(a) 2.485μV　(b) 34.765μA

9.11　(a) 5.466m　(b) 99.113cm

9.12　(a) 31.08nA　(b) 11.1nA/MeV　(c) 14.36nA/MeV

9.13　(a) 1.1×10^{-24}A　(b) $s=4.44\times10^{-28}$A/(W/m²)

9.14　(a) 1.78km　(b) 1.83km　(c) 1.99m²

9.15　31 722km/s

9.16　$f' = \dfrac{10\times10^9}{1-7.407\ 4\times10^{-8}\cos\alpha}$ [Hz]

　　　$\Delta f = 10\times10^9 \left| 1-\dfrac{1}{7.407\ 4\times10^{-8}\cos\alpha} \right|$ [Hz]

9.17　(a) $E_r = \dfrac{1-X}{1+X}E_0$ [V/m]　$E_t = \dfrac{2}{1+X}E_0$ [V/m]　$X = \sqrt{\dfrac{2.8+0.336m}{1+0.006m}}$，$m$ 是水分含量，单位为%

　　　(b) $E_r(12\%) = -0.432\ 5E_0$ [V/m]，$E_t(12\%) = 0.567\ 5E_0$ [V/m]

9.18　(a) 315m　(b) 72km/h

9.19　(a) 7 222Hz　(b) -4.43km/h(-3.4%)

9.20　(a) $E_r = 0.765E_0$　(b) $E_r = 0.945E_0$

　　　(c) $s = -\dfrac{0.872E_0}{(1+X)^3} + \dfrac{0.436E_0}{(1+X)^2X}$ [V/m 水分含量]，$X = \sqrt{0.218m+2.2}$，m 是水分含量，单位为%

9.21　(a) $s = 4E_0 e^{-\alpha d}k \left[\dfrac{1}{2(1+\sqrt{k\rho})^2\sqrt{k\rho}} - \dfrac{1}{(1+\sqrt{k\rho})^3} \right] \left[\dfrac{V\cdot m^2}{kg} \right]$

　　　(b) $s = -4\alpha E_0 \dfrac{\sqrt{k\rho}}{(1+\sqrt{k\rho})^2} e^{-\alpha d} \left[\dfrac{V}{m^2} \right]$

9.22 (a) $E_{rec} = \dfrac{\sqrt{X}\cos 30° - \sqrt{1-\sin^2 30° X}}{\sqrt{X}\cos 30° + \sqrt{1-\sin^2 30° X}} E_0 \left[\dfrac{V}{m}\right]$

(c) $-0.3573 E_0$ [V/m]

9.23 (a) $(4.73\pm 0.32)(\pm 6.77\%)$ (b) 2.672km (c) 5.985km (d) 285V/m

9.24 $s = -\dfrac{2.13\times 10^{-5}\mu_0\varepsilon_0}{4\pi a[\mu_0\varepsilon_0(1+2.13\times 10^{-5}m)]^{3/2}} \left[\dfrac{Hz}{\%RH}\right]$，m 是水分含量，单位为%

9.25 41cc/L，41g/L

9.26 (a) $f_{mnp}(t) = [(5.9182\times 10^7)/\sqrt{3.5t+0.65}]$ [Hz]

(b) $s = -\dfrac{1.06\times 10^8}{[3.5t+0.65]^{3/2}} \left[\dfrac{Hz}{m}\right]$ (c) 1.26μm (d) 0.1%

9.27 (a) 795.23MHz~1.5905GHz (b) $s = \dfrac{1}{2\pi(b-h)^2\sqrt{\mu_0\varepsilon_0}} \left[\dfrac{Hz}{m}\right]$

(c) 530.155~795.23MHz, $s = -\dfrac{2.5}{4\pi\sqrt{b\mu_0\varepsilon_0}(2.5h+b)^{3/2}} \left[\dfrac{Hz}{m}\right]$

9.28 DD 格式：(40.9674, -100.4748) DDS 格式：(N40°58′3″, W100°28′29″)

9.29 (b) N22°12′20″, E54°54′59″或 N24°0′32″, E55°14′26″

9.30 (a) (200m, 300m) (b) (450m, 550m, 50m)

9.31 101s

9.32 (a) 1min, 35s (b) 5min, 56s

9.33 (a) 4min, 13.5s (b) 4min, 18.2s

第 10 章

10.4 (a) 2.84×10^{-3}μm (b) 0.266N

10.5 (a) $\varepsilon_x = 0.00785\cos\theta$; $\varepsilon_y = 0.00785\sin\theta$ [m/m]

(b) 误差 $= (1-\cos\phi)\times 100$ [%]

10.6 2670με

10.7 (a) 范围：±10.185m/s² 量程：20.37m/s² (b) 0.183g (c) 11μm

10.8 (a) $F = 1.195\times 10^8$N (b) $T = 1.434\times 10^{-12}$N·m

10.9 (a) 1.3kΩ (b) 37.3fL 37.3pg

10.10 (a) 1.722×10^{-6}μm³ (b) 17.708Pa

10.11 133.3pN, 118μPa

10.12 $y_{max} = 1.188\times 10^{-18}V^2$ [m]

10.13 $I = \dfrac{1}{a^2 C}\sqrt{\dfrac{12\mu_0 kd}{\pi}}$ [A]

10.14 (a) 1.5V (b) 9.71×10^{-15}~9.38×10^{-14}N

298　传感器、执行器及接口原理与应用

(d)　1.5V 和 12V，6.21×10^{-13} 和 9.38×10^{-14}N

10.15　(a)　7.47×10^{-8}N　(b)　2.4×10^{-3}°

10.16　(b)　100kHz（前 5 次谐波）

10.17　(a)　4~5 次谐波（80~100kHz）

(b)　$F(t)=2.5+(10/\pi)[\sin(2\pi)\times10^4t+(1/3)\sin(6\pi)\times10^4t+(1/5)\sin(10\pi)\times10^4t+(1/7)\sin(14\pi)\times10^4t+(1/9)\sin(18\pi)\times10^4t]$

(c)　$S(t)=12\cos\{2\pi\times10^8t+2.5t-(10/\pi)[\cos(2\pi)\times10^4t+(1/3)\cos(6\pi)\times10^4t+(1/5)\cos(6\pi)\times10^4t+(1/7)\cos(14\pi)\times10^4t+(1/9)\cos(14\pi)\times10^4t]\}$

10.18　(a)　$S(t)=12\cos[6.283\times10^6t+50\sin(6.283\times10^4t)]$

(b)　$m=50$，$k_f=100$kHz/V

10.19　(a)　$k_p=0.625$rad/(V·s)　(b)　任何高于 13.333kHz 的信号

10.20　(b)　对于 f_1，为 0.499V，对于 f_2，为 0.994V

10.26　数字序列：1010 0110 1100 0111 0010 1110　十六进制：A6C72E

10.29　(a)　26.5μs　(b)　26.5μs　(c)　2.484ms

10.30　(a)　56.77kB　(b)　1.816MB

第 11 章

11.3　(a)　4.24%

11.4　(a)　$10^{11}\Omega$，13.6Ω　(b)　$10^9\Omega$，0.375mΩ

11.10　方案一　需要 4 个放大器，放大倍数分别是 50，50，50 和 8；方案二　需要 4 个放大器，放大倍数分别是 40，40，25 和 25；解决方案不唯一。

11.11　5.195ms，25.97%

11.12　(b)　2.4V，4.8V，7.2V，9.6V

11.13　$R_1=R_2=R_3=1\,315\Omega$，$R_4=63.8$kΩ　(b)　打开：82.97℃　关闭：83.94℃

11.15　583.3~1 333.3Ω

11.16　(a)　$P_{av}=1.039\,5-\dfrac{2.079}{\pi}\arcsin\left(\dfrac{0.7}{3}+\dfrac{700}{3R}\right)$[W]

(b)　$P=\begin{cases}2.079\text{W}&R>875\Omega\\0&R\leqslant875\Omega\end{cases}$

11.18　(a)　$v=1.5R$[RPM]，$0<R<6\,667\Omega$

11.19　(a)　1.01A　(b)　0.899W，8.99W　(c)　6.24Ω，0.57W

11.21　(b)　$A\oplus B\oplus C=(A\overline{B}+B\overline{A})\overline{C}+C\overline{(A\overline{B}+B\overline{A})}$

11.25　(a)　6

11.26　(a)　$f=\dfrac{1}{-R_mC\ln(2.4/2.6)+0.2(RC/V_{in})}$[Hz]

(b) 振幅：5V　频率：99 800Hz　带宽：开关打开时为20ns，开关关闭时为10μs

11.27　(b)
$$f = \frac{1}{-(R_1+R_2)C\ln\{1-[(V_{in}-V_{ref}+2\Delta V)/V^+]\}-R_2C\ln[(V_{ref}-\Delta V)/(V_{in}+\Delta V)]}[\text{Hz}]$$

$$DC = \frac{-R_2C\ln[(V_{ref}-\Delta V)/(V_{in}+\Delta V)]}{-(R_1+R_2)C\ln\{1-[(V_{in}-V_{ref}+2\Delta V)/V^+]\}-R_2C\ln[(V_{ref}-\Delta V)/(V_{in}+\Delta V)]} \times 100\%$$

(c) $f=54.439\text{kHz}$，$DC=79.63\%(V_{in}=2.5\text{V})$，$f=26.401\text{kHz}$，$DC=63.25\%(V_{in}=7.5\text{V})$

11.28　(a) 6 649Hz/V　(b) 186.5Hz

11.29　(a) 数字输出：1101111010(4.345 703 125V)　(b) 16.4μs(用于串行输出)

　　　(c) 1110000011(4.345 751 953 13V)，1.01%

11.30　(b) 11111100111000（模拟值为4.919 433 593 7V）　(c) 0.006 46%

11.32　(a) 7个比较器，8个电阻

11.33　(a) 15个比较器，16个电阻

11.34　(b) 8.125V

11.35　(b) $3.051\ 8\times 10^{-4}$V　(c) 0.006 1%　(d) 84.3dB

11.36　(b) 2.812 51V，0%　(c) 2.817 98V，0.19%　(d) 2.809 8V，0.096%

11.37　(a) 60.899%　(b) 3.842 77V　(c) 0.1%

11.38　$(\text{d}V_o/V_i)=(\text{d}Z/4Z)$

11.39　$(\text{d}V_o/V_i)=-0.009\ 826\ 2$

11.40　(a) $V_{\text{out}}=\dfrac{V_{01}}{R_1+R_2}R_2-\dfrac{V_{02}}{R_3+R_4}R_3[\text{V}]$

　　　(b) $V_{\text{out}}=\dfrac{1}{2}\left(\dfrac{V_{01}(R_0+\Delta R)}{R_0+\Delta R/2}-V_{02}\right)[\text{V}]$

　　　(c) $V_{\text{out}}=\dfrac{V_0\Delta R}{4R_0+2\Delta R}\approx\dfrac{V_0\Delta R}{4R_0}[\text{V}]$

　　　(d) $V_{\text{out}}=\dfrac{2V_0\Delta R}{4R_0+2\Delta R}\approx\dfrac{V_0\Delta R}{2R_0}[\text{V}]$

　　　(e) 误差 $=\dfrac{2R_0(V_{01}-V_{02})+\Delta R(V_{01}+V_{02})-2V_0\Delta R}{4R_0+2\Delta R}[\text{V}]$

11.43　(a) 71.4%　(b) 95.24%

11.44　39.3%

11.45　(a) 6.5V　(b) 0.062mA　(c) 0.62mA

11.46　(a) 0V 和 5.625V　(c) 6.3W

11.47　(a) 0.577A　(b) 52.2%　(c) 6.577A，98.4%

11.48　(a) 1 837.76Hz　(b) 1 837～1 959Hz，$s=5.53$Hz/mm

11.49 (a) $f = \dfrac{10^9}{269.5 - 10.5V_{cc}}[\text{Hz}]$,8.9~4.2MHz

(b) 3V 时为 0.219%~0.222%,15V 时为 0.438%~0.504%

11.50 (a) 72.14kHz (b) 50%

11.51 (a) 7 128.5Hz (b) 23.36%

11.52 (a) $f = \dfrac{1}{(-\ln((V^+ - V_{th})/(V^+ - V_{tl})) - \ln(V_{tl}/V_{th}))R_4 C_1}[\text{Hz}]$,

$DC = \dfrac{\ln((V^+ - V_{th})/(V^+ - V_{tl}))}{\ln(V_{tl}/V_{th}) + \ln((V^+ - V_{th})/(V^+ - V_{tl}))} \times 100\%$

(b) $C_1 = 0.01\mu F$, $R_4 = 4\,551\Omega$ (其他组合也是可行的)

11.53 (a) 115.7μV (b) 3.66mV

11.54 (a) $s = 1V/T$, $V_{sn} = 0.062\,44B[V]$ (b) 0.031 22T

第 12 章

12.2 (c) (a) XOR(b)= 1001 0010 1111 1110 (d) (a) AND(b)= 0001 0000 0111 0010

12.3 (c) 0.392℃

12.8 (a) 200 783 872Hz,1.024GHz (b) 196 078Hz,1MHz

(c) 1GHz 时为 2.4%,200MHz 时为 0.392%

12.9 (a) 4.1 天 (d) 3 年 4 个月零 29 天

12.10 (a) 6 年 10 个月零 4 天 (b) 7 年 11 个月

12.11 (a)

电压	16MHz		1MHz	
	外推法	最小二乘法	外推法	最小二乘法
5V	4.095	4.254 2	0.485 3	0.437 8
4V	3.187	3.311	0.377	0.338
3V	2.0	2.04	0.232 6	0.21
2V	1.001	1.02	0.144	0.126

(b) 4 年 10 个月零 10 天

12.12 (b) 5mA (c) 8.33mA

12.15 (b) 0.012 8pH

12.19 (a) 标称高温 350℃,变化范围为 324.57~377.16℃(-7.26%~7.76%)

标称低温 203.63℃,变化范围为 91.62~216.05℃(-5.9%~6.1%)

(b) 标称高温 350℃,变化范围为 252.64~325.62℃(-27.8%~-6.96%)

标称低温 203.63℃,变化范围为 192.18~216.7℃(-6.11%~6.4%)

12.20 (d) 0.117V

12.26 （a）1.515V （b）2.143V

12.27 （c）0.044%

12.28 （a）23位（最小值） （b）50 000，7位（最小值）

12.29 （a）19.5N/bit （b）3.55℃

12.30 1.093 75(5.68%误差)

12.31 23.191 406 25，0.021%误差

12.32 14.7V 时为5.6%，12V 时为6.6%，10.4V 时为7%

12.33 （a）223.14，273.30，420.12 （b）−0.005%，0.075%，−1.52%

12.34 （a）11.1% （b）0.039% （c）250ns

12.35 误差=（1/n）×100%，n=1，2，…，1 023

12.36 14 位（262 144）

12.37 （a）12.588μV （b）262 144∶1

元素周期表